非線形な世界

大野克嗣

東京大学出版会

Introduction to Nonlinear World
Yoshitsugu Oono
University of Tokyo Press, 2009
ISBN978-4-13-063352-9

はじめに

　本書は「非線形性に充ち満ちた世界」の見方，特にその核心である「概念分析」と「現象論」を解説する．世界の一部として「非線形の世界」があるのではなく，世界が一般的に「非線形である」ということが「非線形な世界」という書名に表明されている．読者として若い人たちを一応想定しているが，これから世界を見ようとする人のためだけでなく，一息ついて今まで見てきた世界をふり返りたい人のためにもなればいいと思う．

　非線形な世界の最も重要な性格はかけ離れた時空スケールが絡み合い干渉しあうことだ．その結果われわれが直接的に関心を持つ時空スケールだけで話が閉じなくなる．ある範囲の時空スケールで起こることの理解がしばしばかけ離れたスケールで生じることを抜きに完結しない．ところがかけ離れたスケールで何が実際に生じているかを知ることが（原理的に）できないのが普通である．われわれが見る世界への不可知の介入の結果を簡明に見せてくれるのがカオスである．知りえないことが直接観察できる世界に介入してくるのだから，当然カオス以外にいろいろと理解しがたい新たな現象もこの世界では多々起こる．このような世界を判然と理解するためには何が必要か？　その重要な要素が概念分析と現象論である．

　世界のまともな理解のためにはその記述が明確でなくてはならず，そのための言葉は明晰でなくてはならない．新たな現象は新たな概念とそれを記述する言葉を要求するに違いない．「概念分析」はその基礎である．本書は「非線形」の意味を考えたあと，カオスの概念分析で本論をはじめる．

　微視的な世界のあらかじめ知り得ないことが観察できる世界に響くとすれば，いつでも基礎の基礎からわれわれの世界が理解できるわけではない．それゆえに，われわれの眼前の現象を真摯に見てその本質を見抜くこと，すなわち「現象論」が世界を理解するための有力な手段になるのである．われわれが求める世界の理解は明晰なだけでなく，ある程度一般性のあることが望まれる．だが，本書を読めばわかるように，どんな現象でも一般的な理解ができるわけではない．現象論が可能な現象だけが一般的理解を許すのである．そこで，現象

論の一般的性格や典型例を概観した後,現象論を抽き出す考え方として「くりこみ」を,また,現象の理解の到達点を表現する手段として「モデル化」を説明する.

　非線形な世界ではかけ離れた時空スケールが絡み合い干渉しあうので,カオスのほかにも臨界現象などよく知られている特別な現象が起こる.だが本書はこのような個々の現象は例として使うだけで,それらの解説を目的としない.本書の目標はあくまで世界を見る一つの構えを説くことである.

　非線形性は系が複雑化するには必須だから,非線形を扱う本は複雑系をも取り扱おうとすることが多い.本書も最後の章が「複雑性へ」と銘うたれているから例外でないが,根本的に類書と違う点は複雑系の研究がいわゆる「複雑系研究」とは似て非なるものであることを明示する点である.複雑系を研究することはいままでの基礎科学に反省を迫る.

　著者は物理学科に所属しているが,いつも基礎物理学者でありたいと願ってきた.基礎物理学者とは対象が何であれ,「よい見方,考え方」を追求する人間のことである.それが手に入っていないのは対象のせいではなくひとえに自分が馬鹿だからだと思う人種でもある.生物学は生物を研究し,化学は化学反応を研究するゆえにそのような名で呼ばれている.そして,物理学も「物質」を研究するゆえに物理学と呼ばれると思っている人が多いかもしれない.しかし,それは窮理の学としての初心を忘れた見解であるように思われる.本書では,対象に規定されない窮理の学(= もののことわりの学)の基本として重要だと著者が信じることを,(内容に多少は責任が持てるよう)著者自身少し経験したテーマになるべく即して解説する.それは基礎物理学者としての世界の見方の解説であり,十分には一般的でないという人々がいるに違いない.しかし,基礎物理で得られたものの見方は十分普遍的であり人類の文化の重要な部分を占めるというのは著者の確信である.

　「ものの見方」は,明晰に語りうるものについては,完成の域に達すれば数理的になる.しかし,非線形科学のふつうの概説書とは趣を異にして,この本では技術的な話題を最小限にとどめる.楽典が完璧にわかっていなければ音楽鑑賞ができないわけではない.むしろ,楽才はないが技術だけはあるから作曲家をやっていたり演奏家になっている人は多いのではないだろうか.楽典の理解の程度と関係なく趣味のいい聞き手がいなければいい音楽文化は花開かない.数理も同様だろう.「ものの考え方」を提示するのが本書の目的だから,数理以前の議論が多くならざるをえない.技術的なことをあまり書かない結果,ふつうの

はじめに v

物理や数理科学の本よりも「哲学的」だと感じる読者が出てくるかもしれない．割愛せざるを得なかった技術的な説明や，実際的な例については本書のサポートサイトに掲載する予定である．

　いわゆる二つの文化[1]があるべきでないと著者は信じる．そこで，本書では自然科学系の人が人文系の事柄に多少の注意をはらうように促すコメントや脚注，補足などもいれてある[2]．本書を読んで理系の読者諸氏が源氏物語を読む気になったとすれば，それはそれで成功である[3]．文系の人をも読者のうちに想定したいが，基礎的な数学を断りなしに使うのでそう親切でない．文系の人々を主要読者にした姉妹版は別に考える．だが，出てくる数式が一切理解不可能でもかなりのことはわかるはずである（すでに気づいたかも知れないが，挑発的

---

[1] 《二つの文化》「伝統文化の標準でいえば高い教養をもつとされる人々の集まりに出て，彼らが科学者たちがものを知らないことといったら信じがたいと嬉々として話すのを何回となく聞かされました．一度や二度は腹にすえかね，一同のうちどれだけの人に熱力学の第二法則がどんなものか言えるのかと聞いたものです．反応は冷たいものでした，否定的でさえありました．ですが私は科学で「シェークスピアの作品を読んだことがありますか？」というに相当するようなことを聞いていたのです．」(C. P. Snow, *The Two Cultures and the Scientific Revolution*, The Rede Lecture 1959 (Cambridge UP, 1961) p15-16).

[2] そのような脚注の例がこれである（本書にはほとんど独立して読めるような長い註がいろいろ出てくる．それらを，コラム記事のように見て，拾い読みしてもらってかまわない）．
　《科学者について，オルテガ曰く》「現代文明の根源であり象徴である近代科学は，知的に非凡とは言えない人間を温かく迎えいれ，その人間の仕事が成功することを可能にしている．
　その原因は，新しい科学の，また，科学に支配され代表される文明の，最大の長所であり，同時に最大の危険であるもの，つまり機械化である．物理学や生物学においてやらなくてはならないことの大部分は，誰にでも，あるいはほとんどの人にできる機械的な頭脳労働である．科学の無数の研究目的のためには，これを小さな分野に分けて，その一つに閉じこもり，他の分野のことは知らないでてよかろう．方法の確実さと正確さのお陰で，このような知恵の一時的，実際的な解体が許される．これらの方法の一つを，一つの機械のように使って仕事をすればよいのであって，実り多い結果を得るためには，その方法の意味や原理についての厳密な観念をもつ必要など少しもない．このように，大部分の科学者は，蜜蜂が巣に閉じこもるように，焼き串をまわす犬のように，自分の実験室の小部屋に閉じこもって，科学全体の発達を推進しているのである．」（オルテガ『大衆の反逆』寺田和夫訳，中公クラシック（中央公論新社，2002 年），p137-138）「この，バランスの崩れた専門化傾向による直接的な結果は，今日，かつてないほど多数の《科学者》がいるのに，《教養人》が，たとえば，1750 年よりもずっと少ない，ということに現れている．」（同 p140-141）「大部分の科学者は，自分の生とまともにぶつかるのがこわくて，科学に専念してきたのである．かれらは明晰な頭脳ではない．だから，周知のように，具体的な状況にたいして愚かなのである．」（同 p205-206）

[3] どうしても現代語訳で読みたいという人に推薦できるのは與謝野晶子訳（新新訳，角川文庫にある版，1953-1955）か中井和子の現代京ことば訳（大修館書店，1991）．

脚注だけ読むという手はある).では,理系の学生諸君には十分親切な本であるか? 本書は基本的なことを考えてみようという意欲のある読者のための本だから,学生を大学の顧客と見るような立場からは,論外の本ではあろう.しかし,前の方がわからないと後はさっぱりというような本ではない.各章は思想的につながってはいるがほぼ独立に読める.ただし,第2章は他の章に比べてずっと数学的で骨があるので,そこはさっとなでて雰囲気を感じ取るだけにし,続く第3章以下に行くのがいいかもしれない.そうは言っても,第2章はまったく後に関係のないことが書いてあるはずはなく,説明されているいろいろな概念はあとの章にちらちらと出てくるし,ふつう複雑系研究と言われているような分野を批判的に見るための準備にもなっている.必要になったとき,より詳しくふり返るというのが第2章の賢明な読み方でありうる.

本書はそもそも慶應義塾大学理工学部で東芝教授として1996年夏に行なった特別講義の講義ノートがもとになっている.この講義は株式会社東芝の資金援助による.このノートへの,佐々真一,関本謙,高橋陽一郎,田崎晴明,津田一郎,各氏のコメントを取りいれて前世紀の終わり頃第ゼロ版を作った.本書はその贅肉をとり,最終章として,本書のつづきに当たる大規模な(イリノイ大,早稲田大での)講義ノート Integrative Natural History のコメント部分の一部を足した版を基本にした.ここに上記の方々と株式会社東芝に謝意を表する.これに2008年にさらに,田崎晴明,千葉逸人,等々力政彦,辻下徹,本條晴一郎各氏(時間の順)による詳細な批判訂正と高橋陽一郎,早川尚男,清水明,金子邦彦各氏のさらなるコメントを取り入れ(たぶん前より記述を少し親切に)改良した.第2章等への田崎氏の懇切かつ適切な助言,第3章への千葉氏の詳しいコメントは特に有用だった.最終段階で東京大学出版会の岸純青氏にいろいろ読みやすくするためのアドバイスをいただき,特に2章や5章をかなり書き直した.ここにこれらの方々に深甚の謝意を表する.しかし,内容や基本的主張,思想に96年の講義ノートからほとんど進歩はない[4].

『ホモ・ルーデンス』のまえがきでハイジンハは[5],十分ものにしえていない分野についても,時に冒険をあえてしなければならないのは「文化問題を取り扱

---

[4] それは日本語では物理学会誌 **52**(7), 501 (1997) の交流記事「非線形性とくりこみ」(無料公開されている),数理科学の特集 **35**(4): 大野克嗣,東島清,田崎晴明編著「くりこみ理論の地平」(1997) や生物科学 **50**, 97 (1998)「生物学としての複雑系研究」などに見ることのできるものである.

[5] ホイジンガ『ホモ・ルーデンス』(高橋英夫訳,中公文庫,1973).

うことを志した著述者の天命である」,そしてそれは「いまこれを書くか,あるいは全然書かないかのどちらかを選ぶ」ということだと述懐している.しかし,「こうして,私は書いたのである」というのが彼の 1938 年 6 月 15 日付けの前書きの結びであった.

第 2 刷での謝辞
　小田啓太氏の指摘により数理論理学的間違いを第 2 刷で訂正することができた.感謝して明記する.

第 3 刷についての補足
　第 2 刷と同様,特に生物学関係の註中のかなりの文献を更新した.重要なコメントで註の改訂更新でカバーできないものは「第 3 刷補足」としてサポートページに掲載する.

第 4 刷についての補足
　巻末に補注として「言語の複雑性をめぐる最近の話題」と題して大規模言語モデルに関する最近の文献をいくつか挙げた.

脚注について
本書には脚注,それもかなり長い脚注が多い.うるさいと思う人もいるだろうが,多くの長い脚注,特に表題のついている脚注は,ほぼ独立に拾い読みができる.したがって,それらは「囲み記事」「コラム」と見なすことが可能である.本文よりこれらの方が過激なことが書いてあったりするから,それだけ読む人も出てくるかもしれないが,それも本書の一つの読み方である.著者は読書中に註をかなり見る方だが,いちいち本の後ろや章末を探しまわるたびにいらいらする.註をできるだけ該当箇所近くにおきたい大きな理由である.

課題について
本書にはところどころに課題として質問や問題が掲げてある.いくつかは純粋に練習問題だが,議論のタネを提供するものもいろいろある.当然正解は一つでなかったり,あるいはなかったりするかもしれない.ときにたちどまって考えてほしいというようなことが混じっている.

サポートページ　筆者公式サイト http://www.yoono.org のホームページから容易に辿れる.

本書を厚くしないために割愛した材料は多い.サポートページで補足・追加情報を今後公開していく.最近の更新履歴はページ冒頭に掲示してある.

目　次

第 1 章　非線形世界を見るとはどういうことか　　1
　1.1　線形系の特徴 ....　2
　1.2　非線形系の特徴 ....　11
　1.3　本質的に非線形な系 ....　16
　1.4　「世界を見る」とはどういうことか? ....　18
　1.5　この本の構造 ....　20
　付 1.5A: フーリエの蒔いた種から ....　27

第 2 章　概念分析——明晰な議論の前提　　33
　付 2.0A: 単純な正真正銘のカオスの例 ....　37
　2.1　典型例からの出発——カオスを例にして ....　39
　2.2　力学系についての準備 ....　52
　2.3　カオスを特徴付ける ....　59
　付 2.3A: いろいろなカオスの定義 ....　65
　2.4　'歴史の量' はどうはかるか ....　67
　付 2.4A: 測度とは何か, 確率とは何か ....　70
　2.5　情報をどう定量するか ....　76
　2.6　測度論的力学系 ....　80
　2.7　カオスらしさをどうはかるか ....　84
　2.8　ランダムさの特徴付けの準備 ....　97
　2.9　計算とはなにか? ....　102
　2.10　チューリング機械 ....　106
　2.11　ランダムさを特徴付ける ....　111
　2.12　カオスの本質の究極の理解 ....　113
　2.13　ランダムさの特徴付けはこれでいいのか? ....　120

2.14 「複雑性」はどう理解されているか 121
付 2.14A: 帰納的可算集合と帰納的集合 125

第3章　くりこみ——現象論と漸近解析　　127
3.1 現象論とは何か? 129
3.2 意識されないほど普遍的な現象論 139
3.3 現象論はいかに得られるか——くりこみとの関係 146
3.4 くりこみの二つの考え方 151
3.5 くりこみのイロハ 153
付 3.5A: 次元解析 164
付 3.5B: 次元解析とくりこみ 166
3.6 長時間挙動とくりこみ: 簡単な例 170
3.7 共鳴とくりこみ 176
付 3.7A: くりこみ的逓減 179
3.8 くりこみから見た統計 181

第4章　モデル化——現象の記載と理解　　185
4.1 モデルとは何か 186
4.2 モデルと現実の対応 189
4.3 記述の道具としてのモデル 196
4.4 論証の道具としてのモデル 202
4.5 モデル化事例——abduction の例 203
4.6 モデルがよいとはどういうことか? 214
4.7 モデル化の副産物 221

第5章　複雑性へ　　231
5.1 意味と価値 233
付 5.1A: 複雑系は何でないか? 237
5.2 パスツール連鎖 239
5.3 基礎条件 244
5.4 基礎条件は何を導くか 251
5.5 複雑系にどうアプローチするか 257
5.6 「生物系の理論」はあるか 260

5.7	基礎条件はどう変化するか	262
5.8	複雑系の「教訓」	270

第1章
非線形世界を見るとはどういうことか

　本書では何をしたいか，なぜそういうことをするのか見わたすのがこの章の目的である．読者にとってあまりなじみのない概念を説明なしに使うので，書いてあることすべては理解できないかもしれないが，非線形な世界の特徴とそれを理解するために何が要るか，雰囲気として，わかってもらえればいい．関連した'文化的背景'について多少のスケッチも加えた．各主要テーマ，特に下線がひいてある概念は，引き続く章でかなり初等的なレベルから説明する（大学一，二年程度の数学と物理の初歩はあるほうがいい[1]）．

　本書では技術的詳細は従であり，主に取り上げたいのは考え方である．技術的な解説はそれが考え方に直結している場合にのみ与える．ただし，さらに先に行きたい読者のために，技術的な面について何を勉強する必要があるか，指針や補註を少しは入れてある．ある小説にはそれに相応しい文体があるように，ある現象にはそれに相応しい数学があるという意識は重要に思える．たとえば古典力学を微積分ぬきで教授することは，冒瀆行為だという意識を持たなくてはならない．

　本書の題名には「非線形」という言葉が入っている．しかし，実は，著者は「非線形なんとか」と取り立てて言いたくはない．世の中のことほとんどが非線形なのだから，「非線形な世界」とは世界そのものなのだ．それでも「非線形な世界」と取り立てて言うとすれば，世界の何に特に注目するのか？　まず，「非線形系」の意味を考えよう．そのために「線形系」ということばの意味を反省する．

---

[1] 数学は，解析の初歩および線形代数，岩波講座『現代数学への入門』程度があれば十二分．物理は大学初年級の物理概説程度（古典力学の初歩，熱・統計力学の初歩；電磁気学の初歩があると便利）．

1.1 線形系の特徴

「系」(system) という言葉は自然の一部であるが,多かれ少なかれあるまとまりを持ったものをさす(たとえば,ある電子回路,一匹の犬,地球,太陽系,など).システムという言葉は,語源的には,syn(ともに)と histanai(立つ)という言葉からできているそうだが,「一緒に支えあって一つのまとまりをなしているものの集まり」という意味である.「まとまりをなす」ということの意味は,理想的には,(1) 系に属している世界の部分とそうでない部分が判然と区別でき,(2) 系に属しているものは互いに(系に固有の)相互作用をしていて(または関係を持っていて)系外との相互作用は別に取り扱うことができる,ということである[2].

ある系 S が与えられているとき,入力 x に対するこの系の出力 y が,ある写像 Q を使って次のように書けるとする(数学的に「写像」というときには x に対して y が一義的に決まっていなくてはならない.話を簡単にするためにこれを仮定する):

$$y = Q(x). \tag{1.1.1}$$

たとえば,x はある力学系(時間発展の法則の与えられた系と思っておけばいい)の初期状態,そして y はその系の時刻 $t = 1$ における状態である.

系 S が線形系 (linear system) であるとは写像 Q が線形ということである.すなわち,x_1, x_2 をかってな入力とするとき

$$Q(\alpha x_1 + \beta x_2) = \alpha Q(x_1) + \beta Q(x_2) \tag{1.1.2}$$

が成立する.ここで α と β は任意のスカラー定数である.(1.1.2) を重ね合わせの原理 (superposition principle) という.重ね合わせの原理を満たす法則に支配される系が線形系である.重ね合わせの原理の要点は,スケール不変性 (scaling invariance)

$$Q(\alpha x) = \alpha Q(x) \tag{1.1.3}$$

と加法性 (additivity)

$$Q(x_1 + x_2) = Q(x_1) + Q(x_2) \tag{1.1.4}$$

の二つが成り立つことである.

---

[2] 世界にありとあるものは,本当は,不可分に相互作用しているので,判然と他から区分可能な「系」など設定不可能である,というもっともな意見がある.これについては第 3 章で反省することにして(特に 3.3 節末),ここでは,常識的にすすむ.第 3 章の考え方によれば,「系」とその外部との相互作用は小さくなくていい.

たとえば，あるバネののび ΔL が加えられた力（の大きさ）F に比例するならば，つまり，$\Delta L = kF$（ここで k は正の定数）ならば，このバネは線形な系である．力を 2 倍にしたら伸びはたしかに 2 倍になる．よく知られている別の例は，ある空間配置をとった電荷の系がつくる静電場である：この場はひとつひとつの電荷が単独で作る電場ベクトルの単純な和で与えられる．

課題 1.1.1 分子間の引力は電気的相互作用に原因があるにもかかわらず，重ね合わせの原理が成り立つほど簡単ではない．どうしてか？ □

課題 1.1.2 量子力学を勉強したことのある読者は，この機会にヘルマン−ファインマンの定理について調べ（あるいは復習し）上の課題との関連を考えてみよう．□

ここまでは，話を簡単にするために，系が与えられると，それが線形かどうかはすでに系そのものの性質で決まっているかのような書き方をしてきた．しかし，話はこんなに単純でない．ある系の研究は観測を通してだけ可能なのだから，与えられた系について何を観測するか，あるいは，どんな量を通してその系を観察するか，ということを指定しないでその系を云々することには意味がない．たとえば，量子力学の基礎方程式であるシュレーディンガー (E. Schrödinger 1887-1961) 方程式（補註 1.1.1 参照）は線形の方程式だから，すべての孤立した系は線形の法則に支配されている．しかし，そうだからと言ってある孤立系のすべての性質が線形だというわけではない．何を測定するかによる．孤立した箱の中で気液共存した水を考えてみよう．それはシュレーディンガー方程式に支配されている．しかし，その気液界面には非線形波動が見られるのだ[3]．また，上記の系 S についても，y でなく y^2 を観測すれば話はまったく違う．そういえば，量子力学でも，波動関数 = 確率振幅 ψ そのものは測定できないのだった．上に述べたバネの場合でも，貯えられているポテンシャルエネルギーは F の線形な関数ではない．要するに，ある系が「本来」線形か否かを問題にすることは意味がない．上に書いた「系 S が線形系であるとは写像 Q が線形であることであ

---

[3] 古典力学のハミルトンの方程式と，相空間上の分布関数がしたがうリュービル (J. Liouville 1809-1882) 方程式の関係に見るように，非線形の常微分方程式はいつでも線形の偏微分方程式に対応させることができる．このように無限次元空間（ここでは関数空間）を使って線形-非線形を対応づけることはこの本ではしない．シュレーディンガー方程式はリューピル方程式を連想させるが，ここでは通常の解釈にしたがってこれが基礎運動方程式だと解釈している．

る」というのは本当は正確でなく,「系 S のある観測量 y が線形な応答を示すとは写像 Q が線形であることである」と書くべきだった.しかし,この本では,「ある系」について論じるときは「どういう風にそれを記述するか」や「どんな量を通して見るか」などはすでに諒解されているものとして,ふつうどおり簡単に線形系などと言うことにする.線形な記述ができるといろいろ話が簡単になるから,どんな量を通して観測すると線形な領域が大きくとれるか,というのは実際的に重要な問題である.しかし,どんな量を採るのがいいか一般的な指針はないだろう.

補註 1.1.1 シュレーディンガー方程式

3次元空間中に N 個の点粒子があり,それぞれの質量を m_j ($j = 1, 2, \cdots, N$) とする.第 j 粒子の位置座標を $\boldsymbol{r}_j = (x_j, y_j, z_j)$ と書き,これらの粒子が相互作用するときのポテンシャルエネルギーが粒子の位置の関数として $V(\boldsymbol{r}_1, \boldsymbol{r}_2, \cdots, \boldsymbol{r}_N)$ と表現されるとしよう.この N 粒子系のシュレーディンガー方程式は次のように書ける:

$$i\hbar \frac{\partial \psi}{\partial t} = -\sum_{j=1}^{N} \frac{\hbar^2}{2m_j} \Delta_j \psi + V(\boldsymbol{r}_1, \cdots, \boldsymbol{r}_N)\psi. \tag{1.1.5}$$

ここで Δ_j は座標 $\boldsymbol{r}_j$ についてのラプラス作用素

$$\Delta_j \equiv \frac{\partial^2}{\partial x_j^2} + \frac{\partial^2}{\partial y_j^2} + \frac{\partial^2}{\partial z_j^2},$$

$\hbar$ はディラック定数(プランク定数 h を 2π で割ったもの. $h = 6.626 \times 10^{-34}$ Js, $\hbar = 1.0546 \times 10^{-34}$ Js),そして $\psi = \psi(t, \boldsymbol{r}_1, \cdots, \boldsymbol{r}_N)$ は波動関数とよばれ,$d\tau_j$ を点 $\boldsymbol{r}_j$ の近傍の体積要素とするとき(その体積も同じ記号で表すことにする),$|\psi(t, \boldsymbol{r}_1, \cdots, \boldsymbol{r}_N)|^2 d\tau_1 \cdots d\tau_N$ は N 個の事象「粒子 j が $d\tau_j$ の中にある」($j = 1, \cdots, N$) が時刻 t に同時に生じる確率に比例する.

ニュートンの運動方程式がより基本的な法則から論理的に導出できないように,この式もより基本的理論から論理的に導かれるようなものではなく,その正当性は究極的には経験事実との整合性にある.シュレーディンガーはこの方程式を提案した論文(1926年[4])の中でいろいろもっともらしい議論を与えてはいるが,最終的に彼にこの方程式の正しさを確信させたのは,水素原子のエネルギーレベルが正しく計算できるという経験事実との整合であった[5].

---

[4] [1926年: バードが北極点に飛行機で到達した年.昭和がはじまる] シュレーディンガーはこの年に「固有値問題としての量子化」四部作を出して今ある初等量子力学を一気に完成してしまった.湯川秀樹監修,田中正・南政次共訳『シュレーディンガー選集 I 波動力学論文集』(共立出版, 1974)に全訳と解説がある.

[5] 量子力学の教科書はもちろん無数にある.入門書としては,英語では D. J. Griffiths, *Introduction to Quantum Mechanics*(Prentice Hall, Upper Saddle River, NJ, 1995)が,日本語では清水明『量子論の基礎』(新版,サイエンス社, 2004)がいい.一通り習った人はやはりディラック『量子力学』(朝永振一郎他訳,岩波書店, 1968)の少なくともはじめの半分は読むべきだろ

1.1 線形系の特徴

ここで古典的な線形系の例を調べよう．銅でできた一様な細い棒が両端を除いて熱的に孤立している（この棒と外界との間に熱のやりとりが，両端を除いて，ない）とする．両端ではいろいろな条件（境界条件 boundary condition といわれる）を課すことができる．その棒の時刻 t での温度分布 $T(t,x)$（たとえば摂氏で計ることにしよう；ここで x は棒の一端から測った位置座標，図 1.1.1）の時間発展は，もしも初期の温度分布が空間的にむやみに急激に変化していなければ，拡散方程式 (diffusion equation)

$$\frac{\partial T}{\partial t} = \kappa \frac{\partial^2 T}{\partial x^2} \qquad (1.1.6)$$

で記述される．ここに κ は熱拡散係数 (thermal diffusion constant) といわれる正の定数である．

課題 1.1.3 では，温度が激しく変化しているとするとどうなるのだろう．そもそも温度が激しく変化しているとはどういうことだろうか．どの長さのスケールで考えたらいいのだろうか．□

式 (1.1.6) の出し方を復習しておこう．j で熱流束 (heat flux; 棒の断面を通って位置座標の正の向きに単位時間単位面積あたりに移動する熱エネルギーの量）を表すことにする（正の向きを x-軸の正の方向にとる）．この場合，熱エネルギーがほかのエネルギーに転化しないので，エネルギーの出入りのバランスからつぎの関係がえられる（図 1.1.1；次の式にでてくる $o[y]$ は一般に y よりも高次の微小量を表す：$\lim_{y\to 0} o[y]/y = 0$．ここでは $\delta x \to 0$ で考えている）：

$$\delta h = [j(x,t) - j(x+\delta x, t)]S\delta t = \left[-\frac{\partial j}{\partial x}\delta x + o[\delta x]\right]S\delta t. \qquad (1.1.7)$$

ここに δh は微小時間 δt の間に微小区間 δx に加えられた熱エネルギー[6]を表わ

図 1.1.1 x と $x+\delta x$ の間の棒の薄切りで熱エネルギーの収支を考えれば拡散方程式が得られる．j は x での断面を通って左から右へと抜ける熱流束，$j+\delta j$ は $x+\delta x$ での断面を通って左から右へと抜ける熱流束．

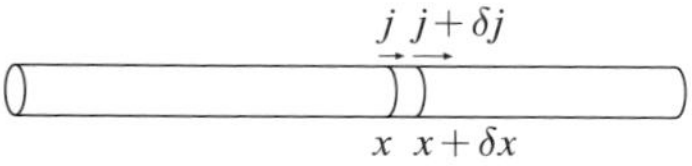

う．ファインマンの物理学講義の量子力学の部分の精神はディラックで，その懇切丁寧な版といってよく，読む価値がある．ただし，アメリカでは教室で使う入門書とは見られていない．

[6] フーリエの時代にはまだ熱の本性がよく理解されていなかった．それは何か物質のように考えられていた（熱素説 caloric theory）．物質の量が保存されるように，熱エネルギーもそれが

しSは棒の断面積である．

Cをこの棒の単位体積あたりの熱容量としよう．いま考えている微小区間の温度変化をδTと書くと，その体積は$S\delta x$なので$\delta h = (CS\delta x)\delta T$となる．熱流束とTの勾配との間に線形法則（フーリエの法則 Fourier's law といわれる比例関係）を仮定しよう：

$$j(x) = -K\frac{\partial T}{\partial x}. \tag{1.1.8}$$

Kは熱伝導係数 (thermal conductivity) といわれる量で，熱力学第二法則によって（大雑把に言うと，熱が低温から高温に向かっては自然に流れないというクラウジウスの原理 Clausius' principle によって）正でなくてはならない．(1.1.7) と (1.1.8) から次式が得られる：

$$C\delta T = \left[\frac{\partial}{\partial x}\left(K\frac{\partial T}{\partial x}\right) + o[1]\right]\delta t, \tag{1.1.9}$$

つまり，

$$C\frac{\partial T}{\partial t} = \frac{\partial}{\partial x}\left(K\frac{\partial T}{\partial x}\right). \tag{1.1.10}$$

(1.1.10) は，CとKがともに温度に依存しないならば（いま考えている棒の一様性からこれらの係数がxに依ることはない），$\kappa \equiv K/C$とおくと拡散方程式 (1.1.6) になる．偏微分方程式 (1.1.6) に現れている微分作用素 (differential operator)[7]は重ね合わせの原理 (1.1.2) を満たすから拡散方程式は線形系を表現している．

ここに復習した拡散方程式の導出から得られる重要な教訓は，ある種の理想化あるいは単純化（たとえば，Cが温度によらない）なしに線形方程式は一般には導けそうもない，ということである．世の中たいがいのことは非線形なのだ．

他のかたちに転化しない限り保存されるから，いま考えているような状況下では「熱素」は悪い考え方ではない．

[7] 《微分作用素》もしも$M(f)$のxにおける値が，xおよび関数fとそのいろんな導関数のxにおける値だけで決まるならば，Mは微分作用素といわれる．(1.1.10) に出てくる$\partial/\partial t$や$\partial/\partial x(K\partial/\partial x)$，また3次元ラプラス作用素 (Laplacian)$\Delta \equiv \partial^2/\partial x^2 + \partial^2/\partial y^2 + \partial^2/\partial z^2$は典型的な微分作用素である．だから先に出てきたシュレーディンガー方程式（補註 1.1.1）は線形の方程式である．（ただし，数学として真面目にいえば，ここで述べたような「形」だけでは作用素は定義できず，その作用する領域（関数空間など）を指定しないと作用素の定義としては不完全である．）

1.1 線形系の特徴

ここまで, T が十分滑らかな時空の関数であることを仮定してきたことに注意. これを仮定して偏微分方程式モデルを作ったのだから, その解が一意的に存在して実際に十分滑らかなことがチェックされなくては, ここまでやってきたことは正当化できない. 物理学者をはじめ自然科学者は, その直観に大いに自信があるので, また, ここで使ったような数学に絶大な信頼を置いているので, こんなことはチェックするまでもないと思っている. それで, 数学者が解の存在とその一意性を証明し, それが十分滑らかであること (空間座標の関数として, 実解析的であること[8]) を証明しても, ほとんど感激しないどころか数学者の仕事の意義すら認めない. 数学者が問題にしているのは, 科学者の直観が本当に正しく, われわれの数学がそれを的確に表現できるかどうかという重大なことである. 拡散方程式の場合は, すべてがめでたしめでたしで, 科学者の信仰は正しい. しかし, 相当奇妙なことも起こりうることが次の課題からわかる. 数学者を自明なことをあげつらう変わった連中だと馬鹿にしてはいけない. とはいえ, 科学者の直観は非常にしばしば正しいので, 科学者と付き合うとき (彼らを教育するとき) 数学者にもそれなりの配慮が絶対に欲しい.

課題 1.1.4 無限に広い 2 枚の平行平面の間の空間が熱媒体 (線形系と考えていいように理想化するから温度は空間 3 次元の拡散方程式で支配される) で満たされていて初期時刻にいたるところ 0℃ にあったとする. 2 枚の平面はいつもその全体が 0℃ に保たれているとしよう. この熱媒体のある点 (たとえば目の前の点) の温度変化は将来どうなるか? (どんな温度になることも可能である. 何でそういうことになりうるのか考えてみよう.) □

線形系が一般に理想化によってしか得られないということ (あるいは, 成立限界があること) は (1.1.3) の 'スケール不変性 = 尺度変換不変性'(scaling invariance) から直接納得できる. もしも T が (1.1.6) を満足するならば, この T にどんな数を掛けたものも (1.1.6) を満足する. たとえば, $10^{10}T$ も実現できる答えとしてよい. しかし, 銅の針金についてこんなことがありうると信ずる人はいないだろう (念のために言っておくと太陽の表面温度は 6,000 K である).

ある量の絶対値 (値そのもの[9]) に物理的意味があるとき, それを支配する方程式が線形ならば, それは正確な自然法則を表わしていない. 線形則は量に関し

---

[8] x の関数として無限級数にテーラー展開することができるということ.
[9] これは, ここでは, 「相対値」に対照していう意味であり, x に対する $|x|$ のことではない. このような言い方も「業界」では標準的である.

ては '局所法則' に過ぎない．実際, (1.1.6) では T の数値そのものに摂氏で計った温度という意味があるので，それはある限られた T の値の範囲でしか良い近似で成立しない．先に挙げた，バネの例では，あんまり引っ張るとバネが馬鹿になることを誰でも知っている．古典電磁気学の基礎方程式である（真空での）マクスウェル (J. C. Maxwell 1831-1879) の方程式も，同様な理由で，基礎理論ではありえない（こんなふうに昔の人が考えなかったのは驚きではある）．ただし，絶対値そのものに物理的意味がない量についての方程式は厳密に線形であっていい．たとえば，シュレーディンガー方程式は，波動関数の絶対値はどうでもいいので，それが厳密に線形であって悪い理由はない[10]．

拡散方程式は 1805 年[11]頃, フーリエ (J. Fourier 1768-1830) によってはじめて書き下された．当時, 彼はグルノーブルのあたりの県知事 (prefect of Isère) をしながら，ナポレオンのエジプト遠征 (1798-1801) の学術報告を書いてエジプト史の研究に期を画し，ヒエログリフを解読することになる少年シャンポリオン (J.-F. Champollion 1790-1832, 解読の出版は 1824) を激励し兵役を免除するなどという文化史的にたいへん重要な役を演じている[12]．実は, すぐ後で見るように，彼はこれよりはるかに重要な文化史的役割を演じたのであり，たぶんゲーテやシラーなどよりもはるかに甚大な影響を現代世界に持っている[13]．にもかかわらず，ふつうの歴史年表はまったく彼に触れない．こういうことがわれわれの文化に内在する重大な欠陥を例示しているだろう（本章付録の 1.5A にはこれを補償する意図もある）．

フーリエの最も重要な文化的功績は，拡散方程式の一般的解法の提案に関連して，「どんな関数でも（いまの言い方では）フーリエ級数に展開できる」と主張して，現代数学の「生長核」とでも言うべきものを与えたことである．フーリエは (1.1.6) の解 T がいつでも次のフーリエ級数 (Fourier series) の形に書けるこ

---

[10] 同じ理由で, 古典力学系のアンサンブルの確率密度 (2.6 節に説明がある) を支配するリュービル方程式も厳密に線形である．

[11] [1805 年: シラー (F. von Schiller 1759-1805) が死んでトラファルガーの海戦があった]

[12] T. W. Körner, *Fourier Analysis* (Cambridge University Press, 1988) の Chapter 92 "Who was Fourier?"; I. Grattan-Guinness (in collaboration with J. R. Ravetz), *Joseph Fourier, 1768-1830: a survey of his life and work, based on a critical edition of his monograph on the propagation of heat, presented to the Institut de France in 1807* (MIT Press, 1972) 参照．

[13] 卑近な例を挙げれば音楽圧縮技術 MP3 や画像圧縮技術 JPEG の核心はフーリエ展開（と情報理論）である．大気の温度に関する温室効果を初めて指摘したのもフーリエであった (1824 年)．

とを主張した: $a_n(t)$ および $b_n(t)$ を時間の関数として

$$T(t, x) = \frac{1}{2}a_0(t) + \sum_{n=1}^{\infty} \{a_n(t) \cos nkx + b_n(t) \sin nkx\}. \tag{1.1.11}$$

ただし，ここでわれわれの考えている銅の棒は長さが L であるとし，$k \equiv 2\pi/L$ とおいた．つまり，この棒の上に乗ることのできる定在波の重ね合わせですべての解が書けるというのがフーリエの主張である．さらに，フーリエは展開係数の計算法も提案した:

$$a_n(t) = \frac{2}{L} \int_0^L T(t, x) \cos nkx \, dx, \quad b_n(t) = \frac{2}{L} \int_0^L T(t, x) \sin nkx \, dx. \tag{1.1.12}$$

この公式は，積分と無限和の順序が交換できるとすると，三角関数の直交性 (n, m は同時にはゼロでないとして)

$$\frac{2}{L} \int_0^L dx \cos nkx \cos mkx = \delta_{nm}, \quad \frac{2}{L} \int_0^L dx \sin nkx \sin mkx = \delta_{nm}.^{14} \tag{1.1.13}$$

を使って簡単に検証できる．フーリエはこのレベルの「証明」は与えたのであって，ただ当て推量を声高に主張していたのではない．(1.1.11) を (1.1.6) に代入して，微分と和の順序が交換できるとすると，次のようになる:

$$\frac{1}{2}\dot{a}_0(t) + \sum_{n=1}^{\infty} \left\{ [\dot{a}_n(t) + \kappa n^2 k^2 a_n(t)] \cos nkx + [\dot{b}_n(t) + \kappa n^2 k^2 b_n(t)] \sin nkx \right\} = 0. \tag{1.1.14}$$

ここで $\cdot$ は時間に関する微分を表す．積分と無限和の順序が交換できるとすれば，三角関数の直交性 (1.1.13) を使って，異なった'モード'(一つ一つの三角関数で表されている各項のこと)の時間発展を分離できる．つまり，各モードの振幅の時間発展は各モードのなかで完結している．たとえば．

$$\frac{da_n(t)}{dt} = -\kappa n^2 k^2 a_n(t) \tag{1.1.15}$$

であり，この式に a_m ($m \neq n$) や b_m は現れない．こうして，もとの偏微分方程式

---

[14] $n = m = 0$ のときは

$$\frac{1}{L} \int_0^L dx = 1$$

を使う．

(1.1.6) は，各モードのしたがう互いに干渉しない常微分方程式の束に分けられてしまった．各モードが干渉しないということは，(いまの場合は明確に) 異なった長さのスケールが没交渉だということである[15-17]．

式 (1.1.11) のようにフーリエ級数によっていろんな関数が表現できるというアイデアは，実はフーリエより 50 年ほど昔，ダニエル・ベルヌーイ (Daniel Bernoulli 1700–1782) が 1 次元波動方程式 (弦の運動方程式) を解くために初めて提案したアイデアである[18]．弦の振動のいろんなモードを考えればこのアイ

---

[15] 《シュトゥルム–リュービル型の作用素》もし上記の熱伝導の例で棒が一様でないと (C とか K が x に依存すると)，三角関数を使った相互干渉のないモードへの分解はできない (もちろん，三角関数モードへの分解はできるが，絡み合いをほどいて (1.1.15) のようには分離できない)．このとき非干渉モードへの分解を可能にするのが一般化されたフーリエ展開の理論である．一様でない棒の場合，拡散方程式に対応した式は $\partial_t T = C^{-1}\partial_x(K\partial_x T)$ になる．微分作用素 $C^{-1}\partial_x K\partial_x$ は一般にシュトゥルム–リュービル (Sturm-Liouville) 型の作用素といわれその固有関数系 $\{\varphi_n(x)\}$ は完備直交系をなす，つまり，'勝手な' 関数 $T(t,x)$ はつぎのように展開される：$T(t,x) = \sum_n a_n(t)\varphi_n(x)$．このとき，各 $a_n(t)$ は他と没交渉に時間発展する．一般に $\varphi_n(x)$ は n が大きいほど空間的な変化が激しくなる．この意味においてやはり大きく異なったスケール同士は干渉しない．小谷真一・俣野博『微分方程式と固有関数展開』(岩波講座現代数学の基礎 6, 1998) 参照．

[16] 《より一般の線形作用素についての注意》ここでは $\mathcal{L}$ を適当な線形作用素とするとき，方程式 $du/dt = \mathcal{L}u$ (発展方程式 evolution equation といわれる) を，この作用素の固有関数に基づく一般化されたフーリエ展開を使って，相互干渉のないモードに分解できるということを前提にしてきた．しかし，このプログラムがいつもうまくいくわけではない．(うまくいくための一つの十分条件は $\mathcal{L}$ の逆作用素の完全連続性である．このようなこともきちんと理解していることが望ましい．そのためには，関数解析の初歩は学んでおくべきだろう．) その場合いろいろと病的なことが起こりうる．一つの理由はモードにたとえ分けられても，それらをベクトルとして考えたとき，その向きが直交しないことである．たとえば，L. N. Trefethen, A. E. Trefethen, S. C. Reddy and T. A. Driscoll, "Hydrodynamic stability without eigenvalues", Science **261**, 578 (1993) 参照．より詳しくは，L. N. Trefethen, "Pseudospectra of linear operator," SIAM Rev. **39**, 3833 (1997). 本も出た: L. N. Trefethen and M. Embree, *Spectra and pseudospectra: the behavior of nonnormal matrices and operators* (Princeton University Press, 2005). これは懇切丁寧．

[17] ここで実行した形式的な計算はすべて正当化できる．核心は，ここに出てきたフーリエ級数の収束がはやいことだ；空間的にめまぐるしく変化する成分の寄与 (大きな n からの寄与) が大きくないことが本質的である．物理的に考えるとこうなるのはもっともだろう．拡散方程式は温度などの分布がぼやけていく過程を記述する方程式なのだから，その解は初期の分布の中の細かい構造が時間が経つにつれてますます重要でなくなるはずであり，解はなめらかになるだろう (空間座標の関数として無限回微分可能どころか実解析的である)．すなわち，解であるようなフーリエ級数は速やかに収束するはずだ．

[18] 偏微分方程式の歴史については H. Brezis and F. Browder, "Partial differential equations in the 20th century," Adv. Math. **135**, 76 (1998) 参照．

デアは自然なものだろう．しかし，それが一般的な方法であるとは当時誰も認めず，そうこうしているうち，その数学的研究はうやむやになってしまった．50年経っても，事情はあまり変わらず，フーリエのアイデアは当時の大御所ラグランジュ (J. L. Lagrange 1736-1813) の受けいれるところとはならなかった．しかし，近代解析学の祖とされるコーシー (A. L. Cauchy 1789-1857) が真剣に解析学の理論化にとりくんだのはフーリエの挑発的主張「どんな関数も三角関数の和で書ける」のゆえであり，この主張を正しく理解し，正当化するために現代数学の大きな部分が作られていったと言っていい．フーリエの数学への寄与は，先に述べた彼のエジプト学への寄与をはるかに越える文化的寄与だったのである．この続きが知りたい人は付録 1.5A へ．そこではいくつかの数学的事実の復習もかねて数学史をちょっとだけながめる．

1.2　非線形系の特徴

非線形系は「線形でない系」のことである[19]．「線形」の意味は前節で確認したから「非線形」の意味は明確になった，というのはしかしちょっと悲しい．世の中たいがいのことは非線形だといったのだから「非線形性」を何かの否定でなく，積極的に特徴づけたいではないか．

「非」線形系では重ね合わせの原理 (1.1.2) が成立しないのだから，当然フーリエ展開法は (厳密) 解を求めるのにそれほど有用ではない．異なったモード間の干渉が除けないためである．線形系ではかけ離れた尺度の間の干渉が除けるので，われわれ人間のスケールの線形現象を理解するためには人間のスケールのあたりで起こっていることだけ考えていればいい．しかし，重ね合わせの原理が成立しないと，異なったモード間の干渉が生じ (モード結合 mode coupling が生じ) スケールがかけ離れていても必ずしも無関係と言っていられなくなる．これを簡単に尺度 (スケール) 干渉 (scale interference) と言うことにしよう．「尺度干渉がある」というのが非線形系の積極的な特徴づけになるのではないだろうか．

大雑把に言って，われわれのスケール[20]で観測されるモードが (たとえば，(大

---

[19] 前節のはじめのほうで見たように，'非線形系' という言葉はその系のわれわれが関心を持つ側面が重ね合わせの原理にしたがわない記述を持つということの簡略化された言い方である．

[20] 《われわれの大きさ》われわれのスケールというのは曖昧な言い方であるが，だいたいマイ

域的には安定だが)局所的に $\dot{x} = x$ のように)線形不安定だとカオス(chaos)が生じうる. カオスは, 決定論的な系(deterministic system, 現時点までの状態をきちんと与えると, 未来永劫その挙動が一義的に決まってしまう系)が実際上予測不可能にふるまう現象である. カオスが決定論的であるにもかかわらず予測不可能にふるまうのはその時間発展が相空間(phase space, 軌道が走りまわっている空間)の接近した2点間の距離をむやみと拡大するからだ(小さなことが大きなことに響く; スケールの干渉そのものである). きわめて小さなスケールの出来事は, われわれには(現時点における単なる技術的制約のせいでなく)原理的に知りえない[21]. したがって, きわめて簡単な決定論的な系でさえ '可知' の部分で閉じていないことがしばしばである. これを簡明に見せてくれるのがカオスの意義である. (古典物理学のなかでさえ)われわれにとって巨視的な世界が

クロメートル (10^{-6}m) のようにひどく小さかったり何キロメートル (10^3m) より大きかったりしないスケールのことである. われわれは自分たちが細胞でできていることにながらく気がつかなかったのだから数十 μm 以下はわれわれとかけ離れたスケールと言っていい. 大きな方の限界も百メートル程度だろう(ものを投げられる距離). つまり, $10^{\pm 4}$cm 程度が日常的スケールであろう.

こんな人間中心の見方は非科学的ではないのか? そうでもない. 人も自然の産物だからである. ヒトの大きさは何が決めているか? 大きな動物のサイズ, より一般にいわゆる巨大真核生物(megaeukaryota)は体節などの繰返しが単位になるが, 繰返し単位の大きさは細胞の大きさの1桁は上である. したがって, 「高等な」生きものの大きさは少なくとも細胞の大きさの2, 3桁上である. 真核細胞の大きさはだいたい $10\,\mu$m であるから, われわれの大きさは1mm よりそう小さくはなれない(最小のカエルは体長だいたい 10 mm, 無脊椎動物なら最小は 0.5 mm くらい). さらにかなりの解像度の眼を持つなどということを言い出せば, この1, 2桁上は容易に考えられるので 1 m という大きさは自然である. 問題は細胞の大きさがなぜ $10\,\mu$m であるかということである. 細胞の大きさについてのきちんとした議論はない. それでも, タンパク質の大きさ 1 nm (これは物理の基本法則でほぼ決まる)の最低2桁上ではあるだろう. 生物が(DNA のような)情報高分子を使うことに普遍性を認めれば, それを丸めた体積は直径が $1\,\mu$m くらいの球にはなる. したがって, このような大雑把な議論から見てさえ, 人間のような生きものが 1 mm よりずっと大きいということはそうそう勝手な話ではないのだ.

[21] 《'原理的に' とは》ここで「原理的に」というのはその実行が未来永劫絶対不可能という意味である. たとえば, 10^{-60}m の精度で初期条件を設定するとしても, 粒子をこの範囲に閉じこめるためのポテンシャルエネルギーが非現実的な値でなくてはならないことは不確定性関係から自明だろう. もちろん量子力学がこんな小さな距離で成り立つかどうか怪しいが. もしも, 運動が1秒間に誤差を2倍にするようなものだとすると(これは極端な例ではない), 2, 3分後のことをきちんと知るには初期条件にこれくらいの精度はいる. それどころか, 途中の時間でも細心の注意を払って外界の影響(たとえば太陽の中での対流が引き起こす質量分布の変化による重力の効果)を除かなくてはならない. そばで手を動かしてもいいだろうか?

'可知' の部分で閉じない，ということはきわめて重要な事実である[22]．

課題 1.2.1 常微分方程式の軌道同士の交差は許されない（解の一意性）から，2次元空間では，軌道は空間中にゆでたソーメンを交差しないように平らに並べたようにしか入れず，たいしてややこしいことはできない．カオスのような挙動のためには軌道が走りまわる空間が3次元かそれよりも大きな次元を持たなくてはならない．軌道が走りまわる空間の次元が2だと，どの程度予想外のことが生じうるか調べてみよう．(Denjoy を鍵にできる[23])．□

もしもわれわれのスケールで観測されるモードが（たとえば $\dot{x} = -x^3$ のように[24]）安定だが線形安定ではないと 臨界現象 (critical phenomenon) が生じる[25]．臨界現象は，たくさんの異なったスケールのほぼ線形中立なモードが絡み合って，大きなゆらぎとして立ち上がってくる現象である．小さなスケールのモードはめまぐるしく変化してノイズのように見える．これがそれより大きなスケールのモードと干渉することによって後者を駆動するとしてみよう．この大きなスケールのモードは線形中立なのだから，なかなかゼロには戻れない．そのため，速いモードの効果が次々と遅いモードに積み重ねられることになる．こうして駆動されたモードはさらにより大きなスケールのモードを駆動する．そしてその効果も減衰しにくいのでさらに累積されていく．結果として，時間空間スケールのものすごく大きなゆらぎが生じてしまう．これが臨界現象である．

カオスの場合でも，臨界現象の場合でも，われわれからかけ離れた時間空間ス

---

[22] だが，カオスはそれだからきわめて重要な現象であると言っているわけではない．こういうことが起こるためにカオスが必須であるわけでもない．カオスの意義は簡単な系でさえこういうことが起こるということをはっきりみせてくれる啓蒙効果，概念的反例としての意義にあるのだ．もちろん，自由度が十分小さな系でいろいろ変わったことが起こるというのはおもしろいことではある．

[23] 田村一郎『葉層のトポロジー』(岩波書店, 1976) 参照．ベクトル場のなめらかさで話が少し変わる．

[24] この $x = 0$ は安定だが，線形化すると $\dot{x} = 0$ となって，安定とも不安定とも言えない．線形中立 (linearly neutral) であると表現できよう．

[25] ただし，いろんなスケールのモードがあるとき．線形安定でないモードが広いスケールにわたってたくさんないと臨界現象は見えない．蔵本由紀氏が強調するように，基本的現象（パタン形成の際の要素的化学反応などが例）が相関するスケールが分子のスケールのように小さくない（たとえば 0.1 mm）と，たとえその現象が線形安定性を失ってもわれわれが見るスケールまでにゆらぎは大きく立ち上がってこない．事実上臨界現象はない．

ケールのモードは,それ自体としては観測も制御もできないのだから,ノイズと考えてかまわない.ノイズとは系の外から,または注目しているスケール外の現象からやってくる(われわれにコントロールできない)予測できない擾乱のことを大雑把に指す言葉である.「あいつのいうことはノイズに過ぎない」というときの用法と違って,本書では「ノイズ」という言葉にどうでもいいとか些細だという意味はまったくない.それどころか,ノイズに言及するときにはしばしば畏敬の念がともなう ('The Almighty Noise').

ノイズが系に及ぼす効果は(安定な)線形系では大して深刻ではない.たとえば,次の線形ランジュヴァン (P. Langevin 1872-1946) 方程式[26]を考えよう:
$$\dot{x} = -x + \nu. \qquad (1.2.1)$$
ここで ν は平均[27]がゼロのノイズである.アンサンブル平均(同じ方程式にしたがう系,クローンと思うのがいい[28],をたくさん用意しておいて,それらの挙動を単純平均すること)を $\langle x \rangle$ と書くと
$$\langle \dot{x} \rangle = -\langle x \rangle, \qquad (1.2.2)$$
つまり,ノイズはアンサンブル平均には何の効果もない.非線形の系ではこんなことは不可能だ.一般に $\langle f(x) \rangle \neq f(\langle x \rangle)$ だからである.ノイズが真に新たな問題を引き起こすのは非線形な系においてのみである.そしてこのときはノイズが累積して大きな効果を持つかもしれない.先にも述べたように,微視的スケールの系の挙動はわれわれから見るとノイズそのものだから,こうして臨界現象が生じたのだ.

しかし,臨界現象やカオスなどでのかけ離れたスケールからの影響は大きくとも「建設的」でないから,ノイズの効果としてはオールマイティといわれるほど偉大とはいえないだろう.しかし,ノイズと非線形の組み合わせはわれわれに予想外のことを与えるから,それは大いなる創造の源になりうるはずである.どうやればノイズを使ってわれわれのスケールでの新たな構造や過程などを作ることができるか.ノイズに対して,はじめは敏感に反応するが,ひとたび出来

---

[26] ストカスティックな項を持つ微分方程式(ノイズで駆動される項を持つ微分方程式)を一般にランジュヴァン方程式という.物理では数学で言う確率微分方程式 (stochastic differential equation) よりずっとルースなクラスをこの名で呼ぶのが普通.

[27] アンサンブル平均(何度も同じ条件下でくり返した観測結果についての平均と考えていい)と長時間平均があるが,ノイズについてはこの両者は一致すると通常仮定される.

[28] 従来,コピーという言葉が使われてきたが,運動法則は同一だが初期条件と外的影響であるノイズが異なる系を集めて考えるのだから,まさにクローンという言葉がぴったりである.

上がればかなり安定な時空構造があればいい.

ノイズに対抗して安定な構造を生み出す手段は大数の法則[29]の活用である. そのため, 時空スケールをある程度大きくしなくてはいけない. 特に, ゆっくり変動する巨視的自由度が系になくてはならない. そのような変数を作る一般的な方法は, (保存量の活用を除けば)対称性の低下(系を支配する法則よりも系の状態の対称性が低くなること)であろう. こうしてできた巨視的自由度 x は, 典型的には, $\dot{x} = x - x^3$ のような方程式にしたがうこととなる. $x = 0$ は不安定であり, $x = +1$ あるいは -1 が長時間後に落ちつく先である. 方程式は $x \leftrightarrow -x$ のもとで不変(対称)だが, 落ちつく先はどっちか一方で, 方程式の対称性を反映しない. これが対称性の破れ(低下)(対称性の自滅ともいう[30])である. $x = \pm 1$ のどちらに将来落ちつくかは方程式には決められず, 初期条件による. 初期の小さなノイズの効果がゆく先を選択し, 結果として, 巨視的自由度 x はマクロあるいはメゾスケールの記憶変数としてノイズを情報源として活用することを許す. 典型的な例は強磁性体や液晶である. ある温度以下で巨視的な磁性体のスピンがそろう(強磁性相があらわれる). あるいは, 細長い分子の方向がある程度そろってネマティック液晶相ができる(図 1.2.1). どちらの場合でもそろう方向を決めるのは基本法則ではなく, 相がそろう以前にあった微弱な外場や初期のスピンのゆらぎなどという非本質的な (contingent) 要素である. 強磁性相はもちろん磁気メモリーを支える物理的原理である. こうして対称性の低下した

---

[29] 《**大数の法則**》 おおざっぱに言うと, 互いに関係しあわないたくさんの変動する量 $x_1, x_2, \cdots$ があるとき, N が大きいと, $\sum_{j=1}^{N} x_j = N\langle x \rangle + o[N]$ となること. ここで $\langle x \rangle$ は x_j たちの平均である. $o[N]$ の項はランダムに変動する部分だがその振幅は N にくらべるとずっと小さいということを表している. 変動する変数をたくさん集めると大きな不動の部分が出来てくるのである.

もっと正式に(弱)大数の法則を書くと次のようになる. $\{X_i\}$ を同一の分布にしたがう統計的に独立な確率変数の集まりとする. どのように $\epsilon > 0$ を選ぼうと

$$\lim_{N \to \infty} P\left(\left| \frac{1}{N} \sum_{k=1}^{N} X_k - \langle X \rangle \right| > \epsilon \right) = 0$$

が(確率分布があまりに広がっていない, つまり $\langle |X| \rangle < \infty$, という条件の下で)成立する. ここで P は括弧の中の事象の確率を表し $\langle \ \rangle$ は期待値を表す.

[30] 対称性の破れはいろいろな理由で生じるが, ミクロな物質的基盤を持たないものはおしなべて外的擾乱に対して脆弱である. それゆえに平衡相転移が, たとえば細胞の構造にとって, 対称性の低下の最も重要な理由になる. 対称性の自滅といわれる理由は, ミクロな構成員がその相互作用, それ自体は対称であるが, によって自縄自縛的に身動きができなくなって大きなスケールで対称性が低下してしまうからである.

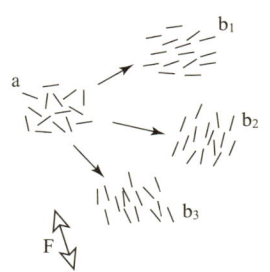

図 1.2.1 対称性の破れ(一様流体-ネマティック液晶転移). a が高温の無秩序相(等方液体相), b は低温で分子がある程度そろった液晶相. 外場 F がないならば, ディレクターの方向は指定できない(特定の方向, たとえば b_3 だけが '創発' することはない). しかし, 自己組織化によって生じたこの巨視的自由度は外場や境界条件で巨視的に決定することが可能であるので, 情報を蓄えるために使うこともできる.

相はノイズを増幅してメモリーとして固定する. 巨視的な情報が創られたように見える.

一般に, このような対称性の破れとそれによって生じた相(あるいはセクター)をつぎつぎと組み合わせたり選んでいくことで複雑な系が生成される. 最終章でこの話題に触れる. 対称性の破れそのものが生じうることは系の性質(方程式あるいは基本法則の性質)だからふつうの従来の物理学の研究対象であるが, 複雑系は, その先に起こること, 対称性の低下がつくり出した新たな不定性の活用いかんに依っている. 複雑系の基礎自然学とは対称性の低下が用意した画材で描かれた絵画に現れる普遍性を追求することである[31].

1.3 本質的に非線形な系

いままで非線形系を論じるといいながら, ソリトン[32]のソの字も出てこないではないかと思っている読者もいるだろうが, この本では今後も出てこない.

目の前にしわくちゃにされた紙切れがあるとしよう. もしもその紙切れがくしゃくしゃにされる前, 平らな紙片であったなら, しわをのばして平らにする方法がある. 本当に平らにするには非常な手間と, ときには, 頭脳も要るかもしれないが, とにかく紙を破る必要はない. しかし, もし丸める前にすでに曲率をもっていた(たとえば半球面状であった)とすると破らないでこの紙を平らには

---

[31] 上に述べたノイズの効果は連続的な系に対するノイズの効果ではなく, むしろ不連続な挙動をする系(もちろん線形ではない)で生じるスケール干渉と見られないこともない. 多重安定性, ヒステリシス, 不連続性などが関連した標準的話題であるがこれらについては成書があるので本書ではふれない. たとえば, 吉田善章『非線形科学入門』(岩波書店, 1998)参照.

[32] 粒子のようにまとまった振る舞いをする孤立波束をソリトンという.「まとまった振る舞い」とは, ぼやけていかない一塊として運動するだけでなく, それらの衝突に際しても粒子のように '個体' としてふるまうということである.

1.3 本質的に非線形な系

絶対にできない．ガウス (K. F. Gauss 1777-1855) が気付いたように本質的差がこの二つの間にはあるのだ．これに類することが非線形系にもあるに違いない．つまり，見掛け上非線形な系（もみくちゃにされた線形系；細かくきれいに折りたたまれていてもいい）と本質的に非線形な系 (intrinsically nonlinear system) とがあるだろう[33]．可積分系 (integrable system) は線形な系に変換できる系であり，いってみれば変装した線形系である．その変装を見破るのは並大抵の仕事ではないし，うまくいった理論は美しいが，とにかくそれは本質的には尺度干渉のない系である．そこで本書では可積分系は考慮の外におく．考慮の外におく理由は以下に見るように他にもある（もちろん，著者がこの分野について無知蒙昧だという以外の他の理由である）．

ノイズに対する応答に関しては可積分系の可積分性という特権的性質はあまり重要でない．可積分系では軌道は相空間中にもつれずに整然と入っているのだが，この相空間は一般には非自明な変換（紙をくしゃくしゃにすることに対応した変換）をうけているから，意外な所が近くなったりしていて小さなノイズのために変なことが簡単に起こりうる．つまり，尺度干渉そのものがノイズで引き起こされうる．そうならば，本質的に非線形な系と（線形でない）可積分な系はノイズのもとではその長時間挙動は一般に大して変わらないだろう．さらに，本質的非線形な系を非本質なそれから判別する<u>アルゴリズム</u>（有限回でおわる，きちんと決まった手続きのこと）は存在しないと思われる．したがって，一般に新たな系の考察を始めるときには，それが本質的に非線形な系であると思って始めるのが自然だろう．

大多数の非線形系は本質的に非線形なのではないだろうか．もちろん数多くの例が本質的に非線形であったとしてもそれが直ちに本質的非線形性の重要性に結び付くわけではないし，また可積分系が重要でなくなるわけでもない．しかし，前の節に挙げたような非線形系独特の現象は尺度干渉を欠くがために可積分系には現れない（あるいはノイズがあれば可積分系の特性が重要でなくなる）．そのようなわけで，この本では，可積分系を考えない．

---

[33] ここでは，次元を極端に変えるような方法は考えない．すでに触れたように，どんな非線形系でも無限次元の線形系として形式的に記述することはできる．力学系に関するこの事情については I. P. Cornfeld, S. V. Fomin and Ya. G. Sinai, *Ergodic Theory* (Springer, 1982) の Part III 参照．

1.4 「世界を見る」とはどういうことか？

「非線形」についてはここまでに説明した．

本書では，自然現象の「本質」を見抜く努力のことを「世界を見る」ことだと理解する．それは「物理学」という言葉が正しく理解されるならば，基礎物理学と同義語である．そもそも物理学は，化学や地質学などのような「何を研究するか」によって，つまり，研究対象によって特徴づけられる学問ではなく，研究の構えによって特徴づけられる学問である．対象は何でもいい．

「本質」を定義するのは難しい（「本質」とは「物，事がそれ自体として本来何であるかを規定する自己同一な固有性」「物をそれ自体としてあらしめる属性」などとものの本にはあるようだ）が，平たくいえば，「要するにこういうことだ」，実際的，具体的の制約のためややこしいことがいろいろあるだろうが「枝葉を取り去っていえばこういうことだ」，「この勘所を押さえれば現象の大事な点は再現される」というようなことが，われわれが直観的にとらえる「本質」ということだろう．「本質」はその性格からして抽象的であり，その表現はしばしば数学的になる．「わかる」ということは具体的なことを抽象的に言い直すことだと言った人もいる[34]ということを思い起こそう．

物事の抽象的本質を理解しようとする学問が「体系的に世界を見ようとする努力」すなわち基礎自然学である．その非実験的な部分は基礎数理科学でもある．本書では数学だ，物理だとうるさいことをいいたくない．

もちろん，そもそも物事に「本質」などないかもしれないし，あってもそれに注意を払うことが得策とは限るまい．たとえば，生物学と「本質主義」(essentialism)

---

[34] J. ペランは「説明するとは，目にみえる複雑なものを目にみえない単純なもので置き換えることである．」と言ったという．R. トム「自然科学における質的なものと量的なもの」科学 **48**, 296 (1978) に引用されていた．原文は J. ペラン『原子』（玉蟲文一訳，岩波文庫，1978）の序文「このようにして，まだわれわれの認識の彼方にある実体の存在または性質を予測し，単純な見えないものによって複雑な見えるものを説明しようとするところに直観の働きがあり，それによってわれわれはドルトンやボルツマンのような人々に負うところの原子論を発展させるに至った．」（本條晴一郎氏のご教示による）のようであるが，これはトムによる「正しい誤解」の例であるようにみえる．ペランが意味したのは明らかに目に見えない具体物（古典物理的実体である）であり，抽象概念ではない．

1.4 「世界を見る」とはどういうことか？

とはなじまないという主張はよく聞くものだ[35]. しかし,「本質」追究を真剣に試みもしないで, 頭ごなしに「本質」などないと言い切れるほど人間の洞察力は強力ではないのではないか. 本質の追究が原理的に不可能なら基礎科学の徒はその不可能性を論証しなくてはならない. 基礎物理学者は説明がややこしいのは「われわれの頭が悪いからだ」あるいは「まだいい見方を知らないからだ」とまず考える. 一方で「どんなに見たってややこしいものはややこしいさ」という醒めた意見ももちろんある. これが本当かもしれないが, この意見に与した研究をするのは基礎自然学の徒ではない. この基礎自然学徒の態度をすべてのものを見るときに貫くことが本書で言う「世界を見る」ということである.

さて, 非線形であるということはこの宇宙のほぼすべての現象に普遍的な性質であるようだから,「非線形な世界」を見ることは「世界」を見ることと言ってしまえばそれまでである. それにもかかわらず「非線形」と取り立てていうのはなぜか. 非線形性はスケールの干渉にその特徴があった. そのためにわれわれの世界から「不可知」な要素を排除できずその完結した理解は不可能になる. その非完結性は新たな現象をもうみだす. その記述は新たな概念を必要とするだろうし, 完結した理解を前提としない現象の記述法「現象論」を必須にする. そこで, 本書は解説の的を概念分析と現象論に絞る. これが「非線形」を明記する主要な理由である.

世の中での「非線形科学」や「非線形物理」という言葉のふつうの使い方には, (多体問題とか臨界現象論などという)「明らかに非線形だがより明快な特徴付けのできる '正統的' 物理諸分野」を除いた分野というニュアンスのあることが多い. しかし, 著者はこのような「正統的分野」も含めて, 非線形性そのものに由来する一般的現象を鳥瞰するというほどの意味で「非線形世界を見る」と言いたい (著者に鳥瞰できると言っているわけではない). これは, 何も新しい分野を意味するわけではないし, ましてや, 別の (たとえばいわゆる非還元論的な) 新しい科学を作ろうなどという考えを著者が持っているわけでもない. むしろ, 非

---

[35] たとえば E. Mayr, *Towards a New Philosophy of Biology* (Belknap-Harvard Univesity Press, 1988) を見よ. しかし, 物理学者がこれを読むと物理学への劣等感がうらに見え隠れすると思うのではなかろうか. D. J. Futuyma, "Wherefore and whither the naturalist?", American Naturalist **151**, 1–5 (1998) はきわめて率直にこの劣等感の存在を認め, その上で「博物学者」であることの重要性を説く好論文である. 本書の延長上に目論まれていることは,「はじめに」に書いたように, 分子から巨視世界まで, 数学からフィールドワークまでを統合した真の自然史——Integrative Natural History——である.

線形の自然学を志す読者はたとえばランダウの物理学教程に代表されるようなふつうの意味の物理学およびすべての基礎である数学を人一倍理解しておくべきである[36]．たとえば生きものを知りたければ，その上に，生物学について常識を持つべきなのだ．

課題 1.4.1 学問とは何だろうか？ 学問が役に立つとはどういうことか．松本眞「「リンゴが落ちたって万有引力は発見できないさ」今の学問，社会のニーズに惑わされてない？」を読むといい[37]．著者が自然科学というとき普通いわれる意味でのその応用はまったく念頭にない．自然科学の重要な応用は，工学や医学への応用ではなく，人間のものの見方考え方を変えることである．工学や技術が人間のものの見方を大いに変えてきたことを認めるにやぶさかではないが，より直接的なものもあるのだ．□

1.5 この本の構造

この節は本書の見取り図であり，主題をより詳しく提示する．

第2章の主題は，直観的にはわかっているつもりの事柄を明示的にそして明晰に記述すること——概念分析——である．明晰さが要るのは人との意見の交換がまともにできるためであり，非線形な世界を研究するためだけに必要なことではない．第2章ではカオスを例にして概念分析を正面からやってみる．そのためには，ランダムさ (randomness) とは何かという質問が避けられない．必然的に計算の理論 (theory of computation)，アルゴリズムとは何か，などという数学基礎論めいた話が無視できなくなる．現実の世界を見る際にこんな話を知っておくことがためになるとも思えない，という意見もあるだろう．しかし，この本で説明する程度の初等的な話は，専門を問わない常識だろう．

第2章は「明晰さを求める」とはどういうことか例示するのが目的である．概念の定義にこだわるのは科学者として賢明でないという意見があることを著者は十分承知している[38]．研究は何かわけのわからないところから始まるのであ

---

[36]「今後物理学が物質科学から離れてその守備範囲を広げるにあたっても，これまでに蓄積されてきた財産から汲み取るものは大きいと思う．これをぬかして流行ばかり追いかけても底の浅い学問しか出てこないであろう．」(川崎恭治『非平衡と相転移』(朝倉書店, 2000) p4-5)
[37] http://www.math.sci.hiroshima-u.ac.jp/~m-mat/index.html からダウンロードできる．
[38] ファインマンでさえ「精密な定義がなかったならそれについて何かを知っているとは言えな

1.5 この本の構造

って明快な定義などから始まりはしない. 生物の '種' とは何か, についてたいへんに難しい議論が山のようにある. 実際これは一筋縄ではいかない概念であり, 擬似概念だと思っている人も多数いよう. だから, '種の起源' などという本はこんな定義に拘泥したら書けはしない[39].

しかし, ある事柄について明示的定義を与えることができないということは (それが無定義的基本概念でないかぎり), その事柄のわれわれの理解に何か欠けたところがあるか, そうでなければそもそも明晰な表現が不可能だということだろう. たとえ, 後者であっても, 明晰な表現の努力をしてはじめてその不可能性が判然と認識できるのではないか. だから概念分析 (conceptual analysis) の例を提示することは実際の研究にも無意味ではないはずである. 異なった個人の間で意見を交換し, しかも, 言葉遊びを避けるためには, 数学が人間に許された最も明晰な話し方である. 数学を使うということは, 数学で数学の外にあるものを表現することだ. したがって, その表現されるべきものはあらかじめかなりの程度明確になっていなくてはならない. このために概念分析が必要なのである. なにしろ, われわれの研究対象は限定されていないのだから, 諸概念も前もって与えられているとは考えない方がいい. 概念分析は世界を見るための主要な方法である[40].

さて, 非線形性は尺度干渉のために世の中をややこしくすると期待するのが人情だろう. われわれの尺度を大きく離れたスケールのことをわれわれは容易に知りえないか, もしくは原理的に知りえない. だから尺度干渉を通してあら

いのです.」と言う (R. P. ファインマン『物理法則はいかにして発見されたか』(江沢洋訳, 岩波現代文庫, 2001) 7 新しい法則を求めて).

[39] ボナー (J. T. Bonner) に聴こう. 「生物学できちんとした定義が望ましいかと言われれば私はしばしば反対だと言わなくちゃならない. それが議論を時期尚早に硬直したものにするからです. 一例は "種" でしょう. 誰が何を言おうと私は気にしません. この言葉の定義に決定版はあったためしがないし, 現在, いや今後でさえそういうものを与えることが有用だとは思いませんね.」 ("Interview with J. T. Bonner," BioEssays **25**, 727 (2003)). 最近のポピュラーな解説は E. Marris, "The species and the specious," Nature **446**, 250 (2007) (リンネ生誕 300 年記念号).

[40] 「私は, 科学的な基本的態度は, 論理的な概念の分析にあると考えております. この点を私が一番学んだのはガリレオ・ガリレイのやり方でした. …今日さまざまに使われている概念はいったいどういうものであるか, ということの分析がまず第一であって, データを細大もらさず扱うということも必要には違いないけれども, そういうことによるだけでは, ギリシャから一歩も進めることはできないのです.」(武谷三男『現代の理論的諸問題』(岩波書店, 1968) '序に変えて——栗田賢三氏との対話' p1-2).

かじめ知ることのできないものがわれわれのスケールの現象に影響を及ぼすことになる．こうして世の中は無制限にややこしく無法則的になってもおかしくないのだが，世界はそんなにデタラメではなさそうだ．ある程度理解可能のようにさえみえる．

　ノイズと非線形に満ち満ちた世界の毎日が驚きの連続でないというのは驚くべき経験事実ではないだろうか？　積極的にこの経験事実を活用するのが第3章の目的である．

　世界を理解するということは，それをそのすべての細部にわたって認知するということではあるまい．われわれのまわりの世界(環境)の理解がこんなことを要求するのであれば，われわれはひどく新鮮な世界に毎日目をさますということになりそうだ．しかし，「日の下に新しきものなし．」われわれが大事だと感じる環境の部分が日々むやみに変らないからだ．われわれに重要と映る部分はかなりに安定なのである．より精確にいうと，どうでもよい些末な部分とそうでないより安定な部分とに環境を分節して後者が驚きを与えなくなったとき，われわれは環境を理解した(あるいは少なくとも環境になじんだ)と感じるのである(それは錯覚でもかまわない)．もちろん，ここで「何を些末とするか？」という問題を避けることはできない．

　ある現象をその安定な部分(つまり，ディテールを動かしても変化しない部分)と，それ以外のディテールに敏感な部分とに腑分けして，前者をはっきり理解すること(望むらくは，その本質を理解すること)をその現象の<u>現象論的理解</u> (phenomenological understanding) という[41]．先に述べたわれわれの環境の理解の仕方は現象論的であり，現象論的理解で十分われわれが生きていけるということが，この世界についての自明でない経験事実である．そして，これは(われわれの外部に厳然と存在する)世界がもっているある性質(ある種の法則性の存在)のおかげである．コンラート・ローレンツ (K. Lorenz 1903-1989) は彼の'鏡の背面'[42]の中で次のようなことを言っている：魚の形が流体力学的に見事にできているのは水のある性質，その長時間挙動が流体力学にしたがうと

---

[41] ディテールと上に出てきた些末なこととは同じことであって何がディテールかわからないのではないか？　これはもっともな質問だが，実際には，たとえば，非常に小さなスケールで起こることのある側面など明らかにどうでもいい現象があるということで，当面半経験的に話をすませておく．

[42] K. ローレンツ『鏡の背面――人間的認識の自然誌的考察』(谷口茂訳，思索社，1974; 原著 1973)．犬が好きな人には同著者『人　イヌにあう』(小原秀雄訳，至誠堂，1968; 原著 1953)を推薦する(猫についてもかなり書いてある)．

いうこと，の反映だが，水が流体力学にしたがうのはその中を魚が泳ぐからではもちろんない，と．水は魚が存在する以前から存在したのだし，魚がいなくても水の流体力学的法則は成立し続ける．われわれの脳と世界の関係もこのように理解されるべきものである．つまり，われわれの脳がある種の法則性を認識できるように作られているのは，世界にわれわれを離れて法則性が「実在する」からだ．

　第3章では 'くりこみ理論'(renormalization theory) の考え方が現象論を抽出するための一般的な理論的概念的枠組として説明される．その極意は系の '安定' な諸性質をその現象を説明しているとされるモデルから抽出することである．ここで，ある性質が安定かそうでないかは系を(摂動などで)ゆすぶってみるとわかる．ゆすぶってもびくともしない部分があるとき，厳密な意味で現象論が可能になる．もちろん，このとき面白い現象論があるためには，びくともしない部分が自明であっては困る．(常識的な意味で)自明でないびくともしない部分を見せる現象は<u>くりこみ可能</u> (renormalizable) であるといわれる．ある現象がくりこみ可能で現象論が確固として存在するとき，その現象はくりこみ構造を持つという．上に説明したことは，一口にいうと，世界にはくりこみ構造や近似的くりこみ構造を持った現象がたくさんあるということだ[43]．さらにこのことが世界がある程度独立な部分系からなるように見せてもくれるだろう．これがわれわれに世界を理解することを可能にする「世界のからくり」だと考えられる．われわれ「知的生物」の発生を許した世界のからくりだと言ってもいい．

　ところで現象論的理解は微視的理論にもとづく理解にくらべると一等劣った理解のように思われているのではないか？ ワインバーグ (Weinberg 1933-) は彼の有名な本 *Dreams of a Final Theory* (Pantheon Books, 1992) のなかで '白墨はなぜ白いか？' と質問し，結局，原子の構造，はては素粒子論まで遡ることでその根本的説明ができると述べる．では，'白墨もメリケン粉も白いのはなぜか？' この場合原子構造まで遡って説明することの意味はなんだろうか．

　物質的基礎を追究することがそれほど理解につながらない現象はいろいろあるのだ．それどころか，現象論的枠組は往々にして物質的枠組ないしは微視的レベルを追究するだけでは理解が得られないことが多い．熱力学を例にとって

---

[43]「くりこみ可能」という言葉の使い方は元祖の素粒子物理側の人々が目を剥くようなものかもしれないが，本書ではこのような一般的な意味で使う．

みよう．この枠組が力学を超越していることは歴史が教えている[44]．量子力学へのヒントを与えたのは熱力学的考察であった．統計力学が熱力学を正当化すると読者は言うかもしれないが，これは本末転倒の議論である．統計力学に出てくる概念や基本則がそもそも熱力学を前提にしないときちんと定式化できない．さらに，物理学は経験科学だから，究極の正当化は実験観測との比較によらなくてはならない．いまの場合，重要な比較は熱力学を介しておこなわれる．つまり，熱力学との整合性が統計力学を正当化するのである．しかし，統計力学は散乱関数など熱力学が相手にしないような量も実験に合う結果を与えるではないか，だから，熱力学を離れて直接正当化できる，と読者は反論するかもしれない．だが，散乱関数がいくら実験に合っても，熱力学量の結果が正しくなければ，理論は正しくないことに注意すべきである．むしろ，熱力学に整合する理論体系が散乱関数のようなものまで正しく与えるということが，熱力学がいかに本質をついているかを如実に物語っていると見るべきだろう[45]．

微視的な理論のほうがより基本的だという見方が自然に聞こえるのは，一つには，'波を離れて水はない'[46]と考えないからだ．現象はそれを担う物質を離れては存在しないと考えるから，物質の構造を究め尽くすことこそが現象そのものの深い理解の本質であると思ってしまうのだ．しかし，波を担えないような（液体の）水が存在しないこともこれまた自明なことである．物質がなければ現象はなく，現象がなければ物質はない．そして現象は物質ではない．つまり，自然を理解するとき，物に依拠する見方もそうでない見方も同じくらい基本的である．物理の「物」は物質の「物」と通常理解されているようだが，これを物事の「物」とも理解しなくてはならない[47]．

---

[44] 量子力学の方が相性がよいが，第三法則を考えなければ大差ない．P. T. Landsberg, *Thermodynamics with quantum statistical illustrations* (Interscience Publishers, 1961) の 35 節「量子力学の先駆けとしての熱力学」にまとめがある．

[45] さらに，統計力学では多体系中の粒子の一つ一つが同時に力学に従うことを仮定するが，これは，実証する術がないから，形而上学的信仰といっていい．
　自然科学に信仰を持ち込んでいいのか？ 結論が信心，不信心と無関係であればまったくかまわない．

[46] 「一休ばなし」巻四 (15)．岩波の新日本古典文学大系 74『仮名草子集』（渡辺守邦・渡辺憲司校注）p421: 我こゝろそのまゝほとけ生ほとけ波を離れて水のあらはや．

[47] イスラームのスコラ哲学を体系化したイヴン・スィーナー (Avicenna 980-1037) の思想においては，質料と形相はともに実体である．「なぜならば，形相はいわば形相を容れる物を基体として，それに内在するのであるが，基体にあたる物それ自体は，自分の中に内在する形相なしには存立しえないからである．」（井筒俊彦『イスラーム思想史』（中公文庫，1991；原著

以上から読者が感じているように、この本では「現象論的」という言葉を、通常と違って、肯定的かつ積極的な意味を持つ言葉として使用する（3.1 節参照）．絵画を鑑賞するとき，われわれは画材を鑑賞しているわけではない．ワインバーグの問題としていることは往々にして絵ではなく画材なのだ．絵が他の媒体，たとえば，白黒写真によってもある程度伝えられるということは，実際の物質的実現方法を超越した何かが絵にはあるという（至極あたりまえの）ことだ．そしてこれまた至ってあたりまえのことだが，絵を鑑賞するということの重要な要素はその実現素材を超えた何かを鑑賞するということである．

課題 1.5.1 素粒子論のこの文脈での意義は何か． □

現象論的理解はしばしば物質を離れているから，それは数学的な形をとらざるをえない．実際，現象論を追究することは一連の現象の裏にあるミニマルな（十分に簡単な）数学的構造を探すことと言ってもいい．もしもそれらの現象を与える系のよい（そして，簡単な）数学的モデルがすでにあるならば，くりこみ理論的考え方で現象論を抽き出せる可能性が大きい．しかし，自然はモデルを与えてくれはしない．それはわれわれが作らなくてはならない．そこで（自然）現象のモデル化を第 4 章で，相変化のダイナミクスを具体例にして考える．

モデルには少なくとも二つの大きな用途がある．一つは現象の記述の道具としての用途であり，もう一つは考えの整合性を検証する道具としての用途である．後者の使い方は数理論理学や計算の理論などではありふれたものであり，第 2 章でいくつか扱われる．現象の記述の道具として，現象論を再現するミニマルなモデルは，われわれによる現象の理解の到達点をしめす．したがって，モデル作りは基本的な作業である．

現象の記述の妥当性は，たとえば，ある着目している観測量が定量的に記述できるかどうかで，ある程度客観的に判定できるだろう．問題は，「現象の記述に成功したのだからそのモデルは正しい」と簡単に言えないところにある．記述の成功は必要であるがよいモデルの十分条件ではない．十分条件など，はっきりと列挙できるようなものではないように思われるが，単純に現象と合うということ以上の要求は必要である．何を要求すべきか？ これが記述モデルの良否の問題である．これも第 4 章で考える．

非線形系には複雑な現象が生じうる．すでに 1.2 節で触れたように，複雑な系

1975), p278–279).

は対称性の自滅などで生じた無数の未定の変数を指定することで成り立つ系だから、これらの変数の値が勝手に決まってしまわないことが大事である．つまり，自己組織化しない（できない）ことが重要である．物理学者は「複雑系」といわれるものを研究してきたことになっているが，そのほとんどが自己組織化でできあがる系であった．この意味で，物理学者の複雑系の研究はほぼ擬似複雑系の研究であった[48]．疑問の余地なく複雑な系は真核生物系[49]である．その数学的本質を理解することが複雑系の本質のある一面を衝くことになるだろう．真核物理 (Eucarya physics) が複雑系の物理の核心かもしれない．もちろん，そういうことが今できるはずもないが，最終章では複雑系の研究およびいままでの（基礎科学の代表とされている）物理に関する反省と今後について糸口になりそうなことを述べる．

以上でわかるように，思想的には各章は密接しているが，素材はそれぞれ大きく違い，前の章がわからないと後の方がまったく意味をなさなくなるというような本ではない．かなりつまみ食いができる．脚注のつまみ食いだけでも無意味ではないだろう．

> **補註 1.5.1** 素粒子論は熱力学や分類学[50]と同じように基本的学問である．しかし，それが基本的である理由は素粒子論がすべての基礎であるからだというふつうの見方，ワインバーグ流にいえば，すべての説明の矢（A が B を説明するとき $A \to B$ と書くとしたときの矢）がいちばん始めに出発する点として重要であるという見方，は皮相である．上の白墨とメリケン粉の話でいくと，なるほど $A \to B$ かもしれないが $A' \to B$ でもあるのであり，B であるために A でなくていい．なるほど，最後には A の説明も A' の説明もこの立場ではある究極の Ω からでる矢の連鎖のなかに埋め込まれているかもしれない（図 1.5.1）．しかし，こんなときに A が B の説明だと思える人は先入主にとらわれている（= 信仰をもって

---

[48] さらに，自己組織性が重要とされる社会や経済現象も単に自己組織化の点から考察されることが多いが，たとえハチの社会であっても，重要なことは組織化されているものが質点なんかではない複雑な系，脳で制御されている系であり，これが自己組織的なフィードバックループと相互作用する点である．J. J. Boomsma and N. R. Franks, "Social insects: from selfish genes to self organisation and beyond," Trends Ecol. Evol. **21**, 303 (2006). Neuroeconomy などが重視されはじめた所以である．

[49] 地球の生物は，かつては，バクテリア (Bacteria 真性細菌)，アーキア (Archaea 古細菌) と真核生物 (Eucarya) の 3 領域 (domain) に大分類されていた（改訂された結果のまとめは W. Ford Doolittle, "Two Domains of Life or Three?" Curr. Biol. **30**, R177 (2020) 参照）．われわれは，真核生物の大分類では，キノコと動物を含むグループの一員である．

[50] 馬渡俊輔『動物分類学 30 講』（朝倉書店，2006）は厚くなくしかも手を抜いていない入門書と思える．

1.5 この本の構造

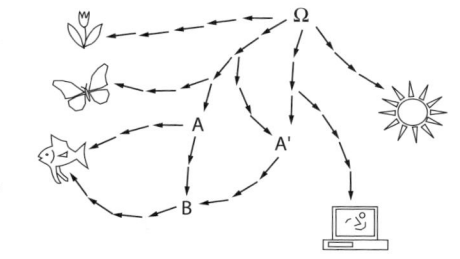

図 1.5.1 ワインバーグの世界像. 説明の矢印はすべて Ω から出発する. しかし, 説明の「系譜関係」はこのような世界でも木ではなく網目になっている.

いる)か論理的に精密でないかだろう. ワインバーグは熱力学とは上の意味で説明の矢が作る図形に何度もくり返し出てくるパタンを認識したものだと解している. しかし, 統計力学の基礎原理である等重率の原理がミクロには正当化されないという事実を振り返ると, このくり返し現れるパタンは Ω に由来するものでないということになろう. つまり, Ω では説明が完結しないのだ. たとえ百歩譲って Ω からすべての矢は出る (説明が完結する) としても, どんな風に説明の網目ができるかは Ω で決まってない. そもそも何が何を説明するかが Ω で決まってないということになろう. 要するに Ω は何も決めてないのだ[51].

付 1.5A: フーリエの蒔いた種から

上の 1.1 節に見たように, 「どんな関数でも三角級数に展開できる」というフーリエの主張は重ね合わせの原理の究極の利用である[52]. 線形系の数理の核心にあるのがフーリエのアイデアである. このアイデアは, 数学的にきわめて本質的であったため, それを「数学」にする努力が現代数学の骨組みを作ってきた. フーリエの仕事をきっかけにしてどんな発展があったか少し眺めておこう. こういう話は自然科学から大いに脱線しているといわれるかもしれないが, 数学の文化史的意義を知っておくことには意味があろう. 概念分析の好例が目白押しでもある. この本を楽しむためには以下 * の付いている術語について, はっきりした感触を持っているといい[53].

---

[51] ワインバーグ流のアプローチの正しい部分がカテゴリー理論的基礎づけも可能ではないかとは誰しも考える. もちろん, こんな自明なことを言ってみても, 大して啓発されるわけでもない. しかし, カテゴリー理論的な数学の基礎づけを学ぶいい機会かもしれない. S. MacLane, *Mathematics Form and Function* (Springer, 1986) Chapter XI 参照 (翻訳は『数学——その形式と機能』(彌永昌吉監修, 赤尾和男・岡本周士訳, 森北出版, 1992)). こういうことを離れても一読すべき本だと思われる.

[52] T. W. Körner, *Fourier Analysis* (Cambridge University Press, 1988) は大いに推薦できるフーリエ解析の (より一般に実解析の) 入門書である. その Section 7 は線形性の重要性をよく説明している (和訳は, 高橋陽一郎訳『フーリエ解析大全』上下 (朝倉書店, 1996)). 新井仁之『フーリエ解析と関数解析』(培風館, 2001) もいい.

[53] といっても大したことではなく, 本書の内容は, 大学一, 二年程度の数学がカバーしているこ

28　　　　　　　第 1 章　非線形世界を見るとはどういうことか

　フーリエの時代には，関数の概念さえはっきりしたものではなかった．そのちょっと前の時代に，ダランベール (J. d'Alembert 1717-1783) は式で書けるものだけを関数とみなすと言い，対してオイラー (L. Euler 1707-1783) は手でグラフが書けるものはすべて関数とみなすべきだと言って論争していたくらいである．紆余曲折の後[54]，写像*としての関数の概念が受けいれられるようになった：f がある変域 D で定義された関数であるとは，D の任意の点 x に対して $f(x)$ が一意的に与えられているということである．
　関数概念が一般化されて困ったことのひとつは，フーリエ係数の計算法に出てくる積分，たとえば

$$a_n = \frac{2}{L}\int_0^L f(x)\cos\frac{2n\pi x}{L}dx \tag{1.5A.1}$$

の解釈である．それまで積分は微分の逆演算として，原始関数を求める問題だとみなされがちであった．この立場では，上のような積分を前にしては途方に暮れざるをえない．リーマン (B. Riemann 1826-1866) はこの積分の意味を明確にするために彼の学位論文でリーマン積分を導入した(1853 年[55])．近代的な積分論はフーリエのアイデアをきちんと定式化するために創始されたのである．
　もとの関数 f とそのフーリエ係数 a_n, b_n の関係はどうなっているか，というのが次の自然な疑問だろう．関数 f のフーリエ展開の係数は (1.5A.1) のような式で決まると言われているが，どのくらい f で決まっているのだろうか．カントール (G. Cantor 1845-1918) がハッレ (Halle) に就職したとき[56]，そこにいた（いま，ハイネ-ボレルの被覆定理で知られ，最初に一様収束性*の意味を強調した）ハイネ (E. Heine 1821-1881) が彼にこの問題を提起した．
課題 1.5A.1 次のいろいろな収束性の定義を述べ，実例を挙げよ：絶対収束，一様収束，条件収束，最大収束．□
　カントールはまず連続な関数 f について形式的に (1.5A.1) のような式にしたがってフーリエ係数を計算して，それがすべてゼロならもとの関数は本当にゼロであること（すなわち，連続関数についてはそのフーリエ級数ともとの関数の関係は一対一対応）を証明した[57]．カ

　とをちゃんと勉強している人には，多少の努力は要るにしても，理解できるはずである．
[54] S. Stahl, *Real Analysis — a historical approach* (Wiley, 1999) の 6.5 節に関数概念の歴史の要約がある．それによるとフーリエ自身相当近代的な定義に近い概念をもっていたようで，それも三角級数についての仕事の結果だろうという．
[55] [1853 年：ペリーが浦賀に来た．太平天国軍が南京を占領し，リビングストンはアフリカ探検をはじめ，ワーグナーは『ラインの黄金』を書き始めた．ブール (G. Boole 1815-1864) の *Laws of Thoughts* が出るのが次の年]
[56] 《**カントールの伝記**》J. W. Dauben, *Georg Cantor, His mathematics and philosophy of the infinite* (Princeton, 1979) はたいへん面白い．この本には書いてないが，カントールはワイエルシュトラスのもとで助手になるフッサールの博士論文(1882 年；変分解析についてのもので，1894 年にツェルメロが彼の博士論文でより一般的にあつかう問題と関係；ついでながら，フッサールとツェルメロは同じ墓地に埋葬されている)の審査メンバーであり，彼らはその後も良好な関係を続けたという (B. Smith and D. W. Smith, Introduction to *The Cambridge Companion to Husserl* (Cambridge University Press, 1995) p4)．
[57] フーリエ級数からもとの連続関数を実際に再構成して見せたのが 19 歳のフェイェール (L. Fejer 1880-1959) だった(1899 年)．ついでながら，フェイェールはフォン・ノイマン (J. von

ントールはここでおわらず、f の値が無限に多くの点において知られていなくてもフーリエ係数が一義に決まることを発見した[58]．では、どのくらいたくさんの点で値が知られていなくてもよいのか？ これを調べるうちに、彼は整数の無限（可算無限*）と実数の無限（非可算無限*）の違いに気がついた（1873 年[59] 12 月）（A1 参照）．

　1891 年[60]にはカントールはこの事実の別の証明法（対角線論法*）を考えついた（A2 参照）．この方法は与えられた無限（超限数）よりもいくらでも '大きな' 無限があることを教える．勝手な集合 A をとる（まだ集合論などなかったのだが、いまの言葉を使おう）．その部分集合の全体を 2^A と書こう．そうすると 2^A が A より程度の高い無限であるということ（より大きな濃度 (power) をもつということ）をカントールは証明した．$R = 2^N$ である（R は実数全体を表す標準的記号、N は非負整数全体の標準的記号）．

　カントールは彼の超限数 (transfinite number) の理論を基礎づけるために集合の概念を導入した（1895 年[61]）[62]．だが、彼の集合の概念は曖昧だったのでいろいろと背理（パラドックス）が生じた[63]．そんなこんなで集合論をより精密に規定しなくてはならなくなり、ツェルメロ (E. Zermelo 1871-1953) が公理論的集合論を創始した[64]．

Neumann)，エルデース (P. Erdös)，ポリヤ (G. Polya)，ランチョシュ (C. Lanczos) などの指導教官であった．

[58] このあたり、彼とデーデキント (R. Dedekind 1831-1916) の書簡のやりとりを軸にした、志賀浩二「集合（現代数学の土壌 1）」（数学の楽しみ、創刊号、91. 1997) 参照．

[59] [1873 年：ヨーロッパで大不況が始まった年である．リビングストンが死に、ブルックナーは第三交響曲初稿完成、ファンデァワールスは彼の有名な状態方程式を提案]

[60] [1891 年：大津事件、エジソンがラジオの特許申請、ジャワ原人が発見され、幸田露伴は『五重塔』を書きはじめた]

[61] [1895 年：日清戦争が終わった年だ．ガソリン自動車、X 線、無線電信．ローレンツ (H. Lorentz 1853-1928) は彼の電気力学を仕上げ、キュリー (P. Curie 1859-1906) は磁性についての法則を発見した、マーラー交響曲第 2 番を初演．一葉『たけくらべ』『にごりえ』]

[62] "Beiträge zur Begrundung der transfiniten Mengenlehre," Math. Ann. **46**, 481 (1895). Dover から英訳が出ている．

[63] たとえば、M. Kline, *Mathematics, the loss of certainty* (Oxford University Press, 1980), Chapter IX にいろいろとある．いわゆるラッセルパラドックスについては A3 参照．

[64] 《ツェルメロ》G. H. Moore, *Zermelo's Axiom of Choice, its origins, development, and influence* (Springer,1982) は下手な小説よりはるかに読ませる．数学的には田中尚夫『選択公理と数学』（遊星社、1987）がいい．H.-D. Ebbinghaus, *Ernst Zermelo, an approach to his life and work* (Springer, 2008) が伝記の決定版である．ツェルメロは、物理学者には、ボルツマンの非可逆過程の説明の論理的困難を指摘した人として知られている．これに対するボルツマンの応答は、理論物理学者を相手に話していてしばしば著者が感じるような（常識のないやつとは話ができないというような）小馬鹿にしたようなものである．http://plato.stanford.edu/entries/statphys-Boltzmann/参照．しかし、ツェルメロも論争好きの厳しい性格の人だからこの場合はどっちもどっちという面はある．当時彼はプランクの助手をやっていてボスともども原子論に批判的だった．もちろん、彼のはるかに重要な仕事は公理論的集合論であるが、後々まで統計力学に対する関心を失わず、ギブズの統計力学の本をドイツ語に訳したのは彼だった（1908 年）．

　ツェルメロの直接の動機がなんであったにせよ、公理的集合論の目的は、「すべての矛盾を

30　　　　　　第 1 章　非線形世界を見るとはどういうことか

　こうして見てきたように，現在，数学を基礎づけている公理論的集合論さえほとんどフーリエのアイデアのインパクトの下に作られたと言っていい．最大の教訓は，現実世界の現象に関する具体的問題と純数学的な基礎的原理的研究とが直結していたということだ．これが応用数学の模範でなくてなんであろう．集合の公理にもいろいろある．したがってどれが現実世界を記述するに適しているかという質問は自然科学の問題でありうる[65]．

　さきに述べたように，積分の概念はリーマンによって精密化された．ある関数 $f(x)$ を積分するということはそのグラフと x-軸がかこむ面積の計算と理解できるが，直感的に面積が明らかなのにリーマン積分のできない関数としてディリクレ (J. P. G. L. Dirichlet 1805-1859) 関数 $D(x)$ がある[66]．この関数は次のように定義される：もしも x が有理数であれば $D(x) = 1$，そうでないときは 0；$D(x)$ は有理数集合 Q（これも標準的記号）の定義関数である．有理数は可算集合（元の数が高々可算無限の集合）だから，A1 にあるカントールの論法から明らかなように，その集合は長さがゼロである（測度零 measure zero という）．だから，直感的には

$$\int_0^1 D(x)dx = 0. \qquad (1.5A.2)$$

だが，この関数はリーマン積分可能でない．しかし，集合 $\{x : D(x) = 1\}$ の長さは 'わかっている' のだから，この積分はきちんと意味を持つはずである．したがって，積分概念はさらに精密化できるはずである．ルベーグ (H. Lebesgue 1875-1941) は彼の学位論文で面積や体積の概念を明確にし，ルベーグ測度論をうちたてた（1902 年[67]）．彼の動機も根本的にはフーリエ級数論だった．通常の確率論もルベーグ測度論に基礎をおくから，それがだいたいどんなものかぐらいは知っているべきだろう．付録 2.4A に測度論の概説がある[68]．

締め出す」に十分なだけ限定されていて，しかも「すべての価値ある結論を保存する」に十分なだけ強力な少数の原理を抽出することだった．これはモデル化の極意である．実際，物理に使うことのできる数学の基礎になる公理的集合論を作るということは，世界のモデル化でもある．いま標準的公理系は ZFC（Zermelo-Fraenkel + 選択公理）と呼ばれる．1908 年に発表されたツェルメロの公理系は選択公理をふくむが（フレンケルやスコーレムが後で加えた）置換公理のないものであった．しかし，後で加えられた公理は集合論的問題に答えるために加えられたものであり，本来の数学（われわれがふつう使う数学）には彼のもともとの公理系で十分である．

[65] どの公理を採用するかということは論理の問題ではない．これについては，P. Maddy, *Realism in Mathematics* (Oxford University Press, 1990) 及び *Naturalism in Mathematics* (Oxford University Press, 1997) が参考になる（が，J. Hintikka, *The Principles of Mathematics Revisited* (Cambridge University Press, 1996) に厳しい批判がある（その p167））．

[66] 若き日のディリクレは特にフーリエに影響されて偏微分方程式を重視し，ディリクレを尊敬していたリーマンの複素関数論は，その影響下にあるのである．D. ラウグヴィッツ『リーマン——人と業績』(山本敦之訳，シュプリンガー・フェアラーク東京，1998) 1.2 節参照．

[67] [1902 年：日英同盟の結ばれた年だ．ギブズ (J. W. Gibbs 1839-1903) は統計力学の本を出版し，マーラー交響曲 3 番初演，シベリウス交響曲 2 番初演]

[68] ルベーグ積分論，測度論の手頃な入門書はコルモゴロフとフォミーンによる『関数解析』第 2 版（山崎三郎訳，岩波書店，1971）．これは第 2 版にかぎる．Dover から安く手にはいるペーパーバック Kolmogorov-Fomin, "Introductory Real Analysis," は原書前 3 分の 2 程度の英訳（の編集されたもの）で自習用に手頃．

ここまで見てきたように，現代数学，特に実解析の大きな骨組みはフーリエ解析の（結局，線形系の）研究に端を発する．この骨組みは非線形な世界を研究するのにも本当に理想的な枠を与えているのだろうか？

A1 実数は可算でない

区間 $[0,1]$ の実数が数えられる（可算 countable である，つまり，自然数と一対一対応させる）と仮定しよう： $\{\omega_1, \omega_2, \cdots, \omega_n, \cdots\} = [0,1]$ と番号付けができることになる． ϵ を正の数として，長さ $\epsilon/2^n$ で中心が ω_n にある小さな閉区間 U_n を導入する（つまり， $U_n = [\omega_n - \epsilon/2^{n+1}, \omega_n + \epsilon/2^{n+1}]$ ）．これら小閉区間の全体 $\{U_n\}$ はどんなに小さな正の ϵ をとっても，すべての ω_n を少なくとも一回は覆っている．したがって $\cup_n U_n \supset [0,1]$ ． $U_n (n=1,2,\cdots)$ を全部寄せ集めた長さは $\epsilon/2 + \epsilon/2^2 + \epsilon/2^3 + \cdots = \epsilon$ より長くはなれない．ところが， ϵ はかってな正数でいくら小さくてもいい．したがって $\cup_n U_n \supset [0,1]$ であるはずがない．実数の無限は整数の無限より（気の遠くなるほど）多いと結論しなくてはならなくなった．

上の議論からすぐわかるように，一般に可算集合の体積はゼロである．□

A2 対角線論法

A の部分集合 B を指定するということは B の定義関数を指定することと等価だ： χ が集合 B の定義関数 (indicator) であるとは $x \in B$ ならば $\chi(x) = 1$ さもなくは 0 ということである．集合 A とその部分集合全体の集まり 2^A との間に一対一対応があると仮定しよう．つまり， A のどんな部分集合にも一義的に A のある元が対応し，その逆も真だと仮定しよう．この対応関係は $z \in A$ をとめると z に対応する A の部分集合（ A_z と書こう）の定義関数を与えるような二変数関数 $\varphi(\cdot, z)$ で書くことができる（つまり， $x \in A_z$ ならば $\varphi(x,z) = 1$, $x \notin A_z$ ならば $\varphi(x,z) = 0$ ）． $g(x) = 1 - \varphi(x,x)$ を $x \in A$ の関数として考えてみよう．これは各 x について 0 か 1 の値を取るから，歴とした定義関数だ．だからそれは A のある部分集合を指定するはずである．ところが， $g(x) = \varphi(x,z)$ を満たす z は存在しない．なぜなら，どんな z_0 をとっても $g(z_0) \neq \varphi(z_0, z_0)$ ．つまり，われわれの仮定は正しくなく A と 2^A とには一対一対応はないのである．明らかに， 2^A のほうが A より濃度が大きい[69]．□

A3 ラッセルパラドクス

実はツェルメロがラッセル (B. Russel 1872-1970) の数年前にこのパラドクスとその深刻さを認識していたことが知られている（ゲッチンゲンではヒルベルト以下みな知っていた）ので，フレンケルはツェルメロ-ラッセルパラドクスとよぶことを提案している．

集合を物の集まりだと素朴に考えると，それらは，自分自身を含む集合（ $Z \in Z$ であるような集合，たとえば，概念の集まりはまた概念である）とそうでない集合（ $Z \notin Z$ であるような集合）とに分類できるだろう．さて， $A = \{Z | Z \notin Z\}$ と定義した集合は意味があるだろうか？ $Z \in A$ とすると $Z \notin Z$ ．したがって， $Z \notin A$ となって矛盾．

標準的公理系（Zermelo-Fraenkel の公理系）では '正則性の公理 (foundation axiom) (FA)' というものがおかれている．この公理は与えられた集合が限りない '入れ籠構造' になっているのを禁止する，つまり，この集合がある要素からできていて，その要素はまた別の要素の集合とみなされ，そして，そして，と続くのがどこかで切れることを要求している（したがって $a \in a$ は禁じられる）．Moss は「数学的宇宙が段階的に空集合を基にして組み立てられていくという描像は，物理的世界が個々の粒子からできているとか社会が基本的には独立した個人からできているという見方と関連している．この関連が数学における FA の本当の文化的意義なのであ

---

[69] この $A_0 \equiv A$ を出発して $A_{n+1} = 2^{A_n}$ というふうにいくらでも大きい濃度の集合が作れる．

る.」と述べる[70].

　数学も社会的要因に強く規定されている. だからと言って, これから数学は恣意的体系であると結論する相対主義的誤謬に陥ってはならない. 文化や社会は人間を離れて存在するわけではない. それはわれわれ生身の人間が作ったものである. 生身の人間は強く系統発生に縛られているのであり, 根本的に世界の構造に規定されている. この事実を忘却することを(自然主義的誤謬と対照するために)「人文主義的誤謬 humanistic fallacy」と命名していいかもしれない[71].
□

---

[70] L. S. Moss, Bull. Amer. Math. Soc. **20**, 216 (1989), J. Barwise and J. Etchemendy, *The Liar* (Oxford University Press, 1989) の書評.

[71] 「われわれはまず人間を自然から切り離し, 人間の至上の君臨を確立することから始めた. そのようにすれば, われわれは人間の性格の中でもっとも否定しえぬもの, つまり人間はまず生ける存在であるという事実を消し去ることができると信じた. そして, この生ける存在という共通の特性に盲目になることによって, あらゆる種類の悪弊をはびこらせたのです.」(C. レヴィ・ストロース「人類学の創始者ルソー」山口昌男編『未開と文明』現代人の思想 15, (平凡社, 1969)所収). もちろん, ムーア (G. E. Moore 1873-1958) のように自然主義的誤謬があると見るのは典型的人文主義的誤謬である. 著者が文科系に進まなかった大きな理由は和辻哲郎『人間の学としての倫理学』(岩波全書, 1951)を読んで感じた空疎感であった. 人間を論じると称する本がヒトについて何も書いてない.

《**自然主義的誤謬**》岩波哲学事典によると(もっとも, ムーアの原典に即すれば, ここにあるような従来の解釈は正しくないらしいが, ここでは通俗解釈にしたがう)「倫理的概念を非倫理的概念によって定義し理解しようとする誤り一般にムーアが与えた名称. ムーアの批判の対象は, なによりも, 善を自然な対象や性質と同一視したり, それらによって定義可能であるとする考えである. この場合,「自然な」とは「自然科学や心理学によって取り扱いうるもの」を意味しており, 自然な対象や性質の代表例として〈快楽〉が挙げられる.」

　もちろん「善」が定義できるはずもないが, その核心に生物学的現象があることに疑問の余地はない. また,「ムーアの自然主義的誤謬批判の核心は, 存在と当為(「ある」と「べし」)の峻別をなしたこと, 言い換えれば, 倫理的概念が持つ規範的要素の還元不可能性を明瞭に指摘したことにある」とも同辞典には書いてあるが, 進化的認識論のもとでは(生きようとする人にとっては)無意味な区別である(後で見るように, 何を「在る」と見るかにさえ価値判断が関与している).

第2章
概念分析——明晰な議論の前提

　科学的研究はいろいろな概念の明確な定義からは始まらないのが通例であろうが, ある概念の明確な特徴付けを目標にすることが, 生産的であることはしばしば起こる.(フレーゲ G. Frege 1848-1925 による[1]) 公式見解によれば「定義」は「いいかえ」に過ぎないから, 論理的見地からは不要なものであるという. たしかに, ある概念が重要か(意義があるか)どうかは形式的体系の与り知らぬことだから, どういう概念を定義すべきかは形式的体系の中の問題ではない. 自然科学者にとって, 形式論理は実世界を理解するための道具だから, 実世界を形式論理の世界にきちんと映す努力はきわめて重要である. このとき「世界を理解すること」が「きちんと映すこと」とニワトリとタマゴのような関係にあるので「研究は定義から始まりはしない」ということにもなるが, 世界を理解するための努力目標の一部が明確な概念の定義を与えること,「きちんと映すこと」であることにかわりはない. 数学にとってさえ連続性や体積などというだいたいわかっているような気分になれる概念をきちんと論理的に定式化しようという努力はみのり多いものであった. それは, 数学も形式論理ではなく現実の世界との交渉がその発展の源泉だからである.

　この章では「カオス」を実例にして概念分析(直感的に知っていると感じていることがらの明示的表現＝ゆくゆくは数学的表現の追究)を取り上げる[2]. 前章でざっと見たように, 系が局所的に不安定だと 'われわれのあらかじめ知ることができないこと' が増幅されるため, 未来を予測するのが, 手持ちの情報では

---

[1] G. Frege, *On the Foundations of Geometry and Formal Theories of Arithmetic* (translated and edited by E. H. Kluge, Yale University Press, New Haven, 1971).

[2] これは, 何も非線形系の研究に限って大切になることではない. しかし, 非線形性, 特にカオス, が論理的かつ理性的な知的文化の伝統(啓蒙主義の伝統)の根本的な否定を意味するかのように受け取る誤った風潮もあるので, 概念分析をカオスを例に実行するのは教訓的だろう. カオスの濫用を整理した文献として次のが面白い: C. Matheson and E. Kirchhoff, "Chaos and literature," Philosophy and Literature **21**, 28 (1997).

不十分になる．こうして非線形系の「見たところランダムな挙動」'カオス'が現れる．

　この章はカオスをまったく知らなくても論理的には読めるように書いてあるつもりであるが，カオスがおおよそどんなものか知っていればもっとわかりやすいはずである．そこで本章の到達するカオスの定義から見ても典型的なしかし簡単な例をこのまえおきの終わりにつける（付 2.0A）[3]．本章の構造はこのまえおきの末尾にまとめてあるが，これも本章の見取り図を与えている．本章の目的はカオスの解説をすることではないが，関連した重要な概念は（たとえばルエルの不等式なども）かなり説明している．「はじめに」でも述べたように，この章はかなり数学的であり，ざっと読み飛ばせるような書き方にはなってない．しかし，情報，確率，測度，計算可能性，チューリング機械，アルゴリズム的ランダムさなどなど，いわゆる複雑系に興味のある人なら耳にしたことのある諸概念のかなり基礎的なレベルからの解説があちこちにあるから，まずはざっと眺めて続く章に行き，また後で必要になったらもどってくるという読み方が効率のよい読み方かもしれない．

　あることを説明したり記述したりするにはいろんな手段がある．たとえ話でわからせる，実例をいくつか持ってくる，あるいは共通に理解していると思われる概念をあやつって言葉で説明するなど，さまざまである．最後に述べた方法が，いわゆる文科系の学問ではふつうのようだが，蒟蒻問答[4]を待つまでもな

---

[3] この章はあくまで原理的な話のみを扱う．実際的なことの知りたい人にはつぎの本が参考になろう: H. Nagashima and Y. Baba, *Introduction to Chaos, physics and mathematics of chaotic phenomena* (Institute of Physics Publishing, 1999)．

[4] 《蒟蒻問答》（いくつかの速記録から合成して'完備化'したもの）落語「蒟蒻問答」では，永平寺から来た雲水と問答してはかなわないと見た住持が蒟蒻屋の六兵衛さんに，無言の行ということにして何も答えなくていいから，と身代わりを頼む．やってきた雲水は，無言の行中と察して身振りのやりとりを始めるがすぐ這々の体で逃げ出してしまう：「指にて小さき丸を作り御胸中はと伺いましたる所，大きに腕をお広げになり，大海の如しと．十本の指にて十方世界はと伺いますれば，五本の指にて五戒で保つとの御答．かなわぬまでもいま一問，指三本にて三尊の弥陀はと伺いますと，目の前を見よと．到底手前如きのおよぶところでは御座いませぬ．」

　六兵衛さんいわく「てめぇのところのこんにゃくはこんなに小せぇってぇから，こんなに大きい．今度は十丁でいくらだって聞きやがるから，五百だ．するってぇと，しみったれた野郎じゃぁねぇか，三百に負けろってぇんで，あっかんべぇ．」

　こういう問答からでも，学ぶ人は学ぶというのが蒟蒻問答のほんとうの教訓である．人は正しい誤解ができなくてはいけない．

く，いろいろ問題がある⁵．われわれの言語(自然言語)はどうしても曖昧さを除きにくい(「「一つの言葉が何を意味するのかということを，われわれは決して正確には知らない」とボーアは言ったという⁶)．それは当然で，自然言語が記述しようとするのは生の現実(実人生)だから，簡単なわけがないのだ．しかし，昔から，自然言語(の一部)を昇華してできるだけ明確な記述の道具に磨き上げようという努力がなされてきた．その精華として，われわれが手にしているものが数学の語り方である．それがわれわれに許された唯一の曖昧さの少ない話し方である：「数学は，理性のすべての領域においてわれわれが達成を望みうる上限を示す」⁷．したがって，何かについて(実例の助けなしに)明晰に語ることはそれについての数学的定式化を展開することであるに違いない．「論証の道具」になるということは形式論理の重要な役目だが，概念の「曖昧さなしの記述」を可能にするということも，これに劣らない，数学の重要な役割である⁸．もちろん，そのためには概念の精密な分析が必要であり，多義的な概念の精緻な分析は数学の核心の一つである．

しかし，数学的定式化ができない概念は重要でないなどと著者は主張しない．「明晰に語りうること」は「(明晰に)考えられること」のごく一部であり⁹，多くのことが，考えることはできても「語りえない」のである．「明晰に語る」ことが必要なのは，文化的背景を共有することがあまり期待できない人々の間で，誤解を最小限にとどめて，考えを伝達できるためだ．科学は「共有された情報」の上になり立つ共同作業だからである．創造の場面では考えを他人と共有する必要などないから，明晰でも論理的でもある必要はない．だが，創造の結果は(できるだけ)「明晰に語られる」ことが科学であるために要請される¹⁰．

---

⁵ 「問答法は，彼らはこれを人を誤らせる余計なものとして退けている．というのは自然学者たちは(探求にあたっては)，事物そのものが語るところに従って進むので十分であると彼らは考えているからである．」(ディオゲネス・ラエルティオス『ギリシア哲学者列伝』第10巻第1章エピクロス (31)(加来彰俊訳，下巻，岩波文庫，1994))．

⁶ ハイゼンベルク『部分と全体』(山崎和夫訳，みすず書房，1974) p216．

⁷ M. Kline, *Mathematics the loss of certainty* (Oxford UP, 1980) p326.

⁸ このあたり，J. Hintikka, *The Principles of Mathematics Revisited* (Cambridge, UP, 1996) の強調するところ．

⁹ 「ひとは，しばしば，動物たちは精神的諸能力を欠いているから話をしない，と言う．そして，このことは，『かれらは考えない，それゆえ話をしない』ということである．しかし，動物たちはまさに話をしないのである．」(ウィトゲンシュタイン『哲学探究』(ウィトゲンシュタイン全集 8，藤本隆志訳，大修館書店，1976) 25 p34)

¹⁰ しかし，ある「物」を陽(あらわ)に明晰に記述できなくとも，同一であることの合意のある物に基づい

さて，理論化のアイデアの源泉は直観である．直観の源泉はわれわれの経験とわれわれの肉体に（祖先の血と涙によって）生物学的に組み込まれている世界の構造だ．概念分析とは直観と整合的な論理的数学的定式化を追究することなのだが，直観的イメージをはっきりと表現できるまでに煮詰めるのは簡単なことではない．人間が知っていることはきちんと語りうることよりはるかに広いからである．さらに，直観が進化することもあるし，また，内省の足りない直観は怪しいということにも十分心しなくてはならない．直観的理解と数学的理解の間の緊密な対話こそ概念分析の核心と思われる．

概念分析はどのように進めるべきだろうか？まず (1) はじめに「はっきりさせたいこと」がおおよそなくてはならない．それはいろいろな経験を通して直観的に把握される．だから，典型的と思われる実例をよく観察することが必要である．つづいて，(2) 直感的に把握されていることがらをふつうの言葉で表現してみる．その中に出てくるいろいろな言葉の意味を本当に知っているだろうか，という反省が次に来る．こういうことが実行できたなら，(3)「はっきりさせたいこと」の核心を「（暫定的）定義」(working definition) の形にまとめあげることができるだろう．今度は，(4) その定義がどのくらいわれわれの直観と整合的か検討しなくてはならない．さらに，「それがよい概念か」という問題もある．もちろん，「ある概念がよい」とはどういうことであるか，反省が必要である．

この章は次のような構造になっている．2.1 節で典型的な'カオス'が生じる系を使って'カオス'を観察する．これが上の (1) に当たる．2.2 節で力学系をきちんと定式化したあと，2.3 節で直感的に明らかにランダムだと思える過程を利用してカオスを定義する（数学的に定式化する）．これが (3) の段階である．ここでは (2) の段階（ランダムというような言葉を使った表現）をまず実例を使って避けて通り，後でもどることにしている．

こうして得られたカオスの定義がどのくらい的を射ているか，すなわち (4) が次の話題で，これは情報やエントロピーに関係する．2.4 節で測度および確率を，2.5 節で情報の定量化を，そして 2.6 節では測度論的力学系を準備のために説明したあと，2.7 節でカオスの程度をどうはかるか，そしてこの定量化が直感に逆らわないことを見る．この定量的尺度でカオスと判断されるものは先に導

た議論は明晰でありうる．この可能性を忘れるべきではないが，本書ではこれはほとんど考えない．分類学というものはこの意味の明晰さの基礎を与えようとする学問であるといえよう．

入したカオスと一致するのである．付録の 2.4A は測度や確率についての概説
で，別の概念分析の好例を与えている．

　残っているのは (2) である：ランダムという言葉を使いたいがその意味をわ
れわれは知っているだろうか？ 直観に訴えて導入したランダムさをいかに論理
的に定式化するか？ これを考える自然な方法として 2.8 節でアルゴリズム的
ランダムさを紹介する．これをきちんと述べるために 2.9 節で「計算とは何か」と
いうことから考える．これはまた別の (はるかに古典的な) 概念分析の実例であ
る．このために必要な道具であるチューリング機械も 2.10 節に解説する．この
準備の後，2.11 節でアルゴリズム的ランダムさがきちんと定式化できる．以上
の道具立てを使って，軌道がアルゴリズム的にランダムな力学系がカオスを示
す力学系であるという主張が定量的に成立することを 2.12 節で説明する．これ
がカオスの究極の分析結果である．ここまでやってきたことがどのくらい的を
射ているか，満足すべきものか批判的にふり返る必要があるので，2.13 節はラ
ンダムさの特徴付けなどについての反省である．

　以上，いろいろと出てくる道具立ては「複雑系研究」などと言われているよう
な分野にも頻出するから，この章は「複雑系研究」を批判的に見ることができる
準備にもなっている．最後の 2.14 節は今までの通俗的な複雑系の見方に重大な
欠陥があることを示唆する．

付 2.0A: 単純な正真正銘のカオスの例

　きわめて人工的だが簡単なカオスを例示しておく．この例に則した本章のすじがきも書いて
ある．この例がわかれば 2.1 節の実例はわからなくとも何とかなる．
《**カオスを見せてくれる時間発展**》閉区間 $[0, 1]$ からそれ自身への写像 T を
$$Tx = 2x \bmod 1 \qquad (2.0A.1)$$
と定義する (こういうのを一般に力学系とよぶ，2.2 節)．これは，実数 r の小数部分を取り出す
記号 $\{r\}$ を使うと，$Tx = \{2x\}$ とも書ける (2 倍して整数部分を取り除く)．図 2.0A.1 にだいじな
ことの説明がまとめてある．
《**歴史は初期条件で決定されている**》初期条件 x_0 をあたえれば $x_1 = Tx_0, x_2 = Tx_1 = T^2 x_0, \cdots$
といくらでもつづく数列 $\{x_n\}$ が決定論的に構成される：未来は x_0 で完璧に決定されている．
グラフ的にこの軌道を追跡する方法が図 2.0A.1A である．
《**カオスは不可知の世界をわれわれの世界に直結する**》カオスが微少な世界を拡大して，われ
われの見る世界を不可知の世界に直結させる様子が図 2.0A.1B に例示してある．この例では
微細な世界は T が施されるごとに 2 倍される．それでいま考えている系は決定論的であるに
もかかわらず，われわれには予言できなくなっていく．おおざっぱに言って，x_n は n が大きい
とランダムな数列と区別がなくなってしまう．
《**軌道の符号化あるいは数列への対応**》カオス的軌道がランダムであることをより明示的に
見るために，軌道を 0 か 1 をとる記号 s_n をつかって $s_0, s_1, \cdots$ のように離散符号化する．とい

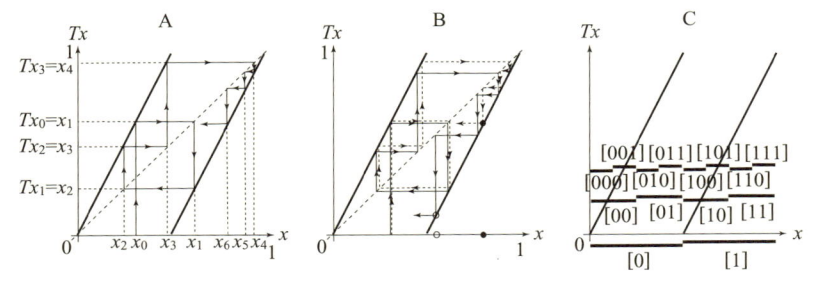

図 2.0A.1 正真正銘のカオスをつくり出す単純な写像 $Tx = \{2x\}$. **A**:《グラフ上でどうやって歴史を追いかけるか》グラフの上で x_0 を初期条件とした軌道（あるいは歴史）をどうやって追いかけていくかが例示されている. 点線で書いてある対角線は縦軸と横軸が一致するところ $y = x$ を示す. 斜めの太い平行線が $y = Tx$ のグラフである. 初期条件 x_0 が横軸の上に与えられたなら, そこから垂直に上の方を見ていき T のグラフにぶつかるところを見るとその縦座標が x_1 である. x_2 を見るには, x_1 を横軸の上に探せばさっきと同じようにして $Tx_1 = x_2$ がもとまるはずだ. それには対角線をつかって縦軸上の x_1 を横軸に折り返せばよい. そこで, T のグラフと対角線に交互にぶつかるたびに直角に曲がる矢印のついた実線を, 矢印に沿って追いかけながら時々の横座標を読んでいけば, つぎつぎと $x_2, x_3, \cdots$ が求まる. **B**:《接近した軌道の指数関数的乖離》ごく近くから出発した灰色と黒の軌道が T を施されるごとにその食い違いを倍加させていく様子が例示してある. T を 6 回施した後のそれぞれの場所は横軸上にマルで示してある. **C**:《軌道の符号化》軌道をシンボル列に変換する方法を説明している. [0,1] を二分した区間に [0], [1] と名前がつけてある. [0] を二分したものには [00], [01] という名前がつけてある. T によって [00] は [0] へ, [01] は [1] へ写像される. さらに, たとえば [10] は [100] と [101] に二分されていて, [100] は T によって [00] へ, [101] は [01] へそれぞれ写像されることがわかる. このルールをくりかえせば [0,1] の各点は一義的に 01 の無限列に対応させられる. これは [0,1] の中の数の 2 進展開にほかならない（ただし, [111$\cdots$] を [0] とは同一視しない）.

っても難しいことでなく, この例では区間 [0,1] を [0,1/2] と (1/2,1] の二つの区間に分割してそれぞれに [0], [1] と名前をつけ, $T^n x_0 = x_n$ が [0] に入っていれば $s_n = 0$, そうでなければ $s_n = 1$ とするだけである. 図 2.0A.1C を見ると[11], たとえば [011] という区間は T を一回施すと [11] とかさなり, さらに T を施すと [1] に一致する（先の図 2.0A.1A のようにして代表点あるいは端っこを追跡していけばわかる）. つまり, [011] というのは x_0 が [0] に x_1 が [1] に, そして x_2 が [1] に入っているような軌道の束であることがわかる（このような軌道の束を筒集合とよぶ. 2.4 節参照）.

《いかに予言ができなくなっていくか》図 2.0A.1C にある小区間の作り方からたとえば [0011010011]（10 数字がある）と名付けられた軌道の束は T を施すごとに [011010011] → [11010011] → [1010011] → [010011] → [10011] → $\cdots$ → [011] → [11] → [1] となり（左端からつぎつぎと数字が失われていくのだ）, このつぎはほんとうに [0,1] のどこにいるかわからなくなる. これからわかることは初期条件が [0011010011] という $1/2^{10} \sim 10^{-3}$ の幅の区間に入っていること

---

[11] 区間の端っこがどうなっているか気になるかもしれないがおおらかに適当に割り振ることにしよう, この例ではまったく問題ない.

を知っていても,毎秒 T を施すことにすると 10 秒経つと何にもわからなくなってしまうということだ.もっと筒集合を精密に指定すればいいと思うかもしれないが,20 秒までがんばろうとするには $1/2^{20} \sim 10^{-6}$ の精度がいることとなり非現実的である.要するに早晩この系の振る舞いは予言できなくなる.

予言できなくなったとしても世界がおしまいになるわけではもちろんない.ではその後は何が x_n を決めるのだろうか? この系は決定論的だから,それは初期条件を符号化したとき,われわれが知りえない 01 列の 'はるか右の方' が決めることとなる.それは勝手に 01 が並んでいるのと同じではないか.そうするとカオスは本質的に硬貨投げで得られる裏表の列と区別できないようなものだろう.これが 2.3 節で与えるカオスの定義の直感的意味である.

《カオスとはランダムな決定論的挙動のことだ》要するにカオスの本質はランダムさであり,それが多少初期条件についての知識で味付けつけされただけだと思うのは自然だろう.だがランダムさとは何かということをきちんと考えないとこの直観を精密に表現できない.その準備はかなり大がかり (2.8-2.11 節) だが,最終的に,決定論的な力学系の軌道がランダムになることがカオスであるという結論に至る (2.12 節).

《カオスとランダムさの定量的対応》以上はカオスの定性的な特徴付けのように思えるかもしれないが,以上と直結したランダムさを定量化する手段があり,定量的にカオスとランダムさに対応がつく.この定量化は未来をある程度で予測するのにどのくらいの情報が必要かを定量化することで与えられる.いまの例に則してみるとむつかしい話ではない.われわれが初期に知っている情報 (2.5 節できちんとその定量化を議論する) が系を精密に記述するにはだんだん足りなくなっていく様子は,図 2.0A.1C や T を施すごとに筒集合を指定している数字が一つ減ることなどから明らかである.情報は T を施すごとに 1 ビットずつ足りなくなっていく.未来の時刻 t に今と同一の精度で系を予測したいとすれば,今あらかじめ準備しなくてはいけない情報は,未来の時刻を t から $t+1$ へと一刻み先延ばしにすると 1 ビット増える,ということだ.この予測に必要とされる情報が増える速度 (いまの例では 1 ビット/秒) をコルモゴロフ−シナイエントロピーとよぶ (2.7 節).他方,勝手に与えた 01 列を記述するには 1 文字あたりもちろん 1 ビットの情報がいる.すなわち,軌道を記述するに必要な情報は 1 秒あたり 1 ビットである.予言に必要な情報量と軌道の記述に必要な情報量が時間あたりで一致しているのは一般的な定理 (ブルードゥノの定理) の教えるところである (2.12 節).こうしてわれわれのカオスの特徴付けは的を射ているらしいことがわかる.

2.1 典型例からの出発──カオスを例にして

自然科学の場合,何の概念分析をしたいかという動機は,通常,具体的な現象の観察からくる.この章では「カオス」を出しにして概念分析を解説するのだから,まず具体例,ここでは伊東敬祐氏の提案した簡単な結合振動子モデル ('大地震モデル')[12] で 'カオティック' な挙動をながめよう.これは実現象ではないで

---

[12] K. Ito, Y. Oono, H. Yamazaki and K. Hirakawa, "Chaotic behavior in great earthquakes—coupled relaxation oscillator model, billiard model and electronic circuit model—," J. Phys. Soc. Jpn. **49**, 43 (1980).

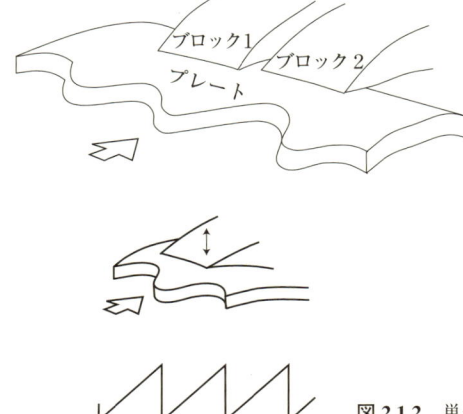

図 2.1.1 巨大地震のモデル．大洋プレートは二つのブロックの下に沈み込む．ブロックたちは引きずられて沈んでいくが，あるところで破断して（地震が起こって）もとの水準まではね返る．

図 2.1.2 単一ブロックの場合．緩和振動子の簡単なモデルになっている．

はないか，と読者は言うだろう．しかし，これと似た系の実験は可能である．以下で，典型的な緩和振動子を結合した系が有名なロレンツモデルと対応がつくことを示すが，その途中で「力学系」のいろいろな見方の典型が例示され，何が系の独特の挙動の原因になっているかが判然とするはずである．'カオティック'な挙動は簡単な系でおこるありふれた現象で，このようなことが現実にない方が不思議だと実感できるだろう．ここに書いてあることは発表当初不思議な幾何学的アクロバットと思われたようだから絵を理解するのに集中力が必要である．しかし，おおよそのことは図 2.1.9 と 2.1.10 を見るとつかめるだろう．付録 2.0A で十分だという人はこの節をざっとながめて 2.2 節に行ってかまわない．

このモデルの動機は次の通り．日本のような弧状列島の大地震帯はいくつかの断層で区切られたブロックからなっている．各ブロックは列島の下に沈み込む大洋底プレートに引きずられて，歪みエネルギーを蓄積していく（図 2.1.1）．このエネルギーがある閾値に達すると，そのブロックに地震滑りが生じて（巨大地震が生じて），蓄えられていた歪みエネルギーが急激に低い値に落ちる（この値をモデルではエネルギーの原点にとっている）．もしも，ブロックの間に相互作用がないと，各ブロックに周期的に地震が起こる（図 2.1.2）．

これは添水（ししおどし）と同じメカニズムである（緩和振動子 relaxation oscillator というものの最も単純なモデル）．実際には，一つのブロックに発生した

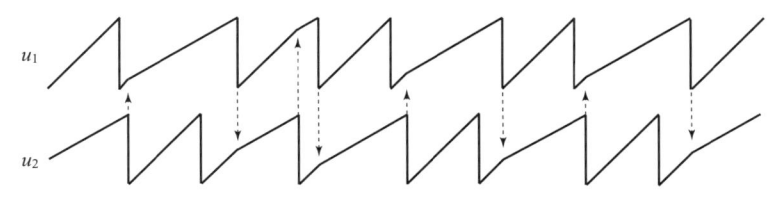

図 2.1.3 結合されたブロックの歪みエネルギーのたまり具合の典型例.互いに邪魔する $b>1$ の場合である.一方に生じた地震は他方の歪みエネルギーのたまり方を邪魔しておそくする.矢印が「邪魔」を示している.(ごく初期を除いては)二つの振動子の増加速度が一致することはない.

図 2.1.4 2つのブロックの典型的な時間変化は $[0,1]\times[0,1]$ の上の軌道として表現できる.ここで水平の左へのジャンプは第一ブロックに生じた地震,垂直の下へのジャンプは第二ブロックに生じた地震を表わしている.

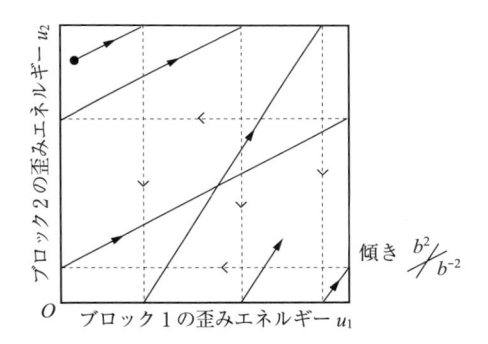

地震は周りのブロックに影響を与えるはずである.伊東氏の考えた相互作用の効果は,地震波は地震を起こさなかったまわりのブロック中にひび割れを生じ,それがまわりのブロックに歪みエネルギーがたまっていく速度を遅くするというものである.

最も簡単でしかも自明でない場合として,ブロックが二つしかない場合を考えよう.つぎのようなルールを設定すると上に描写したアイデアがモデル化できるだろう.i-ブロックに蓄えられている歪みエネルギーを u_i とする $(i=1,2)$.
(1) 歪みエネルギーの増加速度ははじめ b である.ここで b はある正の定数とする.
(2) もしも u_i が 1 に達するとブロック i に地震が起こる.そのあと
  (2a) u_i は 0 にリセットされ,その歪みエネルギー増加速度もまた b にリセットされる.
  (2b) 地震が生じなかった他方のブロックの歪みエネルギー増加速度は b^{-1} になる.すでに b^{-1} ならそのままとする.

上のルールで生じる典型的挙動が図 2.1.3 にある.$b>1$ だと何かややこしげ

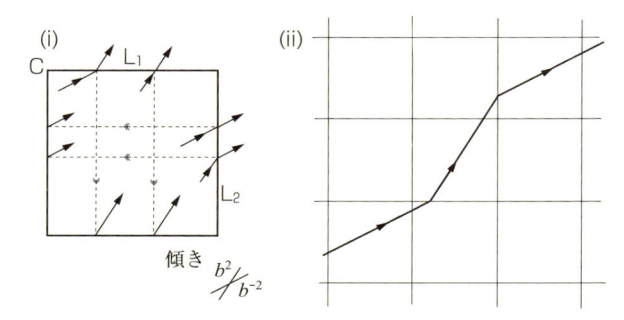

図 2.1.5 運動のルール．**(i)** が延長ルール：ジャンプした後で傾きがどう変わるかをしめしている．もしも L_1（上辺）にやってきたら点線が示している下辺の対応する場所から傾き b^2 で走り続ける；もしも L_2（右辺）にやってきたら点線が示す左辺の対応する場所から傾き b^{-2} で走り続ける（$b > 1$ としている）．この正方形の向かい合った辺同士を糊付けすればトーラスができ，運動はその上の連続した運動になる．**(ii)** ではトーラスを作る代わりに広げたまま平面に敷き詰めたいわゆる普遍被覆空間での軌道の例が示されている．垂直線との交点で第一ブロックに地震が起き，水平線との交点で第二ブロックに地震が起きる．

な挙動が見られる．横軸に u_1, 縦軸に同時刻での u_2 をとると正方形 $[0,1] \times [0,1]$ の上に，2次元ベクトル (u_1, u_2) の軌道が描ける（図 2.1.4）．いま述べたルールは正方形 $[0,1] \times [0,1]$ の上に 2 次元ベクトル (u_1, u_2) の軌道についのルールとして図 2.1.5(i) に示されている．'大地震モデル' であるためには，$b > 1$ が要求される．ルールを式で書くこともできるがこの図にある以上のことは教えない．水平方向に軌道が寝るということは第一のブロックへのエネルギーのたまり方が第二へのそれよりも速いということ．この正方形の左右の辺同士を糊付けし，また上下の辺を糊付けするとトーラス（ドーナツの表面のこと）ができる．二つのブロックの歪みエネルギーの変化の様子は，トーラスの上の点の動きで表わされる．

このトーラスの展開図を組み立てないで，コピーをたくさん用意してタイルのように敷き詰めた空間（トーラスのいわゆる普遍被覆空間[13]universal covering space）でこの軌道をみると（自分自身に戻るかわりに，次のタイルへと次々に動いていく粒子の軌道としてみると），何が起こっているかがよくわかる（図

---

[13] このような用語などトポロジーの初等的知識を得るのに，I. M. シンガー・J. A. ソープ『トポロジーと幾何学入門』（赤摂也監訳，松江広文・一楽重雄訳，培風館，1976; 原著 1967）に勝る本はない．

2.1 典型例からの出発——カオスを例にして

図 2.1.6 トーラスの普遍被覆空間での軌道. 局所的には軌道は時間とともに指数関数的に離れていくことがわかる. 格子点のまわりではややこしくなりうるがこれは大域的な問題である. 全体として指数的に離れていくことを論証するには後で説明するように 1 次元写像に直すのが最も簡単だろう. それについては図 2.1.14 参照.

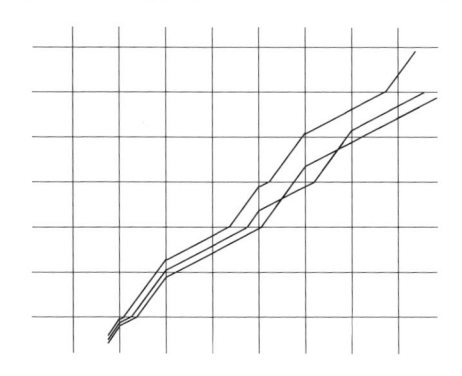

2.1.5(ii)). 接近した点を出発するいくつかの軌道の様子が図 2.1.6 にある[14].

地震が第一のブロックに生じるのは軌道が縦の格子縞と交差するときであり, 第二ブロックについては横縞との交差である. もしも $b>1$ だと, はじめ近かった二つの軌道は指数関数的に離れていくが, $b<1$ だと, 周期軌道へと落ち込んでいく. $b>1$ の地震モデルでは, きわめて似通った二つの異なった初期条件から出発した歴史でも早晩ひどくかけ離れたものになってしまうので, このモデルだと大地震の長期予報は不可能だということになる. このモデルが地球物理学的にもっともであるかどうかはここでは問題でない. 要は, 互いに結合されて邪魔し合う緩和振動子系のモデルとして, 多分, もっとも単純なモデルができた, そして, その挙動は単純に周期的なものではなく初期条件などの小さな変化が大きな効果を持ちうるということである.

課題 2.1.1 $b<1$ の場合に図 2.1.3-2.1.6 に対応するものがどうなるかスケッチせよ (答はすでに上に書いてしまったが). $b \to b^{-1}$ が時間反転操作に当たることに注意すれば結果を予想するのは簡単である. □

なぜこのようなややこしい挙動が可能になるのかそのメカニズムを追ってみよう. もうわかったという人は図 2.1.12 のあたりまで跳んでいい. ここから始

---

[14] 近接した 2 点の距離が時間 t の関数として $e^{t\lambda}$ のように指数的に広がるとき, λ をリャープノフ指数 (Lyapunov exponent) という (多少詳しくは補註 2.7.4 参照). いまの例では図 2.1.13 のように離散化した系について $e^{n\lambda'}$ と定義される指数 λ' をつかって λ'/τ と計算できる. ここで τ はタイルからタイルに移る時刻の平均間隔 (平均自由時間に相当) である (説明しないが, これはアンブローズ・角谷 (Ambrose-Kakutani) 表現についてのアブラモフ (Abramov) の公式である). λ' の定量的評価は自明とは思えないが, それが正であることは図 2.1.14 にある簡約した系の挙動から, 後でわかるように, 自明.

まる話は伊東の地震モデルが有名なローレンツ系（の分岐多様体モデル）と同じものであることを示すことになる．少しアクロバティックなことをするのでいちいち追わなくてもいいが核心は図 2.1.9 である．

2次元トーラス上の運動として図 2.1.4 をみると，その軌道はある時は図 2.1.7 にあるベクトル場 v_1 に，またある時は v_2 にしたがって流される点の軌跡になっている．

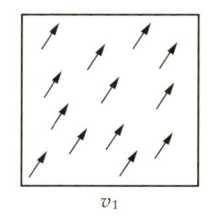

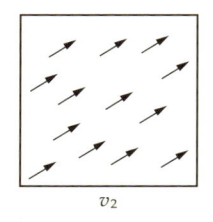

図 2.1.7 図 2.1.4 ではトーラス上のある特定の一点を軌道がどっち向きに走るかがそれまでの歴史で変わる．すなわち，ここに描いてある二つのベクトル場のどちらかにしたがって軌道はトーラス上を走る．

どっちの流れに乗って流されるかはそれまでの歴史によっている．それまでの履歴に依存して二通りの値を取る（二価の）ベクトル場はあまりおもしろいものではない（流れの様子が，流されているものの都合でがらっとかわる流れというのはあまりふつうでない）．これを一価のベクトル場になおすには（一つの決まった流れに乗っている点の運動として記述するためには），トーラスのコピーをも一つ用意して，一つの上には v_1 を，もう一つには v_2 を描いておいて，この二つのトーラスの展開図を図 2.1.5(i) と整合した連絡規則にしたがって貼りあわせればいい（図 2.1.8）．

図 2.1.5 から見てとれるように，何か特異なことが起こるのは上で用意した二つのトーラスの間に乗換えが起こるときである．そこで何が起こるかを見るにはトーラスを完成して考えるよりも，図 2.1.8 で別のベクトル場に飛び移らない方向だけ（点線で結ばれている辺同士だけ）貼りあわせた筒を用意して考えるのが楽である（図 2.1.9）．

図 2.1.9 で接続されるところに左から入ってくる軌道群は切り口に対して寝ているから間隔が広げられて（事実上の末広がり）右の軌道群に押し込まれることが見てとれる．つまり，接続部分で生じていることはトランプをきるときの手法そのものである（図 2.1.9 右参照）．こうして，われわれの系が決定論であ

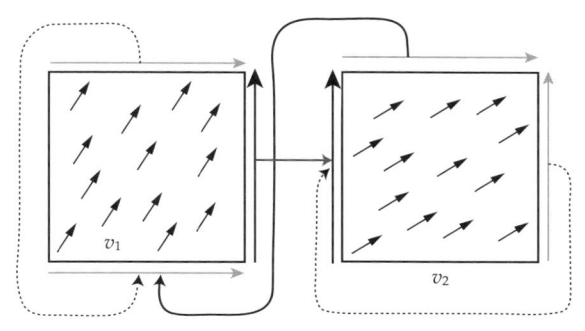

図 2.1.8 二つのトーラスのコピーを用意して作った軌道の履歴によらないベクトル場. 図 2.1.7 で用意したトーラスのコピー上の二つのベクトル場を，図 2.1.5(i) にあるような軌道の接続ルールと整合するようにつなぐ．どことどこが接続するか向きまで込めてまっすぐな矢で示してある．曲線で結ばれている矢同士を貼り合わせればいい．

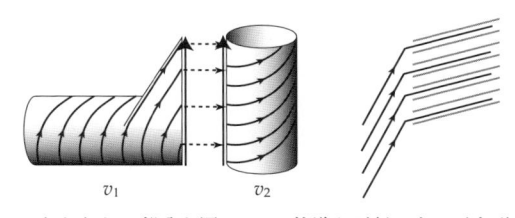

図 2.1.9 ねじねじの部分が図 2.1.8 で軌道が平行に走る正方形の内部にあたる．左から右に乗換えが起こるところを見やすくするために，左の円筒上の軌道に障らない切れ目を入れて黒の矢同士を貼り合わせるところをまっすぐに引きのばしてある．左側の円筒上の軌道間隔が広げられて右側の円筒に挿入されることになる．模式図が右にある．トランプをまぜるようなことが起こる．

るにもかかわらず'ランダムさを作り出している'ことと，その理由が直感的に理解できた．われわれの系の図 2.1.3 にみたような（見たところ）ランダムな挙動は決定論的力学系（過去の状態がわかっていればいまの状態が一義的にそれで決定される力学系）の性質それ自身に原因があり，外からのノイズが関係していないことは明白だ．もし軌道を誤差なしに完全に知っているならば，末広がりがあろうとどうだろうとわれわれが失うものは何もない．ところが，われわれはきわめて小さなスケールをまえもって知ることが絶対にできない．この不可知がまさに末広がりによって増幅され接続部分での挿入によって固定されて

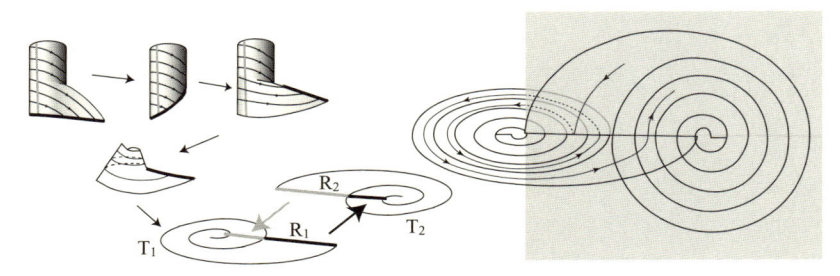

図 2.1.10 さらなるトポロジカルアクロバット．円筒をつなぎ合わせる部分は図 2.1.9 とおなじだが，引き延ばし方を変えている．螺旋部分を走ったあともう一枚の螺旋部分に挿入されるのだが，螺旋部分を平らにつぶしてうまくかみあわせると右の図のようになる．T_1, T_2 がトーラスの部分に当たり，R_1, R_2 が接続されるところで，そこで拡大挿入が生じる．図 2.1.9 との違いはねじり棒の部分が螺旋状の部分になっているだけだから，微視的世界が拡大されてわれわれの世界を左右するようになることが前と同様に見てとれるだろう．

しまうので，このモデルの挙動をわれわれは「ランダム」だと感じるのである[15]．このためにノイズなどまったく要らないことに注目．

もう少し変形すると，この力学系を(カオスファンには)もっとなじみ深い形に変形することができる．螺旋運動をしている筒の部分を押しひしぐと図 2.1.10 のようになる．

これは有名なロレンツ (Lorenz) モデルの軌道 (図 2.1.11) を思わせる．ロレンツモデルはつぎの微分方程式で定義される[16]:

---

[15] この例でみるように，小さなスケールの増幅そのものには非線形性は必要ない．非線形性は，'拡大過程' が起こっても系が無限遠に逃げていってしまわないために(相空間がコンパクトでないときは)必須なのである．もしくは，非線形性の本質的役割は増幅された小さなスケールの結果を大きなスケールに固定するところにある．だからカオスそのものには不要だと言えないこともない．実際，典型的なカオス的な系はトーラスからそれ自身への線型写像で与えられる．これについての決定版の論文は R. L. Adler and B. Weiss, "Similarity of automorphisms of the torus," Memoir. Am. Math. Soc. **98** (1970).

[16] E. N. Lorenz, "Deterministic nonperiodic flow," J. Atmospheric Sci. **20**, 130 (1963). この論文は画期的な論文であった．このモデルはベナール (Benard) 対流を記述するブシネスク (Bousinesque) 方程式の解をフーリエ展開しその係数がしたがう連立非線形常微分方程式から長波長モード三つの係数以外をゼロとおくことで得られた．このようなかなり大胆な打ち切りをしても，ある程度系の挙動を半定量的に見ることができることを初めて認識したのもロレンツである．

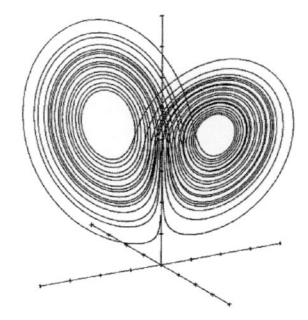

2.1 典型例からの出発——カオスを例にして

図 2.1.11 $\sigma = 10, b = 8/3, r = 20$ のときのロレンツ系 (2.1.3) の解曲線の様子. 左右の円盤状の所は一枚ではなくミルフィーユのように何枚もの円盤が重なっている.

$$\dot{x} = -\sigma x + \sigma y, \tag{2.1.1}$$

$$\dot{y} = -xz + rx - y, \tag{2.1.2}$$

$$\dot{z} = xy - bz. \tag{2.1.3}$$

ここに σ, b, および r は定数である. 典型的な場合は, たとえば, $\sigma = 10, b = 8/3, r = 20$. このときの解の様子は図 2.1.11 にある.

　この系は微分方程式だから (その解の一意性から言って) 軌道が交わることはなく, 2 枚の円盤状のところも薄いながらも厚みを持っている. これを厚み方向につぶしてしまうと, ロレンツモデルの '分岐多様体モデル' (Lorenz template といわれる) ができあがる. それは, 上で得たモデルと同一である[17].

　上に挙げた '大地震モデル' では, 軌道を '流れ' に乗った粒子の動きとして見るとき, それがどこを通るかまったくでたらめに見えるほどややこしい結果が得られているが, '流れ' 自体は驚くほど単純である. ということは, 実際の水の流れでも, 流れ自体はまったくランダムな要素がないにもかかわらず (すなわち層流), それに乗っている粒子がどこを通るか予測がきわめて難しくなりうる

---

[17] 同相である. R. F. Williams, *The universal templates of Ghrist*, Bull. Amer. Math. Soc. **35**, 145 (1998) にテンプレートを使った軌道の研究の成果が説明されている. アメリカ数学会の http://www.ams.org/featurecolumn/archive/lorenz.html 参照. ご本尊のロレンツモデルについてカオティックな動きがあることの数学的証明については次の解説参照. M. Viana, "What's new on Lorenz strange attactor," Math. Intelligencer **22** (3) 6 (2000). なお E. W. Weisstein, "Lorenz Attractor," From MathWorld—A Wolfram Web Resource, http://mathworld.wolfram.com/LorenzAttractor.html は簡潔なよいまとめである.

図 2.1.12 ロレンツ系のテンプレート (アメリカ数学会の http://www.ams.org/featurecolumn/archive/lorenz.html から).

ということである．この現象をラグランジュ乱流 (Lagrangian turbulence) という[18]．

課題 2.1.2 以上では二つの緩和振動子を結合させた系を考えたが，一つの振動子に周期的パルスを加え，パルスを受け取ったときに振幅が速く増大している (増加速度 b，ただし，$b > 1$) ならばその増加速度を減らし ($b \to 1/b$)，すでに増加速度が小さな (増加速度 $1/b$ の) 場合はそのままの速度を維持する，そして緩和が起こった後では振幅は速く増加するように (b に) 回復するというモデルを考えることができる．このモデルはカオス的であることを示せ．(つまり，緩和振動子に周期的外力がかかる系ですでにカオスは生じる．) □

以上見てきた地震モデルは付録 2.0A に出てきたような 1 次元写像として理解することもできる．タイルを敷き詰めた空間での軌道は図 2.1.6 に見たように折れ線に過ぎないから，折れ曲がる点だけ記録しておけば，軌道が記録できるはずだ．つまり，軌道が普遍被覆空間の格子と交差する点の座標だけに注目すると，いま考えている時間が連続な系を，時間が離散的な系に対応させることができる (ただし，一定時間おきにもとの系を観測する，ストロボの光を当てて見るような単純な離散化ではない)．より具体的には図 2.1.5(i) (図 2.1.13 に再録さ

---

[18] H. Aref, "Chaotic advection in a Stokes flow," Phys. Fluids **29**, 3515 (1986) は粘性の大きな流れの極限であるストークス流れでさえこういうことが生じることを指摘した．種子田定俊『画像から学ぶ流体力学』(朝倉書店, 1988; すばらしい本である) の図 113 (一様流中で回転する円柱のまわりの流れ，p68) からラグランジュ乱流が不思議でも何でもないことがすぐわかる．2 種類の流体を混ぜるためにも効率よくこのようなメカニズムを使うことができる．

2.1 典型例からの出発——カオスを例にして

れている)で考えて,軌道が辺 L_1 か L_2 を通るとき,その位置をカド C からこれらの辺にそって測った距離 x を座標にして記録すると,軌道を離散数列 $\{x_i\}$ に写すことができる.この対応は一対一である,すなわち,離散数列 $\{x_i\}$ からもとの連続軌道を一意に再現できる.実際,点が動くスピードはわかっているから,これらの点列を与えるだけで完全にもとの運動が再現できる.(具体的詳細はどうでもいいから以下の説明をとばしてここから次節に行ってもいい.)

こうして作られた離散点列が簡単な '再帰的なルール' で作られていると,もっと簡単にもとの系を記述できるだろう.ここで,'再帰的なルール' というのは,たとえば,ある時刻の状態がわかっているとき次の時刻の状態を与えるルールのことである(ふつうの力学での運動方程式にあたる).実際に,この点列はある(非線形)差分方程式の初期値問題の解としてきまる:上のようにして作られた点列 $\{x_i\}$ を

$$x_{n+1} = \phi(x_n) \tag{2.1.4}$$

という風に逐次に(再帰的に)決めていくような区間 $[0,2]$ を $[0,2]$ 自身に写すある写像 ϕ を作ることができる.$\phi: [0,2] \to [0,2]$ のグラフは図 2.1.13 に与えられている(このような図の読み方については,図 2.1.14 あるいは図 2.0A.1A 参照).

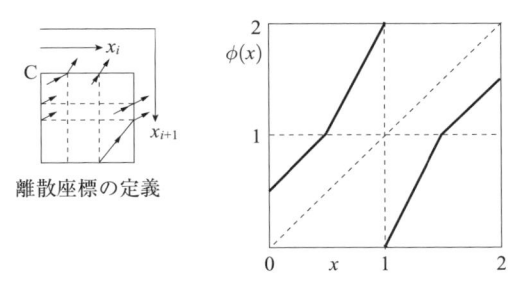

図 2.1.13 格子との交点の位置の逐次変化を C から格子に沿った距離で記述すると $[0,2] \to [0,2]$ の 1 次元写像が得られる:$x_{i+1} = \phi(x_i)$.

この離散時間モデルは最初の(2 ブロックの)大地震モデルと等価である(すぐ上で見たように,これから一意的にもとの連続モデルの結果が再現できる).このグラフ(またはそれが表現している写像 ϕ)が再帰的ルールであり,離散点列の挙動は,再帰的ルールと初期条件の二つに分析できた.いまの例では初期条

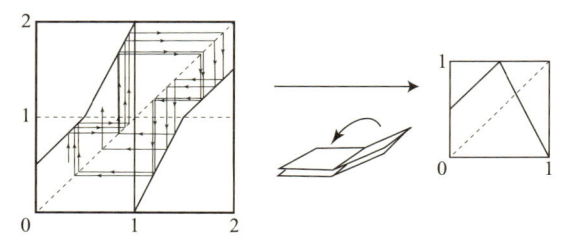

図 2.1.14 簡単化された離散写像はもとの写像を「折りたたむ」ことで作ることができる. このような一山折線写像は徹底的な数学的解析がされていて完璧にわかっている. 左の図には離散的な歴史の追跡の仕方も例示されている.

件を変えても話が定性的に変わるということはない[19]ので, 再帰的ルール(基礎法則にあたる)の発見がこの系の理解の本質的部分をなす[20].

この離散モデルは図 2.1.14 に見るように, $[0, 1]$ からそれ自身への山が一つの(単峰)区分線形写像 (unimodal piecewise linear map) に '折りたたむ' ことができる[21].

折りたたむということは, $[0, 2]$ の中の 2 点を同一視するということだ. こうしてしまうと, 一義的にもとの系の挙動を再現できなくなるが, それでも対応は単純なので, この簡単化された系からもとの系についていろいろのことがわかる. たとえば, この系で運動が 'ややこしければ', もとの系での運動が簡単なはずがない, つまり, 挙動のややこしさの '下限' を押さえることができる.

補註 2.1.1 カオス的系の研究の歴史

ロレンツ(1963 年[22])の功績は, 不規則に見えるシグナルが単なるノイズではないことを示す一つの方法を提案し, それを使って彼の計算結果が単なる計算誤差などによるものではないことを説得力のある形で示したことである[23]. これは現実に多少とも関係した系

---

[19] 実は, カオティックでない周期軌道を与える初期条件も無数にあるがそれらは測度零である.

[20] 第 5 章で見るように面白い系の多くがこういう性質を持たないということは心しておくべきことである.

[21] 単峰区分線形写像は伊藤俊次, 田中茂, 仲田均氏らによって調べつくされている: Sh. Ito, S. Tanaka and H. Nakada, "On unimodal linear transformations and chaos I, II," Tokyo J. Math. **2**, 221–239, 241–259 (1979).

[22] [1963 年: ケネディ大統領暗殺, 公民権運動のフリーダム・マーチ, この頃からビートルズが世界的に流行]

[23] E. N. Lorenz, "The problem of deducing the climate from the governing equation," Tellus **16**, 1 (1964) も参照.

からカオスを見抜いてみせた画期的な仕事であった．この仕事はマクローリンとマーティン[24]に取り上げられて物理屋の間で有名になった．彼らの仕事の背景にはルエルとターケンス(1971年)による乱流の力学系的理解の提案(ストレンジアトラクタの提案)もあった[25]．簡単な決定論的系にランダムに見える解がありうることは三体問題に関して大昔にポアンカレが指摘していたことだし，その前にマクスウェルはこういうことに当然気づいていた．20世紀になってからは，周期外力の影響下の非線形振り子についてのレヴィンソンの仕事(1949年)[26]，その動機を与えたカートライトとリトルウッドによる研究などが西側における先駆的な仕事である[27]．スメールはこれを理解するために馬蹄形力学系を導入し，さらに公理A系を導入して，力学系の一般的姿 (genericity) についての種々の深い予想を与えた[28]．ロシアではこの種の研究は連綿とつづき，多くの重要な仕事が1970年までになされた．たとえば，統計力学と力学系の理論を結びつける力学系の熱力学理論はシナイによって1967年に創始された[29]．カオスと計算理論的乱雑性を結びつけるシンボル力学系によるカオスの特徴付けは事実上アレクセイエフにより60年代になされていた[30]．スメールの仕事はロシアで歓迎され大きな影響を持った．アメリカではオーンスティンがベルヌーイ系の分類に最終的な結果を与えこれに関するロシアの仕事を完成した[31]．これらは振り返ってみるとカオスの本質を衝く仕事であった．結局，1980年頃までには概念的に重要なことがらについて，基本的なことはだいたい終わっていた．西側特にアメリカの非数学者の1980年以降の寄与は主にいろいろな実例の研究や普及にあった．そのためにはコンピュータ(グラフィックス)が特に重要であり，概念的に基本的な仕事がコンピュータとほぼ無関係であったことと著しい対照をなしている．

---

[24] J. B. McLaughlin and P. C. Martin, "Transition to turbulence in a statically stressed fluid system," Phys. Rev. A **12**, 186 (1975). [1975年: ベトナム戦争終結，遺伝子工学に関するアシロマ会議，山陽新幹線全線開業]

[25] D. Ruelle and F. Takens, "On the nature of turbulence," Commun. Math. Phys. **20**, 167-192 (1971). 同 **23**, 343-344 (1971) をも見よ．この出版にまつわる裏話がルエルの本にある: D. ルエール『偶然とカオス』(青木薫訳, 岩波書店, 1993)．[1971年: キッシンジャー周恩来秘密会談]

[26] N. Levinson, "A second order differential equation with singular solutions," Ann. Math. **50**, 127 (1949) [1949年: 中華人民共和国成立，ソ連原爆保有，オーウェル「1984」]．

[27] M. L. Cartwright and J. E. Littlewood, "On non-linear differential equations of the second order: I the equation $\ddot{y} + k(1-y^2)\dot{y} + y = \lambda\cos(\lambda t + a)$, k large," J. London Math. Soc. **20**, 18 (1945). カートライトについては S. McMurran and J. Tattersall, "Mary Cartwright (1900-1998)," Notices AMS. **46**, 214 (1999) を見よ．

[28] S. Smale, "Differentiable dynamical systems," Bull. Amer. Math. Soc. **73**, 747 (1967). これは数学者でなくてもわりと容易に理解できるだろう．

[29] 教育的には，R. Bowen, *Equilibrium states and the ergodic theory of Anosov diffeomorphism*, Lecture Notes in Math. **470** (Springer, 1975). [1967年：トンキン湾事件，ジョンソン大統領「偉大な社会」政策構想]

[30] V. M. Alekseev, "Quasirandom dynamical systems I, II, III," Math. USSR Sbornik **5**, 73 (1968); **6**, 505 (1968); **7**, 1 (1969).

[31] D. S. Ornstein, "Bernoulli shifts with the same entropy are isomorphic," Adv. Math. **4**, 337 (1970).

2.2 力学系についての準備

本論に入るために, 一般的に力学系とは何かをまとめておこう. ここに出てくる経路空間, シフト力学系は重要な概念である.

ある系に生じる現象を時間を追って観察していくことにしよう. その系に生起する事象の時系列(つまり歴史)を記述するための最も完璧な方法はすべての事象を時間の順に並べたテーブル(年表)をつくることだ. しかし, ひとつの与えられた系にも, その初期条件や置かれた環境などのために多くの異なった歴史が可能である. したがって, ひとつの系の時間発展の完全な記述は, 系に許される歴史全体(実現可能な年表を全部集めた本)で与えられるだろう. これが集合であるとき, 系は力学系であるという(以下でもう少しきちんと記述する). ただし, この特徴付けは標準的な力学系の定義とかなり違う(ずっと広い)ので標準的な話も補註 2.2.1 として書いてある. ここに述べた系の記述法は, 原始的かつ不便きわまりないけれども, 確かに完璧ではある. それは原始的なだけあって系が決定論的かそうでないかに頓着しない.

この記述法をもう少しきちんと定式化しよう. まず与えられた系のある時刻の状態を記述するために, その系にゆるされた瞬間的状態(これを要素的事象と呼んでいい, なぜなら, 異なった瞬間的状態が同時に生起することはないから)をすべてリストアップしよう. 可能な瞬間的状態全部の集合 Γ を物理学者は相空間 (phase space) と呼ぶ. この空間の中を旅することが歴史を経験するということだ.

要素的事象の集合を歴史にするためには時間座標がいる. 時間(座標)はある全順序集合[32] T と解釈できるだろう. この集合は実数全体であったり(連続力学系), 整数の全体であったり(離散力学系), またそれらの非負の部分のみだったりする.

時間座標 T から相空間 Γ への写像 ω のある集合 $\mathcal{D}$ を力学系と定義する. $\omega \in \mathcal{D}$ のとき, その像としてできる相空間中の軌道 $\omega(T) = \{\omega(t) | t \in T\}$ は系の一つの歴史の候補を与える(図 2.2.1). このとき, $\omega(t)$ は歴史 ω の時刻 $t \in T$ における瞬間的状態(スナップショット)である(一つの「年表」は $\{(t, \omega(t)) | t \in T\}$ であ

---

[32] 順序があたえられた元よりなる集合; どの二つの相異なる元をとってもその順序,「あとさき」, が明確に決まっている集合.

2.2 力学系についての準備

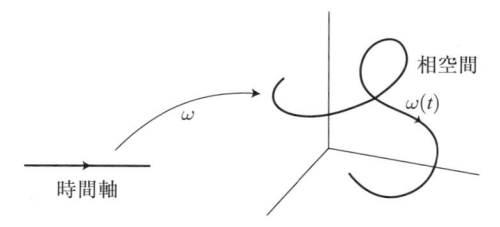

図 2.2.1 歴史を追うとは事象の空間中の時間座標の像 $\omega(T)$ を時間の向きにたどることである. t でパラメタ付けされた曲線 $\{\omega(t)\}$ は時間座標の相空間の中への像であり, それは一つの可能な歴史を表す. それは必ずしも連続な曲線でなくていい.

る). 軌道は連続とは限らない.

力学系 $\mathcal{D}$ に許容された歴史の全体をこの力学系の経路空間 (path space) という. つまり, $\Omega \equiv \{\omega(T) | \omega \in \mathcal{D}\}$ が経路空間である. これを歴史空間 (history space) という方がいいかもしれない. ω と $\omega(T)$ とを同一視していいから, ここで定義した力学系 $\mathcal{D}$ とその経路空間 Ω は同一視していい. ただし, 実用上は, Ω そのものでなく, それを含む, 特徴付けの簡単な (指定するのが簡単な) 空間をしばしば経路空間という.

課題 2.2.1 経路空間の見方で決定論的力学系とそうでない系とは区別がつくだろうか?[33] □

補註 2.2.1 標準的な力学系 (dynamical system) の定義
上に与えた定義はかなりふつうの定義からかけ離れているので, ふつうの定義も与えておく. ふつうは力学系はその力学を規定する「法則」で与えられる. Γ を位相空間, T を加群とする[34]. $\varphi : \Gamma \times T \to \Gamma$ を写像とし, 各 $t \in T$ について $\varphi_t : \Gamma \to \Gamma$ を $\varphi_t(x) = \varphi(x, t)$ と定義する. もしも, 写像の族 $\{\varphi_t\}_T$ が次の条件を満たすならば, (φ, Γ) を Γ 上の力学系という:
(a) $\varphi_t \circ \varphi_s = \varphi_{t+s}$ (つまり, $\varphi_t(\varphi_s(x)) = \varphi_{t+s}(x)$),

---

[33] 決定論的な系ではある時刻 t までの状態を知っていればそのあと未来永劫系の振る舞いがわかってしまう. つまり, t までの歴史に対応する経路を知れば t から後の歴史が一意に決まる. サイコロを投げた記録を歴史と見ると, このような決定論的性格はこの歴史にはない. しかし, これも後で見るように見方の問題である.

[34] 位相空間 (topological space) とは近傍 (neighborhood) が定義されている集合のこと, 加群 (additive group) とは可換群 (commutative or Abelian group) のこと, つまり, $s, t \in T$ なら, $t + s$ が定義されて T の元になり $t + s = s + t$ (可換), そして (i) u も T の元とするとき, $t + (s + u) = (t + s) + u$, (ii) $t + 0 = t$ を満たすゼロ元 0 が T にあり, さらに (iii) t に対して $t + (-t) = 0$ になるような逆元 $-t$ も存在する, ということ.

(b) $\varphi_0 = 1$. ここで 1 は Γ の上の恒等写像.

要するに, Γ は系の状態が動き回る空間(相空間)で, φ_t は時間 t だけ未来へと状態を時間発展させる時間発展作用素(evolution opertor)である. この作用素は時間が経過しなければ系の状態を変化させない(これが (b)), そして次々にこの作用素を施すことは一度に時間を推進することと考えてよい(これが (a)). 本文に述べた力学系の定義は, これより広い(ゆるい). 運動法則が絶対時刻によらず, 相空間での現在位置と現在からの経過時間だけで未来が決まるような力学系のみが, ふつう, 力学系として相手にされている. 歴史的には, 力学系の理論は自励的な(autonomous; すなわち時刻にあらわによらない)常微分方程式の大域的性質の研究として始まったのだから[35]この様な系だけを考えるのは自然である. 運動法則が絶対時刻にあらわに依存していいとすることは, 実は運動法則そのものが時々刻々変わっていいということだから, あまりまともな数学は期待できない. そこで, (周期的な変化の場合などを除いて)ふつうそのようなことは考えないのだ.

以上の立場では, 軌道(歴史)は定義しておかなくてはならない: $\{\varphi_t(x): t \in T\}$ が x を通る軌道 (orbit, trajectory) である[36].

先の '大地震モデル' では, 離散化したあとでは, その歴史は相空間 $\Gamma = [0, 2]$ からそれ自身への写像 ϕ で決定された. 標準的な意味での離散力学系は一般にその相空間 Γ とその上の写像 ϕ で決定されるので, (ϕ, Γ) という表現が用いられる[37].

離散力学系と連続力学系とに本質的差があるだろうか? ある離散力学系の離散的歴史を, 周期的サンプリングの結果として再現するような連続力学系がいつでも構成できるとは限らない. しかし, ポアンカレ断面(Poincaré section 図 2.2.2 参照)からそれ自身への写像があたえられた離散的歴史を実現するような連続力学系はいつでも作れる. 連続力学系はいつでも適当に離散化でき, 通常いくらでも好きなだけ精密にもとの系を再現するようにできる(映画のように). この意味でどちらの力学系がより基本的ということはない. この主張は, われわれの観測がいつも有限の精度しか持たないことを考えるといっそうもっともである.

決定論的力学系とそうでない力学系とは見方の違いと解釈することも可能である. もしも力学系 $\mathcal{D}$ が離散的であれば, そのある歴史 $\omega \in \mathcal{D}$ は

---

[35] 歴史についての文献ではないが, M. W. Hirsch, "The dynamical systems approach to differential equations," Bull. Amer. Math. Soc. **11**, 1 (1984) は参考になるだろう.

[36] 標準的な力学系の理論の入門書は, たとえば, D. Ruelle, *Elements of Differentiable Dynamics and Bifurcation Theory* (Academic Press, 1989), 日本語では, 久保泉『力学系 1』, 矢野公一『力学系 2』(ともに岩波講座 現代数学の基礎)がいい.

[37] ここでの定義ではきわめて一般的な相空間や写像をとることができるが, ふつうは Γ としては位相空間が選ばれ, ϕ は微分同相写像(diffeomorphism 一対一で両方向微分可能な写像)である.

2.2 力学系についての準備

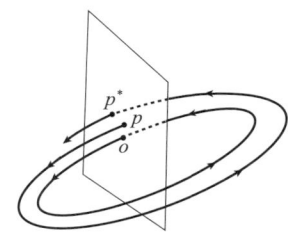

図 2.2.2 ある周期軌道(o を通っている軌道)があるとき,その軌道に横断的な(その軌道と接したりしないで交差する)超平面をとると,この軌道の近傍では交点 p から次の交点 p^* への離散写像が作れる. これをポアンカレ写像という.

$\cdots \omega(-2)\omega(-1)\omega(0)\omega(1)\omega(2)\cdots$ と書ける. $\omega(0)$ が現在の状態である. そこで
$$(\sigma\omega)(t) = \omega(t+1). \tag{2.2.1}$$
でもってシフト作用素 (shift operator)(または,ずらし shift と呼ぶ)$\sigma : \mathcal{D} \to \mathcal{D}$ を定義すると, シフトは歴史を順を追って体験していくための乗物になる. たとえば, 相空間が $\Gamma = \{0, 1\}$ のとき, 歴史 ω が $\cdots 00101001\dot{1}101001101\cdots$ であるとしよう. ここでドットのついた数字が現在観測される系の状態であるとする. 時間発展は

$$\omega = \cdots 00101001\dot{1}101001101\cdots \tag{2.2.2}$$
$$\sigma\omega = \cdots 01010011\dot{1}010011010\cdots \tag{2.2.3}$$
$$\sigma^2\omega = \cdots 10100111\dot{0}100110101\cdots \tag{2.2.4}$$

というふうに現在観察できる状態が単位時間ずつ発展していく. t までの状態 $\cdots, \omega(t-1), \omega(t)$ で $\omega(t+1)$ が決まっているとは限らないから今までの状態だけ見ている観測者には一般にこれは決定論的な力学系ではないように見える.

ここで, 歴史を順を追って体験するという見方をせずに, ω を丸ごとある歴史と考えると, シフト作用素のすること $\sigma\omega = \omega_1$ は歴史 ω を, 単位時間だけ先取りした歴史 ω_1 に変換することだ. 実際, すべての時刻 $t \in T$ において $\omega_1(t) = \omega(t+1)$ になっている. σ は $\mathcal{D} = \Omega$ からそれ自身への写像とみなせるから, 経路空間の上の離散力学系 (σ, Ω) を定義できる. (2.2.2)-(2.2.4) がこの系の時間発展の例なのであった. ここではもう現在観察できる状態だけに着目しているのではない. いわば神の視点で歴史を見ているのである. ω で ω_1 は完全に決定されていることに注意. 力学系 (σ, Ω) は明らかに決定論的である.

一般に, 離散的で有限な集合 Λ (記号の有限集合)から作られた両側無限列 ω

(つまり, Λ^Z のある元)に作用するシフト作用素 σ を, すぐ上と同様に定義できる(つまり, $(\sigma\omega)(t) = \omega(t+1)$). Λ^Z の部分集合 Ω で σ の下で不変に保たれるものをとるとき (σ, Ω) をシフト力学系 (shift dynamical system) と一般に呼ぶ. 特に, $\Omega = \Lambda^Z$ のとき (σ, Ω) はフルシフトといわれる. $\sigma\omega$ は ω で完全に決定されているから, シフト力学系は決定論的な力学系である.

ここまでは時間がマイナスの無限からプラスの無限までにわたる両側無限列上のシフトを考えてきたが, 時間が 0 からプラスの無限大へと行くだけの片側無限列の上のシフトを考えることも多い. 離散的で有限な集合 Λ から作られた片側無限列 ω (つまり, Λ^N の元)に作用するシフト作用素 σ を $t \geq 0$ について

$$(\sigma\omega)(t) = \omega(t+1) \tag{2.2.5}$$

と定義する. これはまったく (2.2.1) と同じだが $t \geq 0$ にしか定義されていず, 左に左にと出世してきた記号は $t = 0$ の位置(最左端)にきた次の時刻には消えてなくなる: たとえば $\omega = 001010011101001101\cdots$ とすると,

$$\omega = 001010011101001101\cdots \tag{2.2.6}$$

$$\sigma\omega = 01010011101001101\cdots \tag{2.2.7}$$

$$\sigma^2\omega = 1010011101001101\cdots \tag{2.2.8}$$

となる. このときは最左端がいま観測されている記号だとふつう解釈する. 両側無限列についてのシフトと違ってシフト作用素の逆 σ^{-1} が写像として定義されていないことに注意. Λ^N の部分集合 Ω で σ の下で不変に保たれるものをとるとき (σ, Ω) を片側シフト力学系(one-sided shift dynamical system)と一般に呼ぶ. $\sigma\omega$ は ω で完全に決定されているから, 片側シフト力学系も決定論的な力学系である(可逆ではない).

例 2.2.1 硬貨投げ　硬貨を何回もなげることによって, 表と裏の列を作ることができる. 表を 1, 裏を 0 と書くことにすれば, こうやって 01 数列ができる. この場合, 相空間は $\Gamma = \{0, 1\}$ であり時間は $T = N^+ \equiv \{1, 2, \cdots\}$ である. 経路空間 Ω として, すべての 01 片側無限列をとる(つまり, $\Omega = \{0, 1\}^{N^+}$. どんな順序で表と裏が出ることだって可能だから; 片側フルシフトである). こうして作った力学系 (σ, Ω) を硬貨投げ過程 (coin-tossing process) という. $\omega \in \Omega$ と書くとき, たとえば $\omega(n)$ が 0 であったら, n 回目の結果が裏を意味する. この力学系は時刻 n までの歴史 $\omega(1), \cdots, \omega(n)$ を知ってもその先はわれわれには皆目わからない. だから, これは「非決定論的力学系である」とは単純に言えないことはすでに前

の段落の説明から明らかだろう．以下にさらなる説明がある．□

　以上の説明で離散的力学系はいつでもその系の歴史空間（経路空間）の上のシフト力学系と解釈できることがわかった．この意義を考えておこう[38]．ある人が硬貨投げを始めようと決心したとすると神様は彼女に一つの片側 01 数列（歴史）$\omega \in \{0,1\}^{N^*}$ を，または同じことだが，写像 ω を，与える．彼女は時刻 n に $\omega(n)$ を経験する．上にでてきたシフト作用素は彼女が，彼女に与えられた運命をたどるための乗物になる：$(\sigma\omega)(n) = \omega(n+1)$．神様の立場からは彼女がいま実行しつつある硬貨投げは完全に決定論的だ（$\omega \to \sigma\omega$ と考えている；彼女に与えた数列の 01 の並び方は '世の終わりに至るまで' すでに完全に決まっている）が，彼女にとって一刻先は闇である．

　先に見たように，力学系が決定論的かそうでないかは見る立場によるのだ．やがて見るように，カオスでは，初期条件を選ぶことが神が 01 無限列を与えることに相当する．カオスではわれわれは神の役を演じるのである．ただし，われわれは万能でないから，初期条件の指定が限りなく精密とはいきかねる（せいぜい 01 の有限列しか与えられない）．その結果，われわれは神を演じきることができず，われわれにとってカオティックな系の将来は晩かれ早かれわれわれが支配しているようには見えなくなる．つまり，神になりきれないので歴史が非決定的に見える．

　以上，ビリングスレイにしたがった決定論的過程と確率過程の対応の話，傾聴すべき点が多々あるものの，一つの根本的疑問が残る．彼女に与えた特定の ω を神はいかにして選んだのか？ 神が別の '乱数発生装置'[39]（お神籤）に従っていないのであれば，神自身が '乱数発生装置'（きまぐれ）ではないのか[40]．ふつう，こういう見方はせず（神はサイコロをふらないといった人さえいた），それは神の意志だ（つまり，裏にわれわれごときに窺いしれぬ理性的決定があるのだ）と見る．しかし，すべてのことに理由があるとは限らないと認識することは科学

---

[38] 以下の説明は P. Billingsley, *Ergodic Theory and Information* (Wiley, 1960) [ビリングスレイ『確率論とエントロピー』（渡辺毅・十時東生訳，吉岡書店，1968）], Section 1 よりとった．この本では神のかわりにテュケー（ギリシャの運命の神）が使われている．

[39] ここまでに「乱数」という言葉が何を意味するか説明していないが，ここでは常識的なイメージを持ってもらえばいい．「乱数」とは何か，ということは後で見るようにきわめて深い問題である．

[40] フォイエルバッハは「宗教はただ偶然を神の恣意の中へ移すだけである．」と喝破した（『キリスト教の本質』第 19 章，舟山信一訳，上下，岩波文庫，改版，1965）．

のイロハだ:「因果関係を信仰することは迷信である.」[41]ただし, 世界の構造や法則を追究する科学的精神と迷信にとらわれる精神とに根深い共通点があることにも注意. 相関関係を因果関係と見なすのが迷信の一つの核だからである. ニュートンはケインズによって最後の大魔術師と評されている. 最後に出版された著書は聖書年代学についてであった. このような精神に著者は深い共感をおぼえる. 科学を迷信から区別するものは「懐疑の裏打ち」の有無だけである[42].

今まで, 世界を古典的な存在と (つまり, 量子力学的な存在ではないと) 見てきた. たとえば, ある歴史 ω は, われわれが知ろうと知るまいと, 確固として未来永劫決まっている, と. 量子力学では, 古典的な意味でどんな現象がはっきり起こるかは, その現象が「レジスターされるまで」(「記録されるまで」, ほとんど「登録されるまで」という感じ) (過去についてさえ!) 確定しない. 歴史は, すでにその母集団があって現実に生じることはその内のどれかだが, それは神のみぞ知る, という風にはなっていないのである. 量子力学では神様さえ ω をあらかじめ選べないのだ[43].

課題 2.2.2 P. C. W. デイヴィス・J. R. ブラウン編の『量子と混沌』(出口修至訳, 地人書館, 1987) のホィーラー (J. A. Wheeler 1911–2008) のインタビューの部分を読んで (さらに必要なら T. Hellmuth, H. Walther, A. Zajoc, and W. Schleich, "Delayed-choice experiments in quantum interference," Phys. Rev. A **35**, 2532–2541 (1987) などを読んで)「遅延選択実験」(delayed choice experiment) について調べ, その意義を考えてみよう. □

そうすると, 今まで説明してきた力学系という考え方はまったくおかしい無意味なものではないか? しかし, この世が量子力学的な世界であるということにわれわれ人間がずっと長い間気がつかなかった, ということは, きわめて重要な経験事実である. 古典的な世界像が経験的に「ほとんど正しい」ということだ. たとえば, 確率論は完全にこれを前提にして成り立っている. 天動説をはじめとして, 長い間信じられてきたことにはそれをきわめてよい近似で「真」とみな

---

[41] ヴィトゲンシュタイン『論理哲学論』**5.1361**.
[42] しかし, 「すべてを懐疑の下においてよいのか」という疑問をいつも持っていなくてはならないようにも思う. 「ドグマに縛られてはいけない」というのはドグマではないか.
[43] 量子力学は通常の人格神的一神教にとって進化生物学よりさらに根源的に矛盾するものであろう. そういうことがあまり言われないのは, 進化生物学は誰にでもわかる (気になれる) のに対し量子力学はそうでないからだろう.

すだけの経験的(かつ理論的)理由があるのである[44]. だから, 整合的な世界観を作る問題は二つに分けられる. 一つは, なぜ古典的世界像がもっともらしく見えるのか理解することであり, 他の一つは, 古典的世界像を最小の修正で全体的世界像と整合させることである. はじめの問題は, まだよくわかってない[45]. 統計力学のきわめて基礎的な問題とも密接しているように見受けられるが, もちろん統計力学も本当のところはよくわかっていない. 第二の問題は, 結局, 世界のきわめて微少なスケールにおいては古典的な描像には無理があるので, その効果が古典的描像にどう響くか, を研究することである. 量子効果は, 多分ノイズとして古典的非線形系を駆動すると近似してよいことになるのではないか.

この本では, この立場で, 古典的世界の中での話のみ扱う.

2.3　カオスを特徴付ける

概念分析の本論にもどって, われわれの直観などをできるだけきちんと定式化してカオスの暫定的な定義を作ろう. 離散力学系しか考えないがそれで一般性を失うことがないことはやがてわかる. 考える離散力学系 (f, Γ) はきわめて一般的で, Γ はある集合, f は Γ からそれ自身への写像 (Γ の endomorphism であるという) である. Γ には何らの構造も要求しないし, f にも写像であるという以外の要求はない. 通常は Γ は位相空間であり f は可微分写像であることが多いがカオスの概念自体にそういう「上部構造」は不要である.

直感的には 2.1 節でみたように, カオスとは決定論的力学系が見せるランダムな挙動のことである. それは局所的に不安定だが全体としては有界に留まる

---

[44] こういう当たり前の事実を虚心に受けとめると, 「パラダイム」を強調して不連続性を前面に出す見方(クーン『科学革命の構造』(中山茂訳, みすず書房, 1971))には注意が必要であることがわかる. 天動説がなぜ一見自然なのか説明できない力学の理論は正しくない. もしも一般相対性理論が弱い重力場の極限でニュートンの万有引力の法則に漸近しなければ否定されるのは一般相対性理論の方だ. 自然科学ではパラダイムが変わっても観察事実まで変わるということは滅多にないだろう. それには理由がある. われわれの認識装置は時々のパラダイムで決まっているようなものでなく, 40 億年の蓄積の結果だからである.

長い間信じられてきたことには「真」と見なすだけの経験的理論的理由がある, というなら昔からの(神などの)迷信にも「合理的理由」があることになるのではないか? 誤認の合理的理由なら大抵あるだろう. 進化生物学的説明の試みもある. たとえば, R. Dawkins, *The God Delusion* (Houghton Mifflin, 2006) Chapter 5 参照.

[45] 量子力学の解釈に関して一番物理的なのは W. H. Zurek, "Decoherence, einselection, and the quantum origins of the classical," Rev. Mod. Phys. **75**, 715 (2003) である.

力学系による不可知の増幅の結果生じる．「決定論的」という言葉はよいとして，「ランダムな」とはどういうことかはっきりさせないとカオスの本質に迫れない．「ランダム」という概念を明確にすることができればそれに越したことはないが，これは後でみるようにそう簡単でない．別の行き方は，誰が見てもランダムだと認める実例をもとに話を組み立てることだろう．ここでは，この手っ取りばやい路線をはじめに採用する[46]．

　硬貨投げ過程を前節で見た．硬貨を投げて表裏の列（01の列）を生成すると，硬貨が「公平なら」ほとんど確実にこれは（直観的に）ランダムだろう．その中に規則的な列，たとえば010101010…などというものも混じってはいるが，そんなものに出会うチャンスはないに等しい．周期的な歴史は，対応する01列を2進小数と見るとき，$[0, 1]$ のなかの有理数に対応する．それは可算集合だから $[0, 1]$ のなかの圧倒的な少数派である（測度零）．したがって，公平な硬貨を投げて作る01列はほとんど確実に[47]ランダムだというのが直観的にもっともらしい．たとえ硬貨が公平でないとしても周期的な歴史に出会う確率は無視していいだろう．完全な予言はいずれにせよ不可能である．

　そこで，（バイアスがあったりして，完全に予言不可能ではないにせよ）硬貨投げのランダムさと01数列（表裏列）全部が出うるということに対応があるという直感を大切にして，この基礎の上に理論を組み立てよう[48]．そこで01上の片側シフトと'素直に関係する'ものは多かれ少なかれランダムだということを出発点にする．大雑把に言うと，もしも硬貨投げ過程の歴史全体（＝経路空間）とある与えられた決定論的離散力学系の軌道のある集合とに自然な対応がつくとき，その力学系はカオスを示すというのがもっともらしいだろう[49]．

---

[46] 《**実例の真の意義**》この本ではこのような路線がくりかえし現れるが，その裏にあるのは「われわれが判然と知りうることはわれわれが言葉で表現できることより広大である」「われわれの言語以前から存在した自然知能は実例からその核心を直覚する能力がある」という確信である．実例には言葉を介さずに自然知能にじかに訴える所にその本質的意義があるのだ．

[47] 確率論的に正しい表現としてこのことばは使われている．

[48] 以下の議論は Y. Oono, "Period $\neq 2^n$ implies chaos," Prog. Theor. Phys. **59**, 1029 (1978) の発想に忠実である．同様の発想が，D. S. Ornstein, "In what sense can a deterministic system be random?" Chaos, Solitons & Fractals **5**, 139 (1995) に見られる（もちろん著者の方が早いなどというつもりは毛頭ない，自然な発想だと言いたいだけである）．

[49] 連続力学系の場合は，たとえば時間座標に沿って周期的にサンプルすることによって離散時系列をつくることができる．この時系列がでたらめにみえるとき，もとの連続系がでたらめな要素を持たないとは考えにくい．そこでカオスを定義するには離散的力学系のみを相手にすれば十分である．

2.3 カオスを特徴付ける

　離散力学系の相空間は前の節で見たように必ずしも片側シフトのように離散的な文字で表わされてはいない. そこで, 片側シフト $(\sigma, \{0,1\}^N)$ と対応させたければ, 相空間と文字の対応 (つまり, 符号化 coding) が必要になる (付 2.0A に以下やることのひな形がすでにあった). 相空間からある不変部分集合 A をとって, それを適当な二つの部分集合 0 と 1 にわけることにしよう. 系はある時刻に 0 か 1 にいるから, A にとどまるすべての軌道 (歴史) は 01 列に写像される (対応した 01 列を持つ). こうして現れた 01 列すべてを集めてできたシフト力学系がおかしな振る舞いをすれば, もとの系もまともではありえない. 特に, もしも, この符号化ですべての 01 列が実現されるならば, もとの系は時間発展が 01 列集合の上のシフトで表現できるような部分を持っているのだから, それはカオティックだと言っていいのではないだろうか? もちろん, いま述べた符号化を実行するとき, 各時刻ごとには系を観察せず, 適当に間引いた時刻に見た方がよかったりするかもしれない. この様に考えると次の定義にたどりつく:

定義 2.3.1 [カオス] f を相空間 Γ からそれ自身への写像 (endomorphism) であるとする[50]. ある $n \in N$ をとって f を n 回繰り返して得られる合成写像 f^n[51] を作り, これをある不変部分集合 $A \subset \Gamma$ に制限したとき, それが $\{0,1\}^N$ 上のシフト力学系 σ (つまり, $(\sigma, \{0,1\}^N)$) と「同型にできる」ならば力学系 (f, Γ) は<u>カオス</u>を示す (またはカオティックである) という. つまり, φ が一対一写像でつぎの図式が可換なとき[52], 力学系 (f, Γ) はカオスを示すという.

$$\begin{array}{ccc} A & \xrightarrow{f^n} & A \\ \downarrow{\varphi} & & \downarrow{\varphi} \\ \{0,1\}^N & \xrightarrow{\sigma} & \{0,1\}^N \end{array}$$

□[53]

　言葉で言うと, A に含まれる点 (系のある状態のこと) をシンボル 0 および 1 を使って適当に一義的に符号化する方法 φ (したがって, 逆に一意に解読することもできる) を使って, 01 列の世界に移ると, もとの力学は単なるフルシフトに

---

[50] この定義では, 写像は測度論的な意味ではなく, 点変換の意味である.

[51] $f^n(x) = (f \circ f \circ \cdots \circ f)(x) = f(f(f \cdots (f(x)) \cdots))$ のこと. ここで省略表現の所も合わせてそれぞれの表現に f が全部で n 個ずつでてくる.

[52] 「つぎの図式が可換」という意味は, 要するに, 右上隅を通る経路に沿っても左下隅を通る経路に沿っても答えが一致するということ.

[53] 以前に, もっと一般的なシフト力学系を紹介したが, 上の定義の中で, それらを使っても, 定義がより一般的になるわけではない.

変換される．このようなことが可能なとき，もとの力学系はカオスを示すというのである．大雑把に言うと，ある力学系の(部分の)挙動が二つのシンボル 0 と 1 をつかって一義的に符号化できて，符号化の結果が硬貨投げの結果と全体として区別できないときカオスが生じていると言おうとしているのだ．またこのとき離散力学系 (f, Γ) はカオス的力学系 (chaotic dynamical system) であるといわれる．

「連続力学系がカオスを示す」とはその力学系を '自然な方法で' 離散的にサンプルしてつくった離散系が上の意味でカオスを示すことである．後で見るように，周期的サンプルの結果がこのような性質を示す系は十分にカオティックである．

上記のカオスの定義はどのくらいよいか？ 本書の文脈では上の定義はまだ暫定的な作業用の定義の域を出ていないからこの質問は大切である．定義がよい条件などというものは明確にしにくいが，直観との整合性，関連した基本的概念との緊密な関係，別の見方にもとづく定義との同値性，などをよい定義の特徴としてあげていいだろう．われわれの定義は直観から出発しているから「(一見)ランダムな挙動が基本的に重要なカオスの特性である」とするかぎりは，直観との整合性は定義に織りこまれている．ランダムさは基本的に重要な概念だろうから，基本的概念との緊密な関係もあると言っていい．この点はさらにすぐ下に引用する定理からも見て取れる．上の定義を満たすカオスがほかの一般的イメージにもとづくカオスの特徴付けと整合的かどうかも定義の普遍性ないしは自然さを見る上で重要である．この点は付 2.3A にまとめてある．

次の定理[54]は，区間力学系(相空間が実数のある区間であるような力学系)についてのものではあるが，上に述べたカオスの定義の自然さを示すものである (一応の用語解説はすぐ下にある)．

定理 2.3.1 I を区間とし，$F: I \to I$ はその中への連続写像 (C^0-endomorphism) とする．このときつぎの (1)–(4) は同値である．
(1) F はカオスを示す．
(2) F は 2 の冪(べき)に等しくない周期を持った周期軌道を持つ．

---

[54] M. Osikawa and Y. Oono, "Chaos in C^0-diffeomorphism of interval," Publ. RIMS, **17**, 165 (1981); Y. Oono and M. Osikawa, "Chaos in nonlinear difference equations. I," Prog. Theor. Phys. **64**, 54 (1980) (日本を追い出されたので II はない)．次をも見よ: L. Block, Proc. Amer. Math. Soc., **67**, 357 (1978); "Homoclinic points of mappings of the interval," *ibid*., **72**, 576 (1978).

(3) F^m が混合的不変測度を持つような正の整数 m が存在する.
(4) F はコルモゴロフ–シナイエントロピーが正であるような不変測度をもつ.
□[55]

この定理を理解するのに必要な概念 (混合的, 不変測度, コルモゴロフ–シナイエントロピー) は後で定義を書くが, 大体の意味はつぎのとおり.「不変測度」とは定常分布のことである.「混合的である」とは系がある種の定常状態に緩和していくということだ.「コルモゴロフ–シナイエントロピー」は単位時間ステップ後の状態をいまの状態と同じ精度で指定するには, いまの状態だけを知るより, 平均としてどれだけ余計なことを知っていなくてはならないかをはかる量である. それが正ということは (将来を決定するにはいまの状態だけでは知り足りないのだから), 時間が経つにつれ系がどんどん予想できないものになっていくということである. 周期 n の「周期軌道」とは, 直感的には明らかだろうが, n 個の互いに異なった点 $\{x_i\}_{i=1}^n$ で $i = 1, \cdots, n-1$ について $f(x_i) = x_{i+1}$, および $f(x_n) = x_1$ が成り立つようなもののことである.

実用的には上の定理の (1)–(4) と同値の次の命題が便利である:
(5) I の中に高々一点を共有する二つの閉区間 J_1 と J_2 があって, 適当な二つの正整数 p と q をとると, $f^p(J_1) \cap f^q(J_2) \supset J_1 \cup J_2$ が成立する.

2.1 節で調べた伊東の '大地震モデル' がカオスを示していることは '折り紙' モデル (図 2.1.14) からすぐわかる. 2 の巾でない周期の軌道を描いてみてもいいが, (5) をチェックするのがより簡単だろう.

補註 2.3.1 $x_{n+1} = f(x_n)$ が初期条件 x_0 を出発して $\{x_n\}$ なる数列を作るとする. f が観測可能の (付 2.3A を見よ) カオスをほとんどすべての初期条件のもとで示すときでさえ, 解を簡単な関数 g を使って $x_n = g(n, x_0)$ のように陽な形に書くことができる場合もある. 有名な例は $f(x) = 4x(1-x)$ で $x_n = \sin^2(2^n \sin^{-1}\sqrt{x_0})$. ほかにもいろいろ例がある[56]. 未来永劫完璧に予測可能ではないか, と読者は思うかもしれないが, $n = 100$ として答えを 3 桁求めてみれば目が覚めるだろう.

以下は付録もふくめて補足である.

2.1 節でみた地震モデルでは初期条件への敏感な依存性がカオス的挙動と密接していた. 第 1 章ではカオスの本質的意義としてきわめて小さな効果の増幅ということを挙げた. この性質はルエルやガッケンハイマー[57]によって強調さ

---

[55] (1) ⇒ (2), (3), (4) は自明. (4) ⇒ (1) もほぼ自明.
[56] K. Umeno, "Method of constructing exactly solvable chaos," Phys. Rev. E **55**, 5280–5284 (1997).
[57] J. Guckenheimer, "Sensitive dependence on initial conditions for one-dimensional maps," Com-

れ，ふつうのカオスの特徴付けではまっさきにとりあげられる性質である．直感的には，符号化したとき右の方はるか彼方の数字は小さな違いを記述するのに対し，左端に近い数字はより大きなスケールに対応していることからこれが理解できる．シフトによって数字が左に動いてくることが力学系による小さな構造の拡大に対応する．符号化したとき右の端の方だけが食い違っている2点は空間的にきわめて接近しているが，時間がたつにつれて，その違いが増幅されるのである．

初期条件敏感性があるからといって力学系がカオティックにふるまうとは限らない．こんなことはルーレットを知っている人には当然だろう．玉はしばらくあっちこっち跳ねまわりはするが，結局，ある数の所に止まってしまい動き続けるわけではない（力学系の固定点 fixed point に落ち込んだという；この系は多重安定なのである）．相空間のなかで限りなく時間が経ったあとで力学系が落ちつく先の点の集合を力学系の ω-極限集合 (ω-limit set)[58]というが，この場合それが離散的な固定点からなりたっている．それぞれの固定点に究極的に吸い込まれていくような軌道に含まれる点の全体をその点の吸引域 (basin of attraction) という[59]．吸引域を持つような固定点をアトラクターという[60]．いくつかのアトラクターが共存すると，力学系の長時間挙動は初期条件がどの吸引域にあるかによって決まる．落ちつく先がカオティックでなくても，いくつかの吸引域の境界が恐ろしく込みいっていれば，初期条件敏感性だけはあることになる[61]．ルーレットやサイコロ，また硬貨などを表現する力学も当然そのような系であるはずだ．つまり，よくいわれる初期条件依存敏感性だけではカオ

---

mun. Math. Phys. **70**, 133–160 (1979).

[58] 正式にこれを定義するには次のようにする．まず，点 x の ω-極限集合 $\omega(x)$ を次のように定義する：
$$\omega(x) = \{y \mid f^{n_i}(x) \to y \text{ になるような部分時間列 } n_i \to \infty \text{ がある }\}.$$
これらの点をすべて集めて $L_+ \equiv \cup_{x \in \Gamma} \omega(x)$ を作る．L_+ に含まれる推移的な不変部分集合のことを ω-極限集合 (ω-limit set) という．ここで推移的な (transitive) 集合とはその中に稠密な軌道 (dense orbit) がある集合のことである．ある集合 A の中の稠密な軌道とは，A のどの点のどんな近傍をとってもその中を通る軌道のことである．安定固定点や安定周期軌道は ω-極限集合である．

[59] 正式には：ある ω-極限集合 A の吸引域 (basin, basin of attraction) とは次の条件を満たす開集合 U 全体の和集合のことである：
(i) U は $f(U) \subset U$ をみたす．
(ii) $\cap_{n \geq 0} f^n(U) = A$.

[60] より正しくは，吸引域を持つ ω-極限集合一般をアトラクター (attractor) という．

[61] 解説として H. E. Nusse and J. A. Yorke, "Basin of attraction," Scinece **271**, 1376 (1996) がある．

スを特徴づけられない．しかし，先にも述べたように，特に初期時刻といわずに'たいていの'時刻において摂動に対して敏感だという性質はカオスをうまく特徴づけているだろう．

付 2.3A: いろいろなカオスの定義

この付録では術語の説明を親切に与えていないが，「観測可能」という概念は重要なので，あらかじめ冒頭にその定義を述べておく．そのこころは，相空間のルベーグ測度(付 2.4A 参照)に関して一様に初期条件をサンプルするとき，正の確率で見られる事象を観測可能といおう，ということである．数値実験可能性の一つの特徴付けと考えられる．ルベーグ測度が正の初期条件の集合から到達可能な事象(集合)は観測できると考える．ある事象(集合) B がある初期条件から到達可能とはそれを出発する軌道がある時間経った後に B 内に居るか(その後出てもいい)あるいは B に吸収されることである．

定義 2.3A.I [観測可能性] ある集合 B が与えられた力学系 (f, Γ) に関して観測可能 (observable) であるとは，その集合と共通部分をもつすべての軌道上の B に到達するまでの点すべてを集めた集合のルベーグ測度が正であることである．つまり，B の吸引域(あるならば)のルベーグ測度が正かそうでないときは $\{x : \exists n \geq 0, f^n(x) \in B, x \in \Gamma\}$ のルベーグ測度が正であることである．□

本節で定義したカオスを形式的カオス (formal chaos) ということもあるが，そのこころは，それが観測できるとは限らない，というのである．1 次元の写像系のカオスでは絶対連続不変測度の存在がほとんどカオスの観測可能性と同値であると思われる．

上の定理 2.3.1 の (1) と (2) の同値関係がよく知られている *Period* ≠ 2^n *implies chaos* という定理である．この定理はリーとヨークによる有名な定理: *Period three implies chaos*[62] と名前が似ていて不幸にもその拡張か系のような感じを与えるが，実は類似は表面だけである．カオスの定義がこの二つの定理では異なる．

リーとヨークのカオスは次のように定義される．X をコンパクトな距離空間として，写像 f: $X \to X$ がリーとヨークのカオスを示すとは周期軌道に落ちついてしまわない非可算無限個の非周期点の集合 $R \subset I$ (撹拌集合 scrambled set と呼ばれる)が存在することである．撹拌集合 R は次の三つの条件で定義される:

(A) $\forall x \in R, \forall y \in R, x \neq y \Rightarrow \limsup_{n \to \infty} |f^n x - f^n y| > 0$,
(B) $\forall x \in R, \forall y \in R, x \neq y \Rightarrow \liminf_{n \to \infty} |f^n x - f^n y| = 0$,
(C) かってな周期点 y について，$\forall x \in R \Rightarrow \limsup_{n \to \infty} |f^n x - f^n y| > 0$.

連続な区間写像 f については，本節で与えた定義によるカオスが生じているならば，その系にはリーとヨークのカオスも生じている(ただし，写像が連続でないときは，一般に何も言えない[63])．しかし，逆は正しくない．リーとヨークのカオスにはコルモゴロフ-シナイエントロピーが正であることとの同値性がない．だから，上の定理 2.3.1 はリーとヨークの定理から証明できない．

リーとヨークのカオスの最大の欠陥はランダムネスに注意を払っていないことだ．非周期的

---

[62] T.-Y. Li and J. A. Yorke, "Period three implies chaos," Am. Math. Month. **82**, 985 (1975).
[63] 写像が連続でないときにもこの主張が正しくなるようにするには，カオスの定義をもう少し条件を加えて狭くする必要がある．その例は M. Osikawa and Y. Oono, Publ. RIMS **17**, 165 (1981) 前掲にある．

な運動に注目しているが, 非周期的でも直感的にカオスからほど遠い挙動はいくらでもある. 周期的でない軌道の存在を強調することはカオスの特徴付けとして的を外している. 別の問題点は撹拌集合 R が, ふつう, 観測可能な集合にならないことだ. たとえば, 区分的に滑らかな写像が, 観測可能なカオスをもつときは撹拌集合はいつも内測度ゼロである[64]. つまり, 計算機実験でわれわれがお目にかかるカオティックな挙動はリーとヨークによって特徴づけられたカオスではない. S.-H. リー(リーとヨークのリーではない)は ω-撹拌集合という撹拌集合の改良版を与えて本文中のカオスと等価な定義を与えている[65].

一番人口に膾炙しているのはデヴァニィによる定義かもしれない[66]. これは S.-H. リーの結果[67]を考慮にいれると次のように述べられる. (f, X) を離散力学系とし, $D (\subset X)$ は閉じた不変集合であるとする(つまり, $f^{-1}(D) \supset D$). このとき, 次の二つが成立することをカオスを示すと定義する.

(D1) $f|_D$ (f の D への制限)は D で位相可遷的(topologically transitive)である(つまり, $f|_D$ は D で全射で, D 中に稠密な軌道を持つ).
(D2) f の周期軌道の全体は D において稠密である.

D はカオス集合と言われている. 当然ながら, 上の定理 2.3.1 の中の集合 A はカオス集合である. この定義も先の定義(相空間をコンパクトな距離空間とすれば)と同値であることが S.-H. リーによって示されている. すなわち, このような D がとれることが離散力学系がカオスを示すということである.

このように, 本節で挙げたカオスの定義は後にほかの人々が与えた諸定義と同値であることがわかる. そして, その本質は, 次第にわかってくるように, コルモゴロフ-シナイエントロピーが正だということなのだ. すでに引用したように, アレクセイェフは 1968 年[68]に擬ランダムな(quasirandom) 力学系を正のコルモゴロフ-シナイエントロピーを持つマルコフ連鎖にもとづいて定義した. アレクセイェフはカオスの本質を見抜いていたのである. ロシアの力学系研究が西側のはるか先をいっていた例の一つである. カオスという名前は理論の普及にはよいが擬ランダムという言葉は本質を衝いている.

---

[64] Y. Baba, I. Kubo and Y. Takahashi, "Li-Yorke's scrambled sets have measure 0," Nonlinear Analysis **26**, 1611 (1996). 写像がただ連続なだけならば可測なだけでなく正の測度を持った撹拌集合を持った例はある. I. Kan, "A chaotic function possessing a scrambled set with positive Lebesgue measure," Proc. Amer. Math. Soc. **92**, 45–49 (1984) や J. Smital, "A chaotic function with a scrambled set of positive Lebesgue measure," Proc. Amer. Math. Soc. **92**, 50–54 (1984) を見よ.

[65] S.-H Li, "ω-chaos and topological entropy," Trans. Amer. Math. Soc. **339**, 243 (1993).

[66] R. Devaney, *An introduction to chaotic dynamical systems* (Benjamin/Cummings, 1986).

[67] S.-H. Li, "Dynamical properties of the shift maps on the inverse limit space," Ergodic Theor. Dynam. Syst. **12**, 95 (1992). J. Banks, J. Brooks, G. Cairns, G. Davis and P. Stacey, "On Devaney's definition of chaos," Am. Math. Month. **99**, 332 (1992) も見よ. 後者では X は有界でなくてもいい.

[68] [1968 年: テト攻勢, 大学紛争, 核拡散防止条約, プラハの春, イタイイタイ病公害病と認定, 紅衛兵農村下放]

2.4 '歴史の量' はどうはかるか

前節ではカオスの一つの定義をあたえた.「カオスとは決定論的力学系の運動でランダムな動きに見えるようなものだ」という直観を, どう数学的にきちんと語るかを考えたのだった. 付 2.3A にあるように, 後に提案されたほかのいろいろな定義とこれが等価であったということが示すように, 悪い定義ではないに違いない. 実際「一つの定義」とは言っても, 事実上一般に受けいれられている定義である. だが, われわれが定義が「よい」と感じるためにはわれわれの感覚や直感との整合性があればあるほどいい. そのためにはカオスと思われる現象の直観的にもっともらしい別の特徴付けをまず探すべきだ. 別の(一見かけ離れた)特徴付けが先の定義から導かれれば(より望ましくは, 同値であれば)その良さのしるしになるだろう. 本書ではわれわれの感覚や直感と形式化された結果の整合性を非常に重視する. 現実世界との対応を考えなくてよいならば, つまり, できあがった理論を現実の説明, 理解に使うつもりがないならば, これは大して重要でない. しかし, 本書は世界を見るための本であるからそうはいかない. 感覚や直感はこの世で生きのびるために磨かれてきたものなのだから, 深刻な意味において現実世界が刻印されているはずである. したがって, われわれの感覚や直感を尊重することは実験を尊重するのと同じ精神であり, 科学の一つの重要な基盤である[69].

「カオスはランダムな動きと密接に関連している」という直観を特徴付けに組み込むために, 前節の定義では典型的にランダムと思われる過程をまずもってきてカオスの定義に利用した.「ランダムである」ということはどういうことかという大きな問題が残っている. ランダムとは直観的にどういうことを指しているのか. ランダムということは, 何かが「でたらめ」だということであり, 「でたらめである」ということは「偏りがない」とか「公平である」などという感じと結びついている. そこで本節では「歴史の起こり方に偏りがない」ということを定量的にチェックするための道具立てを用意する. ここに出てくる筒集合という概念は重要である. 付録に測度と確率の解説がある. これは別の概念分析の

---

[69] 巨視的な物理に関する限り, 内省, 瞑想だけで(経験事実なしに)基礎物理をすることが(原理的には)できるように思われる. それは進化の過程で身に付いた系統発生的学習の成果に頼ることだが, もちろん, われわれの内省能力がそれほど強力でないために, 思考のきっかけとして実験観察がほとんど必須なのだ.

実例として読むこともできる.

　硬貨投げにおいて硬貨が公平であるとは, すべての許された歴史, すなわちすべての 01 数列, が同じ程度に起こりやすいということである[70]. 硬貨投げ過程では経路空間 Ω はすべての 01 数列全体の集まりだから, ある歴史=数列が起こりやすいかどうかはかるためには, 経路空間にある種の(生起しやすさについての)重みをいれなくてはならない. 無限の歴史をいっぺんにながめるというのは易しくないから, 公平かどうかを実際にチェックする '有限な' 方法を考えてみよう. たとえば, 与えられた硬貨を 10 回投げて作った長さ 10 の 01 数列をたくさん用意する. いいかえると, 長さ 10 の試行列をいろいろ作る. もし硬貨が公平ならば, どのような長さ 10 の 01 列も確率 2^{-10} で現れることが期待できる(「確率」は付録 2.4A でよりはっきりと定義する). 要するに, 有限の長さの試行で実現できるような事象の経験確率を調べあげて, それが公平な場合から有意にずれてなければ, 硬貨はいびつではなかったということになる. そこで, ある硬貨をモデル化するには, ある有限 01 列を共有する可能な歴史(試行列)の束(たとえば, 52 回目から 56 回目までの試行が 01010 であるような歴史を, その前後に起こっていることにかかわりなくすべて集めて作った束; これはすぐ下にでてくる「筒集合」の例である)をいろんな有限 01 列について取りそろえ, そのような束すべての確率を指定すればいいだろう.

　もう少し抽象化して上に書いたことを定式化しよう. 勝手に[71]歴史の一つを見始めることにして, それが Ω のある適当な部分集合 A の中にはいっている確率を指定したい. 経路空間 Ω に確率測度を指定する標準的な方法は「筒集合」の確率をつじつまのあうように決めるというものである. ここで「測度」は体積のようなものだと理解しておけばいい. 確率測度は '全体積' が 1 に規格化されている測度のことだ. もう少しまともな説明は, 付録 2.4A にある.

　筒集合 (cylinder set) は(シフト力学系では)次のような経路空間の部分集合を意味する: m, k を正の整数として

---

[70] こう結論することがわれわれの感覚とマッチしている. このようなものを公平だと感じるようにわれわれは淘汰されてきたのである. 付録 2.4A のおしまいに関連した議論がある.

[71] 常識的にいきたいが, この言葉は, 実は, 単純ではない. ふつうは, すでに確率測度が想定されている. そのような想定なしに,「勝手に」という言葉を明示的に規定するにはどうすればよいか, という問いはきわめて深い問題である. もしこの言葉の意味がはっきりすれば, 数字を「勝手に」選んで作った数列は乱数列だろうから, 乱数とは何かということについての答えが得られることにもなる.

$$[\omega_m, \cdots, \omega_{m+k-1}] \equiv \{\omega' \mid \omega'_i = \omega_i \text{ for } i = m, \cdots, m+k-1, \omega' \in \Omega\}. \quad (2.4.1)$$

ここに $\omega'_i \equiv \omega'(i)$ と略した. 要するに, 時刻 m から $m+k-1$ までの状態 $\{\omega_m, \cdots, \omega_{m+k-1}\}$ を指定し, その条件に合う歴史を集めて束にしたものが筒集合 $[\omega_m, \cdots, \omega_{m+k-1}]$ である. 上の定義では, [ ] の中に指定した状態が書いてある. たとえば, 半無限列 $110101\cdots$ と $010110\cdots$ は第2字目から始まる 101 を共有しているからともに同じ筒集合 $c \equiv [\omega(2) = 1, \omega(3) = 0, \omega(4) = 1]$ に含まれている. この筒集合は $c_0 \equiv [\omega(2) = 1, \omega(3) = 0, \omega(4) = 1, \omega(5) = 0]$, と $c_1 \equiv [\omega(2) = 1, \omega(3) = 0, \omega(4) = 1, \omega(5) = 1]$ の二つに分割できる. そこで, 系の歴史が筒集合 c_0 の中に見いだされる確率ともう一方 c_1 に見いだされる確率を加えると, 系の歴史が筒集合 c に見いだされる確率にならなくてはならない. つまり, c_0 や c_1 にわりふられた確率が c にわりふられた確率とつじつまがあっていなくてはならない. これが先に述べた,「つじつまがあう」ということの意味である. つじつまのあった (可算個の条件で決まる) 筒集合への確率の割り振りができれば, 経路空間という無限次元空間に確率をいれることができる[72].

たとえば, 経路空間 $\Omega = \{0,1\}^{\mathbb{Z}}$ 上のもっとも単純で無矛盾な確率測度は, 表, つまり, 1が出る確率を, それまでに何が起こったかにかかわらず, p とおいてしまえば作れる. ここで $0 \leq p \leq 1$ である. そうすると上に出てきた筒集合 c の確率は $p^2(1-p)$, また c_0 の確率は $p^2(1-p)^2$, そして c_1 の確率は $p^3(1-p)$ となる. 言うまでもなくこれらは無矛盾だ: $p^2(1-p)^2 + p^3(1-p) = p^2(1-p)$. こうして構成された経路空間上の確率測度をベルヌーイ測度 (Bernoulli measure) という.

例 2.4.1 [ベルヌーイ過程] 相空間 Γ は N 個の要素事象 $\{a_1, \cdots, a_N\}$ からなるとし, 経路空間 Ω は $\omega = \{\omega_n\}_{n=-\infty}^{+\infty}$ $(\omega_n \in \Gamma)$ の型の両側無限列全体であるとする. 要素的事象 $a_i \in \Gamma$ にある瞬間出会う確率を (出会いの時刻やその前後に何が起こるかと関係なしに) p_i であるとする ($\sum_{i=1}^{N} p_i = 1, p_i > 0$). これに基づいた確率が与えられた経路空間上のシフト力学系をベルヌーイ過程 (Bernoulli process) $B(p_1, \cdots, p_N)$ と呼ぶ. 無限の昔からつづいている公平な硬貨を使った硬貨投げ過程は $B(1/2, 1/2)$ である. もし硬貨を投げた結果を表現する過程が

---

[72] これはコルモゴロフの拡張定理が保証してくれる. たとえば, R. Durrett, *Probability, Theory and Examples* (Wadsworth & Brooks, 1991) Appendix 7 を見よ. この教科書はたいへんセンスがよくしかもそんなに難しくない. すばらしい. 推薦できる. ただし, 確率論がまったく初めての人が読む本ではないだろう.

$p \neq q$ であるようなベルヌーイ過程 $B(p,q)$ になるとき，われわれは硬貨が公平でないという．公正なサイコロ投げは $B(1/6, 1/6, 1/6, 1/6, 1/6, 1/6)$ である．もしも離散時刻 n に非負整数のみ許されるときは上の過程は片側ベルヌーイ過程 (one-sided Bernoulli process) といわれる．□

付 2.4A: 測度とは何か, 確率とは何か

測度という概念は初等解析学にはでてこないが，きわめて基本的かつ重要な概念であり，重要なだけあっておおよその概念を理解するのは困難でない．さらに，ルベーグによる測度の導入は概念分析の好例を与えてもいる．そこでその初歩を見ておこう．入門書としては，先に挙げたコルモゴロフ–フォミーン (第 2 版)，または小谷真一『測度と確率 1』(岩波講座現代数学の基礎) が推薦できる．統計力学, 力学系などの基礎的な研究を志す人にはきちんとした理解が望まれる[73]．

体積とは何か?

簡単のために 2 次元で論じることにしよう．質問は面積とはなんだろうかということになる．より高い次元への拡張は容易に見てとれるはずだ．ややこしい形をした図形については，面積がはたしてあるのかということさえ問題になりかねない[74]．そこで見たところ自明なことからはじめよう．

「長方形 $[0, a] \times [0, b]$ の面積は ab である.」

本当にそうか？ もし本当なら，なぜそうなのだろう？「面積とは何か」という質問に答える前にこんな質問に答えられるのはおかしいのではないか．そうすると，論理的に良心的でありたいと願うなら，次の定義を受けいれざるをえないだろう．
定義. 長方形 $\langle 0, a \rangle \times \langle 0, b \rangle$ (ここで '⟨' は '[' か '('，'⟩' は ']' か ')'，つまり，境界が含まれているか否かを問わない) に合同な図形の面積は ab であると 定義する．□[75]
長方形の面積はその境界を含めるか否かによらないことに注意．これも約束のうちにはいっている．

---

[73] 読みやすい入門記事として，新井仁之，「測度」(現代数学の土壌)，数学のたのしみ **11**, 83 (1999) がある．

[74] (ふつうの数学の公理系のもとでは) 実際，面積のない図形 (可測でない図形) を考えることができる．

[75] 《異なったカテゴリー間のアダプター》面積は図形の世界と数量の世界を結ぶ．したがって，あからさまにこの二つを結ぶアダプターがいるのである．つまり，その結びつきの内実に疑問を差し挟むことを許さない関係が必須である．それがこの定義である．これは操作的定義でもある．遺伝情報と生体分子の関係でも，機械語と計算機の実際の回路で生じる電気現象の関係でも，あるいはわれわれの意志と行動の間の関係でもそういう有無を言わさないメカニズムが組み込まれていなくてはならない．物理に出てくる諸量の単位がどう定義されているかふり返ってみよ．かならず実体と数値を結び付ける規約が核心である．それは何か数値以外のあるものを数値に結び付けるからアダプターが必須なのである．物理学では操作的定義を重んじるが，それは解釈の余地がないからである．操作的でない定義などは本当はどんな学問分野でも無意味だろう．

2.4 '歴史の量' はどうはかるか

図 2.4A.1 基本集合: 有限個の, 辺が互いに平行か垂直の関係にしかない長方形を, 辺あるいは角以外で重なることなしに組み合わせることで作られる図形のこと. その面積は構成員である各長方形の面積の総和として定義する.

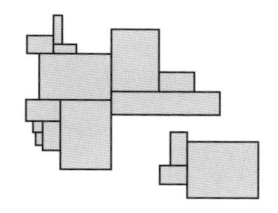

基本集合の面積

有限個の(辺が座標軸に平行な)長方形(境界は含まれていてもいなくてもよい)の直和として(つまり, 辺や角以外重ならないように長方形を組み合わせることで)作られる集合を基本集合 (fundamental set) という. ここで基本集合の和集合も積集合(共通部分)もともに基本集合であることは明らかだろう. ある基本集合の面積はそれを作っている長方形の面積の総和だと定義する(図 2.4A.1).

もっとややこしい図形の面積はどう決めるとよいか?

もっとややこしい図形については, どんどん小さな長方形を組み合わせて作られる基本集合の列で近似して考えるというのがよい戦略だろう. そこでアルキメデスをみならって, 与えられた図形を基本集合で内側と外側から近似していき(図形にすっかり含まれる基本集合で内側から近似していくのと, 図形をすっかり含む基本集合で外から近似していくのをどちらも実行し)内側と外側の近似基本集合列の面積の極限が一致したら, その極限値を与えられた図形の面積と定義するのが合理的だろう.

そこで先ず外側からはじめよう.

外測度 (outer measure)

A を与えられた有界集合とする(つまり, 十分大きな円盤の中にすっぽりと含まれる集合とする). 有限個(または可算個)の長方形 P_k ($k = 1, 2, \cdots$; 境界は含んでも含まなくても都合のよいように決める)を使って A を覆う. $P_i \cap P_j = \emptyset$ ($i \neq j$) かつ $\cup P_k \supset A$ のとき, $P = \{P_k\}$ は A の長方形による有限被覆(可算被覆)といわれる. 長方形 P_k の面積を $m(P_k)$ と書こう. A の外測度 $m^*(A)$ を次のように定義する:

$$m^*(A) \equiv \inf \sum_k m(P_k). \tag{2.4A.1}$$

この inf (下限)[76]はすべての長方形による有限または可算被覆について考える.

内測度 (inner measure)

簡単のため前と同じく A は有界ということにする. 十分大きな長方形 E をとって A を中に囲い込むことができる. もちろん, E の面積は $m(E)$ とわかっている. A の内測度を[77]

---

[76] ある数集合の下限とはその集合中のどんな数よりも大きくない数全体の中でもっとも大きなもののこと. たとえば, 正の実数の下限は 0 だ. この例からわかるように, ある集合の下限がその集合の中に含まれているとは限らない. ある集合の下限がそれに含まれているときは, 下限はその集合の最小値といわれる. すぐ上の例からわかるように, 最小値が存在するとは限らない.

[77] 次の式に出てくる $A \setminus B$ は A に属するが, B には属さない点の集合, つまり, $A \cap B^c$ のことである.

$$m_*(A) = m(E) - m^*(E \setminus A) \tag{2.4A.2}$$

と定義する．これは内側からの近似の結果と同じものであることはすぐわかるだろう（図 2.4A.2）．あきらかにどんな有界集合 A についても $m^*(A) \geq m_*(A)$ だ．

図形の面積，ルベーグ測度

A を有界集合としよう．もしも $m^*(A) = m_*(A)$ ならば，A は可測集合 (measurable set) である（いまの例では，面積が定義できる集合である）と言われ，$\mu(A) = m^*(A)$ をその面積（2 次元ルベーグ測度 Lebesgue measure）という．
こうして面積がやっと定義された．上に出てきた基本集合の性質で使われていることは，
(i) それが面積がはっきりわかっている集合の（可算）直和で書かれるということ，
(ii) 基本集合の族は，∩，∪ および \ の下で閉じていること，
の二つである（基本集合族は環をなす[78]と言われる）．そして，面積で重要な性質は加法性である：P_i が互いに重ならない長方形ならば $\mu(\cup P_i) = \sum \mu(P_i)$．この和が無限和になったときの σ-加法性も正しい[79]．

以上の考察をもとにして，「面積とはそもそも何ぞや」という質問へのおおよその答えは，「面積とは，2 次元平面上の σ-加法的で単位正方形について 1 をあたえる並進対称な集合関数である」ということができる．ここで集合関数 (set function) というのは集合族（集合の集まり）の上で定義されていて，その集合族に含まれる集合にある数を対応させる写像のことである．面積は図形が座っている場所によらないから「並進対称」ということが要求されている[80]．しかし，

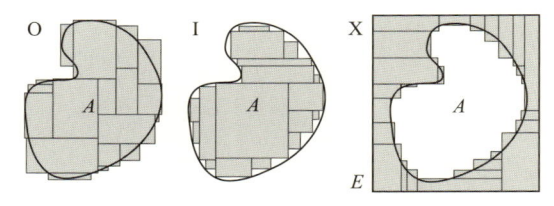

図 2.4A.2 A を閉曲線で囲まれた図形であるとする．O は A の長方形による有限被覆であり，A の面積は，あるとすれば，これらの長方形の面積の和より小さい．外測度はこのように外から面積を近似して求める．これに対して内測度は I に見るように，A の外に出ないように長方形を使ってできるだけ A を覆うことで計算される．本文での説明では A を外側から覆う大きな長方形 E を使って，$E \setminus A$ を作りその外測度を有限被覆を使って計算するという方針をとっているので X としてその情況を描いておいた．I と X はネガとポジの関係になっている．O のように外から攻めた結果と，I のように内から攻めた結果とが一致したとき，A は面積を持つと言っていいだろう．このとき A は可測であるといわれ，その一致した結果を A の測度とするのである．

---

[78] より正確には，「集合族 S が環をなす」ということは次の二つが成り立つことである：
 (i) S は空集合 $\emptyset$ を含む，
 (ii) もし $A, B \in S$ ならば $A \cap B$ も $A \cup B$ もともに S に含まれている．
[79] 実際，$A = \cup_{n=1}^{\infty} A_n$ でかつ A_n が互いに共通点は持たないとすると（つまり，$n \neq m$ ならば $A_n \cap A_m = \emptyset$），かってな正の整数 N について $A \supset \cup_{n=1}^{N} A_n$ だからもちろん $\mu(A) \geq \sum_{n=1}^{N} \mu(A_n)$．この $N \to \infty$ の極限をとれば $\mu(A) \geq \sum_{n=1}^{\infty} \mu(A_n)$ が成り立つ．他方，外測度については $m^*(A) \leq \sum_{n=1}^{\infty} m^*(A_n)$ だから，$\mu(A) \leq \sum_{n=1}^{\infty} \mu(A_n)$．
[80] 回転対称性は長方形の面積の定義の回転不変性（もちろんこれは定義そのものには書いてな

残念ながら，この面積の定義の要約は不完全だ，というのは，この集合関数がどんな集合族の上で定義されているか，ということがはっきりしないからである[81]．これは，いろんな形をした図形の面積をどう測るかという操作的な詳細が上の要約から抜け落ちているので，どんな図形の面積がまともに扱えるか判定する手段が明示されていないためである．上で説明したLebesgueによる面積についての考察ではこの点をきわめてあらわに規定している．その結果を上では一言で述べようとしたが，その要約は粗すぎるのだ．

課題 2.4A.1 砂田利一『バナッハ–タルスキーのパラドックス』(岩波書店, 1997)をながめてみよう．バナッハ–タルスキ (Banach-Tarski) の定理が自然現象の理解に意味を持つことがあるだろうか？[82]□

一般の測度（抽象ルベーグ測度）

面積の特徴付けのエッセンスは，ある集合の部分集合の族でその '組み合わせ' に関して閉じているものがあり，そのような集合族上で定義された可算加法的な集合関数が存在する，ということだ．そこで正式には，ある集合 X の部分集合の作る σ-加法族 $\mathcal{M}$ をまず考える：次の条件を満たす集合族を σ-加法族（σ-additive family）という．

(s1) $X, \emptyset \in \mathcal{M}$,
(s2) もしも $A \in \mathcal{M}$ ならば $X \setminus A \in \mathcal{M}$,
(s3) もしも $A_n \in \mathcal{M}$ ($n = 1, 2, \cdots$) ならば $\cup_{n=1}^{\infty} A_n \in \mathcal{M}$.

$(X, \mathcal{M})$ は可測空間 (measurable space) と呼ばれる．σ-加法的で，空集合にゼロを与える可測空間上の非負の集合関数 m を測度 (measure) といい，$(X, \mathcal{M}, m)$ を測度空間 (measure space) という．この m をもとにして一般の集合 A の上に外測度 m^* を，先に説明した面積の場合を見習って定義することができる．内測度も同様．この二つが一致したとき，集合関数 μ を $\mu(A) = m^*(A)$ と定義し，A は μ-可測であるという．こうして先の面積の説明のところに出てきたルベーグ測度に当たる μ（m のルベーグ拡張 Lebesgue extension といわれる）が構成できる（これを抽象ルベーグ測度というが，しばしば略してこれもルベーグ測度という）．この構成を m の完備化 (completion) という．要するに，$(X, \mathcal{M}, m)$ を測度空間とするとき，$\mathcal{M}$ をもとにして X の新たな部分集合族

$$\overline{\mathcal{M}} = \{A \subset X \mid \exists B_1, B_2 \in \mathcal{M} \text{ ただし } B_1 \subset A \subset B_2, m(B_2 \setminus B_1) = 0 \text{ を満たす．}\} \quad (2.4\text{A}.3)$$

を定義し，$A \in \overline{\mathcal{M}}$ に対して $\mu(A) \equiv m(B_2)$ とおくと，$(X, \overline{\mathcal{M}}, \mu)$ は測度空間であり $(X, \mathcal{M}, m)$ の完備化といわれるのである[83]．

いから証明しなくてはならないが）から特に要求しなくてもでてくる．

[81] どんな集合も（一般に）体積を持つとすると，普通の数学がもとづいている集合論の公理系のもとでは困難が生じる．バナッハ–タルスキの定理参照（課題 2.4A.1）．

[82] 故ルベル教授 (Lee Rubel, 1927–1995) は，(歴史の教えるところによれば）まともな定理はまともな物理に必要になるだろうという意味のことを筆者に語った（1988 年）．S. バナッハ (S. Banach, 1892–1945)，A. タルスキ (A. Tarski, 1901–1983)．

[83] 完備化は一意的である．完備測度空間では A が測度零 (measure zero)（$\mu(A) = 0$）ならば，その部分集合はすべて可測で測度零になる．この性質を持つ測度を一般に完備測度という．$(X, \mathcal{M}, m)$ の完備化は $\mathcal{M}$ に属するすべての集合と m に関して測度零のすべての集合から生成される σ-加法集合族（これを $\mathcal{M}$ の m-完備化という）の上に m の定義を拡張することと考えてもいい．

「面積とは何か?」への最終的な答えは,「面積とは, 2 次元平面上の矩形をすべて含む σ-加法族(ボレル集合族といわれる; E. Borel 1871-1956)の上に定義された, 単位正方形について 1 をあたえる並進対称な測度(ボレル測度 Borel measure という)を完備化したものである」. そして, 一般の測度は重みの付いた体積のようなもの(重みを密度だと考えると目方そのもの)のことだ. ただし, どんな集合も測度を持つという(μ-可測であるという)保証はない. 以上,「操作的に」きちんと定義すること(どうやってはかるかや, どうやって計算するかなど, を具体的に記述すること)が, 概念の特徴づけの重要な部分を占めていることは非常に教訓的である. ふりかえってみると, リーマンの積分の定義もこの精神にもとづいていた(ので, そのまま積分の数値計算法として利用できるのだ).

ジョルダン測度

ルベーグのまえにはジョルダン (C. Jordan 1838-1922) による測度の定義があった. ジョルダンの発想は, 面積の決まった小さな単位図形(一辺 ϵ の正方形としよう)を与えられた図形 A のなかに敷き詰めその数の上限 × 単位図形の面積 = $a_\epsilon(A)$ を計算し, その $\epsilon \to 0$ での極限を A の内測度 $\underline{a}(A)$ としようというものである. 外測度 $\overline{a}(A)$ は A の補集合の内測度をもとに決めることができる. そして $\overline{a}(A) = \underline{a}(A)$ のとき, A は(ジョルダン)可測であるといい, この一致した値が A の面積になる. ルベーグの覆い方の方が自由だから当然次の不等式が成立する:
$$\underline{a}(A) \leq \underline{m}(A) \leq \overline{m}(A) \leq \overline{a}(A). \tag{2.4A.4}$$
したがって, ジョルダン可測ならルベーグ可測である. しかし, 逆は真でない. 一度にすべての大きさの矩形を被覆に使うことを許さないので, たとえば有理点集合の外測度が 0 であることもジョルダン測度では言えない. σ-加法性も言えない.

興味深いことは, ある単位をもとにして組み立てられる議論はその単位をあとで無限小にしても, 一度にどんなものをも許す議論に比べて得られる結論がはっきりと弱いということであろう. 窮極的にはいくらでも小さな単位を許すのだから, 結果は変わらないだろうと思うとそうではないのだ. これは物理世界についても何か意味するのだろうか.

とはいえ, ジョルダンかその少し前のレベルまで来てはじめて数学は二千年以上昔のアルキメデス(Archimedes 前 287- 前 212)の論理の緻密さを回復できたということは注目に値する. 文化は簡単に退歩する(中世化はすぐ起こりうる)ということは, ある危機意識を持って, 忘れてはならない警告である[84].

課題 2.4A.2 高木貞治『解析概論』[85] 第三章 積分法冒頭のアルキメデスの仕事の解説を読んでみよう. □

確率とは何か?

---

[84] 《暗黒時代としての中世》「確かに何れの世界においても, 中世は中世なりに人智の進歩発達が見られた. その点においては中世は古代に優越する. 併し, さればと言って中世暗黒時代説をまったくの迷妄として捨て去ることができるであろうか. 何となれば中世にはいってから, 古代に育まれた幾多の進化現象が停頓し, 退化逆行する場合が現れるのを, 歴史事実として否定することができぬからである.」(宮崎市定『中国史 上』総論 4 中世とは何か, (岩波全書, 1977), p49-51). ヘレニズムの科学技術文化が失われたことに関して次を参照: F. Charette, "High tech from Ancient Greece," Nature **444**, 551 (2006) (そのつづき P. Ball, "Complex clock combines calendars," 同誌 **454**, 561 (2008)).
[85] 岩波書店, 改訂第 3 版, 軽装版 (1983) が出ている.

コルモゴロフ (A. N. Kolmogorov 1903-1987) は確率を「全体の重みが1に規格化された測度」と定義した. 昔から, 確率とは何かというのは難しい問題だった[86]. ある事象の確率の一つの解釈はその事象が生じることへのわれわれの確信の程度の尺度だというものである (主観確率 subjective probability). それは, 事象を要素事象の集合であらわすとすればその目方のようなものだ. つまり, 事象を集合とみなすと, 事象の確率はその集合の測度とまったく同様に扱うべきである. そこで確率の解釈にはこれ以上立ちいらないで, その取り扱い方だけ明晰に規定しておこう, というのがコルモゴロフ流の定式化である. これは「確率とは何か」という質問に正面から答えてはいないだろう. たとえばランダムさとの関係はどこにもない. この質問に答えなくても, 十分に豊富かつ実用に耐える理論ができるというところが重要なのだ.

しかし, 確率の意味を語らず算法だけ作るという立場は, 数学としてはいいかもしれないが, 自然を相手にするときは不完全である, というもっともな批判がある. 確率概念を現実の事象に適用するためには確率の解釈が必要である. 確率の意味を語らないとは言っても, 上のコルモゴロフの定義も確率の「解釈」とまるきり無関係というわけでもない. 主観確率 (信念の程度) が合理的であるためには少なくともそれは測度として解釈されるべきであるという思想は含まれている. そこで, 「その事象が生じることへのわれわれの確信の程度の尺度」を測度と解釈することが自然なことの説明が必要になる. サイコロ投げや硬貨投げで確率とわれわれが呼ぶものは「大数の法則」と整合した, 頻度についての経験に基づくものである. 経験確率が測度と同じ論理にしたがう (有限集合上で考えればいいのでずっと簡単だが) ことは直観の受けいれるところだろう. このような確率は客観的な量であると考えられている (し, 大数の法則を使って経験的に検証できる). しかし, 主観確率なるものは頻度に基づく経験確率とは別のものであるという考えは根強くある. 実はそのような考え方は, 論理や言語が経験世界と関係ないという先入観 (人文主義的誤謬) に基づくのである.

ある人の「確信の程度」はその人の行動と整合的であることを仮定しよう (たとえば, 選択肢 i ($i \in \{1, \cdots, N\}$) への確信の程度が p_i のとき, 数多くの選択が繰り返されれば, 選択肢 i に対応する行動をその人がとる相対頻度は p_i に等しいと仮定する)[87]. この人がこの選択に関して賭をすることにして, 間違った予想をすると損害を被るとしよう. いかなるときに損害を最小にくい止めることができるか. もしも, 事象が何度も斉一に繰り返せるならば, その漸近的な相対頻度と確信の程度 (対応した行動の頻度) が一致したとき損害は最小限になる. こうして, 主観確率と頻度説に基づく経験確率との一致が, 人が (すなわち, 選択主体が) 自然淘汰にさらされるとき, 強制される[88]. 頻度説に基づく確率は当然測度論的公理を満たす. したがって, 自然淘汰の結果形成される主観確率も生存に役立つ限り (=合理的である限り) 測度論的公理にしたがうことになる. このために, 主観確率=信念の程度が体積か目方のようにふるまうという主張がきわめて素直に見えるのである. あるいは, それが素直に見えるようにわれわれの神経系は進化させられた[89]. 確率概念の本質は頻度説に裏打ちされた確信の程度であり, それゆえに

---

[86] D. Gillis, *Philosophical theories of probability* (Routledge, 2000) [『確率の哲学理論』(中山智香子訳, 日本経済評論社, 2004)] に一応の整理があるが, ここに書いてあるような発想はない.

[87] 確信の程度と行動の頻度とが違っていてもかまわない. 重要なのは信念ではなく行動の方だからだ. しかし, 思考と行動の対応が簡単でないのは生存上得策でないに違いない.

[88] 自然選択は確率的な過程だから, その確率を指定しなくてはならず, ここの議論は循環論に陥る, と思うかもしれないが, ここで要求されていることは, 主観確率と頻度説に基づく経験確率との食い違いが大きいほど淘汰されるという単調性だけである.

[89] R. T. Cox, "Probability, frequency and reasonable expectation," Am. J. Phys. **14**, 1 (1946) は合

一見主観確率に見えるものさえ経験科学に有効なのだ.

昔から,「単一事象の確率」などが考えにくいので, 確率の頻度説に反対する哲学者は多かった. たとえばカルナップは確率には経験から独立の論理的意味があり, 事象間の論理関係に基づく「確証度」によって確率を基礎付けようなどと試みている. しかし, このような議論は論理的思考が自然淘汰の下に形成されたことをきれいに忘れた典型的な人文主義的誤謬である. 確率などを考えようという気になるとき, 単一と見える事象も実は単一なものとして考えられているのではない. われわれの神経系を生成してきた進化の過程で経験されたこと (系統発生的学習 phylogenetic learning で身に付いていること) 全体の中にそれは埋め込まれるのである[90].

確率をランダムさと関係付ける試みも数多くあった. ランダムさの感覚は選択の際に「なんらかのバイアスをかけることで損害を減らせるということがない」ということから来ている. したがって,「一様な世界」ではそれは選択肢の等確率性と同値である. しかし, ランダムさをきちんと定式化するのは後で見るようにたいへん難しいので, 確率をランダムさを基礎に組み立てるのは容易でない.

2.5　情報をどう定量するか

2.1 節の '大地震モデル' では図 2.1.8 にみるように, 軌道の束が '末広がり' になるところにトランプをまぜるようなことが生じた. 先にも述べたように, このとき, われわれに厳密に一つ一つの軌道を追いかけられるならば, 末広がりになった揚句どこに軌道が挿入されようが, われわれが失う知識はまったくない. トランプ一枚一枚を追いかけられるならどれだけきられてまぜられようとなんら本質的な違いは生じない. トランプをきることに意味があるのは, 一枚一枚厳密に追跡できないなら, 何枚かのトランプが作っている相関などを利用するしかトランプについての知識を得られないからだ. われわれの空間解像能は限りなく強力というわけではないので, 系が決定論的だったとしても, われわれには実際の軌道がどれであるかあらかじめ正確に知ることはできない. したがっ

理的な期待がどうあるべきかということを公理的に考察して加法性を演繹している興味深い論文である. N. Chater, J. B. Tenenbaum and A. Yuille, "Probabilistic models of cognition: Conceptual foundations," Trends Cognitive Sci. **10**, 287 (2006) に関連した話題がいろいろとある.

[90] 興味深いことに, われわれには経験から無意識的に統計を取る能力も備わっているようである. われわればかりでなく, いろんな動物が自然条件下で Bayes 的な学習をすることが次の論文にまとめてある: T. J. Valone, "Are animals capable of Bayesian updating? An empirical review," Oikos **112**, 252 (2006). 無意識的に行なわれる試行錯誤によるゆっくりとした学習過程もある: P. J. Bayley, J. C. Frascino and L. R. Squire, "Robust habit learning in the absence of awareness and independent of the medial temporal lobe," Nature **436**, 550 (2005).

2.5 情報をどう定量するか

て, 末広がりになって混ぜられると, 初期条件の中にある「情報」だけでは, 初期条件の記述と同じ程度の精度で次の時間ステップで生じていることを言い当てることができなくなる. こうして未来はわからなくなっていく. この「できなくなり方」の程度がはなはだしいほど系はめちゃくちゃに見える. たとえば, 例の'大地震モデル'では b の値が1より大きいほど系の挙動はランダムに見える.

ここで, 何度もくり返すが, 未来がわからなくなるということと, 力学系が完璧に決定論的であるということとは完全に両立していることに注意. 予言ができないのは決定性がつぶれてしまったからではなく, われわれが精密に軌道を知りえないからである. こういうと, 系がカオティックかどうかはわれわれの見方次第なのだ, と考える人が出てくるかもしれない. しかし, われわれの観測能力に限界があることは客観的事実（誰もが認めざるをえない事実）であるため[91], カオスかどうかは誰が観測するかによらない系そのものの性質である. あるいはいいかえると, われわれがカオスだと感じるかどうかは系の性質である.

ここまで見てきたことから, 初期条件が持っていた「情報」が系の「未来を指定するのにどのくらい足りないか」で決定論的系の「カオスらしさ」の程度を定量できるだろうというアイデアが生まれる. どの時点でも次の時点の状態を指定するのに情報が足りなくなるということは, （特に定常状態では）ダイナミクスによって情報が失われたと解釈することもできる. いま述べたアイデアは, 「情報が失われる速度」が「カオスらしさ」の程度を定量化するのに使えるだろう, といいなおすこともできる. これは片側シフト力学系を見ると納得できる見方である. (2.2.6)–(2.2.8) にあるように, そこでは右の方からシンボルは左へと移動してきておしまいに消えてしまう.

ここに述べたアイデアをきちんと定式化するには少なくとも「情報を持っている」とか「持っていない」という感じを定量化するにはどうするかを考えなくてはならない. そこで, 「情報とは何か」という問題は棚上げにして, その定量化だけを追究する. なにかあるものが定量化できれば, それについてなにか知っているような気に多少なれる. エネルギーが典型的な例だろう. それを定量化する方法はわかっているが, エネルギーとは何かと聞かれてきちんと一般的な定義を答えるのはたいへんむつかしい. 情報の定量化の（一つの）方法はずっと

---

[91] これはあくまで観察事実なのであって論理的にそうなっているなどと言っているわけではない. 真に離散的でわれわれがとことん誤差なしに観測できる世界ではいま考えているような話は無意味であろう. われわれが経験している世界はそういうものではない.

昔にシャノンによって与えられ，現在，情報理論の基礎になっている[92]．

あるメッセージの持っている「情報」を定量化することを考えよう．ここでも直観的にもっともらしい性質をいかに数式で表現していくか，ということが課題である．n 種類の文字が使えるとして，どの文字も平等に使いある文字の次に特定の文字を特に使うなどというようなことがない（つまり，十分長いメッセージにおいてはどの種類の文字も同じ頻度に無相関に現れる）とき，送ることのできるメッセージの持っている「情報量」の期待値を 1 文字あたり $I(n)$ と書くことにしよう．どの種類の文字も平均として同じように無相関に使われるのだから，これが n だけに依るとするのは自然だろう．たくさんの種類の文字を使える方が同じ長さのメッセージが余計に情報量を持つに決まっているから，$I(n)$ は n の単調増加関数だ．

つぎに，メッセージを送るのに二組の文字のセット（それぞれ n 種類と m 種類の文字よりなるとする）が使えるとしよう（このときもそれぞれの文字集合ではどの文字も平等に使うとし，さらに二つのセットの間に相関はないものとする）．つまり，文字のペア (a_i, b_j) $(i = 1, \cdots, n, j = 1, \cdots, m)$（偏と旁のようなもの）の列でメッセージを送るとする．これは，文字の種類数が全体で $m \times n$ あるのと同じだから，送ることのできるメッセージの持っている「情報量」の期待値は 1 ペアあたり $I(mn)$ だろう．ところが，同じメッセージは，はじめに a_i ばかり送った後でこんどは b_j ばかり送っても送れる．したがって

$$I(mn) = I(m) + I(n) \qquad (2.5.1)$$

であるべきだ[93]．これと，I が単調増加関数であるということから，c をある正の定数として

$$I(n) = c \log n \qquad (2.5.2)$$

が結論される（補註 2.5.1）．c の選択は単位を選ぶことであるが，対数の底の選

---

[92] 甘利俊一『情報理論』（ダイヤモンド社，1970）が最良の入門書である．村田昇『情報理論の基礎，情報と学習の直感的理解のために』（SGC ライブラリ 37，サイエンス社，2005）もいい．英語では T. M. Cover and J. A. Thomas, *Elements of Information Theory* (Wiley, 1991). シャノンその人については，S. W. Golomb *et al.*, "Claude Elwood Shannon (1916–2002)," Notices AMS **49**, 8 (2002). シャノンの博士論文は遺伝学についてのものである．これについては J. F. Crow, "Shannon's brief foray into genetics," Genetics **159**, 915 (2001) 参照．

[93] 正確にいうと，二種類の文字をどう組み合わせるかなどという約束も送信しなくてはならないが，これに必要なメッセージの長さは本当に送りたいメッセージ本文の長さに関係なく一定である．したがって，長いメッセージについては漸近的に 1 文字あたりの情報量はこの約束の部分によらない．

2.5 情報をどう定量するか 79

択と考えてもいい.対数の底が正の整数 k のとき,つまり $I(n) = \log_k n$ のとき,単位量の情報とは k-択問題の正解が持つ情報量であり,特に,底が 2 のとき「情報量」はビット (bit) ではかられているという.

補註 2.5.1 コーシーの方程式
$n = e^N, m = e^M$ とおいて $I(n) = f(N)$ などとと書くと, (2.5.1) は

$$f(N + M) = f(N) + f(M). \tag{2.5.3}$$

この式は,すべての実数 N, M について成立するとしたとき,コーシーの方程式 といわれる.有理点において $f(x) = cx$(ここで $c = f(1)$)であることを示すのは易しい.これ以上のことをいうのはもう少し条件がないと不可能である.われわれの場合のように単調条件があれば,これからすべての実数についてもこの式が正しいことが言える[94].

以上の,どの種類の文字も平等に出現するときの「情報量」のはかり方を $I(n) = -\log_2(1/n)$ と書いてみると,ある文字が相対頻度 p で出現するとき(これは確率 p で出現するとき,と言っていいのだった; 付 2.4A の末尾参照)その文字が担う情報量の期待値は $-\log_2 p$ ビットであると定量するのがもっともらしい[95].そうすると各文字 a_i が無相関に出現するがその出現頻度 p_i が異なるとき,これらの文字を使って書かれたメッセージの伝えることができる情報 (information) の期待値(平均値)は, 1 文字あたり

$$H(p_1, \cdots, p_n) = -\sum_{i=1}^{n} p_i \log p_i \tag{2.5.4}$$

と書く(定義する)のがもっともだろう($x \log x$ は $x = 0$ のときはゼロとおく).

---

[94] きわめて親切な解説として,吉田知行,「1 で始まる数が多いのはなぜか (2)」数学の楽しみ,創刊 2 号, 113 (1997) の第 2 節が推薦できる.

[95] 《**サプライザルと情報量**》 $-\log p$ は確率 p で生じうる事象が実際に生じたときのサプライザル (surprisal '驚きの程度') と呼ばれることがある.これが大きい文字が実際に現れると,そういうことは稀なのだから,驚きも大きいだろう.ただし,「驚き」の程度はすべての事象が平等に出るときを(これがもっともありふれたことであるとして)基準にしてはかられていることに注意.絶対的な驚きの程度のように見えるが実はそうではない.そもそも「驚き」はいつでも今まで知っていることに相対的なものだ.

サプライザルを公理的に特徴づけることができる.この期待値として情報量を特徴づけるのが解りやすいと思う人がいるかもしれない.確率 p で生起する事象が実際に起こったと知ったときの驚きの程度を $f(p)$ とする.それは次の性質を持つべきだろう:

(i) $f(p) > 0$.
(ii) $f(p)$ は p の単調減少関数である.
(iii) 独立事象が生じたときの驚きの程度は加法的である: $f(p_1 p_2) = f(p_1) + f(p_2)$.
これらから $f(p) \propto -\log p$ が出る.

これが有名なシャノンの式 (Shannon's formula) である. ベルヌーイ過程 $B(p_1, \cdots, p_n)$ の生成する歴史を見るとき, ある時刻にある事象が起こったという言明のもつ情報量の期待値は (2.5.4) で与えられる. $I(n)$ は $p_1 = \cdots = p_n = 1/n$ のときの結果である[96].

以上の定量化によって「情報」とは何かわかっただろうか？ わかったような気はしないに違いない. しかし, エネルギーの場合と同じく「そもそもそれは何ぞや」という質問をしないで「それはいかに定量化されるか」のみ問題にしたところにシャノンの天才を見る.

2.6　測度論的力学系

力学系のダイナミクスを予測するための情報の足りなさ, または情報の失われる速度を定量化するには, 事象の確率が必要だから, 相空間 Γ に確率を導入しておかなくてはならない. 不変測度と測度論的力学系という二つの概念が重要になる.

考えている力学系のクローンを無数に作って時刻 t におけるそれらの状態を, 一つの相空間に重ねてプロットする. こうすると相空間中に雲のように各クローンを表現する点が分布しているのが見えるだろう (図 2.6.1).

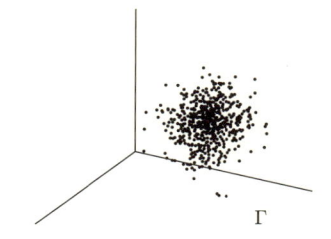

図 2.6.1　分布あるいはアンサンブル. 空間は相空間 Γ. 各点が一つ一つの系のある瞬間の状態を示す. 不変測度は定常分布のことであり, 各点はうろうろしつづけるかもしれないが全体としての雲の様子が時間によらなくなった分布のことである.

この雲が表わす分布は, 全体の量を 1 に規格化すると, 相空間上の確率測度とみなせる. 系の時間発展にしたがいこの雲は変形していくだろう. クローン

---

[96] 実際の文字列, たとえば英語のアルファベットにおいて A, $\cdots$, Z は強い相関を持って並んでいるから 1 文字あたりの情報は $\log_2 27 \simeq 4.7$ より遥かに小さい (26 でなく 27 なのはスペースも考えているから). だいたい 1.3 ビットである. T. M. Cover and R. C. King, "A converging gambling estimate of the entropy of English," IEEE Trans Inf. Theor. **IT-24**, 413 (1978) によいまとめがある.

図 2.6.2 時間推進作用素 T による集合 A の原像 $T^{-1}A$ は, A が連結でも, 必ずしも連結とは限らない(この図では二つの連結成分からなっている). $T(T^{-1}A) = A$ だから, $T^{-1}A$ は単位時間後に A にやってくる点をすべて集めたものになる.

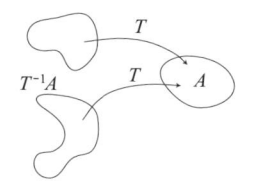

の集まりをアンサンブル(統計集団, ensemble)という. アンサンブルはその統計的性質を規定しなければ本当は決まらない(つまり, ばらまき方を決めないといけない). いまのところは, ナイーブに一つ一つのクローンは適当に相空間にばらまかれていると考えておく.

課題 2.6.1 一般にアンサンブルを考えるとき, その「はじめの分布」は何が決めるのだろうか. □

長い時間たったあとにはしばしばアンサンブルの作る雲の形が変わらなくなる. このときアンサンブルは定常状態に達したことになる. もちろん個々の系に相当する点はその雲の中であっちこっちと動き回っているかもしれないが, 全体としてはバランスがとれて相空間上の分布が不変になるのである. この不変な雲に対応した(確率)測度をその力学系の不変測度 (invariant measure) という. よりきちんというと, 測度 μ が写像 $T: \Gamma \to \Gamma$ で定義される離散力学系 (T, Γ) の不変測度 (invariant measure) であるとは

$$\mu = \mu \circ T^{-1} \tag{2.6.1}$$

が成立することだ. すなわち, かってな(μ-可測な[97])部分集合 $A \subset \Gamma$ をとるとき

$$\mu(A) = \mu(T^{-1}A). \tag{2.6.2}$$

ここで $T^{-1}A$ は単位時間ステップののちに A にやってくる点の集まりである(図 2.6.2).

勝手な可測集合 A について, $T^{-1}A$ を現在知っているということは単位時間後何が起こるか(確率論的に論じることのできることについては)すっかり知っているということだ. アンサンブルをあらわす雲の運動を考えるとき, その各

---

[97] 測度については付 2.4A 参照. 勝手な集合をとってくるとそれには確率が定義できないかもしれない(可測でないと言う). それで, いつも「可測な」という言葉が必要なのである. 物理学者などはふつう可測でない集合など念頭にないからこういうことをいちいち書かない. 念頭に置かなくても支障のない理由はルベーグ可測性が, 事象の物理的な観測可能性の前提としていつもあるからなのだろう(高橋陽一郎氏による).

点は個々の系に対応するのだから，系のダイナミクスによって生成消滅することはない．そこで $T^{-1}A$ の中に入っている点の数（重なったら重複して数える）と A の中に入っている点の数とは等しいはずである．式 (2.6.2) は μ による A と $T^{-1}A$ の重みの計算がこの保存則と整合しているという条件である．ただし，一般に，与えられた力学系の不変測度はユニークではない．先に付 2.0A で見た $Tx = \{2x\}$ では，実は，非可算無限個の異なった不変測度が存在する．また，たとえば，力学系が周期軌道をいくつか持っていると，たとえそれらが不安定周期軌道でも，その一つの上にだけ重みを持つような不変測度は容易に想像できるだろう．もちろんこのとき，この特殊な軌道に乗ってないアンサンブルのメンバーはまったく数の内にいれられてない（無視される）．

T を Γ からそれ自身への写像として，Γ 上に T-不変測度 μ が与えられたとき，三つ組み (T, μ, Γ) を測度論的力学系 (measure theoretical dynamical system) という．これはその系に許されるある定常状態の数学的表現と考えられる．力学系 (T, Γ) が与えられたとき，不変測度 μ を選ぶごとに異なった測度論的力学系が構成される．

もしも，体積[98]のない（測度零の）どんな集合 A も $\mu(A) = 0$ を満たすならば，測度 μ は絶対連続測度 (absolutely continuous measure) とよばれる．絶対連続不変測度を持つ力学系では数値計算でカオスが観察できることも多い．測度が絶対連続のときは確率密度関数 (probability density) g を $d\mu = gd\lambda$ と導入できる．ここで λ はルベーグ測度である[99]．

すべての不変集合 (invariant set) $A \subset \Gamma$（つまり，$A = T^{-1}A$ を満たす集合[100]）が $\mu(A) = 0$ か 1 であるとき，その力学系はエルゴード的 (ergodic) だという．大雑把にいって，力学系がエルゴード的であるとは，いかなる初期条件から出発しても[101]μ-測度が正のどんな集合のなかにも（十分待ちさえすれば）入っていけるということだ．実際，もし不変集合 B で $0 < \mu(B) < 1$ であるようなものがあったとすると，μ-測度が正の集合 C で $B \cap C = \emptyset$ かつ $\mu(C) < 1$ であるようなもの（つまり，B と重なることのない，定常状態で正の重みを持った集合 C）があるに

---

[98] ふつうのルベーグ測度のこと，1 次元では長さ，2 次元では面積，等々．前節の付録参照．

[99] つまり，g はラドン-ニコディム (Radon-Nikodym) 微分 $d\mu/d\lambda$ である．このようなことをきちんと理解するためには，コルモゴロフ-フォミーンの『関数解析』（第 2 版）が好適である．

[100] この等式は，正確には，μ で測って測度零の違いを無視しての等式．

[101] 正確には，μ に関してほとんどすべての初期条件から出発して．「μ に関してほとんどすべて」とは「μ で計って測度零（μ-測度零）の事象（集合）を無視して」ということ．

2.6 測度論的力学系

ちがいない. 始めにこの C の中にいると絶対に B の中に入っていけない. これでわかったことの対偶をとれば,「T でどこにでもいけるならば, 不変集合 B で $0 < \mu(B) < 1$ であるようなものはありえない」. Γ を円, T をその中心の回りの 2π の無理数倍の角度の剛体的回転 (rigid rotation) とする. 円周上の一様分布は回転不変なので, それを不変測度 μ として, 測度論的力学系 (T, μ, Γ) はエルゴード的力学系になる. このあまり面白くない例が示すように, エルゴード性は緩和現象などふつうの多体系の示す非可逆現象をモデル化するにはまったく不十分である[102].

もしもかってな集合[103]A および B (ともに $\subset \Gamma$) をとるとき, いつでも

$$\lim_{n \to \infty} \mu(T^{-n}A \cap B) = \mu(A)\mu(B) \qquad (2.6.3)$$

を満たすならば, 力学系は混合的 (mixing) であるという. ここで, T^{-n} は T^{-1} を

---

[102] 《エルゴード性は平衡統計力学にとってどうでもいい》 エルゴード性という言葉を聞くと, たいていの人がボルツマン (L. Boltzmann 1844-1906) と統計力学を連想するだろう.「時間平均とアンサンブル平均が一致する」というのがボルツマンが必要と考えたエルゴード性の一つの帰結だが, エルゴード性は平衡統計力学と関係ない. 関係ない理由は単純である. 時間平均など熱力学と本質的に関係ないからである. 熱力学的観測量, たとえば磁化, を測定するのにどれくらい時間がかかるだろうか? たぶん, 1 ミリ秒もあれば十分過ぎるだろう. われわれは巨視的な量をはかっているが, それは微視的状態についての測定量の平均値とふつう考えられている. ボルツマンはこの平均に要する確率分布をミクロ状態への滞在時間の割合であると解釈した. ミクロ状態を十分サンプルしないと平均が計算できないだろうから, エルゴード性が重要に見えたのだが, これに要する時間は巨視的物体については天文学的長さになる (ポアンカレの再帰時間のオーダ). 平衡状態の説明の役にたつはずもない. 統計力学の秘密は, ほとんどすべての微視的状態が巨視的系については同一の熱力学的観測量を与えるというところにある. 微視的状態 (系のエネルギー固有状態) を勝手に一つもってくればそれがほとんど確実に正しい熱力学的測定値を与えるのである. 磁化のような量は緩和時間が短いから短時間の平均で大数の法則が成り立ち精密な測定ができると思っている人もいるようだが, それはまちがいである. 短時間には始めにサンプルした点のごく近くしか相空間をサンプルできない. それなのにどの測定も同じ結果, 平衡値をあたえる理由は相空間の均質性なのであり, 相関時間の短さとこれには関係がないのである. ランダムにサンプルしても出発点が悪くないというのが核心である. 事実上の瞬間的測定でいいのだ. エルゴード理論のつけいる隙などありはしない. 統計力学の建設者たち, 特にエーレンフェスト (P. Ehrenfest 1880-1933) ら後継者たち, はこの点を完全に見誤ったがゆえにエルゴード理論などが基礎的な問題と見られるに至ったのである.

ツェルメロが指摘した力学系の再帰定理とボルツマンの力学による不可逆性の導出との論理的矛盾を, ボルツマンは再帰時間が気の遠くなるように長いということで無意味だとしたが, 皮肉なことにこれはエルゴード理論的に統計力学の基礎を与えようとする考え方には一層都合が悪い.

[103] 正確には μ に関して可測な集合.

n 回施すことである.$T^{-n}A$ は n 時間ステップたつと A にぴったり重なる集合である.$T^{-n}A \cap B$ は,いま B の中にいてしかも n 時間ステップ後に A の中にいる点全体の作る集合である.直観的には,B から出発した「雲」(アンサンブル)は n が大きいと相空間全体にまんべんなく広がっていくので,それが A と重なる割合は A の重み(状態の収容能力)に比例するのである.初期条件が未来を予測する足しにならないことがわかる.物理的には緩和現象などの不可逆過程が生じる.特に,時間相関関数 (time correlation function) がゼロに減衰する.

2.7 カオスらしさをどうはかるか

以上の二節でカオスのランダムさを定量する準備ができた.すなわち,現在手持ちの「情報」が系の「未来を指定するのにどのくらい足りないか」を決定論的力学系の「カオスらしさ」の程度として定量化する準備ができた.

力学系が与えられたとし,その各時点での状態をいつもある一定精度で記述したい.現在の状態の要求された精度での記述に情報量 H のデータが必要であるとしよう.このデータを使って単位時間後の状態も同精度で予言できるならば,未来永劫すべての時刻の状態の同精度予言がこの情報量 H のデータだけで可能になる.しかし,一般にはそうでない.前節の混合性の説明に見たように,カオス的な系では,アンサンブルの雲がかきまぜられて各点が相空間のどこにいるかわからなくなっていく.単位時間たった後でも現時点と同じ精度で系を追跡できるためには,もちろん現時点での状態の記述の精度を上げておかなくてはならず,余分の情報 ΔH がいる.単位時間たった後でも現時点と同じ精度で状態を予言するための「情報の足りなさ」ΔH はアンサンブルの雲の局所的な'拡大率' の平均の対数で定量できるだろう,というのが基本的な考え方である.

本節ではまず簡単な 1 次元写像の場合にできるだけ直観的に情報の足りなさを計算する.これはコルモゴロフ–シナイエントロピーと呼ばれる量の計算になっている.簡単な例をざっと眺めて,考え方がわかったと思ったらそこから次の節に行くこともできる.しかし,コルモゴロフ–シナイエントロピーはカオスを理解するための中心的概念なので,その先,本節中程までに丁寧な説明をつけた.そのある程度直感的な理解もできるようになるだろう.関連したいろいろな定理もまとめてある.

区間 I からそれ自身への絶対連続不変測度 μ をもつ区分的連続微分可能写

2.7 カオスらしさをどうはかるか

図 2.7.1 (2.7.2) の説明. 微少区間 dx の中の点は単位時間前には dx_1 または dx_2 に入っていたはずである. これらの区間は引き延ばされて dx に重ねあわされる.

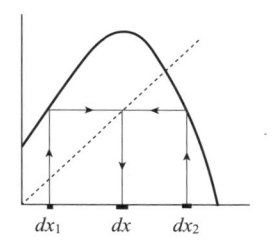

像[104] F が決める離散力学系 (F, μ, I) を考えよう. 各時刻の状態の同精度予言のための情報の足りなさの増加速度 $h_\mu(F)$ は次式で与えられる:

$$h_\mu(F) = \int_I \mu(dx) \log |F'(x)|. \qquad (2.7.1)$$

ここで $\mu(dx) = d\mu(x)$ ともしばしば書かれる[105].

関数 F のグラフの傾きが大きいとそこでは軌道の束は大きく広げられてしまうから, 単位時間後の状態を今と同じ精度で記述しようとするともっと細かい情報が必要になる. すなわち, 単位時間ステップ後のようすを今と同精度で予言するために余計に必要な情報量は軌道の束の拡大率 $|F'|$ が大きいほど大きいだろう. (2.7.1) はもっともらしい. 付録 2.0A の例ももちろんこの例になっていた.

式 (2.7.1) を示そう. もっともだと思う人は証明など読まなくていい. 簡単のため F は単峰である(山が一つのグラフで書ける, 谷はない)とする(図 2.7.1 参照). 測度 μ の不変条件 (2.6.2) はいまの場合

$$\mu(dx_1) + \mu(dx_2) = \mu(dx) \qquad (2.7.2)$$

と書ける. ここで dx は小さな区間をあらわすものとし, その前像(F で dx に写される集合)を $dx_1 \cup dx_2$ とかく ($F^{-1}(dx) = dx_1 \cup dx_2$). たとえば dx_1 に 1 回 F を施すとそれは引き延ばされて dx にかさなるのでまちがいなく位置精度が失わ

---

[104]区分的連続 (piecewise continuous) とは, いくつかの連続な断片からできているということ. 付録 2.0A の T は例である. 各断片は内部で微分可能であり, 断片の端では内側からの片側微分が定義できているとうことが区分的連続微分可能ということ.

[105]ここでは Y. Oono, "Kolmogorov-Sinai entropy as disorder parameter for chaos," Prog. Theor. Phys. **60**, 1944 (1978) の形式的計算による導出を書く. この(絶対連続不変測度でのみ正しい)最終的な形にするにあたっては藤坂博一氏の寄与があった. この式は後に述べるようにはるか昔ロホリン (V. A. Rohlin 1919–1984) が導いていた式であるのでロホリンの公式 (Rohlin's formula) とよぶことにしよう. その一般形, つまり不変測度が絶対連続でなくても成り立つ公式は (2.7.3) である.

れる．つまり，$\mu(dx_1)/\mu(dx) = \mu(dx_1)/\mu(F(dx_1))$ の等確率で dx じゅうにばらまかれるのと同じことになる．情報は $-\log(\mu(dx_1)/\mu(dx))$ だけ失われた．そこで単位時間ステップ後を同精度で記述するために不足する情報量の期待値は，これを（確率測度である）μ を使って x_1 について平均すればもとまるはずである．もちろん dx_2 の方も同様に考えなくてはならないから，情報不足増加率の期待値は結局

$$h_\mu(F) = -\int_I \mu(dx) \log \frac{\mu(dx)}{\mu(F(dx))} \tag{2.7.3}$$

である．μ が絶対連続ならば，λ をルベーグ測度として，先のように不変密度 g を $g(x)\lambda(dx) = \mu(dx)$ のように導入できる．そして，

$$\frac{\mu(dx_i)}{\mu(dx)} = \frac{\mu(dx_i)}{\lambda(dx_i)} \frac{\lambda(dx)}{\mu(dx)} \frac{\lambda(dx_i)}{\lambda(dx)} = \frac{g(x_i)}{g(x)|F'(x_i)|}. \tag{2.7.4}$$

ここで $F(x_i) = x$ に注意して，(2.7.4) を使うと (2.7.3) は

$$h_\mu(F) = \int_I \lambda(dx) g(x) \log \frac{g(F(x))|F'(x)|}{g(x)} \tag{2.7.5}$$

と書き換えられる．ここではルベーグ測度についての積分をはっきりと $\int \lambda(dx)$ と書いたが，ふつうどおりに書けば $\int dx$ である．デルタ関数の初等的性質[106]から，y を独立変数と見ると

$$\delta(x - F(y)) = \frac{1}{|F'(x_1)|}\delta(y - x_1) + \frac{1}{|F'(x_2)|}\delta(y - x_2), \tag{2.7.6}$$

ただし，ここで $F(x_1) = F(x_2) = x$．この式を使うと (2.7.2) は

$$g(x) = \int_I dy\, g(y) \delta(x - F(y)) \tag{2.7.7}$$

のように書き換えられる（この式はペロン-フローベニウス Perron-Frobenius 方

---

[106] a が $f(x)$ の孤立した（実）ゼロ点（つまり，$f(a) = 0$）でその周りで f が微分可能ならば，その十分近くで変数変換 $y = f(x)$ することで，ϵ を十分小さな正数として

$$\int_{a-\epsilon}^{a+\epsilon} \delta(f(x))\varphi(x) dx = \frac{1}{|f'(a)|}\varphi(a)$$

がわかる．そこで，f がいくつか孤立した実ゼロ点 a_i を持つときは，それぞれからの寄与を足したもので

$$\int_{-\infty}^{\infty} \delta(f(x))\varphi(x) dx = \sum_i \frac{1}{|f'(a_i)|}\varphi(a_i)$$

がわかる．以上において φ は十分滑らかな関数（テスト関数）である．

程式といわれる).これを使うと

$$\int_I dy\, g(y) \log g(F(y)) = \int_I dy \int_I dz\, g(y) \delta(z - F(y)) \log g(z) = \int_I dz\, g(z) \log g(z) \tag{2.7.8}$$

であることがわかるので,実は (2.7.3) は (2.7.1) にほかならない.

エルゴード的マルコフ連鎖[107]の情報不足増加率は上と同じ考えで求めることができて,遷移確率行列が $\Pi \equiv \{p_{i \to j}\}$ で与えられているならば,それは次式で与えられる:

$$h(\Pi) = - \sum_{i,j} p_i p_{i \to j} \log p_{i \to j}, \tag{2.7.9}$$

ここに p_i は不変測度(定常分布)(つまり,$\sum_i p_i p_{i \to j} = p_j$ が成り立つ)である.特にベルヌーイ過程 $B(p_1, \cdots, p_n)$ については

$$h(B(p_1, \cdots, p_n)) = - \sum_{i=1}^{n} p_i \log p_i \tag{2.7.10}$$

と与えられる.

情報不足増加率 (2.7.3) を出した考え方を他の力学系(たとえば,Axiom A 系など[108])に応用するのは容易である.以上の例で計算された量 h はコルモゴロフ-シナイエントロピーである.これについてすぐ下で一般的な定義を与える.

補註 2.7.1 正確に書くと,上のように「拡大率」を使って定義した「情報不足増加率はコルモゴロフ-シナイエントロピーと(あまりに病的でない力学系では)一致する」というのが予想である.すでにのべたように (2.7.1) の式自体ロホリンによってはるか昔に出されていた[109].ルドラピエ[110]は C^2-写像[111]についてつぎの定理を証明した:

定理 f を区間上の C^2-endomorphism とする.このとき,エルゴード的不変測度が絶対連続であるための必要十分条件はコロモゴロフ-シナイエントロピーがロホリンの公式 (2.7.4) で与えられることである.□

---

[107]参考書,たとえば,Durrett,前掲.Z. Brzeźniak and T. Zastawniak, *Basic Stochasitc Processes, a course through exercizes* (Springer, 1998) は丁寧でしかもモダンな確率過程の入門書で数学以外の学生に推薦できる.

[108]Axiom A 系の場合はいわゆるピェシンの等式(補註 2.7.4)が出る.

[109]V. A. Rohlin, "Lectures on the entropy theory of transformations with an invariant measure," Russ. Math. Surveys **22**(5), 1 (1967).

[110]S. Ledrappier, "Some properties of absolutely continuous invariant measures on an interval," Ergodic Theor. Dynam. Syst. **1**, 77 (1981).

[111]実際は C^1-写像にある条件を付けたものでいい.

情報不足増加率とコルモゴロフ-シナイエントロピーは一般的に一致すると予想されるので，この際測度論的力学系 (T, μ, Γ) のコルモゴロフ-シナイエントロピーの一般的定義を与えておこう．いくらかの準備がいる．以下はざっと読み飛ばしてかまわない．しかし，標準的な教科書よりはるかに丁寧に基本的部分が説明してある．

集合 Γ の(有限)分割 (partition) $\mathcal{A}$(図 2.7.2)とは次の条件を満たす Γ の部分集合の族 $\{A_1, \cdots, A_n\}$ をいう．

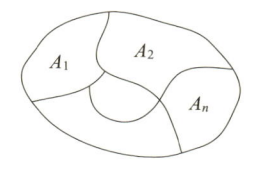

図 2.7.2　分割 $\mathcal{A} = \{A_1, \cdots, A_n\}$. 集合 Γ の有限分割 $\mathcal{A}$ とは，そのメンバー A_i たちは互いに重ならず，しかもその総和集合が Γ を過不足なく完全に覆うような有限個の集合の作る族である．

条件は
(1) すべての i と $j (\neq i)$ について $A_i \cap A_j = \emptyset$, そして
(2) $\cup_{i=1}^{n} A_i = \Gamma$.
$\{A_i\}$ はある観測の互いに排反な結果の全体と解釈することができる[112]．われわれの観測はつねに有限精度のもとで行われるから，相空間が連続であればその一点を観測で確定することは絶対にできない．したがって，このような粗視化された離散的観測量を持ち込むことは理にかなったことだ[113]．Γ の二つの分割 $\mathcal{A} \equiv \{A_1, \cdots, A_n\}$ と $\mathcal{B} \equiv \{B_1, \cdots, B_m\}$ の合成演算 $\vee$ は次のように定義される(図 2.7.3)：
$$\mathcal{A} \vee \mathcal{B} \equiv \{A_1 \cap B_1, A_1 \cap B_2, \cdots, A_n \cap B_m\}. \quad (2.7.11)$$
右辺には空でない A_i と B_j のすべての組み合わせが顔を出す(もちろん $\mathcal{A} \vee \mathcal{B} = \mathcal{B} \vee \mathcal{A}$ である)．分割 $\mathcal{A} \vee \mathcal{B}$ の要素は $\mathcal{A}$ と $\mathcal{B}$ に対応する二つの巨視的観測を同時にやったとき得られる互いに排反な結果と解釈できる．

---

[112] ここで，各集合 A_i がいくつかの飛地の集まりであったり，穴があいていても構わない，つまり，(単)連結性などどうでもいい．

[113] どの A_i にはいっているかもはっきりわからず，A_i はファジーでなくてはならないのではないか，という疑問が起こるかもしれない．ここでの解釈は，有限精度で観測できる巨視的観測値と実際の力学系のミクロな状態の対応はわれわれを離れて系によって与えられていると考える．つまり，分割 $\mathcal{A}$ のある元がいかなるミクロな状態の集合として確定しているか，は系の性質として決まっている．それをわれわれの有限精度の観測で決めることはできないが確定はしている，と考えるのである．

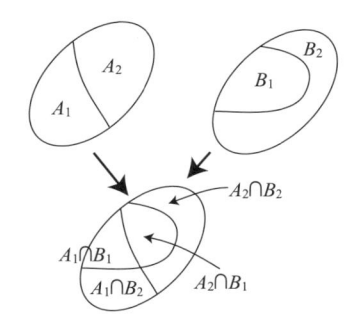

2.7 カオスらしさをどうはかるか

図 2.7.3 分割の合成: $\{A_1, A_2\} \vee \{B_1, B_2\} = \{A_1 \cap B_1, A_1 \cap B_2, A_2 \cap B_1, A_2 \cap B_2\}$

一般の測度論的力学系 (T, μ, Γ) にもどろう.粗視化された観測量 $\mathcal{A}$ の1回の観測からわれわれがこの系(あるいは観測量 $\mathcal{A}$)について得ることのできる平均的な情報量は,シャノンの公式により

$$H(\mathcal{A}) = -\sum_{A \in \mathcal{A}} \mu(A) \log \mu(A) \qquad (2.7.12)$$

である[114].この情報量の意味することは,平均としてこれだけの情報量を持っていないと,観測結果がどの A_i に入っているかを(すなわち,粗視化された1回の観測の結果を)言い当てることができないということだ.

力学法則 T にしたがって系を時間発展させたとき,現在(時刻 t としよう)の観測量 $\mathcal{A}$ を知っているとして,単位時間後(時刻 $t+1$)のその値を言い当てるにはどれだけの情報量がいるだろうか? 時刻 t と $t+1$ の両方の結果を,まったく何もあらかじめ知らないで当てるためには,$H(\mathcal{A} \vee T^{-1}\mathcal{A})$ の情報がいる.ただし,$T^{-1}\mathcal{A} = \{T^{-1}A_1, \cdots, T^{-1}A_n\}$ である.これは次のように理解できる.$T^{-1}\mathcal{A}$ の元は1単位時間たつと $\mathcal{A}$ の元のどれかに一致する.つまり,観測量の組 $\mathcal{A}$ でもって,1単位時間たった後の現象を記述するということは,$T^{-1}\mathcal{A}$ の元のどれにいま入っているかを知ることと同じである.したがって,時刻 $t+1$ と時刻 t の両方の事象を指定することは $\mathcal{A} \vee T^{-1}\mathcal{A}$ の一つの元を指定することだ.そこで,$H(\mathcal{A} \vee T^{-1}\mathcal{A})$ だけの情報量を持っていないと,結果が時刻 t にどの A_i にいて次の時刻 $t+1$ にはどの A_j に入っているかを言い当てることができない.もしも,時刻 t で生じた事象をすでに知っているとすると,時刻 $t+1$ のことを当てるには $H(\mathcal{A} \vee T^{-1}\mathcal{A}) - H(\mathcal{A})$ だけ余計に情報が必要だということだ.これはまさに単位時間後の未来を予測するのに不足している情報の量 ΔH である.

---

[114] 分割は可測分割だとする; $\mu(A_i)$ に意味がなくてはならない.

われわれは定常状態で何が起こるかを見たいのだから，なにも特定の時刻 t と $t+1$ についてこういうことをするのではなく，長い時間について平均的な情報不足を考えるべきだ：

$$\frac{1}{n}[H(\mathcal{A} \vee T^{-1}\mathcal{A} \vee \cdots \vee T^{-n}\mathcal{A}) - H(\mathcal{A})] \to h_\mu(T, \mathcal{A}). \tag{2.7.13}$$

ここで $n \to \infty$ でのこの極限の存在は H の（直観的にももっともらしい）劣加法性 $H(\mathcal{A} \vee \mathcal{B}) \leq H(\mathcal{A}) + H(\mathcal{B})$ と $H(T^{-n}\mathcal{A}) = H(\mathcal{A})$ ($n = 1, 2, \cdots$, これは測度の不変性 (2.6.2) を見るとわかる）が保証する（詳細は補註 2.7.2–2.7.3）．

補註 2.7.2 エントロピーの劣加法性 $H(\mathcal{A} \vee \mathcal{B}) \leq H(\mathcal{A}) + H(\mathcal{B})$ の証明
$\mathcal{A}, \mathcal{B}$ の観測量について別々に情報を得るよりも，その間になんらかの関係があるときはそれも使った方が少ない情報で双方を記述できるはずだからこの不等式は直感的に当然なのである（もしそうでなければ H の定義が悪いということになる）．

$$H(\mathcal{A} \vee \mathcal{B}) = -\sum_{i,j} \mu(A_i \cap B_j) \log \mu(A_i \cap B_j) \tag{2.7.14}$$

$$= -\sum_{i,j} \mu(A_i \cap B_j) \left\{ \log\left(\frac{\mu(A_i \cap B_j)}{\mu(A_i)\mu(B_j)}\right) + \log \mu(A_i)\mu(B_j) \right\} \tag{2.7.15}$$

$$= -\sum_{i,j} \mu(A_i \cap B_j) \log\left(\frac{\mu(A_i \cap B_j)}{\mu(A_i)\mu(B_j)}\right) + H(\mathcal{A}) + H(\mathcal{B}). \tag{2.7.16}$$

最後の式の右辺第一項が非正であれば $H(\mathcal{A} \vee \mathcal{B}) \leq H(\mathcal{A}) + H(\mathcal{B})$ の証明が終わる．これは次の重要な不等式そのものである：p, q を確率として（$p_i \geq 0$ かつ $\sum_i p_i = 1$ などが成立するとして）

$$\sum_i p_i \log \frac{p_i}{q_i} \geq 0. \tag{2.7.17}$$

これを示すには $x \geq 0$ に対して成り立つ $x \log x \geq x - 1$[115]に $x = p_i/q_i$ を代入したあと q_i をかけて和をとればいい：

$$\sum_i q_i \left(\frac{p_i}{q_i} \log \frac{p_i}{q_i} \right) \geq \sum_i p_i - \sum_i q_i = 0. \tag{2.7.18}$$

補註 2.7.3 フェケテの補題 (Fekete's lemma)
もしも $\{f(n)\}$ が劣加法列ならば（つまり，$f(n+m) \leq f(m) + f(n)$ が任意の自然数 n, m について成り立つならば），$\lim_{n\to\infty} f(n)/n = \inf_m f(m)/m$.
[証明] もちろん $\liminf f(n)/n \geq \inf f(m)/m$. $n = s + km$ ($m > 0, s \geq 0$ であるような整数）と書くと，

$$\frac{f(n)}{n} = \frac{f(s+km)}{n} \leq \frac{f(s) + kf(m)}{s + km} \to \frac{f(m)}{m}. \tag{2.7.19}$$

よって，$\limsup f(n)/n \leq \inf f(m)/m$[116]．よって上下極限が一致するから極限が確定する．

---

[115] $f(x) = x \log x - x + 1$ の最小値は $x \geq 0$ ではゼロである．グラフを描いてみるといい．
[116] 《**下極限 lim inf, 上極限 lim sup**》 $\liminf_{n\to\infty} x_n = \lim_{n\to\infty} \inf\{x_n, x_{n+1}, \cdots\}$, つまり n より先を

2.7 カオスらしさをどうはかるか

ところで,われわれは $\mathcal{A}$ に対応する特定の観測量に義理立てする必要はない,系を観測するための最良の観測量をさがすべきだ.ここで最良の観測量とはそれを通して系のダイナミクスが最も詳しく観測できる観測量のことだろう.その様な観測量は時間発展に敏感なはずだから,最良な観測量を通して系を観測すると時間が経つにつれて余計に必要とされる情報量の増加は最大であるべきだ.そこで,コルモゴロフ–シナイエントロピー (Kolmogorov-Sinai entropy)(測度論的エントロピー measure-theoretical entropy ともよばれる)はつぎのように定義される:

$$h_\mu(T) \equiv \sup_{\mathcal{A}} h_\mu(T, \mathcal{A}). \tag{2.7.20}$$

ここで上限は Γ の有限分割すべてにわたって探す(ざっというと,有限解像度の観測方法すべてを試す).ある粗視化された観測量についてのすべての未来のデータが未来の歴史(軌道)を一義的に決めるならば,これより詳しい観測は無意味だ.あるかってな歴史 ω をとる.$\mathcal{A} \vee T^{-1}\mathcal{A} \vee \cdots \vee T^{-n+1}\mathcal{A}$ の要素で ω を含んでいるものを $A^n(\omega)$ と書くことにしよう(筒集合の例である).すべての $n = 0, 1, 2, \cdots$ について $\omega \in A^n(\omega)$ だから $\omega \in \cap_{n=0}^\infty A^n(\omega)$ になる.もしも,ω 以外の他の歴史がこの共通集合に含まれないならば,言い換えると,$\cap_{n=0}^\infty A^n(\omega) = \{\omega\}$ ならば,これより詳細な観測は無意味になる.このようなことが μ に関してほとんどすべての ω について(つまり,μ-測度零の集合を除いて)成り立つ分割 $\mathcal{A}$ を生成分割 (generator) とよぶ.もしも $\mathcal{A}$ が生成分割ならば,期待されるように,

$$h_\mu(T) = h_\mu(T, \mathcal{A}) \tag{2.7.21}$$

である[117].たとえば付 2.0A でみた $Tx = \{2x\}$ では $\{[0, 1/2], (1/2, 1]\}$ は生成分割である.

可測分割 $\mathcal{A}$ が各点(正確には μ についてほとんどすべての点)を分離するならば,いいかえると,かってな 2 点 $x \neq y \in \Gamma$ をとるとき,$T^n(x) \in A$ かつ $T^n(y) \notin A$ であるような正の整数 n と分割 $\mathcal{A}$ の元 A が必ずあるならば,$\mathcal{A}$ は生成分割である.実際,$\mathcal{A}$ が生成分割でないとすると,すべての $n = 0, 1, 2, \cdots$ について $\mathcal{A} \vee T^{-1}\mathcal{A} \vee \cdots \vee T^{-n+1}\mathcal{A}$ に入っている歴史が少なくとも二つあるような分割の

見てその下限 y_n をつくり,これの $n \to \infty$ の極限を取る.$\{y_n\}$ は単調増大だから極限は確定する(有限でないかもしれないが);同様に $\limsup_{n\to\infty} x_n = \lim_{n\to\infty} \sup\{x_n, x_{n+1}, \cdots\}$.

[117]P. Walters, *An Introduction to Ergodic Theory* (Springer, 1982) はコルモゴロフ–シナイエントロピーのよい教科書である(が,数学科以外の学生に楽に読めるというわけにいかないだろう).P. Billingsley, *Ergodic Theory and Information* (Wiley, 1960) もいいが少し古い.

元の列がとれる．これは各点が分離されるということに反する．

ここまでくれば，2.3 節の定理の中の'カオス ⇔ コルモゴロフ–シナイエントロピーが正の不変測度がある'ということの意味がはっきりしただろう．カオス的力学系とは初期条件中の情報が未来の同精度予測のためには時間とともにますます足りなくなっていく力学系である．そのために，カオスの動きを見ているとでたらめであるように見えるのだ．先のわれわれのカオスの定義が直感と整合していることがさらに確かめられた[118]．

カオスでは，N 単位時間後の未来に十分な精度(情報)を確保しようと思ったら，今ものすごい量の精度(情報)が要求される($\sim e^{Nh}$ 倍の精度，したがって，N 倍の情報が要ることが本節後半に説明してある)．系の挙動は早晩わからなくなってしまうのも無理はない．

オーンスティンとワイスはつぎの定理を述べる[119]：

定理 2.7.1 完全予測可能でない系(＝コルモゴロフ–シナイエントロピー正の系 not completely predictable systems)はベルヌーイ流れ(周期的サンプルの結果がベルヌーイ過程(例 2.4.1 参照)になる連続力学系)を因子に持つ．□

ここで「A を因子に持つ」というのは系の力学をある空間に縮約してみると A に見えるということだ(より正確には，系から A の上への準同型写像 homomorphism があるということ)．彼らはここに引用した総合報告で何のことわりもなしに，カオティックな系と完全予測可能でない系＝コルモゴロフ–シナイエントロピーが正の系を同一視している．

---

[118]以上の説明とは異なって，力学系が情報を生成する速度としてコルモゴロフ–シナイエントロピーを導入しようとする人もある．カオティックな系では，しばしば指数的な軌道の分離により，力学は初期条件中のディテールを拡大して見せてくれる．したがって，(ノイズを完全に無視すれば)軌道を観測し続けることにより初期条件について(後知恵として)より詳しいことがわかってくる．この意味で，力学系は情報を生成しているように見える．それはそれでいいのだが，問題は，この生成速度がコルモゴロフ–シナイエントロピーで計れるかという点である．数値実験にかかるようなカオス(観測可能なカオス)ではこれは正しいが，たとえば区間写像には無数の(非可算無限個の)不変測度がありそのいくつか(山が一つの写像なら高々一つ)を除いて残りすべてについてこの主張は成立しない(一般には，いま述べた意味の情報の生成速度の方がエントロピーよりも大きい；この事情をとらえているのが後に出てくるルエルの不等式 (2.7.32) なのである)．したがって，一般にはコルモゴロフ–シナイエントロピーを情報生成速度としてとらえるのは危険である．

[119]D. S. Ornstein and B. Weiss, "Statistical Properties of Chaotic Systems," Bull. Amer. Math. Soc. **24**, 11 (1991), Theorem 1.4.3.

ここから先, 本節後半はコルモゴロフ–シナイエントロピーに関する重要な定理, 特にその直感的理解を助ける定理を証明抜きでまとめる. それらの直感的意味は説明してある. リャープノフ指数などについても書いてあるが, 以下ざっと見るだけで(あまり見ないでも)次に行くのに支障はない.

定理 2.7.2 [クリーガー[120]] (T, μ, Γ) をエルゴード的力学系とし, そのコルモゴロフ–シナイエントロピーが, $h_\mu(T) < \log k$ を満たすような整数 $k > 1$ があるならば, k 個の元よりなる生成分割が存在する. □

この定理の意味は, ざっというと, もしもコルモゴロフ–シナイエントロピーが $\log k$ ならばその力学系は k 個のシンボルを使って情報を失うことなしに符号化できるということだ. もっともである.

定理 2.7.3 [シャノン–マクミラン–ブレイマン] (T, μ, Γ) をエルゴード的力学系とし, $\mathcal{A}$ を Γ のある有限分割とする. $A^n(x)$ を $x \in \Gamma$ をふくむ $\mathcal{A} \vee T^{-1}\mathcal{A} \vee \cdots \vee T^{-n+1}\mathcal{A}$ の元であるとする. このとき μ に関してほとんどすべての x について

$$\lim_{n \to \infty} \left[-\frac{1}{n} \log \mu(A^n(x)) \right] = h_\mu(T, \mathcal{A}) \qquad (2.7.22)$$

が成立する. □[121]

上式中, $A^n(x)$ は前と同様に, 分割 $\mathcal{A}$ に対応した粗い観測で歴史を n 時間ステップの間だけ見るとき, x から出発する歴史と区別できない歴史をまとめた '歴史の束' (筒集合である)をさす. $\mu(A^n(x))$ はこのような条件を満たす初期条件の全部の '体積' である. 観測時間 n を長くしていくと, 条件はますますきびしくなるから, それはどんどん(指数関数的に)小さくなる. どのくらいのスピードで小さくなるかを (2.7.22) は調べているのだ. 系がカオティックであるほど x から出発した軌道に添いとげるのは難しいはずだから, これは大きな値になるだろう. (2.7.22) を

$$\mu(A^n(x)) \sim e^{-nh_\mu(T, \mathcal{A})} \qquad (2.7.23)$$

と書く方が直観的かもしれない.

ϵ-近傍に添いとげる「歴史の数」をあからさまに評価して上の説明を文字通り実現する定理がブリン–カトック (Brin-Katok) の定理[122]である. $x \in \Gamma$ を出発す

---

[120]W. Krieger, "On entropy and generators of measure-preserving transformations," Trans. Amer. Math. Soc. **149**, 453 (1970); 訂正 *ibid.* **168**, 519 (1972).

[121]Shannon-McMillan-Breiman の定理の証明については, たとえば, W. Parry, *Entropy and Generators in Ergodic Theory* (Benjamin, 1969) を見よ.

[122]M. Brin and A. Katok, "On local entropy," Lecture Notes Math. **1007**, 30 (1983).

る軌道の ϵ-近傍に時間 N 添いつづけるような軌道を与える初期条件の集合を
$$B_N(x, \epsilon) = \{y \in M \mid d(T^n x, T^n y) \leq \epsilon, 0 \leq n \leq N\} \qquad (2.7.24)$$
と書くことにする(この定理で時間は連続でもいい).

定理 2.7.4 [ブリン-カトック] (T, μ, Γ) はエルゴード的な力学系とする.このとき μ に関してほとんどの $x \in \Gamma$ について次の等式が成立する:
$$h(\mu) = -\lim_{\epsilon \to 0} \lim_{N \to \infty} \frac{1}{N} \log \mu(B_N(x, \epsilon)). \qquad (2.7.25)$$

カオスは,その決定論的力学のゆえに,ある程度の時間の間はノイズとは異なって予言がかなりできるが,長い間と言うわけにはいかない.どのくらいのステップ数 n のあいだ予測できるかということがコルモゴロフ-シナイエントロピー h を使って見積られる.ブリン-カトックの定理から $n \sim (\log \delta x)/h$,ここで δx はわれわれの空間解像度である.ただし,h の値がきわめて小さいカオティックな力学系もあり,そのような場合はかなりの未来の正確な予言が可能になる[123].

シャノン-マクミラン-ブレイマンの定理の特殊な場合が情報理論で言う漸近的等分配法則(law of asymptotic equipartition (AEP))である[124]: $\{X_i\}$ を同一確率分布にしたがう統計的に独立な確率変数列とする.このとき(ひきつづく)n サンプルが $X_1, X_2, \cdots, X_n$ である確率を $p(X_1, \cdots, X_n)$ とかくと
$$-\frac{1}{n} \log p(X_1, \cdots, X_n) \to H(X). \qquad (2.7.26)$$

$H(X)$ は個々の確率変数のエントロピーである.これは確率の対数についての弱大数の法則(1.2 節脚注 22)そのものであることに注意.$X_1, X_2, \cdots, X_n, \cdots$ は歴史だと考えていいから,シャノン-マクミラン-ブレイマンの定理は相関のある歴史についてのこの法則の拡張である.

> **補註 2.7.4** リャープノフ指数とオズィエレデッツの定理
> 今まで見てきた実例やブリン-カトックの定理にあるように,近接した軌道が指数的に離れていくのはカオスの特徴と考えられる.ある点 x とその近くの点 $x + \epsilon v$(ϵ は小さな正数,v はこれら 2 点の食い違いの方向を向いたベクトル)を出発する軌道が指数的に離れ

---

[123] 小惑星 (522 Helga) ではリャープノフ特性時間(はじめの誤差が e-倍される時間,補註 2.7.4)が 6,900 年なので詳細な計算ができる: A. Milani and A. M. Nobili, "An example of stable chaos in the Solar System," Nature, **357**, 569 (1992). 総説としては,J. J. Lissauer, "Chaotic motion in the Solar System," Rev. Mod. Phys. **71**, 835 (1999).

[124] 情報理論できわめて重要である. T. M. Cover and J. A. Thomas, *Elements of Information Theory* (Wiley, 1991) p50-.

2.7 カオスらしさをどうはかるか

ていくならば, t を時間とするとき互いの距離は $\exp(t\lambda(x,v))$ のように書ける. ここに出た指数 $\lambda(x,v)$ を $x \in \Gamma$ におけるベクトル v のリャープノフ指数 (Lyapunov exponent あるいはリャープノフ特性指数 Lyapunov characteristic exponent; A. M. Lyapunov 1857-1918) という. 正式な定義は (ここでは力学系を定義する写像 T を, 紛らわしいので, ϕ と書く)

$$\lambda(x,v) = \limsup_{n\to\infty} \frac{1}{n} \log \|D\phi^n(x)v\|. \tag{2.7.27}$$

ここで D は x についての微分である[125]. 上の式で $\|\ \|$ は接ベクトル空間のノルムである. 各 x において $\lambda(x,v)$ は v の関数としては q (これはたかだか Γ の次元である) 個の異なった値しかとらない:

$$\lambda^{(1)}(x) > \cdots > \lambda^{(q)}(x). \tag{2.7.28}$$

この存在を保証するのが

定理 2.7.4 [オズィエレデッツ (Oseledec)][126] 各点 $x \in \Gamma$ で Γ の接ベクトル空間 $T_x\Gamma \,(\simeq \boldsymbol{R}^n)$ は

$$T_x\Gamma = \bigoplus_{i=1}^{q(x)} H_i(x) \tag{2.7.29}$$

のように直和分解され, $v \in H_j(x)$ と選ぶと

$$\limsup_{n\to\infty} \frac{1}{n} \log \|D\phi^n(x)v\| = \lambda_j(x). \tag{2.7.30}$$

(力学系がエルゴード的ならばこれは x によらない.) □

正の指数を与える方向が摂動に敏感な方向である. 正のリャープノフ指数の総和を

$$\lambda_+(x) = \sum_{i:\lambda_i(x)>0} \lambda_i(x). \tag{2.7.31}$$

とおくと, 一般に次のルエルの不等式 (Ruelle inequality)[127]が成立する:

$$h_\mu(\phi) \leq \int \lambda_+(x) d\mu. \tag{2.7.32}$$

よって, 力学系がエルゴード的ならばコルモゴロフ–シナイエントロピーは正のリャープノフ指数の総和で抑えられることとなる. たいていの素性のよい観測可能なカオスではここで等号が成立する, すなわち正のリャープノフ指数の総和はコルモゴロフ–シナイエントロピーに等しい (ピェシンの等式 Pesin's equality[128]).

上のシャノン–マクミラン–ブレイマンの定理のところで述べたように, 系の

---

[125]一般には多次元なのでこれはヤコービ行列を与える.

[126]証明はたとえば, A. Katok and B. Hasselblat, *Introduction to the Modern Theory of Dynamical Systems* (Cambridge Univeristy Press, 1996) p665. もともとの定理は力学系の一般のコサイクル (cocycle) についての定理で, オズィエレデッツの乗法的エルゴード定理 (Oseledec's multiplicative ergodic theorem) といわれるが, 今は直接関係したかたちでしか書かない.

[127]D. Ruelle, "An inequality for the entropy of differentiable maps," Bol. Soc. Brasil. Mat. **9**, 83-87 (1978).

[128]Ya. B. Pesin, "Characteristic Lyapunov exponents and smooth ergodic theory," Russ. Math. Surveys **32**(4), 55-114 (1977).

カオスの程度が大きいと、ある歴史(軌道)に寄り添いつづける軌道の束はどんどん細くなるので、系外からのノイズの影響があると、ますますランダムになるのがふつうである。本来のダイナミクスでは単位時間ステップでは移れない生成分割の元の間の飛び移りをノイズが引き起こし、このような結果になると考えられる。しかし、ノイズがどれくらいどのように効くかということは、相空間の中で二つの軌道のどの部分が近くなるかというような力学系の詳細に強く依存するので、以上のような粗い見方からは一般的なことは実は何も言えない。コルモゴロフ–シナイエントロピーのより大きな系がノイズに対してより敏感であるなどと単純に結論することもできない。たとえば、ノイズのためにある特定の元 $A_i \in \mathcal{A}$ への遷移が不釣り合いに頻繁になったりしうる。そして、この元が本来のダイナミクスでは次の時間ステップで他の元の中へと埋め込まれてしまったりするとノイズのために全体としてコルモゴロフ–シナイエントロピーはかえって小さくなりうる。これが津田一郎氏らが見いだした雑音誘起秩序 (noise-induced order)[129] の本質である。もっと極端には、本来の定常ダイナミクス(観測できる測度論的力学系としてのダイナミクス)で動き回れる相空間の部分 B の外に、ある集合 D があって、ノイズで本来の動きからたたき出された点が D にはいると次の時間ステップで B 中のきわめて小さな部分(たとえば一点)へと送り込まれる様な力学系を考えると、ノイズの効果は系の詳細に強く依ることが容易にわかる(図 2.7.4)。

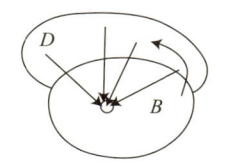

図 2.7.4 ノイズによって秩序化する力学系。ノイズで B から D へ出るときわめて小さな範囲にもどってくる。このような場合は、ほどほどにノイズがあると B に本来あるカオスがかえって押さえ込まれる。

課題 2.7.1 擬軌道追跡性 (pseudo-orbit tracing property) について調べよう[130]。これはどんな系が数値実験できるかと関係している。□

補註 2.7.5 同型不変量としてのコルモゴロフ–シナイエントロピー
コルモゴロフ–シナイエントロピーは測度論的力学系の同型写像下での不変量として導入された。二つの測度論的力学系 (T, μ, Γ) と (T', μ', Γ') があるとしよう。写像 $\phi: \Gamma \to \Gamma'$ が (測度零を除いて)一対一で、保測的: $\mu = \mu' \circ \phi$ (つまり、Γ のある可測部分集合 A の測度は

---

[129] K. Matsumoto and I. Tsuda, "Noise-induced order," J. Stat. Mech. **31**, 87 (1983).
[130] 久保泉『力学系 1』(岩波講座 現代数学の基礎, 1997)参照。

そこに与えてある測度 μ ではかっても，また ϕ で Γ' に写したあと，そこに与えてある測度 μ' ではかっても同じになる[131]であるとする．次のダイヤグラム

$$\begin{array}{ccc} \Gamma & \xrightarrow{T} & \Gamma \\ \downarrow\phi & & \downarrow\phi \\ \Gamma' & \xrightarrow{T'} & \Gamma' \end{array}$$

が (Γ, Γ' のそれぞれの測度零の例外的集合の上の話を除いて) 可換になるとき，つまり，$T = \phi^{-1} \circ T' \circ \phi$ となるとき，この二つの測度論的力学系は同型であるといわれる．
　コルモゴロフ-シナイエントロピーが同型な測度論的力学系については同じ値をとることは，かつての Γ の分割 $\mathcal{A}$ について $H(\mathcal{A}) = H(\phi\mathcal{A})$ であることと $\phi \circ T = T' \circ \phi$ からほとんど自明だろう．このことを，コルモゴロフ-シナイエントロピーは同型不変量 (isomorphism invariant) である，と表現する．もし二つの力学系でコルモゴロフ-シナイエントロピーが異なれば同型ではありえない．たとえば，(2.7.10) に見たことからわかるように $B(1/2, 1/2)$ と $B(1/3, 2/3)$ は同型でない．
　同型でない力学系では必ず異なる値をとる同型不変量は，完全な同型不変量 (complete isomorphism invariant) と呼ばれる．もしも，このような不変量が見つかると，同型関係による力学系の分類はその不変量の計算に帰着する．コルモゴロフ-シナイエントロピーはそのような不変量であろうか？ メシャルキン (Meshalkin)[132]が $B(1/4, 1/4, 1/4, 1/4)$ と $B(1/2, 1/8, 1/8, 1/8, 1/8)$ の同型を証明したとき (ともにコルモゴロフ-シナイエントロピーは $2\log 2$)，そうではないかという期待がもたれた (シナイによる重要な寄与もあった; ベルヌーイ過程の弱同型定理)．1970 年[133]にオーンスティンによって，ベルヌーイ過程についてはコルモゴロフ-シナイエントロピーは完全な同型不変量であることが証明された．それどころか，より一般に混合的でしかもコルモゴロフ-シナイエントロピーが有限なマルコフ連鎖についても完全であることが証明された[134,135]．

2.8　ランダムさの特徴付けの準備

　前節ではわれわれが「ランダムである」と感じる程度を定量化することを試み，コルモゴロフ-シナイエントロピーが力学系のランダムさの尺度としてよい

---

[131]本当は可測空間として $\phi: \Gamma \to \Gamma'$ が一対一であるだけでなく，Γ の可測集合が Γ' のそれに ϕ で写像され，逆に Γ' の可測集合が Γ のそれに ϕ^{-1} で写像されることを仮定しなくてはならない．

[132]L. D. Meshalkin, "A case of Bernoulli scheme isomorphism," Dokl. Acad. Sci. USSR **128**(1) 41 (1959).

[133][1970 年: ラッセル没 (1872-)，アスワンハイダム，チリでアジェンデ政権成立]

[134]日本語で書かれたものとしては，十時東生『エルゴード理論入門』(共立出版, 1971)．I. P. Cornfeld, S. V. Fomin, and Ya. G. Sinai, *Ergodic Theory* (Springer, 1982), D. S. Ornstein, *Ergodic Theory, Randomness, and Dynamical Systems* (Yale University Press, 1974).

[135]ただし，これはエントロピーがゼロの場合は除く．つまり，エントロピーがゼロでも同型でない力学系はいくらでもある．

量である(直感と整合的である)ことがわかった．しかし，「ランダムさ」とはいったい何なのか？ どうしたら特徴づけられるのか？

　この節では乱数について予備的に考察し，ランダムさの本質を衝くためには計算の理論のような，いささか迂遠と思う人もあるかもしれない話が関係してくることを見て，次節以下への橋わたしにする[136]．この章の範囲内での最終目的地はブルードゥノの定理である．この定理はコルモゴロフ-シナイエントロピーが正確にアルゴリズム的意味を持つことを教える．結局，前節で見たコルモゴロフ-シナイエントロピーが正であることによるランダムさの特徴付けとこれから説明するアルゴリズム的な特徴付けとが完璧に一致していることがわかる．すなわち，われわれの定義したカオスはますます自然な概念だということになる．

　読者は，しかし，これでめでたしめでたしと思わないかもしれない．アルゴリズム的特徴付けは結構だが，計算機とか計算などという概念もまた「ランダムさ」に比べると基本的だとは言いかねるのではないか？ ここは意見のわかれるところである．一方には，連続性とか滑らかさのような概念と同じく，ランダムさという概念は基本的に見えてはいたが，実はそうではなかったのだ，と納得する立場がある．あるいは「宇宙は計算機なのだ」と言いかねない人々がいる．こういう人々は，当然「計算」とか「アルゴリズム」をより基本的と見る立場に同意するだろう．他方には，やはり，ランダムさというものはいたるところにあまねくあるものだから，基本的概念であって欲しい，計算などという「人工的」な概念で特徴づけるのは本末転倒だという立場がある．「ちゃんとした手続きがある」ということはなるほど「計算機」よりは自然に響くが，「手続き」などというものの有無に自然現象が左右されるとも思えない，と．もちろん，この立場の人々は，自然が計算機であるなどとはまったく考えない．こういう話は 2.13 節で反省することにして，標準的な，乱雑さの計算理論的特徴付けを次節以下でみることにする．

---

[136] カオスとアルゴリズム的ランダムさの話はアメリカなどではフォード (J. Ford, 1927-1995) が熱を込めて 1980 年代に広めたが，日本では 70 年代の終わりには明確に意識されていた．たとえば著者がカオスの論文を書き始めた頃，アルゴリズム的ランダムネスとの関係を父（大野克郎）から指摘されたし，2.12 節の主題のブルードゥノの定理も高橋陽一郎氏のおかげで日本の研究者たちは 70 年代が終わるまでにすでによく知っていた．アメリカでは 80 年代後半でもよく知られていなかったように見える．

2.8 ランダムさの特徴付けの準備　　　　　　　　　　　　　　　99

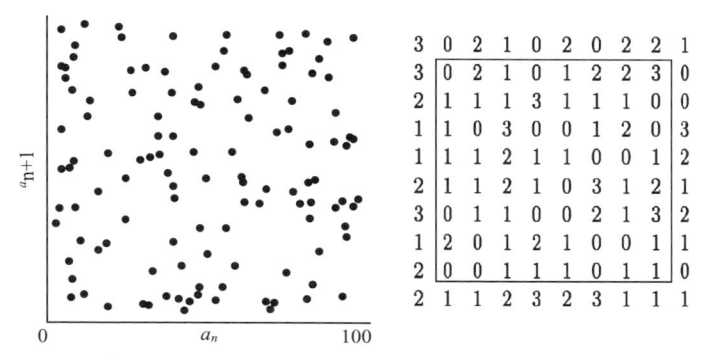

	3	0	2	1	0	2	0	2	2	1
	3	0	2	1	0	1	2	2	3	0
	2	1	1	1	3	1	1	1	0	0
	1	1	0	3	0	0	1	2	0	3
	1	1	1	2	1	1	0	0	1	2
	2	1	1	2	1	0	3	1	2	1
	3	0	1	1	0	0	2	1	3	2
	1	2	0	1	2	1	0	0	1	1
	2	0	0	1	1	1	0	1	1	0
	2	1	1	2	3	2	3	1	1	1

図 2.8.1 北川表は良質の乱数表ではない．表のはじめの 5 列に出てくる数字の列を 2 桁ずつに区切って $a_1, a_2, \cdots$ とかくことにして，a_n を横軸に a_{n+1} を縦軸にプロットしたのが左の図．これを一辺が 10 の箱にくぎってそれぞれの中の点の数を数えたのが右の図．乱数なら点は一様に分布して，その結果，右の正方形の枠の中に平均 79 点，外に 45 点あるべきである．実際には中に 65 点，外には 59 点あって，一様性の検定を 0.5％の棄却水準でパスしない．図は原図をスキャンしてからきれいに描き変えたものなので多少不正確であろうが，論点を損なうほどのことはない．要するに振動的に数字が変化する傾向があるのだ．

　乱数表とはなんだろうか？　直観的には，すべての数字が'何の法則性もなしに'ならんでいる数表のことだ．法則性があるかないかは，実際には，さまざまな統計的検定によってチェックされるから，乱数表とは'すべて'の検定を通って規則性がないと認められた，いいかえると，現時点で人類に利用可能なすべての検定によって「ランダムである」という帰無仮説が棄却されなかった数列を表にしたものである[137]．検定法は日々に進歩するので，乱数表も日々に進歩する（はずである）[138]．

　例として，有名な乱数表である北川表[139]をとろう．これはランダムだろうか？ 表に出てくる数字の列を 2 桁ずつに区切って $a_1, a_2, \cdots$ とかくことにして，a_n を横軸に a_{n+1} を縦軸にプロットしてみよう（すでに 2.1 節で類似の例を見た）．北川表が本当にランダムならば，こうしてプロットした点はだいたい一様に散布されるだろう．図 2.8.1 左はこの表の初めの 5 列 125 個の 2 数字の組にこの

---

[137] たとえば，A. L. Rukhin, "Testing randomness: a suite of statistical procedures," Theory Probab. Appl., **45**, 111–132 (2001).
[138] 著者の数学の師匠の渡辺寿夫先生曰く「乱数は神様のようなものだ．それがあるというのはいいとしても，実際に目の前にこれがそうですよと示されるとうさんくさい．」
[139] 北川敏男『推測統計学 I』（岩波全書，1958）の付録を見よ．

方法を適用して作ったプロットである(124 点ある)．ここでこの正方形を 100 個の箱に等分して周辺にある 36 個と中の 64 個の箱の中にある点の数を数えると，周辺に 59 個，中に 65 個入っている．これはこの乱数に周期成分があるということである．数列に変な相関がないならば，周辺に 45 個，中に 79 個平均として入っているはずだ．χ^2 検定をすると 0.5%の棄却水準で，一様な分布であるという帰無仮説は否定されてしまう[140,141]．

統計的検定は，数列に特定のパタンがないことをチェックしている．北川表には統計的に有意なパタンがあったから乱数として失格したのだった．そこで，まったくどんな特徴付け(法則性)もない数列を乱数列であるというのは，いい考えのように見える．しかし，われわれがふつう使っている(排中律を認める，つまり，命題 A とその否定，非 A，以外の可能性を認めない)論理体系においては，「まったく特徴付けを持たない」ということが立派な特徴付けになってしまう；'何の特徴付けもない' という特徴を持った数列を乱数列とよぶ矛盾におちいる．

フォン・ミーゼス (R. von Mises 1883-1953) はランダムさに基づいて確率論を体系化しようとしたが，これが難しかった理由も無法則性の規定に困難があるためだった．しかし，「特徴付けがない」という性質を積極的に定式化できれば，いいかえると，ある明示できる性質を持つことでもって定義できれば，'特徴付けがまったくない' という特徴は「特徴がある」ことの否定ではなくなる．第 1 章で考えたように「非線形系」を尺度干渉のある系と定義すれば，それは単なる「線形系」の否定ではなくなるのと同じこころだ．だが，上に出てきた '法則性がない' などという「特徴付け」はいろんな解釈が可能なので曖昧な規定である．

もしも，あるもの(たとえば数列)のなかに，何らかの特徴(規則性)が見出せたならば，それを別の人に伝えるためにその規則性を活用することによって，'電話代' を節約することができるだろう．たとえば，つまらない例ではあるが，10101010…10101010 と 10 が百万個並んだメッセージを送りたいとする．この

---

[140] 実際，自己相関関数をこの数列から作ると，明らかに相関が見て取れる．
[141] 最も質がよいとされている乱数は自然乱数であり，放射性元素の崩壊で生じるたとえばベータ線をカウンターで数えることによって作られる．量子現象なしではこの世に本当の乱数はないということなのかもしれないが，放射崩壊は核外環境に左右されうるから，完全にランダムとも言えない．

ついでながら，できるだけランダムに数字列を書かせると，そのランダムさと書く人の知能に正の相関があるといううわさがある．

ときは '10 を 1,000,000 回くりかえせ' というメッセージを送る方が, なまの数列を送るよりずっと気がきいている. 数 N を送るのに必要な文字の数は $\log N$ に漸近的に比例するから, このような規則的な数列は, 漸近的に, メッセージの長さの対数に比例したコストで送れることがわかる[142]. もちろん, これはなまの場合よりもずっと安上がりである.

別の例を考えよう:

02739007497297363549645332888698440611964961627734495182736955882207573551766515
89855190986665393549481068873206859907540792342402300925900701731960362254756478
94064754834664776041146323390565134330684495397907090302346046147096169688688501
40834704054607429586991382966824681857103188790652870366508324319744047718556789
34823089431068287027228097362480939962706074726455399253994428081137369433887294
06307926159599546262462970706259484556903471197299640908941805953439325123623550
81349490043642785271

この数列はランダムに見えるかもしれないが, 円周率の 10,501 桁から 11,000 桁である. そこでこの数列を送りたければ '円周率の 10,501 桁から <u>500 桁</u>' といえばよく, すでに実際の数列より短い[143]. この場合も送るべき数列が長くなるとメッセージの長さは数列の長さを指定する部分(下線の部分)で決まることになる.

このように, メッセージを圧縮できる場合は明らかにランダムではない. そこで, メッセージをどんなに頑張っても圧縮できない(送信するのに短くできない)ということがそのランダムさの特徴付けになるのではないか('わけのわからない', われわれにパタンを見抜けないメッセージをランダムだと言おうとしているのだ). 情報を圧縮するには規則性(パタン)や「意味」を利用するしかな

---

[142] $\log N$ を送るのにまたその対数を取れば圧縮できるのではないか, と考えた学生がいた. 何が悪いのか. それとも, いいのか?

[143] ただし, このメッセージをもらった人の方としては, この数字を実際に手に取るまでの手間が馬鹿にはならないだろう. 圧縮された情報というものは往々にしてエクスパンドするのに手間がかかる. これに関して興味深い話として, D. Bailey, P. Borwein and S. Plouffe, "On the rapid computation of various polylogarithmic constants," Math. Computat. **66**, 903–913 (1997) (http://www.cecm.sfu.ca/~pborwein/) および V. Adamchik and S. Wagon, "π: a 2000-year search changes direction," Mathematica in Education and Research, **5**(1) 11 (1996), D. H. Bailey, J. M. Borwein, P. B. Borwein, and S. Plouffe, "The quest for Pi," Math. Intelligencer **19**(1) 50 (1997) 参照.

いから，それらを認識できるか否かがランダムか否かの分かれ目になる[144]．しかし，誰にパタンが認識できればよいのだろう（誰にわかればよいのだろう）？

考えられる最も強力な計算機にこれをまかせれば，結果は恣意的でなくなるのではないか，というのが ソロモノフ (R. Solomonov 1926-)，コルモゴロフおよび チェイティン (Chaitin 1947-) によるアルゴリズム的ランダムさの概念の基本的アイデアである．そこで，「最も強力な計算機とは何か？」，そもそも「計算機とは何か？」というような基本的疑問が浮かび上がってくる．

計算機は計算をする機械である．この説明が意味をなすためには，少なくとも「計算」とは何かわかっている必要がある．計算とはある数をある規則に基づいて別の数に加工することである．計算の過程ではこの変換は気まぐれなものではなく，ある決まったいくつかのルールにきちんとしたがうと考えられている．そこで，直観的には，計算とは有限数列を別の有限数列に有限回のきちんときまった手続きで変換することであると言うことができる．

2.9　計算とは何か？

この節ではチャーチ (A. Church 1903-1995) の「計算」についての提案を概説する．いまとなっては誰にでもわかる言い方をすると，要は，ディジタル計算機が受け付ける計算プログラムを書くことのできる関数が「帰納的部分関数」であり，そのプログラムの計算が有限時間内に終わることが保証されている関数が帰納的関数＝計算可能な関数である．計算可能な関数の値を出す過程が「計算」である．これで納得した人は次節に跳んでいい．

ここでは丸め誤差のない有限桁の計算を考えるので，計算は非負整数の間の変換と考えられる．非負整数 N をそれ自身に写す写像を数論的関数 (number-theoretic function) という．計算を考えるとき数論的関数の計算だけを考える．「誰が見ても明らかに問題なく計算できる数論的関数」をいくつか出発点にとり，それにまた「誰が見ても実行可能と思えるいくつかの決まった操作」を有限回施して作ることのできる関数として「計算できる関数」の全体を決め，その「計算可能な関数」の値を出す手続きのことを「計算」と呼ぼう，というのがチャーチが考えた「計算」を特徴づける方針だった．そこでまず「計算できる関数」の特

---

[144] ただし，この章では「意味」というはっきりしないものは相手にしない．

2.9 計算とは何か?

徴付けを考えよう[145]. ただし, 考え方がわかればいいや, という人はここからこの節の最後の 2, 3 パラグラフに跳んでいい.

以下においてはふつうの解析学と違って, 関数というときそれらは(ふつうにいう写像ではなく)部分関数 (partial function) であっていい, つまり, $f(x_1, \cdots, x_n)$ (ここで $x_1, \cdots, x_n$ は非負整数, すなわち, $x_i \in N$)はすべての独立変数の n-組 (n-tuples)$\{x_1, \cdots, x_n\}$ について意味がある必要はない(定義されてなくていい; 定義域をはじめに決めてないのだ). f が定義されてない組 $\{x_1, \cdots, x_n\}$ については単純に f に値を割り当てないだけのことである. もしも f がすべての組 $\{x_1, \cdots, x_n\}$ について定義されているならば, この関数は全関数 (total function) といわれる.

「誰が見ても明らかに問題なく計算できる数論的関数」として, 次の三つの数論的関数, S, P および C を採用する:

(A) $S(x) = x + 1$,

(B) $P_i^n(x_1, \cdots, x_n) = x_i$,

(C) $C_m^n(x_1, \cdots, x_n) = m$.

S は N における x の後者 (successor, 次に大きな自然数) を与える関数である. P_i^n は n 変数のうち第 i 番目の変数を読みとる '射影演算子', C_m^n はすべての n-組 $\{x_1, \cdots, x_n\}$ 上で定義されていて, m という一定値をとる定数関数である. これらの関数は大多数の人が計算できることを認める関数だろう.

誰もが認めると期待される, きちんと曖昧さなく決められた「手続き」として (関数に施すことのできる基本操作として), 次の I–III を認めよう:

I <u>合成</u>(composition): 関数 $g_1, \cdots, g_m$ と h とから新たな関数

$$f(x_1, \cdots, x_n) = h(g_1(x_1, \cdots, x_n), \cdots, g_m(x_1, \cdots, x_n)) \qquad (2.9.1)$$

を作ることができる. ここに h は m 変数関数であり, g_i ($i = 1, \cdots, m$) は n 変数関数である.

II <u>(原始)漸化式</u>((primitive) recursion); $f(x_1, \cdots, x_n, 0) = g(x_1, \cdots, x_n)$ とおく. この関数を出発点にして $f(x_1, \cdots, x_n, m)$ を次のように再帰的に構成できる:

$$f(x_1, \cdots, x_n, m) = h(x_1, \cdots, x_n, m - 1, f(x_1, \cdots, x_n, m - 1)). \qquad (2.9.2)$$

ここで g と h はそれぞれ n および $n + 2$ 変数の関数である.

III <u>極小化</u>(minimalization または minimization) または <u>無限探索</u> (unbounded

---

[145]この分野の入門書として, M. Davis, *Computability and Unsolvability* (Dover, 1982) が古典的. より新しい入門書は, たとえば, D. S. Bridges, *Computability, a mathematical sketchbook* (Springer, Graduate Texts in Mathematics 146, 1994).

search): $f(x_1, \cdots, x_n)$ は全関数であるとする。このとき, $f(x_1, \cdots, x_n) = 0$ を満たす最も小さな x_n を各 $\{x_1, \cdots, x_{n-1}\}$ に対して与える部分関数 $x_n = h(x_1, \cdots, x_{n-1})$ を決めることができる[146]。

基本操作 I–III を有限回基本関数 (A)–(C) に施して作ることのできる関数を帰納的部分関数 (partial recursive function) という。I が計算可能な手段であるというのは問題ない。II も同様, 手間は大変でも辛抱強く一歩一歩片づけることのできる操作を有限回すれば実行できる[147]。

しかし操作 III (極少化) は曲者である。f は全関数だから, いかなる $\{x_1, \cdots, x_{n-1}\}$ を与えても, 確かに $f(x_1, \cdots, x_{n-1}, m)$ はすべての m について有限ステップで計算できる。そこで, ある $\{x_1, \cdots, x_{n-1}\}$ を固定して m を大きさの順番に 0 からはじめて f に一つ一つ入れていくことによって $f(x_1, \cdots, x_{n-1}, m)$ がゼロになるかどうか調べていくこともできる。もしも f が $m = q$ ではじめてゼロになったら, $h(x_1, \cdots, x_{n-1}) = q$ であるということがわかる。だが, このような自然数 q が存在するのかどうか, 前もってわかっているわけではない。だから, 極小化のプロセスが終わるかどうかあらかじめわからない。なるほど, どんな大きな有限の m についてもそれが答えかどうかチェックするすべはある。しかし, この大きさの m まで調べて答えがないなら, 本当に答えがないと結論できるような数 m があらかじめわかっているわけではない。

結局, 帰納的部分関数とはそれを作る方法の各ステップが曖昧さなく記述されている (これをアルゴリズムが与えられているという) 数論的関数のことだ。しかし, それが実際に構成できるか否かは (極少化のステップが解を持つかどうかわからないので) あらかじめ知りえない。もっと非公式な言い方をすると (しかし, 実はそう不正確ではない), ふつうにそのあたりにあるディジタル計算機にプログラムが組める関数が帰納的部分関数である。ただし, 計算機が止まって答えがでてくるという保証はない。ある帰納的部分関数に変数 x を代入してその計算をはじめたとする。まだ答えがでてないということは, (極小化ステップにそもそも解がなくて) x についてこの関数は「定義されていない」ということかもしれないし, 答えはいずれ出るのだが「まだまだ辛抱が足りない」ということなのかもしれない。こういう関数を計算できる関数と単純に宣言するのは

---

[146] ここでは f が全関数であることがかんじんだ。アルゴリズムは各ステップが有限回の操作で終わらなくてはならないから全関数でなくてはならないのである。

[147] この二つの操作だけ許して作られる関数を原始帰納関数 (primitive recursive function) という。

躊躇される.

われわれが本当に計算できる関数は, それを計算する各ステップがあらわに規定できるだけでなく, 全操作が有限回で終わることが保証されている関数(答えがでてないのは辛抱が足りないのだという保証がついている関数)だろう. このような関数を帰納的関数 (recursive function) とよぶ. すなわち, 全関数であるような帰納的部分関数を帰納的関数とよぶのだ. 帰納的関数とは有限ステップの後に終わる保証の付いた構成手続きを持った関数のことである. 先の非公式な言い方を続けると, 帰納的関数とはふつうにあるディジタル計算機にプログラムが組めて, (十分な計算時間とメモリーを仮定すれば)実際に走らせるとちゃんと終わりまで計算が実行されて答えがでてくる関数のことである.

チャーチは「帰納的関数が計算可能な関数 (computable function) である」と提案した (Church's thesis). つまり, チャーチは計算可能な関数を帰納的関数として定義することを提案した[148]. 一点の曇りもない計算はその手続きが純粋に統語論的に[149]与えられているときのみ可能である. これは一種の究極の還元主義である.

この提案で大事な点は構成手段(アルゴリズム)があらわに与えられていることと有限回の操作ですべてが終わることの2点である. この提案がなされた当初は, 帰納的関数であることが計算できる関数全体の納得のいく特徴付けとすぐ認められたわけではなかった. その理由は,「あらわに書き下せる構成手段」についてのはっきりとした感触がなかったためである; 再帰的でない(つまり, 上の I–III でない)まったく新しい型のアルゴリズムがあるかもしれないではないか, それを使ってもっと別の関数が計算できようになるかもしれないではないか. 上の提案は時代の(すなわち, その時点におけるわれわれの数学の能力の)制約のもとにあるのではないか？ さらに, 直観的に見える連続性のような概念さえきちんとした定義には位相空間の公理を必要とすることからわかるように, 帰納的関数の定義にでてくる直感的に理解できる基本操作や基本関数が

---

[148] ここの定義は M. Davis, *Computability and Unsolvability* (Dover, 1982) と整合的である. M. Li and P. Vitànyi, *An Introduction to Kolmogorov Complexity and Its Applications* (Springer, 1993); J. E. Hopcroft and J. D. Ullman, *Introduction to Automata Theory, Languages and Computation* (Addison Wesley, 1979) などでは, 帰納的部分関数を計算可能な関数とする提案をチャーチの提案と呼んでいる. これを Bridges は計算可能な部分関数 (computable partial function) と呼んでいる. Davis は帰納的部分関数を部分的計算可能関数 (partially computable function) と言っている. 本によって違うので注意.

[149] 統語論とは, 意味抜きで, 文の要素の並び方を研究する分野のことである.

論理的に簡単かどうかもわかったものではない[150].

そののち,いろいろな計算可能性の定義が提案されたが,興味深いことに,すべてがチャーチの提案と同値であった.つまり,ある種の自然さの保証が得られたのである.ふつう,このように説明されるようだが,実は,チャーチが自信を持って上の提案を行なった理由の一つは,いろいろな計算可能関数の定義が同値だということなのであった[151].それにもかかわらず,上に書いたような反対を沈黙させることはできなかったのである.ところが,次節で説明するチューリング機械(大雑把に言うと,いくらでも大きな記憶容量を持ったディジタル計算機)を使ったチューリング (A. Turing 1912-1954) による計算可能性の特徴付けはチャーチの提案に対する反対を沈黙させた.チャーチ自身次のように書いている:「チューリングの計算可能性は何ら予備定理などの準備なしに,構成可能性と日常的な意味での実効的な手段の存在とを直接結びつけるという利点がある.」要するに,直観との整合性が判然としていることが重要なのである.

2.10 チューリング機械

すでに,ディジタル計算機を持ち出したが,これを論証のための道具として定式化したものがチューリング機械(1936年)である.歴史的には,ディジタル計算機よりもこちらの方が先である.これは紙と鉛筆だけが必要で,しかもディジタル計算機にできることなら何でもできるから,究極のパーソナルコンピュータだという人もある.いまとなっては計算機など不思議でもなんでもないが,その抽象化されたぎりぎりの姿がチューリング機械である.この機械で計算できることとチャーチの意味で計算できることとは同値である.この主張もいまや理解を超えるようなものではないから,もっともだと思う人は次節に進んでいい.ただし,プログラムできるチューリング機械をユニバーサルチューリング機械と呼ぶことは知っておかなくてはならない.

チューリング機械 (Turing machine) はセルにくぎられている無限のテープ,

---

[150]R. Gandy, "The Confluence of Ideas in 1936," in *The Universal Turing Machine, a half-century survey* (Oxford University Press, 1988) 参照.ゲーデルもポストもこの提案を受けいれなかった.[1936年は多事多難な年であった: 2・26事件,ラインラント進駐,スペイン内乱開始,魯迅没,日独防共協定,西安事変; ケインズ『雇用,利子,および貨幣の一般理論』]

[151]このあたりの事情は W. Sieg, "Step by recursive step: Church's analysis of effective calculability," Bull. Symbolic Logic **3**, 154 (1997) に詳しい.

2.10 チューリング機械

図 2.10.1 チューリング機械はセルにくぎられている無限のテープ,一度にテープの 1 セルのみスキャンする読み書きヘッド,および有限個の内部状態を持ったブラックボックスから構成されている.

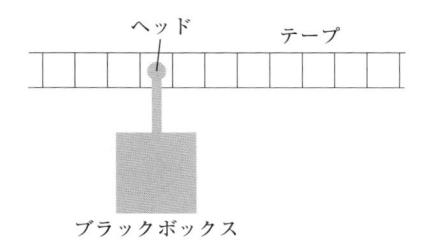

一度にテープの 1 セルのみスキャンする読み書きヘッド,および有限個の内部状態を持ったブラックボックスから構成されている(図 2.10.1)[152].

定義 2.10.1 チューリングプログラムは四つ組 $(q, S, *, q')$ の有限集合をいう(と同一視される).ここに:
(1) q と q' はチューリング機械の(ブラックボックスの)内部状態(有限個しかない)である,
(2) S はいまヘッドにスキャンされているセルに書いてあるシンボルである(これは 1 かブランク B だったり,0, 1, B だったり本によって違うがいずれにせよ許されるシンボルの数は有限個),
(3) $*$ は R, L または S' をさす:$R(L)$ は次のステップでヘッドは右(左)に 1 セル動けという指令であり,S' はヘッドは次のステップで動かずにテープの読み書きヘッドの下にあるセルにあるシンボル S を S' に書き換えよという指令である.□

こうして,$(q, S, *, q')$ の意味するところは次の通り:ブラックボックスの内部状態が q のとき,いまヘッドが位置しているテープ上のセルに S と書いてあったらヘッドは $*$ を実行し,機械の内部状態を q から q' に変えよ.

あるチューリング機械はそのプログラムと同一視されている[153].入力の正整数 x はテープに,ある約束に基づいて,たとえば,01 数列として書きこまれてい

---

[152] いろいろとちがったヴァージョンがある,たとえばテープが片側にしか無限に長くなかったりする.だいたいどんなものかというイメージができればいい.このあたりの話題の一般的参考書は足立暁生『計算基礎論』(オーム社,1986);J. H. Hopcroft and J. D. Ullman, *Introduction to Automata Theory, Languages, and Computation* (Addison Wesley, 1979) など.

[153] プログラムと実際に計算を実行できる計算機そのものを同一視するということは,それほど簡単なことではない.プログラムというのは記号の世界の話であって,現実世界とは違うから,現実の世界で実際に紙と鉛筆を使って計算を実行するにしても,プログラムをどう解釈するかというような問題がある.すでにアダプターという概念にふれたが,より詳しくは第 4 章で反省する.

る(いろいろなやりかたがあるがここでは具体的なことは大事でない). チューリング機械(のブラックボックス)は始め, 初期状態 (initial state) q_I にあり, そのヘッドはテープの最も左側の数字の書いてあるところにあるとする(始めに数字が書いてあるところはテープの有限部分を占めるだけだとする). 機械には終状態 (halting state) と言われる特別の状態 q_H がある. 機械がこの状態に来たとき, テープ上に書いてある 01 数列を(たとえば) 2 進数として読んだ値 y が出力だ. こうして, チューリング機械は関数 $x \to y$ を定義する, と言っても定義される関数は全関数とは限らない. このチューリング機械はある入力 x にたいしては永久に止まらないかもしれないからである[154]. もしそのチューリング機械がどんな入力についても止まるならば, それは全関数を定義する. すべての入力に対して停止するチューリング機械で定義される関数をチューリング計算可能関数 (Turing computable function) と呼ぶ. 基本定理は:

定理 2.10.1 チューリング計算可能関数とチャーチの計算可能関数とは同値である.

　この定理は, チャーチが出発点に取った三つの基本的な関数と, 操作 I–III がチューリングプログラムで実行できること(具体的にプログラムが作れること)を示すことによって証明される. たとえば, デービスの本に詳しく構成の仕方が書いてある. 書いてあるプログラムを読んで, なるほどうまくいくということをチェックするのは手間と根気の問題であり, 他方, そのようなプログラムを書いてみせるということは, 機械語でプログラムを書くようなこと(実は, これよりもっと非能率的)なので, 計算機の専門家にでもならない限り, できてもふつうの自然科学者には(本当は, 専門家にさえ)役に立たないだろう. そういうわけで, この本では証明の具体的なことにはいっさい触れない. ディジタル計算機がありふれたいまとなっては, 直感的に自明だろう.

　チューリングはチューリング機械の基本動作についての制限として何を採るべきかを, われわれの感覚器官と知能の限界についての考察にもとづいて撰んだ. われわれの感覚器官は有限個の異なったシグナルを判別できるだけであり, われわれの脳の状態で区別できるものもまた有限個である. 各瞬間瞬間にわれわれの脳や効果器にできる仕事の種類や量も有限である. 連続的な値をとるシ

---

[154] かってなチューリング機械を持ってきてそれにある入力をいれるとする. この計算が最終的に止まる(答えをだす)かどうかあらかじめ判定する手段を与えよ. これが有名なチューリング機械の停止問題 (halting problem) である. この判定手段(アルゴリズム)は存在しない. これは決定不可能問題の典型例である. 付 2.14A 中の脚注参照.

グナルや状態は，ノイズが存在する実際の世界では '量子化' されてのみ意味があることと，われわれの脳が有限の物体であることから，こう考えることはもっともである．要するに，チューリングはわれわれの脳を有限個の区別できるシンボル，有限個のルールまたは操作，有限個の内部状態，有限の記憶容量をもったオートマトン＝自動機械であると想定したのである[155]．彼は人間の思考の限界を研究することをも考えていたようだから，そこで「人工頭脳」に
(i) 各セルには有限種類のシンボルしかでてこない，
(ii) それは一度に有限個のセルしか見渡せない，
(iii) 各瞬間に，それは一つのセルしか書き換えられない，
(iv) スキャンはテープの上の有限の範囲のみ，
(v) ブラックボックスには有限個の状態しかない，そして有限個の指示しか実行できない，
と要求したのである．唯一の理想化は，記憶容量に制限がないということだ．これは，ふつうの計算機でもわれわれの脳でも外部メモリーを，事実上いくらでも増やせるから不自然ではないだろう[156]．

チューリング計算可能性とチャーチの計算可能性が同値であるということは，先に述べたように，チャーチの提案を多くの人に納得させた．しかし，それはチューリングの発想の元であったらしい「われわれが（先に書いた意味での）有限なオートマトンである」という主張をみなが受けいれたということではない．ゲーデル (K. Gödel 1906-1978) やポスト (E. L. Post 1897-1954) は人間の数学的知能は機械的なものではないとつねに信じてきた．特にゲーデルは，われわれが抽象的概念を取り扱う能力はチューリングの上記制限を受けない，制限されるのは，シンボル列のような（潜在的に）具体的な対象を扱うときだけであ

---

[155] こう想定してよいかどうかには重大な問題がある．5.3 節参照．ついでながら，かのダーウィンのブルドッグ T. ハックスレー (T. Huxley 1825-1895) は 1874 年に Belfast であった British Association for the Advancement of Science の会合で "On the hypothesis that animals are automata, and its history," という題で講演し (The Huxley File: http://aleph0.clarku.edu/huxley/guide8.html にある) で次のように言った: "われわれはオートマトンである"，"動物もわれわれと同じように意識を持つ"，"動物におけると同様われわれの意識のすべての状態は脳を作る物質の分子的変化によって直接ひきおこされる"．
[156] W. S. McCulloch and W. A. Pitts, "A logical calculus of the ideas imminent in nervous activity," Bull. Math. Biophys. **5**, 115-133 (1943) [W. S. McCulloch, *Embodiments of Mind* (MIT Press, 1988)] は彼らの神経回路網の計算能力がユニバーサルチューリング機械と同等であることを示している．

ると論じた; 数学能力の理解のためには有限的でない創造的思考を考慮にいれなくてはならない, と[157].

ひとつのチューリング機械は一つの帰納的部分関数を計算する. すなわち単能機械である. ここで注目すべきことは, チューリングプログラムは整数で符号化できる (解読するとチューリングプログラム[158]を与えるような整数がつくれる——チューリングプログラムのゲーデル数). そこで, ゲーデル数を読んで対応するチューリングプログラム (Turing executable な四つ組) を出力として出す機械 (= コンパイラー) を作ることができる. そのあとでふつうのインプットをいれればこのマスターチューリング機械にはすべてのチューリング機械にやれることができてしまう (いまではありふれたプログラム可能なコンピュータである. ここの証明もちゃんとやるのは大変だが, いまとなってはわれわれの日常の経験から不思議でもなんでもないだろう). この機械をユニバーサルチューリング機械 (universal Turing machine) という. これはメモリーに制限の無い理想化されたディジタルコンピュータと思えばよい. チューリングは上に記した五つの制限 (i)-(v) を持つ機械にできることはすべてユニバーサルなチューリング機械にできることを示した. つまり, ユニバーサルチューリング機械は考えられる最も強力な計算機械である. さらに, チューリングの上記考えを認めるならば, 人間の頭脳にできる計算もすべてこの機械にはできる (同じことだが, この機械にできないことは人間の頭脳にもできない).

ユニバーサルチューリング機械は並列計算機ではない. しかし, 並列だろうが何だろうが, (先に書いた意味で有限な) オートマトンである限りそれにできることはすべてユニバーサルチューリング機械でできる. もちろん, 計算のスピードなどはここではまったく度外視されている. 有限の時間でできるかできないかだけが問題だ.

とにかく, こうして,「最も強力な計算機にさえ情報圧縮が大幅にはできない数列を乱数と呼ぼう」という直観的なアイデアを曖昧さなしに定式化する準備ができた.

---

[157] ひょっとすると, 自然知能が上記制限を受けないといいたかったのかもしれない. 人間の脳は肉体を通して宇宙に開かれている, と考えることは荒唐無稽ではない. 実際, 具体的な概念よりも抽象的な概念の方が, しばしば系統発生的に古い物質的構造的基礎のはっきりしたメカニズムによって支えられている. いいかえると肉体に直結しているのである.

[158] もちろん, チューリングプログラムにでてきた q とか L などはじめから数字で書くことにしておく (数字を使って符号化しておく).

2.11 ランダムさを特徴付ける

チューリング機械の定式化にいろんなやり方があるくらいだから，ユニバーサルなチューリング機械はユニークではない．われわれは最も強力な計算機が欲しいから，そのなかでも最も強力な機械を探さなくてはならないのではないか？実は，ユニバーサルなチューリング機械はそのどれも本質的に同じ計算力（情報圧縮力）を持っている：

定理 2.11.1 [コルモゴロフ-ソロモノフ] M と M' は二つのユニバーサルなチューリング機械であるとし，また $\ell_M(x)$ ($\ell_{M'}(x)$) は出力 x を M (M') に出させるための（たとえば，ビットではかって）一番短いプログラムの長さであるとする．このとき，

$$\ell_M(x) \leq \ell_{M'}(x), \ \ell_{M'}(x) \leq \ell_M(x). \qquad (2.11.1)$$

ここで $A(x) \leq B(x)$ はすべての x について $A(x) \leq B(x) + c$ が成り立つような x によらない正定数 c（これは A と B に依存してかまわない）が存在することである．□

証明の要点は，M は M' をエミュレートでき，また逆に M' は M をエミュレートできるというところにある．たとえば，M が M' をエミュレートするためのプログラムの長さはいくら長くてもある有限の長さを超えない．そこでこの長さを度外視すると（つまり，$\leq$ の説明に出てきた正の定数 c に押し込んでしまうと），M で直接計算してもエミュレートした M' で計算してもプログラムの長さは変わらないことになる．$\leq$ の意味はまさに定数を無視しての不等式だから，定理が成立するはずである．そこで，今後 $\ell_M(x)$ を書くときユニバーサルチューリング機械 M をあらわに指定するのをやめて単に $\ell(x)$ と書くこととする．

こうして，かってなユニバーサルチューリング機械を採用して，長い数列の漸近的ランダムさを曖昧さなしに論じることができるようになった．2進数列 ω について $\omega[n]$ をそのはじめの n 数字列であるとする．$\ell(\omega[n])$ は一般にどう挙動するだろうか？たとえば，おもしろくもない $1111\cdots$ では，桁数 n そのものを指定するのに必要な情報が漸近的には最も多くなるので $\ell(11\cdots[n])$ はだいたい $\log n$ である．明瞭に規則性のある数列 ω では，$\omega[n]$ を指定するための最短プログラムは，数 n を規定するのに必要なプログラムの部分（その長さは n の桁数）を除くと，n によらない ω で確定した有限長のプログラムのはずであ

る．そういうものは可算無限個しかない．他方，$n \to \infty$ の極限で $\ell(\omega[n])/\log n$ がいくらでも大きな値をとることが可能となるときは，パタンが漸近的に有限長のプログラムで指定できないという意味で簡単ではない．これにはいろいろ微妙なものが含まれる[159]．だがその中でもまったく規則性がみぬけないような ω につては，$\omega[n]$ を指定するにはすべての桁の数字の指定が要るはずなので，$\ell(\omega[n]) \sim n$ であろう[160]．いいかえると，典型的にランダムな ω は無数の n について $\ell(\omega[n]) \sim n$ であるような数列だろう．こういう数列を（典型的な）アルゴリズム的乱数列と呼ぶこととしよう．これらについてはランダムさは次のように定量化できる：

定義 2.11.1

$$K(\omega) \equiv \limsup_{n\to\infty} \ell(\omega[n])/n. \qquad (2.11.2)$$

を 2 進数列 $\omega \in \{0,1\}^N$ のランダムさ (randomness) という．ここで $\omega[n]$ は ω のはじめの n 文字列を意味し，$\ell(\omega[n])$ は 01 で書いた最短プログラムの長さである[161]．□

コルモゴロフとソロモノフのおかげでこの量はユニバーサルチューリング機械 M の選び方によらない（から，すでにそれは指定されてない）．

コルモゴロフは '複雑さ' (complexity) という言葉を乱数列のランダムさを特徴づける（定量化する）ために使った．この本では '複雑さ' という言葉はランダムでないほんものの複雑系（本質的に生物系）のためにとっておきたいので代わりにランダムさという言葉を使う[162]．

ここで $K(\omega)$ を計算するプログラムはつくれない（アルゴリズムはない）ことに注意（$K(\omega)$ は計算可能でない）．このことは，定義の中に '一番短いプログラム' などという言葉があることから容易に推しはかれるだろう．かってに選ん

---

[159] コルモゴロフ–シナイエントロピーがゼロの力学系と同じ事情である．

[160] $\sim n$ は $= O[n]$ ということ．

[161] lim sup でなくてはならないのは，たとえば，ときどき意味のある数列が出てくることを否定できないからだ．すべてでなく無数の n について $\ell(\omega[n]) \sim n$ と言ったのはこういうことのためである．

[162] M. Li and P. Vitányi, *An Introduction to Kolmogorov Complexity and Its Applications* (Springer, 1993) が標準的教科書である．いろいろな種類の定義や概念があることがこの本を読めばわかるが，ここでは，話を単純化して最も基本的な定式化を使っている．ここの説明はだいたい A. K. Zvonkin and L. A. Levine, "The complexity of finite objects and the development of the concepts of information and randomness by means of the theory of algorithms," Russ. Math. Surveys **25**(6), 83–124 (1970) による．

だ数列について，ほぼ自明の場合を除いて，それが乱数でないというのは難しい．そのためには短いプログラムを書いて見せなくてはならないからである．さらに悪いことに，乱数であると主張するのはなお難しい．そのためにはどんなにがんばっても短いプログラムが書けないことを示さなくてはならないからだ．したがって，具体的に与えられた一つの数列について K を計算することは一般にはできない（0 になる場合以外計算するのはたとえ可能としても難しい）．

しかし，数列の集合については意味のあることを述べることができる．たとえば，[0, 1] からとった（ルベーグ測度に関して）ほとんどすべての数の 2 進展開はアルゴリズム的に乱数である．すべての代数的数[163]は乱数ではない．次の節では平均的乱雑さを論じることになる[164]．

2.12　カオスの本質の究極の理解

この節が，カオスという概念の分析の総仕上げである．

前節ではランダムさとは何かという問に答えるために，アルゴリズム的乱雑さを定義した．しかし，個々の数列がこの意味で乱雑かそうでないか判定することは一般にできないということもわかった．これが定義の欠陥であるのか，それともランダムさの本質に根ざすものか議論の分かれるところだが，とにかく，明らかに乱数と思いたくないものはやはり乱数でないし，平均して大きな $K(\omega)$ をもつ数列のアンサンブルがたくさんの（直感的に）大いにランダムな数列を含むことも間違いない．そこで軌道（歴史）の集団としてカオティックな力学系のランダムさを見るのにはアルゴリズム的乱雑さは悪い道具ではないはずである．

ここでシャノン-マクミラン-ブレイマンの定理を思い起こそう．この定理はコルモゴロフ-シナイエントロピーは生成分割（すなわち，軌道を確定するに十分にして最小限の詳しさを持った観測量にもとづく分割）を使って典型的な軌

---

[163]整係数多項式の根であるような数のこと．
[164]計算可能な乱雑さの尺度を作ろうという努力もなされている．一つの方法はずっと能力のない機械を使うことだ．しかし，このような試みは，ランダムさという概念を特徴づける目的には，根本的に的がはずれているようにみえる．「ランダム」という概念は超越的な概念かもしれないからである；われわれの数学ではある数列がランダムか否か一般的に判定できなくて当然と言う立場がありうる．

道(歴史)を観測すれば求められると主張している．そうすると，力学系を生成分割に基づいて符号化して得られる符号列 ω のアルゴリズム的乱雑さ $K(\omega)$ とその系のコルモゴロフ-シナイエントロピーとには密接な関係があるというのは自然な推測だろう．ブルードゥノの定理は，相空間が有界閉集合である[165]力学系について，実際にこれが等しいことを主張する．これがカオスの本質についての窮極的理解である．

この定理をきちんと述べるために，いくつかの準備がいる．測度論的力学系 (T, μ, Γ) をとる(つまり，T は相空間 Γ からそれ自身への写像で，その一つの定常状態に当たる不変測度 μ が Γ の上に与えられている)．まず軌道を符号化する方法を導入する．$\mathcal{U}$ を Γ の有限開被覆とする: $\mathcal{U} \equiv \{U_1, \cdots, U_n\}$ (つまり，$\cup_{i=1}^{n} U_i \supset \Gamma$ かつ U_i はすべて開集合，図 2.12.1).

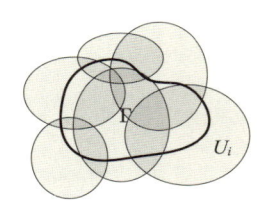

図 2.12.1 開被覆．

時刻 0 に x を出発した軌道が時刻 n に U_a を通るならば(つまり，$T^n(x) \in U_a$ ならば) $\omega_n = a$ と決めることで x を出発する軌道を符号化できる．ただし，$\mathcal{U}$ は開被覆だから Γ の各点が $\mathcal{U}$ のただひとつのメンバー U_i のみに含まれているという保証がないことに注意．だから，この符号化は一義的でない．次の量を定義する:

$$K(x, T \mid \mathcal{U}) \equiv \limsup_{n \to \infty} \frac{1}{n} \min_{\text{coding}} \ell(\omega[n]). \tag{2.12.1}$$

ここで $\min_{\text{coding}}$ は開被覆 $\mathcal{U}$ を使ったとき上に述べた一義的でない符号化の方法についてとる(一番圧縮できる符号化をとる)．

定義 2.12.1 点 x を出発した軌道のランダムさを次の量で定義する:

---

[165]「コンパクトな」というのがふつうの表現であるが有限次元では同じことである．コンパクトとは有限個の開集合で覆えること(ただし，距離空間でないと(第三)分離公理を要求するのがふつう)．ここでは相空間は少なくとも分離公理を満たす位相空間(ハウスドルフ Hausdorff 空間)である．

$$K(x,T) \equiv \sup_{\mathcal{U}} K(x,T|\mathcal{U}). \tag{2.12.2}$$

ここに sup は相空間 Γ のすべての可能な有限開被覆[166]についてとる．□

このとき次の基本定理が成立する：

定理 2.12.1 [ブルードゥノ][167] (T, μ, Γ) をエルゴード的な測度論的力学系とする．μ に関してほとんどすべての $x \in \Gamma$ について[168]

$$K(x,T) = h_\mu(T). \tag{2.12.3}$$

□

主張していることは，定性的には，予測のための情報が速やかに不十分になることと軌道の簡単な符号化ができないこととは等価だということだ．これは至極もっともな主張である．なにしろ，カオスでは軌道を精密に長い時間予測するために，ものすごい量の初期情報が必要になる．そしてこれだけの情報がないとひとつの軌道がきちんときまらないのだから，個々の軌道をコードする符号列が簡単であるはずがなく情報圧縮など論外である．ブルードゥノの定理はわれわれのカオスの特徴付けの良さの確認になる．以下でこの定理の成立理由を多少解説するが，直観的にもっともだと思う人は次の節に跳んでいい．

この本の文脈でわれわれに必要なのは（実質的には等価な）次の定理である：

定理 2.12.2 $\mathcal{B} = \{B_i\}$ を k 個の元からなる有限可測分割とする．このとき μ に関してほとんどすべての $x \in \Gamma$ について

$$K(x,T|\mathcal{B}) = h_\mu(T,\mathcal{B})/\log k.$$

ここで，$K(x,T|\mathcal{B})$ は，時刻 n に B_i を軌道が通るならば $\omega_n = i$ と決めることで（k 個のシンボルを使って）軌道を符号化してできる符号列のアルゴリズム的ラ

---

[166] かってな Γ の被覆 $\mathcal{B}$ をとってある特定の点 x を出発する軌道の乱雑さを定義することはできない．いくらでも，この軌道をいわばねらい打ちして，それを大きくできる．しかし，開被覆だと相空間がコンパクトならハイネ–ボレルの被覆定理によって有限開被覆が取れるのでこういうことが起こらない．

[167] A. A. Brudno, "Entropy and the complexity of trajectories of a dynamical system," Trans. Mosc. Math. Soc. **44**, 127–151 (1983)（H. S. White, "Algorithmic complexity of points in dynamical systems," Ergod. Th. & Dynam. Sys. **13**, 807–830 (1993) の 0 節と 1 節はよいまとめになっている）．

[168] 当然ながら，両辺を定義するために使われている対数の底は統一しておかなくてはならない．以下に出てくる同様な等式についても同じである．つまり，k 文字を使ったプログラムの長さで K を計算するなら，エントロピーの対数の底も k にしなくてはいけない．そのため $\log k$ などという因子が出てくる．ここでは標語的にこれを無視して書いてないが，以下の諸定理には律儀に書いてある．

ンダムさである.それはその符号列をユニバーサルチューリング機械で生成するために必要な k 個のシンボルで書かれた最短のプログラムをつかって定義2.11.1 に準じて定義される.h_μ は自然対数で定義されているが,それが $\log k$ で割ってあるので,右辺全体としては底を k とした対数で定義したエントロピーである.□

$\mathcal{B}$ が生成分割であればこの分割にもとづいた符号化は,(μ に関して)ほとんどすべての x について,軌道を一義的に指定する.これよりこみいったプログラムは要らないのだ.したがって,この場合には直感的には $K(x,T) = K(x,T|\mathcal{B})$ がほとんとすべての x について成立するはずであり,これは定理 2.12.1 を意味している(これは証明ではないが).

情報についての議論はシンボル列で考えていいはずだから,定理 2.12.2 の核心は(考えている力学系と同型な)シフト力学系についての次の事実である:

定理 2.12.3 (σ, Ω) を k シンボル上のあるシフト力学系とし μ をそのエルゴード的不変測度とする.このとき,μ に関してほとんどすべての $\omega \in \Omega$ について

$$K(\omega) = h_\mu(\sigma)/\log k$$

が成立する.ここに $h_\mu(\sigma)$ は測度論的力学系 (σ, μ, Ω) のコルモゴロフ–シナイエントロピーであり,$K(\omega)$ は (2.11.2) で定義したランダムさである(ただし,定理2.12.2 のところで述べたように,2 進数列でなく k 符号を使った列,あるいは k 進数列について定義する).□

定理 2.12.3 を示すには,まず

$$K(\omega) < h_\mu(\sigma)/\log k \qquad (2.12.4)$$

であるような ω は μ-測度ゼロであることを示す[169].$K(\omega) \sim \ell(\omega[n])/n < s$ であるような $\omega[n]$ の数は k^{ns} より小さい(ここで,いまの文脈では ω は k 種類のシンボルを使ったシンボル列である).他方,シャノン–マクミラン–ブレイマンの定理から $\omega[n]$ で指定される筒集合の測度は $e^{-nh_\mu(\sigma)}$ で見つもられる.そこで,(2.12.4) をみたすような ω 全体の測度は $e^{n(s\log k - h_\mu(\sigma))}$ ($s\log k < h_\mu(\sigma)$) でおさえられる.この指数は負だから,n の大きな極限ではこうして見積もった上界がゼロに収束する.よって,(2.12.4) の可能性はほとんど確実に無視してよい.

次に示したいのは μ-確実に($=\mu$ に関してほとんどすべての ω について)

$$K(\omega) \leq h_\mu(\sigma)/\log k. \qquad (2.12.5)$$

---

[169]このような ω の集合は可測であることをいわなくてはならないが,これはルーティンなので省く.

2.12 カオスの本質の究極の理解   117

この不等式を示せば, $K(\omega) < h_\mu(\sigma)/\log k$ はほとんど無視してよいので, 等号だけが残ることになる. $K(\omega)$ の上限を見積もればいいのだから $\ell(\omega[n])$ の上限を見つもることにしよう. $\omega[n]$ を長さ m の符号列 ω_i^m ($i=1,\cdots,M$, ここで M は長さ m の符号列の総種類数) q 個を使って ($n = mq + r$, つまり $q = [n/m]$ であり, r は余り)

$$\omega[n] = \omega_0^r \omega_{i_1}^m \omega_{i_2}^m \cdots \omega_{i_q}^m \tag{2.12.6}$$

のように分割表示することにする. ここで ω_i^m は第 i 種の長さ m の符号列を意味する. この中に i 種の列は s_i 回現れるものとする. この表示を使うと, r, m, $s_1,\cdots,s_M$, ω_0^r および $\omega_{i_1}^m \omega_{i_2}^m \cdots \omega_{i_q}^m$ を指定するに必要な情報 $h(\omega_{i_1}^m \omega_{i_2}^m \cdots \omega_{i_q}^m)$ で完璧に一義的に $\omega[n]$ を決定しうる. そこで, これを指定するのにどれだけの情報量がいるかをはかると (詳しくいうと k 個の文字を使ったプログラムの長さ, あるいは底が k の対数を使って情報をはかると)

$$\ell(\omega[n]) \leq \ell(r) + R + \ell(m) + \ell(q) + \sum_{j=1}^M \ell(s_j) + h(\omega_{i_1}^m \omega_{i_2}^m \cdots \omega_{i_q}^m) \tag{2.12.7}$$

となる. ここで R は ω_0^r を指定するために必要な情報量だがこれは n と関係ない定数で抑えられていることに注意. つまり, 最後の項を除いてすべて $o[n]$ の量なのでランダムさには関係ない. よって,

$$K(\omega) \leq \limsup_{n\to\infty} h(\omega_{i_1}^m \omega_{i_2}^m \cdots \omega_{i_q}^m)/n. \tag{2.12.8}$$

$h(\omega_{i_1}^m \omega_{i_2}^m \cdots \omega_{i_q}^m)$ は出現しうる文字列が等確率に現れるとしたときの情報量 (対数の底は k ではかる) で抑えられる. したがって, $\omega[n]$ として現れうる文字列の総数 $N(n)$ の (底 k の) 対数より大きくなれない. つまり, $K(\omega) \leq \lim_{n\to\infty}[\log_k N(n)]/n$ となる. $N(n)$ は $\omega(0)$ で決まる筒集合による分割 $\mathcal{B}$ をもとにして細分 $\vee_{k=0}^n \sigma^{-k}\mathcal{B}$ を作るとき, その空でない元の数にひとしい. ここでエントロピーに寄与するような筒集合については, シャノン-マクミラン-ブレイマンの定理から見て, $\mu(\omega[n])/e^{-nh_\mu(\sigma)}$ が n とともにどんどん小さくなるような ω は無視してよい. そうすると, 数えなければいけない筒集合の総数は, それぞれをサンプルする確率が $e^{-nh_\mu(\sigma)}$ なのだから, この逆数のオーダでなくてはならない: $N(n) \sim e^{nh_\mu(\sigma)}$ である. こうして (2.12.5) が理解できる. ここの説明からわかるように, ブルードゥノの定理はきわめて粗い評価に基づいていて, したがって, 自然な定理である. この程度のことは数学者を煩わすまでもなく理論物理学者に見抜けなくてはいけなかったことである.

さて、一般の測度論的力学系 (T, μ, X) がエルゴード的であるとしよう. X の可測分割 $\mathcal{A}$ を使ってこの力学系を符号列に、つまり、シフト力学系に翻訳できる. そのシフト力学系のコルモゴロフ-シナイエントロピーは $h_\mu(T, \mathcal{A})$ に等しい. 定理 2.12.3 から, これは μ 確実にえられた記号列のアルゴリズム的ランダムさに等しい. だが、これは $K(x, T|\mathcal{A})$(に $\mathcal{A}$ の元の数についての換算係数をかけたもの)そのものだ. こうして定理 2.12.2 の成立理由がわかった.

概念分析の実例として,「決定論的な力学系が予測不可能にふるまう力学系」, すなわちカオス的力学系をできるだけ曖昧さのない方法で規定するようこの章では努力してきた. 結果として,「軌道が(計算論的に)ランダムな決定論的力学系」というのが行き着いた特徴付けである.

これは満足すべき結果であろうか? 混沌を殺してしまったのではないか? 軌道がランダムであるということは, そのコルモゴロフ-シナイエントロピーによる定量化まで含めて, 測度論的力学系の同型変換のもとで不変な性質である. 同型対応(補註 2.7.5)は相空間の位相(トポロジー)も尊重しないきわめて粗っぽい対応だから, ここまで追究してきた特徴付けは, どのように相関関数が減衰するかとか, 不変集合(たとえばアトラクター)がどんな形を持っているか, などということにまったく関係ない. カオスが計算機実験で観測可能かどうかということさえ, 同型対応のもとでは不変でない. 決定論的力学系に見られるランダムな挙動としてのカオスは非常に一般的現象であって, 不変集合がフラクタルになるとか, 相関関数が指数関数的に減衰するなどというようなことよりもはるかに根源的である.

決定論的な力学系が, その決定性にもかかわらず, われわれにその未来を予測することを許さない, というのは興味深いことであり, 決定性と予測可能性という概念のあやふやな理解のもとでは十分の驚きのもととなった. われわれが直接見ることのできるスケールの世界は完結するにほど遠く, 原理的にあらかじめ観測できないかけはなれたスケールで生じる事象に振りまわされうる, ということを簡単な例で明快にわからせてくれるというところにカオスの意義はあるが, それ以上ではない. ボレルはつとに, 気体の分子運動について, 遠くの星の上での微少な物質の動きが(重力場の変化を通して)目の前の分子の運動の極近い未来の予測さえ不可能にすることを指摘していた. きわめて簡単な系ですでにカオスが可能になる(理論的にカオスの存在が許される最も単純な系に実際にカオスがある)ということは興味深いが, これも三体問題(特に制限三体問

題)¹⁷⁰でポアンカレ (H. Poincaré 1854–1912) がはっきり認識していたことであった.

われわれは簡単な実現可能な例から話を始めたから「カオスは実際にあるのだろうか?」という質問は奇妙に響くかもしれない. しかし, 実際の自然現象がカオスであるのかどうか見極めるのは, ノイズの存在のために簡単でない¹⁷¹. たとえば, ノイズがない条件下では(観測可能な)カオスがないが, 小さなノイズでほとんどカオスと区別できないようになる例を作ることは簡単である.「カオスの存在が実証されている」とされる実際の系が本当にノイズなしでそうなるか, といわれると肯定的に答えるのは難しい(原理的に不可能である¹⁷²). したがって, カオスという概念が自然科学で意味があるかどうかは, 理想化した概念として, 幾何学における点や直線のように, 現実を理解するのに有意義かどうかにかかっている. この意味で, 工学的な系の不安定性とか数値計算における不安定性をカオスの発現と結び付けて理解できるということはカオスがよい理想概念であることを示している.

実際の系に関して重要なことは, その系の小さな擾乱に対する応答であろう. 決定論的カオス的な系では, 擾乱の効果が指数的に増幅されることが実際的には重要なことのほとんどである. その系が決定性を持つか否かは重要でない. 実際的に大事なことは, 系の相空間が有界であって, 軌道がその中の要所要所を不規則に経めぐるというようなことである. 系外からの小さな擾乱でこのようなことが容易に起こる系をモデル化するのにカオスを見せる系に近い系をもとに考えるのは少なくとも比喩的に有効でありうる¹⁷³.

---

¹⁷⁰よい解説書は J. Moser, *Stable and random motions in dynamical systems* (Princeton University Press, 1973).

¹⁷¹ここで「ノイズ」と言っているのは不可知な微少スケールの影響という意味ではなく, ふつう言うような系外からの擾乱のことである.

¹⁷²たとえば1次元写像であればいくらでも小さな写像の変更で安定固定点を持つようにそれを修正することがいつでもできる. そのような系はノイズを加えると修正前と同じようにふるまう. M. Cencini, M. Falcioni, E. Olbrich, H. Kantz, and A. Vulpiani, "Chaos or noise: difficulties of a distinction," Phys. Rev. E **62**, 427 (2000) ではもっとプラグマティックに考えることを勧めている.

¹⁷³たとえば野心的試みは津田一郎『カオス的脳観』(サイエンス社, 1990).

2.13 ランダムさの特徴付けはこれでいいのか?

以上の議論の出発点は「硬貨投げ過程は直感がランダムだと認める01列をほとんど確実に生成する」ということだった．ここで「ランダムだ」ということを数学的な概念にするために，それを「計算でわかる規則性 (computable regularity) のないこと」と同一視することにした．もちろん，この同一視は直観を逆撫でするようなものではないようではある．しかし，すべての規則性が計算機にわかる（検出できる）ようなものだけだというのは本当だろうか? 与えられた数列の中に，別の種類の規則性が存在すると，ある人に閃くことは絶対にないのか? ゲーデルやポストのように，数学的知性は有限的でない (nonfinitary) と信ずる人々がいるのだから，このような疑問を単純に無視することはできない．さらに，次のような根本的疑問もある．何で計算機が規則性を発見できない現象に，自然そのものも規則性を発見できないと言ってよいのか? 2.7 節のチューリングの分析は自然の能力の制限の分析であると考える必要はないではないか[174]．このランダムさの特徴付けでは，チューリング機械，ひいては計算そのものが，ランダムさよりも基本的な概念だとわれわれは認めていることになるのではないか．これはわれわれの直観と整合的な結論であるか?

平衡統計力学では等重率の原理を根本原理として採用する．これは古典論の範囲では自然は初期条件を相空間のリーマン体積に関して一様に選ぶという宣言である．「体積に関して一様に選ぶ」ということはふつうの言葉で言えばランダムに選ぶということなので，物理ではランダムという概念はきわめて基本的な概念である．ところが，等重率の原理を力学で導くことはできない[175]から，これは物理法則よりも根源的な法則，われわれによる自然の見方を規定する法則，

---

[174] ただし，量子コンピュータも不可能な計算を可能にするものではない．チューリング機械でできないことができるようになるわけではない．

[175] 《**統計力学の基礎付け**》 すでに述べたように，古典力学では相空間のリーマン体積が力学系の不変測度であるということは重要だが，それは，初期条件に関しては何も述べない．一般に力学系は無数の異なった不変測度を持ちうる（つまり，一つの力学系 (T, Γ) はいろいろ異なった測度論的力学系 (T, μ, Γ) を作り出す）から，その選択規則が必要になる．等重率の原理はその選択原理なのだ．

　量子統計力学の基礎づけは，古典論の場合と違い，本当に量子力学だけでいいのかどうかデリケートな問題である．

とみるべきだろう．そうすると，自然科学にとってはランダムさはアルゴリズム的にとらえられるような「副次的概念」であるべきではないのではないか？

ランダムさというものを根源的な概念であると考えるならば，それより根源的だと納得できる概念がない限り，ランダムさを定義することはできない．結局，ランダムさはある公理系の無定義概念としてのみ定式化されるだろう．ちょうどユークリッド幾何学における点や線のように．いままで著者の知る限り，この方向での最も真剣なアプローチはファンランバルヘン[176]による．いままで見てきたように，ランダムな数列はその非圧縮性によってアルゴリズム的に定義された．非圧縮性を定義するのに計算の理論が必要だったのだ．そこで非圧縮性や「パタンが見つからない」ということを根源的な概念と考え，「非圧縮性」に相当する概念を公理化しようと大雑把にこの試みを述べることができる[177]．

第1章で見たように，ランダムさが本質的な意味を持つのは非線形系のみである．いまの数学が標準的に使っている集合論の公理系はフーリエ解析の申し子のようなものだということもすでに見た．数学の基礎付けにも線形系的な理想化が影を落としていて，非線形系を扱う数学にとっては自然な基礎付けになっていないということもありうるのかもしれない．ランダムさという概念が今ふつうに使われている集合論の公理系としっくりいかないということも起こりうることである．

2.14 「複雑性」はどう理解されているか

コルモゴロフはその計算論的ランダムネスをコンプレクシティと命名したのだったが，これとわれわれが直観的に抱く「複雑」ということばの意味にはかなりのずれがある．単にでたらめなものを「複雑」とはいいたくない（第5章冒頭

---

[176]M. van Lambalgen, "The axiomatization of randomness," J. Symbolic Logic **55**, 1143-1167 (1990).

[177]ところが，この公理系はいまの数学が標準的に使っている集合論の公理系 ZFC とは相容れない．この不適合性がどのくらい深刻なものか著者にはよくわからない．M. van Lambalgen, "Independence, randomness and the Axiom of Choice," J. Symbolic Logic **57**, 1274 (1992); "Logic: from foundations to applications, European logic colloquium," edited by W. Hodges, M. Hyland, and J. Truss (Clarendon Press, 1996) の第12章にも彼は "Independence structures in set theory" として関係したことを論じている．

参照).

　誰でも，秩序だった状態を複雑な状態だとは言わないし，まったくでたらめな系を「複雑だ」とも言わない．複雑な状態というのは何かこの中間のようなものではあるまいかと考える人達が当然出てきた．いままで見たように，カオスは乱数との対応で最も自然に特徴づけられるから，カオスは複雑ではない．しかし，周期的運動はいわば秩序状態であるからこれも複雑ではない．そこで，周期運動がカオスに転移するあたりの運動が「複雑」と呼ばれるにふさわしいのではないか．「カオスの縁 (edge of chaos)」がこのアイデアのキーワードである[178]．クラッチフィールド (Crutchfield) は運動が生成するシンボル列の文法のややこしさで定量的に複雑さを特徴づける努力をしている[179]．彼によると，確かにこの転移点あたりがもっとも込みいっている．もしも，複雑な系がカオスと周期的運動の中間的性格を持つならば，その系は微妙な時空相関を持つだろう．このような相関を使って単に乱雑な系から複雑な系を区別しようという試みももちろん数多く現れた[180]．

　これらのアプローチは確かに，複雑な系に期待されるある側面，微妙な秩序や，外部からの摂動に対する柔軟な応答などをとらえているかもしれない．しかし，深刻な問題がある．これは事実上すでに述べたことなのだが，p101 の数列のようなものが（この場合は種あかしがされているが）勝手なものでなく，ある（深い）意味を持っているか，それともただに乱数の一部であるかわかるのかという問題である．相関をとるなどと言う闇雲な方法が，その数列がでたらめでなく精緻にできた「複雑なものである」などという判定をしうべくもないのではないか．

　虚心に反省すると，数列あるいはシグナル列が複雑かどうかということとそれが圧縮できるかどうかには直接的関係はないことがわかる．たとえば源氏物語を圧縮した記号列 (01 列) を用意してその n 番目の記号でもって円周率の 2

---

[178] C. G. Langton, "Computation at the edge of chaos: phase transition and emergent computation," Physica D **42**, 12 (1990) が言い出した（池上高志氏のご教示による）．

[179] J. Crutchfield, "The calculi of emergence: computation, dynamics and induction," Physica D **75**, 11 (1994).

[180] たとえば，P. Grassberger, "problems in quantifying self-genrated complexity," Helv. Phys. Acta **62**, (1989) や R. Wackerbauer, A, Witt, H. Atmanspacher, J. Kurths, and H. Scheingraber, "A comparative classification of complexity measures," Chaos, Solitons & Fractals **4**, 133-173 (1994) にまとめがある．

2.14 「複雑性」はどう理解されているか

進展開の 01 列の小数点以下第 2^n 桁めの数字を置きかえた記号列を作ると,ものすごく圧縮可能な記号列が作れる.これともとの源氏物語の複雑さにちがいがあろうはずもない[181].以上のすべての「複雑性」についての考察は何か本質的な面を完全に見落としているのではないか？ 一つの間違いの理由は,ランダムさと秩序を両極端に持つ一次元的軸のうえに「複雑さ」という概念も配置できるとするところにある.「複雑さ」のカテゴリーのとらえ方が根本的に間違っているのだろう.

われわれはカオスの分析を何からはじめたか？ 典型的な例から始め,さらに誰もがランダムだと感じる硬貨投げ過程を基礎に概念分析を始めた.では,複雑性という概念のためにはなおさら,誰もが認める典型例をもとに考察を進めるべきではないか？ そうすると,「生きもの」を深く観察するのが得策だというのがもっとも自然な結論であるにちがいない.生物の発生過程は,時間がかかり,しかも単純な過程ではないかもしれないが,自発的に新たなインプットなしにスムースに起きるように見える.しかし,発生の過程もその結果できたものがどうなっているかも理解するのは簡単ではない.そこで,次のような直観的アイデアが浮かぶ[182]:

(*) ある系は,もしそれを「作る」方が「わかる」よりも簡単ならば,「複雑」である.

この標語にはっきりした意味をもたせるには「作る」とか「わかる」という言葉をさらに規定しなくてはならないものの,直観的レベルでは,言わんとするところは空でない.たとえば,(生物をまねて)化学的に人工生物を作る方が,作られたシステムがどうして生きているか理解するよりもやさしいに違いない.脳についても同じようなことがいえるだろう.人工的に発生過程をまねすることで意識を持った脳を作ることができるとしても,どのように脳が働くかそのメカニズムを理解するのははるかに難しいに違いない.あるいは巨大なニューラルネットを訓練して,たとえば,タンパク質の三次元構造をアミノ酸配列から予測することができるだろうが,この予測を,ニューラルネットがどうやって実行するのか理解するのはきわめて難しいに違いない[183].理学と工学の非対称をここ

---

[181] 源氏物語の長さは有限であるから,本当は漸近理論であるランダムさの話にこういう話を持ち出すのは邪道である,という意見もあろうが,ここでは源氏物語は十分長いと考え漸近的な理論で考えられるとしている.

[182] フォン・ノイマンがこのようなことを考えていたという(辻下徹氏のご教示による).

[183] このパラグラフに述べてあることに読者は,たぶん,異議を唱えたくなるであろうが,ここは節末まで待って欲しい.

に見ることもできる．

　上の (*) が論理的にも空ではないことを見るためには，その精密な'カリカチュア'を作ってみればよい．そうするとその根本的欠陥（それは読者にはすでに自明かもしれない）もはっきりする．

　「集合を理解する」ということを，その定義関数をわれわれが計算できることであるとモデル化しよう（もちろん計算の理論の意味で）．一つ一つの元を見てそれがある集合に属するか否かを言えないならば，その集合が「わかっている」とはとても言えないだろうから，このモデル化は不自然ではない．「集合が作れる」ということは，それを生成するチューリング機械があることとしてモデル化できるだろう（ここでは自然数からなる集合しか考えない）．よく知られているように，あるチューリング機械で生成できるが，その定義関数が計算可能でない集合（帰納的に可算であるが帰納的ではない集合 recursively enumerable but not recursive set; 以下 RENR 集合と略す）が存在する（本節の付 2.14A 参照）．つまり，「作れる」けれども「わからない」集合がある．これは複雑な集合だろう．

> **補註 2.14.1** ここで注意しておくべきことは，上で考えた非対称は，定性的な違いである必要がないことである．なるほど，帰納的可算だが帰納的でない集合の場合，この非対称は絶対的な違いにもとづくものであったが，計算量の程度の差でもいいのである．現実には，絶対的に越えられない溝と，大きな溝とに差はない．だから，(*) にも絶対的なギャップの存在を要請しているわけではない．
>
> 　しかし，さらにもう一つの注意．ギャップの存在はいずれの場合にせよ，漸近的にのみハッキリと認識されるものである．帰納的集合などという概念は無限集合でしか意味をなさない．だが，そもそも，理解は理想化を通してのみ可能である．世界を明確に理解するとはそれを理想化することだ．たとえば，無限概念なしにはなにもハッキリしない．有理数と無理数の違い，カオスと周期軌道の違い，氷と水の違い，すべて，極限概念としてのみ明確に区別されることを再認識すべきである．極限で判然とする概念を使うとかなり世界が理解できるというのは経験事実のように見える[184]．次章を読むと，われわれがミクロな存在ではありえないことがこれに関係している可能性があると感じるだろう．われわれが認識している世界はミクロの立場から見るとかなりに無限に漸近した世界のようである．
>
> 　現実にはある量が精度良く無限桁観測できるわけもないからすべては有理数のなかで考えておけばいい，以上のようなことを考えるのは，非現実的で意味がない．それどころか，無理数やそもそも無限を考えることが世界を虚心に見ていない証拠であると非難する人々もいるが，「理解する」という人間の行為のある側面についての反省が足りないのではないか．

---

[184]「われわれが理解したと感じるようになっている」ということでよい．そのようにわれわれの神経系は撰択されてきたのである．

発生過程は自発的かつ易々たる過程に見えるが,自発的に発生するような系を作ることは大変難しいに違いない.かき卵からひよこは生まれない.RENR集合を作るのは容易であると言ったが,それは,必要なチューリング機械が与えられたとしたときである.(*) にとらえられているのは複雑な系のほんの一面であるにすぎない.そこで「作る」と言っているのはほとんど「育てる」ということである.複雑な系というのは,なにかすでに組織立てられているものを利用するとき,その組織立てられた構造に頼れば,発生(生成)は,スムースかつ自発的に進む.その結果として,「作ること」が容易に見えるに過ぎまい.

つまり,複雑系の重要な側面は,はじめに存在する組織(発生のための前提)を生成するのがきわめて難しいということだ.上に述べた「複雑さ」の特徴付けはその多分あまり重要でない一面しか見てないことがわかった.「大量のタネや仕掛けを待ってはじめてできる系」「重要なことが自発的には構成できない系」「育てられる系」であることこそが複雑系の特徴であることが最終章で強調される.

付 2.14A: 帰納的可算集合と帰納的集合

この付録でも数論的関数しか考えない.

帰納的集合: 定義関数が計算可能関数(帰納的関数)である集合を帰納的集合 (recursive set) という.ある集合が帰納的であれば,ある自然数がその集合に属するか否かを判定するアルゴリズムがある.帰納的集合はそれをどう作ったかに関わりなく集合を規定できる.チューリング機械の言葉で述べれば,ある数を入力にして,その数がその集合に属していれば 1,そうでなければ 0 を有限ステップの後で出力するような(必ず有限ステップ後に停まる)チューリング機械があるということである.

帰納的可算集合: ある集合が帰納的部分関数の値域になるとき,その集合を帰納的可算集合 (recursively enumerable set) という.ある集合 A が帰納的可算であるとは,プログラムが書ける関数 g を使って $A = \{g(n)\}$ $(n \in N)$ と書けるということである[185].ただし,プログラムが書けるということはその計算が有限ステップで終結するということを保証するわけではない.とにかくプログラムが書ければいいのである.上の $A = \{g(n)\}$ において,プログラムが止まらないときは $g(n)$ は定義されないとする,つまり,g は全関数とは限らない.

定理 2.14A.1 帰納的可算であるが帰納的でない集合(RENR 集合)が存在する.

これはきわめて重要な定理である.

(略証) ゲーデル数が x であるようなチューリング機械に入力 y を入れたときの出力を(それ

---

[185]この場合,集合の元の枚挙が重複を含まないように g をとれることが知られている.A. K. Zvonkin and L. A. Levine, "The complexity of finite objects and the development of the concepts of information and randomness by means of the theory of algorithms," Russ. Math. Surveys **25**(6), 83 (1970), Theorem 0.4 参照.

が存在するとき) $\phi_x(y)$ と書くことにしよう. ここで x も y も N の元である. 次のような集合を作ろう:
$$K \equiv \{ x : \phi_x(x) \text{ が定義できている} \}. \qquad (2.14\text{A}.1)$$
集合 K はゲーデル数が x であるようなチューリング機械でしかも入力 x を入れたときに答を有限ステップ後に出すような数 x 全部の集まりである. この集合は帰納的に可算である. $\phi_x(x)$ を計算する各ステップはきちんとプログラムできるからである; 計算が終わったら x を出力せよというプログラムは書ける (もちろんそのプログラムがちゃんと有限ステップで答を出すか出さないか知ったことではない). このプログラムは止まる保証がないから, x を与えられたときそれが K に入っているか否かを判定するにはプログラムを走らせるしかない. したがって K は帰納的ではない. もうすこしちゃんとこれをいうにはつぎのようにする. 関数 f を次のように定義する:
$$f(x) \equiv \begin{cases} \phi_x(x) + 1, & \phi_x(x) \text{ が定義できている場合}, \\ 0, & \text{上記以外の場合}. \end{cases}$$
つまり, χ_K を K の定義関数として
$$f(x) \equiv (\phi_x(x) + 1)\chi_K(x) \qquad (2.14\text{A}.2)$$
とおく. もしも K が帰納的であれば χ_K は計算可能だから, f を計算するチューリング機械がなくてはならない (f のアルゴリズムがある). そうだとすると任意のインプット z に対して $f(z) = \phi_X(z)$ をみたすようなある X がなくてはならない. これはいかなる z にも成り立たなくてはならないから, $f(X) = \phi_X(X)$ も成り立たなくてはいけない. $\phi_X(X)$ は定義されていなくてはならないから $X \in K$ でありこれは $\phi_X(X) = \phi_X(X) + 1$ を意味する. これは矛盾. χ_K は計算可能でない (これは有名な対角線論法の一例である)[186].

ついでに次の定理を述べておこう:
定理 2.14A.2 集合 Q が帰納的である必要十分条件は Q とその補集合 Q^c がともに帰納的可算集合であることである.
(略証) Q を生成するチューリング機械 T と Q^c を生成するチューリング機械 T_c を同時に同じ入力 x を入れて走らせる. このときどちらも止まらないということはないから, 現在どちらも止まってないならばそれはまだ辛抱が足りないということだ. つまり, 決着が付かないということがないから Q は帰納的集合なのである.

---

[186]以上の定理の証明は, 実は, チューリング機械が止まるかどうかを判定するアルゴリズムの非存在の証明とほとんど同じである. 非決定性問題はいろいろと身近なところにある. たとえば, D. T. Stallworth and F. W. Roush, "An undecidable property of definite integrals," Proc. Amer. Math. Soc. **125**, 2147 (1997). この論文の冒頭に, 関連した話題のまとめがある. またヒルベルトの第 10 問題に関しては B. Poonen, "Undecidability in number theory," Notices Am. Math. Soc. **55**, 344 (2008) 参照.

第3章
くりこみ——現象論と漸近解析

カオスが簡明に例示するように，尺度干渉のためにわれわれ人間のスケールの現象とそれからかけ離れた「不可知」のスケールの現象とが一般に切りはなせないなら，われわれの見る「非線形な世界」はきわめて「めちゃくちゃ」であってよいはずである．そしてまさにその通りだという人もいるようではある：「多くの現象が予測可能でなくなり，理性は実はそれほど重要でないのだ，云々．」[1]

しかし，世界がカオスやランダムさの研究から期待されるほど無法な世界でないということも経験事実ではないか．われわれのように知的能力を持った生物がいるということがそもそも世界が（ある程度の）法則性を持つことの証拠ではないのか[2]．知的能力は，ふつう，近い未来をいままでの情報をもとにシミュレートするのに使われている．もしも世界が完全に無法則的で予測不可能ならば，大きな脳をもつことは資源の無駄使いであるだけでなく，病気の巣になるくらいが落ちである[3]．

---

[1] この認識がルネッサンス以来の人間中心主義の崩壊と宗教的原理主義の興隆などを引き起こしつつある；「カオス理論」は世界を説明する伝統的枠組みに対する信頼をほりくずしたのである … （'世界史における大きな知的変動の一つ'，1994年7月11日付のウォールストリートジャーナルの一面の記事参照．人間中心主義のもとの言葉は secular rationalist humanism．）．

[2] 《漠然とした規則性でも意味がある》カオスでは蝶の羽ばたきの有無が将来のハリケーンの有無につながるというような話がある．しかし，たとえば，熱帯の風のパタンは海洋表面温度に規定されるので大気の初期条件に敏感に依存することがない．J. Shukla, "Predictability in the midst of chaos: a scientific basis for climate forecasting," Science **282**, 728-731 (1998) 参照．またたとえカオティックであっても気候のような平均的挙動は周期的動きが識別可能であるので，予言ができる．C. F. Keller, "Climate, modeling, and predictability," Physica D **133**, 296 (1999) 参照．もちろん限度はありほんとうに定量的予言が可能と思うべきではないが，漠然とした規則性でもあるならば知的能力は無駄にはならない．

[3] 《積極的退化》実際，無用な器官の退化は選択されている（つまり，使わないから次第に中立的ゆらぎのために退化していくのではなく，退化する方向に選択される）と考えるべき例がある：M. Protas, M. Conrad, J. B. Gross, C. Tabin, and R. Borowsky, "Regressive Evolution in the Mexican Cave Tetra, *Astyanax mexicanus*," Curr. Biol. **17**, 452 (2007). バクテリアを使った

では, 非線形なこの世界が, 充ち満ちている不可知なノイズの存在にもかかわらず, なぜ少なくともある程度法則的にみえるのか? 世界が現象論的見方を許すところにわれわれのスケールでの(少なくともある程度の)法則性の理由がある. たとえば, 小さなスケールのわからないこと(より一般に「不可知」なスケールで生じていること)の影響がわれわれのスケールにないわけではない(実は大いにある)のだが, それは気紛れに顔をだすわけではなく, しばしば系統的に限定された所に出てくる. この性質を活用して世界を見る見方が現象論的見方である. なぜこの世界ではそのような見方が有効なのであるか? そのような世界にわれわれが生を受けているからである[4]. なぜ世界はそうなっているのだろうか? これは難問である. しかし, 少なくとも, そのような世界でないとたぶん知的生物などが発生しないであろうとは考えられる.

この章で説明する「くりこみ」は「不可知はしばしば系統的に限定された所に出てくる」という事実を組織的に活用して現象論を見抜く方法(世界を理解する方法)である. 「不可知」が系統的に分離されるのは, たとえば, 観測するスケールが不可知のスケールからかけ離れているというような漸近的極限においてであることが多い. この経験に照らし合わせてくりこみ理論の利用法を反省してみると, くりこみは漸近解析のかなり一般的手法であるという見方も現れる. さらに, もっとより一般的なものの見方——構造安定な観測可能量を足場にしてものを見る方法——と解釈することによって応用範囲が広がるのではないだろうか? それがくりこみを説明する理由である.

世界の「合理性」についての上の見解は伝統的な見方とかなり違うだろう. ふつうは, 論理的な基礎法則が確然とゆるぎないがゆえに(神あるがゆえに)世界は合理的である, と考えられているのではなかろうか. たとえ論理的な基礎法

実験的研究では「生活の厳しさ」の程度でいろいろでありうることも報告されている: A. R. Hall and N. Colegrave, "Decay of unused characters by selection and drift," J. Evol. Biol. **21**, 610 (2008).

[4] あらっぽいたとえ話をすると: ミクロなスケールの詳細が物体の色にだけ現れるとしてみよ. 色はきわめてめまぐるしく変わるからそこに注目して巨視的世界で何かをするということは賢明でない. だが, たとえば形は安定だとすると, これについての一般的認識能力は巨視世界で生き抜く上で大いに意味のあることだろう. さらにそういう生き方が意味があるようにわれわれは進化する(させられる). われわれが「形」に着目するから「形」が重要なのではない. 同様に, 世界に現象論的構造が重要なのはわれわれがそう見たがるからではない. それを見るように選択されてきたのだ. ゆっくり変動する変数の存在と現象論が関係しているというのは自然な見方であろう.

則が確然とゆるぎないということが本当であるとしても，それはわれわれの世界の合理性の説明にはそれほど足しにならない，というのがカオスが突きつける異議である．まさにそのとおりカオスは，より正しくは，カオスが簡単に例示する尺度干渉の深刻な効果は，伝統的な底の浅い合理主義へのアンチテーゼにはなっている．だが，合理性の原因はミクロな世界（あるいは，基礎法則）の合理性にあるのではない，というのが本章で説明するくりこみ的世界観なのだ．このような世界観は実は目新しいものではない．「不可知」のスケールの効果は「ランダム」だから大数の法則には勝てず，結果として法則性がわれわれの世界に見えると考えることは伝統的な見方であろう．くりこみの考え方はこの一般化と見ることもできる．

まず，現象論とは何か，から始めよう[5]．

3.1　現象論とは何か?

　　人々の，花，蝶やとめづるこそ，はかなくあやしけれ．人はまことあり，本地たづねるこそ，心ばえをかしけれ[6]．

われわれが「何かを理解している」とか「何かについて知っている」と言えるのは，その「何か」が普通名詞ならば，通常，共通の現象や挙動を示す系の集まりについて「ある程度一般的なことを知っている」ときだろう．「イヌ」とは何か知っているということは，隣の家の犬は愛想がいいというようなことではなく，イヌ一般についてある程度知っているということだ[7]．ボルゾイもチワワもイヌだとわかることでもある．われわれがあるものを理解するときには，ある種の一般化（抽象化）がいつも含まれている．これが現象論的理解の核心である．現象論的にある一つの枠組みで理解できるような現象の組に世界を分けるということが世界をわかる，認識するということの第一歩だ（そのように自覚する必要はも

---

[5] 本書冒頭で基本思想は大昔から変わらないと書いて引用した「非線形性とくりこみ」物理学会誌 **52**, 501 (1997) が忙しい人には都合がいいかもしれない．

[6] 堤中納言物語「虫めづる姫君」．彼女は発生生物学の草分けである．1150-1160 年頃の実在の人物にもとづいているという．山岸徳平『堤中納言物語』（角川文庫，1963）中の解説によればこの人の父親は最初の膜翅目の行動研究者ということになる．西欧でも近世になって始めて発生に注意を払った人は女性のようである．

[7] ついでながら，A. Miklósi, E. Kubinyi, J. Topál, M. Gáacsi, Z. Virányi, and V. Csányi, "A simple reason for a big difference: wolves do not look back at humans, but dogs do," Current Biol. **13**, 763 (2003). この論文は行動に関する一見些細なことが大きな意味を持つことを教えている．

ちろんないが, 第一歩でなく核心部分かもしれない)[8].

ここまで説明せずに使ってきた '現象論(的)' という言葉をもう少しはっきりさせよう. ある現象のクラスの現象論的記述(現象論)とは何か? 定義を追求する代わりに, 典型的な例を見よう[9]. ただし, 定量的であることを要求すると好例は物理か物理化学的なものしか挙げられないが, それぞれに, より広い文脈で教訓的であるように思う(いくつかは後の章で利用する).

例 3.1.1 'ふつう' の流体の(ゆっくりした)流れを考えよう. その運動はナビエ-

---

[8] 《**本質直観の優先性**》昔から「個々の事実と一般化された本質とは通約不能であり, 事実認識をいくら集めてもそこからは(数学的な)本質は引き出せない.」と論じられ, 「本質直観」あるいは一切の経験に先立つカテゴリカルな認識能力を認めなくてはならなくなるとされてきた. そして, プラトンのように本質存在が事実存在に対して絶対的に優先するという考え方が生まれる(それに反対するアリストテレス的考えもあらわれる). また虚心に事態を反省すれば, この二つの認識能力は一体なのであり, それを忘れるところに形而上学が発生するというハイデガーのような意見も生じる. 系統発生的に考えれば, プラトンにはかなりの分がある. アリストテレス的経験主義はいかにも事実を重んじているように見えて, 実は内省が足りず, ハイデガー的立場はいかにもすべてを知った賢人の見解のように見えて実は内省の足りない見解と突き詰めた内省にもとづく見解の中庸をとるという愚を犯している. このあたりの事情を明瞭に喝破した井筒俊彦『意識と本質——精神的東洋を求めて』(岩波文庫, 1991)からの次の引用参照:「考えてみれば, われわれの日常的意識の働きそのものが, じつは大抵の場合, 様々な事物事象の「本質」認知の上に成り立っているのだ. 意識とは本来的に「… の意識」だと言うが, この意識本来の志向性なるものは, 意識が脱目的に向かっていく「…」(X) の「本質」をなんらかの形で把捉していなければ現成しない.」(p8)「われわれの日常世界とは, この第一次的, 原初的「本質」認知の過程をいわば省略して——あるいは, それに気付かずに——始めから既に出来上がったものとして見られた存在者の形成する意味分節的存在地平である. われわれはこのような存在地平に現出する世界の中に主体として存在し, われわれを取り巻くそれらのものを客体として意識する. そのとき, 当然, 意識は「… の意識」という形を取る, 「…」の中に伏在する「本質」認知にほとんど気付くこともなしに.」(p13-14). もちろん, 以上の見解を裏打ちする生物学的諸事情の存在が井筒には認識されていないので, この後に続く見解が多少的を外すことがあるにしても, この論考は傾聴に値する. 必読文献である.

[9] 《**実例の認知的意義**》読者が気がついているように, 本書ではくりかえし一般定義を追求する代わりに代表的と思われる例を挙げる. 前にすでに述べたように, そうする理由は, 人間の生得的認知能力への著者の全幅の信頼である. 別の言葉で言えば, 進化過程の産物であるわれわれの認知能力にはわれわれが住む世界の重要な構造が組み込まれていると考える. そういうことなしに世界が認知できるとも思えないことから見てこれは当然である. したがって, 重要なことについては, たとえそれが人間の言語表現を超えていても, われわれの自然知能には直接的にそれを感知する能力(本質直観能力と言ってよい; 一つ前の脚注参照)があると考えることも自然である. 適切な実例群の提示は自然知能(とその基本要素である情動)に直接訴えかける有力な手段であるにちがいない.

ストークス (Navier-Stokes) 方程式:

$$\rho\left[\frac{\partial v}{\partial t} + (v \cdot \nabla)\right]v = \eta\Delta v - \nabla p$$

に支配される[10]. ここで p は圧力, v は速度ベクトル場で非圧縮条件 $\nabla \cdot v = 0$ を課する. ρ と η はそれぞれ流体の密度と剪断粘性係数で, 個々の系によって異なる現象論的パラメタである. めざましいことは, 方程式の構造にまったく手をふれることなく, ただこの二つの現象論的パラメタを変えるだけで, 多種多様な流体(たとえば, 空気, 水, 水飴)のゆっくりした流れが記述できることだ. ここで, ナビエ–ストークス方程式がきちんと流体のミクロな古典多体粒子力学的モデル(原子論的描像)から厳密に導かれたことは(いまのところ)ないことにも注意[11]. ここに出てきた現象論的パラメタは, 勝手な調節パラメタというわけではない. その測定法がはっきりしているし, ひとたびある流体について決まれば, その流体についての個々の実験結果とこの方程式の予言があうようにあとで勝手にいじることはできない[12]. □

例 3.1.2 臨界現象 (critical phenomenon) は現象論とは何かということを物理学者に意識的に考える契機を与えた[13]. メタノールと n-ヘキサンの混合物をとろう. その温度が十分に高ければこの二つの物質は混ざりあって透明な一つの相を作る. これを十分低い温度にもってくると二つの相が分離する傾向を示す

---

[10] この方程式の解の一意存在はいまだはっきりしない. 数学的現状については O. A. Ladyzhenskaya, "Sixth problem of the millennium: Navier-Stokes equations, existence and smoothness," Russ. Math. Surveys **58**, 251 (2003); 小薗英雄, "Navier-Stokes 方程式," 数学 **54**, 178 (2003). http://www.claymath.org/prize problems/navier stokes.pdf が百万ドル懸賞問題としての解説.

[11] 現状については H.-T. Yau, "Asymptotic solutions to dynamics of many-body systems and classical continuum equations," in *Current Developments in Mathematics, 1998* (International Press, 1998) 参照. ゆらぎの理論の枠組ではナビエ–ストークス方程式は自然である. これについては北原和夫『非平衡系の統計力学』(岩波書店, 1997) 参照. ボルツマン方程式からナビエ–ストークス方程式を導出する仕事はたくさんあるが, ボルツマン方程式自体流体一般に成立するわけでもないから, ナビエ–ストークス方程式を一般的にミクロな力学から正当化する議論としては筋が悪い.

[12] M. Cannone and S. Friedlander, "Navier: Blow-up and Collapse," Notices Amer. Math. Soc., **50**, 7-13 (2003) にナビエ (C.-L. Navier 1785–1836) についての記事がある. ナビエ–ストークス方程式自体は ナビエによって完全な形で書き下されているが, v の意味, その決定法などはストークス (G. G. Stokes 1819-1903) によってはじめて明確に認識された.

[13] 現象を整理した本としてはいまでも H. E. Stanley, *Introduction to Phase Transition and Critical Phenomena* (Oxford University Press, 1971) はいい.

(代表的な相図を図 3.1.1 に掲げた). 冷やしていくにつれて, メタノール(あるいは n-ヘキサン)を余計に含んだ微小な領域が系の中に現れやすくなる. つまり, そのような小領域を作ろうとする局所的な濃度ゆらぎに対する熱力学的復元力が小さくなる. しかしそうは言っても, 混合物の組成が勝手ではこの復元力はそう小さくなれない. 系の中のメタノールの総量も n-ヘキサンの総量もきまっている(それぞれの分子の総数はきまっている)からメタノールが平均より余計に存在する領域を作るためにはそのまわりに n-ヘキサンが余計に在る領域を作らなくてはならない. 濃度ゆらぎをつくるには平均組成を持つバックグラウンドから余計な成分を絞り出さなくてはならないのである. そこでたとえば全体としてメタノールが余計にある系では, n-ヘキサンを絞り出すのは楽ではない(ということはメタノールが平均組成よりも過剰にある領域を作ることも楽ではないということでもある). そのような濃度ゆらぎは(熱力学的に)かなりの復元力のもとにあるということだ.

ところが, 混合物の組成や温度, 圧力がちょうどいいと, 組成が平均とは違う領域が発生するのを押し止めようとする復元力が, どちらの成分が少し過剰なゆらぎにとっても, きわめて弱くなってしまう. こういうことが起こる相図の上の点を臨界点 (critical point) という. ここでは組成ゆらぎに作用する復元力が弱い(より正確に表現すると, 線形近似すると存在しない; ゆらぎは線形中立になる)ので, 空間的にどんどん大きなゆらぎのドメインが生じる. 組成の相関が長い距離にわたるようになると言ってもよい. 相関がおよぶだいたいの距離を相関距離 (correlation length) という. ちょうど臨界点において相関距離が発散する. もちろん, ゆらぎは減衰しにくいのだから, 時間的にも相関は長く続く. 臨界点近くではゆらぎの時空相関がきわめて大きくなる.

以上をより定量的に言い直せば次の通り. 組成の空間的ゆらぎは'秩序変数(オーダパラメタ order parameter)'の場 $\psi(\boldsymbol{r})$ でかける. $\psi(\boldsymbol{r})$ は, いまの例では, 系全体のメタノールのモル分率(つまり平均組成)をある点 $\boldsymbol{r}$(近く)での実際のメタノールの局所モル分率から差し引いて, 適当に(1 のオーダの量になるように)規格化した量である(いまの例ではそれはただの実数である). 全体が均された, 乱雑に混ぜられたと同じ状態からのずれの程度をこのパラメタはある程度表現できるので(秩序の程度を表現するので)それを秩序変数と呼ぶのである. 秩序変数の空間相関関数は

$$G(\boldsymbol{r}) \equiv \langle \psi(\boldsymbol{r})\psi(\boldsymbol{0}) \rangle \tag{3.1.1}$$

図 3.1.1 二成分液体の相図. 縦軸は温度, 横軸は成分 I の濃度. 高温では成分 I と II はよく混ざっている（一相状態）. 温度を下げていくと一相状態が平衡状態としては一般的には安定でなくなり相分離が生じうる. 下に開いた曲線（相共存曲線 phase coexistence curve とよばれる）の下が相分離が生じて, 成分 I が余計にある相 I と成分 II が余計にある相 II が共存する状態を示す; 与えられた温度でこの曲線上の組成の二つの相が共存する. その横の I, II と書いてあるところはそれぞれ I あるいは II が余計にある一相の状態である. 頂上 CP が臨界点で T_c が臨界温度である. 例 3.1.4 では高温で一様な状態 A から十分低温に急冷した後の不安定状態 B が C_1 と C_2 に分離するスピノーダル分解を見る.

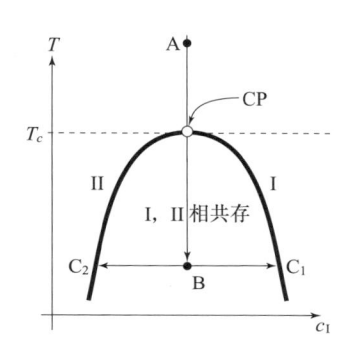

と定義される. ここで $\langle \rangle$ は平衡状態についての平均である. 臨界温度 T_c より高温のいわゆる無秩序状態でこの関数は指数関数的に減衰する[14]:

$$G(\boldsymbol{r}) \sim e^{-|\boldsymbol{r}|/\xi}. \tag{3.1.2}$$

こうして, 相関距離 ξ が定義される（ゆらぎの相関関数は光散乱などの実験で決めることができる）. 組成が臨界点と同じなら（臨界組成なら）, 相関距離は T_c 近傍で温度 T に

$$\xi \sim \xi_0 |T - T_c|^{-\nu} \tag{3.1.3}$$

のように依存することが経験事実である. ここで T_c が臨界温度, ξ_0 は系ごとに異なる定数（この二つは現象論的パラメタである）だが, 指数 $\nu(> 0)$（臨界指数 critical index といわれるものの例の一つ）はどんな二成分液体でも同じ値になる. つまり, 発散の仕方がユニバーサルな構造を持つ. 臨界点においては相関距離が発散するから, 相関関数の減衰は指数関数的ではありえない. それが代数的 $G(\boldsymbol{r}) \sim 1/|\boldsymbol{r}|^{d-2+\eta}$ になることも知られている. ここで d は空間の次元, パラメタ η は（非負の）臨界指数の一つである. 臨界指数はあとにちょっと出てくる異常次元と密接な関係がある. □

例 3.1.3 （構成要素である, 分子量の小さな）モノマーがつながってできた長い分子のことをポリマー（高分子 polymer）という[15]. たとえば, ポリエチレンは

---

[14] 次の式で ~ は両辺の対数をとった比が大域的に 1 に漸近するということ.

[15] 《シュタウディンガーとハイデガー》 高分子概念を確立したのはシュタウディンガー (H. Staudinger 1881-1965) である. Y. Furukawa, *Inventing Polymer Science——Staudinger, Carothers, and the emergence of macromolecular chemistry——* (University of Pennsylvania Press, 1998) 参照. この本の p162-166 によると 1933 年 9 月ハイデガー（彼は反ユダヤプラカード

化学的なくりかえしの単位 -(CH$_2$-CH$_2$)- (モノマーユニット monomer unit とい
い，工業的にはエチレン C$_2$H$_4$ から作られる) が次々と CH$_3$-(CH$_2$-CH$_2$)$_{N-1}$-CH$_3$
のように線状につながったものだ．N をポリマーの重合度 (degree of polymer-
ization) という．ここでは十分に曲がりやすい高分子しか考えない．低分子溶液
と異なって，高分子溶液には，準希薄極限 (semidilute limit) というものを考える
ことができる．きわめて溶液が薄くても，高分子は広がっているから，十分重
なり合うことができる．そのため，限りなく薄いから分子間の相互作用を無視
していいというわけにいかず，たくさんの高分子の自由度は絡まり合っている．
ポリマーの数密度 (単位体積中にあるポリマーの重心数) を c としよう．ひとつ
のポリマーが広がっている領域に (これはだいたい半径 $R \sim N^\nu$ の球である；こ
こで $\nu > 1/2$ は普遍指数)，いくつポリマー (の重心) が入っているかはおおよそ
$cR^d \sim cN^{d\nu}$ と書ける (d は先と同様空間の次元)．一方，モノマーユニットの数密
度は $\sim cN$ である．$d\nu > 1$ だから ($d = 3$ では $\nu \simeq 3/5$ である)，$cN^{d\nu}$ を一定の値
に保って (高分子同士の重なり具合を一定に保って)，モノマーユニットの数密
度ゼロの極限をとることができる (適当に $c \to 0$ および $N \to \infty$ の極限をとれ
ばよい)．この極限を準希薄極限という[16]．この極限で，高分子溶液の浸透圧 π は
つぎのような形を取る：

$$\pi = ck_B T f(c/c^*). \tag{3.1.4}$$

ここで，k_B はボルツマン定数，T は絶対温度である．関数 f は普遍的な関数でポ
リマーや溶媒によらない．c^* は現象論的パラメタで系の詳細によってきまる．
ここに出てくる普遍関数 f は太田隆夫氏らによってくりこみ理論を使って詳
細に計算され，くりこみ理論が定量的に成功している代表的な例になっている
(図 3.1.2)[17]．この例はフィッシャー (M. E. Fisher) によって，量子力学が'ほと

を禁止して罷免された前学長に代わってフライブルク大学の学長に就任していた) はシュタ
ウディンガーの政治的過去 (第一次大戦中反戦思想を公言しドイツ軍国主義に反対した) を
秘密裏に詳細にナチ当局に報告した．ゲシュタポはこれを確認しハイデガーに速やかな処置
を求めた．「退職させるよりも罷免するのが適当か．ハイル・ヒットラー．」とハイデガーは返
答した．

[16] この概念は J. des Cloizeaux, J. Phys. (France) **36**, 281 (1975) によって与えられた．

[17] T. Ohta and A. Nakanishi, "Theory of semi-dilute polymer solutions: I. Static properties in a good solvent," J. Phys. A **16**, 4155–4170 (1983); T. Ohta and Y. Oono, "Conformational space renormalization theory of semidilute polymer solutions," Phys. Lett. **89A**, 460–464 (1982). 太田氏との共著の丁寧な解説は *Stealing the Gold: A Celebration of the Pioneering Physics of Sam Edwards* (P. M. Goldbart, N. Goldenfeld, and D. Sherrington editors, Oxford University Press, 2005) にある．

んどどうでもいい' ことを示す例に使われた:「量子力学はこの問題について本質的に何も言うことがない. ボルツマンやギブズやレイリーのような過去の大物理学者達が, いま研究に参加してきても, 量子力学の学習に時間を割かずに, 最先端の物性研究ができる. もちろん, 彼らは量子力学を学びたいときっと言うにちがいないが.」[18]

例 3.1.4 二成分液体のスピノーダル分解
二つの液体成分の（たとえば例 3.1.2 にでてきたような）臨界混合物を作り, これを無秩序状態に用意する, つまり, よく混ざった一相になるようにする（たとえば図 3.1.1 なら高温状態 A におく）. このとき, 系を臨界温度 T_c よりかなり下の温度（たとえば 図 3.1.1 の B）に急激に冷却すると何が起こるか？ 冷却直後の状態には何も目立ったことは起こらない; 秩序変数は 0 のまわりに小さくゆらいでいるだけである. しかし, 熱ゆらぎの効果は小さくなっているから脱混合が始まるはずである（この温度でこの平均組成の系は, 平衡状態においては, 二相 C_1 と C_2 の共存状態にあることを思い起こそう）. したがって, 秩序変数がある小さな領域[19]で少し正であるとそれはますます正になろうとする. こういうわけでメゾスケールの二相 C_1 と C_2 が出現する. そのあと, 秩序変数正の領域は, 負の領域を犠牲にして広がろうとするし, 負の領域もまた同様のことをしようとする. こうして, 分離して生じた単一相たとえば C_1 相のさしわたし ℓ は次第に大きくなっていく. しかし, この粗大化過程（スピノーダル分解 spinodal decomposition の過程）は, そうすんなりとは起こらない. 仲間がたくさんいるところに行きたいとある分子が「思っても」敵の分子がたくさんいる相手の陣地を突破するわけにはいかないのでしばしば大回りをしなくてはならない. こうして, 出来上がるパタンもややこしいものになるし（あとで図 4.6.2 に出てくる）, 過程自体ゆっくりとしか進行しえない. 次の章でこの例のモデル化を実例としてモデル化一般を考える.

何が起こっているかは散乱実験で観察できる. 時刻 t での空間相関関数のフーリエ変換 $S(k,t)$ は形状因子 (form factor) といわれるが, それは次のような形を持つ:

---

[18] M. E. Fisher, "Condensed Matter Physics: Does Quantum Mechanics Matter?" in *Niels Bohr: Physics and the World* (Proceedings of the Niels Bohr Centennial Symposium) (edited by H. Feshbach, T. Matsui, and A. Oleson, Harwood Academic Publishers, Chur, 1988) p65.
[19] そのサイズは冷却前の温度での相関距離の程度.

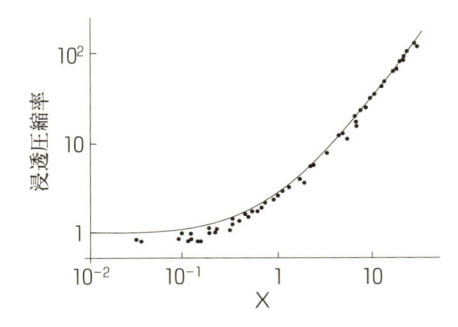

図 3.1.2 くりこみ理論による結果の例. 高分子準希薄溶液の浸透圧(浸透圧縮率). このプロットに任意パラメタは一切ない. 浸透圧縮律(osmotic compressibility)とは $\partial \pi/\partial c$ のこと. 実線がくりこみ理論の結果(T. Ohta and A. Nakanishi, J. Phys. A **16**, 4155 (1983) にもとづく), 点は実験値(I. Noda, N. Kato, T. Kitano and M. Nagasawa, Macromolecules **14**, 668 (1981)).

$$S(k,t) = \langle k \rangle_t^{-3} F(k/\langle k \rangle_t). \quad (3.1.5)$$

ただし, $\langle k \rangle_t$ は時刻 t での形状因子のピーク位置であり, 十分時間がたったあとでは, 現象論的定数 a をとって, $\langle k \rangle_t = at^{-1}$ (固体系では $\langle k \rangle_t = at^{-1/3}$) と書ける. F は (少なくとも対称に近い二成分液体であればなんであれ, たとえ高分子混合物でも) 普遍的な関数であるように見える. 次の章で見るように, 実際これが普遍的関数であると信ずる理由がある.

ここで生じている相変化は一次相変化であり, 実際のパタンがどうなるかは初期のミクロなゆらぎで決まる. 相分離の後でまた温めなおし, 平衡に達した後で急冷すれば前とまったく異なったパタンが現れる. 相変化の動力学で歴史はくり返さない(が (3.1.5) はいつも成り立つ). □

以上は定量的な(厳密なと言ってもいい)普遍的な構造を持つ(と信じられている)現象論の例だが, 普遍的な構造が精密には定量的でない現象論も昔からたくさん知られている. 好例は不完全気体(imperfect gas, 非理想気体 non-ideal gas)の状態方程式である.

例 3.1.5 不完全気体の状態方程式の典型的な例はファンデワールスの状態方程式[20]

$$\left(p + \frac{aN^2}{V^2}\right)(V - Nb) = Nk_B T \quad (3.1.6)$$

だろう. ここに p, T, V, N は, この順に, 圧力, 温度, 体積, 分子数であり, k_B はボルツマン定数, a と b は正の(物性)定数である. a はエネルギー(× 体積)の次元

---

[20] J. D. van der Waals 1837–1923 の科学的伝記についてはよいサイトがある: http://www.msa.nl/AMSTEL/www/Vakken/Natuur/htm/nobel/physics-1910-1-bio.htm. 偉い人である.

を持ち, b は体積の次元を持つ (次元については付 3.5A 参照). この式も普遍的な構造と現象論的パラメタからなっている.

いろいろな不完全気体の状態方程式は, 臨界点におけるそれぞれの値でスケールされた圧力, 温度, 体積, $p_r = p/p_c$, $V_r = V/V_c$, $T_r = T/T_c$ (還元圧力, 還元温度などと呼ばれる) を使って, 一つのマスターカーブによい近似で重ね合わせられることが経験的に知られている (対応状態の法則 law of corresponding states)[21]. この場合, マスターカーブが普遍的な構造であり, 臨界パラメタ p_c, T_c, V_c が物性定数である (独立なのは二つ: $p_c V_c / N k_B T_c = 3/8$).

分子間力が与えられたときに状態方程式を決める問題を考えよう. 分子間力が大きさのスケール (分子のコアの大きさ) とエネルギーのスケール (分子間の引力ポテンシャルの深さ) を表現する二つのパラメタしか含まないならば (レナード–ジョーンズ Lennard-Jones ポテンシャルをはじめ, たいていのモデルポテンシャルはこのタイプである), マスターカーブの存在は次元解析で理解できることに注意. 結局, 不完全気体を二体ポテンシャルをつかってモデル化する場合は二体ポテンシャルの普遍性が現象の普遍性の本質になる. しかしこの場合は普遍性は近似にとどまらざるを得ない, というのは分子間の相互作用がエネルギースケールと体積 (長さ) スケールの二つだけで代表されはしないからである[22]. それでも, 臨界点近くでは臨界現象としての近似的でない現象論が成立する. ただし, それは, ファンデアワールスの状態方程式とは定性的に違う (臨界指数が異なる). 還元状態方程式に対応したマスターカーブは臨界現象としての近似的でない普遍性も事実として表現している. つまり, 不完全気体の対応状態の法則はすぐ下で述べる二種類の普遍性がうまく合わさってできているのである. □

例 3.1.6 デバイ (P. Debye 1884–1966) による固体の低温比熱 (フォノン比熱) の理論も近似的現象論の好例だろう[23]. これによると, 固体の低温比熱は

$$C_V = 3Nk_B f\left(\frac{T}{\Theta_D}\right) \tag{3.1.7}$$

と書ける. ここで N は固体サンプル中の原子の数, Θ_D はデバイ温度といわれる

---

[21] これもファンデアワールスによって提案された.
[22] たとえば電気多重極相互作用などが無視できない. 木原太郎『分子間力』(岩波全書, 1976) 参照.
[23] たとえば, 久保亮五編『大学演習 熱学・統計力学』(裳華房, 1998) 参照.

物質定数[24]，f はデバイ関数といわれる普遍的な関数である．x がだいたい 0.1 以下なら $f(x) \simeq 4\pi^4 x^3/5$ と近似され，低温極限での絶縁体の比熱の有名な T^3 則を与えている．この極限での法則は厳密に普遍的な法則である[25]．

同様の例は低温における金属の比熱 $C_V \sim T$ などいろいろとある．□

以上見たように，巨視的に観察される現象論には，いろんな自由度が絡み合ったあげくに普遍性が出てくる現象論（例 3.1.2, 3.1.3）と，簡単さの極みでそうなる現象論（例 3.1.5 や理想気体の法則）の少なくとも二種類あることがわかる．簡単さの極み（低温極限や低密度極限など）で見られる普遍的関係はほとんど相互作用しない単位（原子，分子，素励起など）から構成された系に見られる．その普遍性は理想化された単純な要素そのものの普遍性に由来する．これと対照的に，錯雑した関係の極みで見られる普遍性は，いろいろな要素が複雑に絡み合って（多体効果で）観測される現象が生じているときのようであり，普遍性自体が巨視的なレベルでしか意味をなさないときのようでもある．この二種類の現象論は要素の性質を少し変えることに対する応答が異なる．簡単さの極みの現象論的関係（いわゆる理想気体や理想固体で見られる関係）は要素を少し変えるとその応答が変化の詳細に正直に依存する．たとえば分子間にきわめて小さな引力相互作用を付け加えるとしよう．それをファンデァワールス的な $1/r^6$ として加えるか，それとも四重極相互作用として加えるかで話が違う．引力の効果はポテンシャルの関数の形そのものに依存する．これに対して，錯雑性の極みの現象論的関係では，もちろん変化は生じるものの，その変化は少数の現象論的パラメタの変化で書ける（摂動の空間が無限次元であっても応答の空間は有限次元でありうる，それもきわめて低い次元でありうる）．つまり，錯雑性の極みの現象論的関係のみが安定な現象論ということができる．簡単さの極みの現象論的関係は拡大されたミクロ法則であり，その普遍性はミクロな法則の普遍性そのものがミクロな自由度が「無相関である」ということのおかげであからさまに現れた，わざわざとりたてて論じるほどのこともない普遍性なのだ（初等統計力学はこればかり論じるからおもしろくないのである）．

---

[24] より正確には物質特有の温度の関数であるが，大きく温度によることはない．さらに，十分低温では一定値に漸近する．

[25] 空間の次元とフォノンが生成消滅自由の分散関係が線形の（$\epsilon = c|p|$, ここで ϵ は一粒子のエネルギー，p はその運動量，c は速度である）相互作用しないボース粒子であるということのみによる．黒体放射とまったく同じになる．

この本では現象論 (phenomenology)[26] または現象論的記述という言葉で結局つぎのようなことを想起したい: あるクラス (＝系の集まり) の中の特定の系 (に起こる現象) の現象論的記述は, クラス全体に共通な 'ユニバーサルな' 構造と個々の系特有の '現象論的パラメタ' とからなる. スローガンとしては

'ある系の現象論' ＝ 'ユニバーサルな構造' ＋ '現象論的パラメタ'. (3.1.8)

もちろん, ある現象論が適用できるクラス (ユニバーサルな構造を共有するクラス) の特徴づけもかなりの程度明確でないとよい現象論とは言えない. 現象論的パラメタの値は現象論で決めうるものではなく, 外から与えられる (たとえば実験で決めなくてはならない). 近代科学は運動を力学法則という一般的な枠組と, 初期条件という個々の事象固有の因子とに分析した (5.3 節参照). 現象論的見方はそのある意味の一般化と考えられないこともない.

重要なことは, われわれに現象論的に認識できる数学的構造がこの世界に存在するということが知的存在の前提条件だということだ[27]. より過激なことを言えば, 「ある系に実現されている現象」とは, (しばしば数学的な)「普遍的な構造」の, 具体的にその系を使用した表現のことだ. これは虫の好きな例の姫君や佐藤幹夫氏[28]のいう「垂迹」と「本地」の関係だと思っていい[29]. すぐ上で過激とは書いたが, よく考えるとそれほど過激でもない. 感覚器官が原始的な生きものはきわめて抽象的な世界に住んでいると考えられる. 大むかしは生きものはすべてそうだった. これは抽象的な概念ほど系統発生的には古いということである. そのような抽象的認知が法則を見抜けるような認知能力の基本になっているのだから, そのような能力の進化が可能な世界には抽象的な法則性があるはずなのである. これは複雑系を見るときの重要な視点である.

3.2 意識されないほど普遍的な現象論

　　如来が右手を開くと, ちょうど, 蓮の葉ほどの大いさ. 悟空は如意棒をしまうと威力をあ

---

[26] 哲学で言う現象学も phenomenology である. これらの関係に関しては補註 3.2.2 参照.
[27] 「自然は理解され得るように作られているというのが私の確信であった. あるいは, より正しくはわれわれの思考能力は自然を理解し得るように作られていると逆に言うべきだろう.」(W. ハイゼンベルク『部分と全体』(山崎和夫訳, みすず書房, 1974) VIII p164).
[28] 「代数解析学と私」(数理解析研究録 **80**, 164 (1992)).
[29] 本質認識と事実認識は前者が優位にたつといってもいい. 脚注 8 参照.

らわし、パッと身をおどらして如来の手のひらのまん中に立った[30].

　ここまでに述べたのは、ある意味では大したことのない '小さな' ユニバーサリティクラス（普遍的性質を共有する系の集まり）である．世界の普遍的な構造としてはるかに重要なものの存在を忘れるべきでない．これらはクラスがあまりに大きいために，その中にすっぽり入っているわれわれにはほとんど意識できないのだ（そしてお釈迦様の手のひらのように、それから逃れることもできないのである）．

例 3.2.1 熱力学: 一様な平衡状態にある大きなサイズの（人間的尺度の）物体をとってみよう．その平衡状態の巨視的性質については平衡熱力学が成立する．分子間の相互作用が短距離力であり、しかも相互作用が系のエネルギーが無制限に小さく（マイナスに大きく）なることを許さないようなものならば（分子などにハードコアがあって系が引力的相互作用でつぶれてしまわないならば），相互作用がどんなものであっても成立する[31]．すなわち，平衡熱力学の数学的構造はすべてのこのようなふつうの物体に共有された普遍的な性質である．平衡熱力学では物質や系の個性を表現する状態方程式といわれるものが現象論的パラメタの役をになっている．平衡から少しずれた非平衡状態では線形非平衡熱力学が成立する．これも物質系のきわめて一般的な普遍的な性質である．量子力学革命に際して，統計力学が改変をせまられたのに対して，熱力学はびくともしなかった，それどころか，量子力学への道を開いたのは熱力学であったというところに熱力学の根本的に基礎的な性格が現れている[32].

例 3.2.2 力学: ニュートン力学自体も古典的運動一般の現象論的記述と解釈す

---

[30] 呉承恩『西遊記』，第七回「八卦炉中より大聖を逃がし五行山下に心猿を定む」(太田辰夫・鳥居久靖訳，平凡社，1963)．

[31] D. Ruelle, *Statistical Mechanics, rigorous results* (Benjamin, 1969) の最初の方をみよ．

[32] 《熱力学の教科書》熱力学は普遍的な学問であるという立場からの入門書の書き直しが，佐々真一『熱力学入門』(共立出版, 2000)，田崎晴明『熱力学——現代的な視点から』(培風館, 2000)，清水明『熱力学の基礎』第 2 版 I, II（東京大学出版会 2021）などに見られる．熱力学ルネサンスと言ってもいい好ましい流れがある．最近のリーブとイーングヴァソンの熱力学基礎論参照：E. Lieb and J. Yngvason, "The physics and mathematics of the second law of thermodynamics," Phys. Rep. **340**, 1-96 (1999). その数学者向けの解説は同じ著者たちによる "A guide to entropy and the second law of thermodynamics," Notices AMS **45**, 571 (1998). これは Physics Today に出た物理屋向けの解説よりはるかに内容がある．問題集として久保亮五編の『大学演習熱学・統計力学』(裳華房, 1998)がいい．

ることができ, きわめて大きなユニバーサリティクラスを形成している. この場合は, それぞれの系の質量やポテンシャルが(運動方程式の具体的な形が)現象論的パラメタに当たる. つまり, ニュートンの第二法則で $mdv/dt = F$ で F と m は(熱力学にとっての状態方程式とまったく同様に)外的かつ偶然的な要素である. 二階微分方程式として運動方程式が与えられるということが, ニュートン-ラプラスの決定性(determinacy 初期の位置と速度が与えられると未来が完全に決まってしまうということ)という一般的経験事実の表現として, 普遍的な構造に相当する. 運動方程式が(一階微分を含まない)二階微分方程式であるということが慣性の法則の表現でもある. 現象論的な世界の理解とはそれぞれの現象の裏にあるこのような一般的な数学的構造を認識することである. といっても, このために何も数学の知識がいるわけではない. イヌでもネコでも古典力学が二階微分方程式であることがわかっているから, めったに食われたり食いはぐれたりしないのだ. もちろん, わかっていることを自覚的に表現するのは簡単でないから, イヌの頭の中に「微分方程式」があるわけではない. この点はたいていのヒトもイヌと大差ない. 数学は体に組み込まれている. 慣性の法則はわれわれやイヌやネコがこの世に生じるはるか昔からなりたっていたにちがいないから, われわれを離れて存在する(われわれの存在, 非存在にかかわらず存在する)普遍性である. この世で何が普遍的かということは「われわれの事情」で決まることではなく世界の構造で決まっている[33].

課題 3.2.1 われわれがそもそも存在しなければ, 他者の存在など観測不可能であるから「われわれを離れて存在する」などというのは無意味な発言ではないか. これにどう答えるか? □

例 3.2.3 力学的運動: 古典力学でも, また, 量子力学でも, 個々の系の運動はその運動方程式と初期条件に分けて考えられ, それぞれの系にとっては, 前者がユニバーサルな構造, 後者が現象論的な調節パラメタに相当する. つまり, (古典または量子)力学にしたがう系という大きなユニバーサリティクラスは中にいろいろな系を含むのだが, 個々の系の運動も普遍的な面とそうでない面とに分けて考えることができる. この認識はニュートン革命で重要だった.

---

[33] 古典力学入門としてはファインマン講義の力学の部分が(じっくり勉強したい人には)よい. この次にランダウ-リフシッツ『力学』とアーノルド『古典力学の数学的方法』を読むといい. 現代的な話題までバランスのとれたよい教科書は無い.

ある場合は普遍性はその意義を強調され(たとえば臨界現象の場合のように)，またある場合には，普遍的だということさえあまり意識されることがなかった．この違いはかなりの程度，普遍性を認識することが更なる現象の理解につながるか否かによるようである．臨界現象の場合は各論しかないと思っていたところにそうでない側面があることを知ってみんな驚いたのだった．しかもこの場合は，ミクロの多様性のゆえに普遍的なものの成立が自明からほど遠く普遍性は特筆に値すると感じられた．あるいは，例 3.2.3 にあるように，一つの系に許された運動を，運動方程式と偶然的な初期条件に分けて考えられるというのが，ニュートン革命の一核心だが，(たとえば，天体の)運動法則がかなり普遍的であったこと(一つの式でいろんなことが説明できること)は感激をもたらした(ただし，最終章に見るように，この感激の延長だけで科学を推し進めていいかどうかは問題である)．

　熱力学でははじめから基本法則として世界の普遍的な面が捉えられていた．この世は一つしかないから，普遍性の認識がいろんな世界(のある側面)を分類して理解しやすくするという役に立つわけにはいかない．だから普遍的構造としての熱力学というものは強く意識されてこなかったようである．こういうものを，普遍性の観点から見ることができるなどとあらためて指摘してもほとんど御利益がないのではないか[34]．だが，「くりこみ」は普遍的な側面を探す手だてであるとともに，なぜ普遍的かということについての洞察を与える可能性も持つので，一般原理と見られているものをもっと深いレベルから理解することが可能になるかもしれない，たとえば，熱力学についての別の視点が与えられるかもしれない．さらに，この世界は一つしかないからその普遍性を記述する熱力学は一つしかないとはいったが，それはあくまで平衡状態に関してのことである．平衡から外れた状態にもある種のユニバーサリティクラスがあるのではないか，という問題意識は荒唐無稽ではないだろう．

補註 3.2.1 統計理論を作る際の現象論の役割
　平衡統計力学の基本原理は等重率の原理であるが，どのようなミクロ状態の集合にこの原理を適用してよいかは現象論的にしか指定できないことにまず注意しよう．エネルギー

---

[34] しかし，すでに引用した E. Lieb and J. Yngvason, "The physics and mathematics of the second law of thermodynamics," Phys. Rep. **340**, 1 (1999) にはある種の序列関係の存在とそれと整合的な「高さ関数」の存在の同値性についての数学的理論として一般的に熱力学の基礎(のある部分)が記述されている．これは「複雑性」を定量化する際の重要なヒントになるかもしれない．

E と仕事座標 X_i[35]という巨視的制御可能な示量変数の組の値 $\{E, X_i\}$ で指定されたすべてのミクロ状態の集合に等重率の原理は成り立つとしてよいとされる．ここで，仕事座標の組は熱力学の第一および第二法則が成立するように決めるのであり，熱力学を離れて統計力学の枠組が意味をなさないことは明瞭である．

一般に示量性の量（系の大きさに比例する量，たとえばエネルギーのような）が基本的である統計理論というものは何に等重率原理を仮定するかということに規定される理論だと考えられる．これは漸近等配則 (2.7.26) が示唆する．したがって，このような枠組が非平衡状態でも成り立つと期待するのはそう不自然ではないだろう．

たとえば非平衡定常状態の統計力学があるとすれば，上のような構造になっていると考えるのが最も自然である．その意味するところは，(非平衡)定常状態の熱力学が無くてはならないということである．保存則にあたる第一法則に相当するものはいいとして，第二法則にあたるものはあるか？いかに非平衡状態であっても，力学的系統的な変化ではなしえないことは必ずあるはずである．そこで第一法則と第二法則の定常状態への拡張が成立するような示量的仕事座標の組をいかに設定するか，ということが問題になる．これが可能ならば，いかに等重率原理を指定すればいいかがわかったことになり，統計力学が可能になる．いちばんの困難は現象論を確立するところであるように見える．ここで悪戦苦闘しているのが定常熱力学である[36]．

　ある現象あるいは系の集まりを全体として考察できるには現象論の存在が前提である．次の章で見るように，モデル化に際してもこれは重要な意味を持ってくる．詳細を欠くモデル（印象派の絵画と言ってもいいかもしれない）がある現象の意味のあるモデルでありうるのは，その現象が現象論的記述を許すような現象の集まりの一員であるとき，そしてそのときにかぎる．ややこしい現象を理解したいならば，まずその現象論的記述を抽出することを試みるべきである．これが不可能なら，一般的理解は断念しなくてはならない．よって，複雑な世界を一般的に理解したいならば，まずその現象論的理解をめざさなくてはならない．

　現象論の普遍的部分は否応なく抽象的であり数学的である．すでにちらちらと書いてあるように，このような普遍構造を持った現象が世界にいろいろとあるということが，知的存在が存在しうる前提条件であると著者は信じる．世界の現象論的理解は「本質」を「存在」よりも強調する見方だと言うこともできよう．すでに書いたように，系統発生的に見て，世界の抽象的把握は，より具体的

---

[35] 仕事座標 (work coordinate) とは力学および電磁気学で規定できる示量変数のこと．体積，磁化，などが例である．

[36] 試みは Y. Oono and M. Paniconi, "Steady state thermodynamics," Prog. Theor. Phys., Supplement **130**, 10 (1998); S. Sasa and H. Tasaki, " Steady state thermodynamics," J. Stat. Phys. **125**, 125 (2006).

個別的対象の認識に先立ち,現象論的見方は人間によるふつうの世界の認識より原始的(あるいは基本的)である[37].抽象的かつ数学的な概念は生物学的にはより原始的概念である.認識において抽象は具体に先立つ[38].抽象概念の方がそれが自然であるかぎり生物学的にはより具体的なのであり,われわれが具体というものはあとから構成されると考える方が実情に近いだろう.「美しい花がある.花の美しさというものはない」は醒めた名言だと思われているようだが,実はまったくの錯覚あるいは誤認に過ぎず,「美」のような情動と関係した抽象的な概念こそまず確固と知覚されるものでありうる.花の美しさがあってはじめて美しい花が立ち現れるのだ.

上で例としてあげた現象論あるいは現象論的まとめは「定量的」自然科学における普遍則であり,そのようなものとして認識することに異を唱える人はあまりいないだろう.しかし,世界にはほかに様々な一般的観察というものがある.たとえば,物理の基本法則はすべて変分原理(variational principle)である.あるいは,自然な変化ではかくかくしかじかのことは絶対にできないという禁止原理(forbidding principle)としてこれを述べることもできる[39].こんな一般的観察が何の役に立つだろうか? 高エネルギー物理では新たな理論を構成するときの指導原理に使われるところを見ると,多分深い意味があるのだろう.生物学的世界がわれわれに理解できるものならば,少なくともこのような一般的観察が可能でしかも深い意味を持っているはずである.たとえば,細胞は必ず別の細

---

[37] たとえば,「感覚器官」という概念は目や耳と違って天与のものでなく人のこしらえた二次的な概念であると考えるかもしれないが,ショウジョウバエの感覚器官の遺伝子による発生制御を見ると,成虫の全感覚器官(目,Johnston 器官および弦音器官 chordotonal organs; 後二者は力学的刺激を感じる器官である)を統御する遺伝子 atonal がある.有名な ey (Pax 6 とホモログ)はこの下で働く.N. Niwa, Y. Hiromi and M. Okabe, "A conserved developmental program for sensory organ formation in *Drosophila melanogaster*," Nature Gen **36**, 293 (2004) 参照.この論文は普遍的な原感覚器官発生プログラムの存在を論じている.

[38] Lin Chen は二十年以上前から位相数学的な特徴(存在/非存在,内外の区別,穴の有無など)がもっとも基本的な視覚刺激であることを主張してきた("Topological structure in visual perception," Science **218**, 699 (1982)).彼のグループの最近の仕事(B. Wang, T. G. Zhou and L. Chen, "Gobal topological dominace in the left hemisphere," Proc. Natl., Acad. Sci. **104**, 21014 (2007))は(右利きの人間では)大脳左半球が位相的違いに右半球より鋭敏であることを示し,対象を認知する基本が位相的認知にあるからであると考える.さらに位相的違いの認識は他の幾何学的違いよりも短い時間で認知されることも示している.

[39] 禁止原理としては熱力学の第二法則が有名だが,いかなる変分原理もこう言い換えることができる.

3.2 意識されないほど普遍的な現象論

胞によって生み出される，あるいは生命は別の生命によって生み出されるなどという言明は陳腐に聞こえるが，これは実は「複雑系」についての意味のある言明である．第 5 章冒頭にあるように，少なくともこれを忘れることによっていわゆる複雑系研究が的を大きく外してきたことからわかるように，その程度には重要な言明である．この観察と十分昔には細胞や生命はなかったという事実および世界に充ち満ちているノイズの効果を考えることからダーウィニズムによる進化が論理的に帰結すると考えられる．だから，このような観察はまったく定性的なだけでただのお話だというわけでもないのである．熱力学的法則も性格は似たようなものであることを思い起こそう．

あるいは，生きものは殺されたら生き返らない（細胞は破壊されたら，それまでである）というのもまたまたあまりに陳腐な言明であるが，しかし，システムバイオロジーで扱っている詳細な生化学網によってモデル化されている細胞は死なない，より正確に言えば生き返らせることは容易である，ということは何か本質的なものが抜けているということだ．空間的構造のないことがたぶん最大の理由である．精密科学に従事する人々は，こういう観察はまともな理論を組み立てる基礎としてはあまりに漠然としていると言うかもしれないが，それらは重要な論理的帰結を持ってはいるのである．

補註 3.2.2 現象論と現象学

哲学では，Phenomenology という言葉は最初にランベルト (J. H. Lambert 1728-1777)[40]の「新オルガノン」(1764[41])に出てくるそうであり[42]，彼は「真理発見の手段の研究の最終部門」に「現象学」という名前を与えた．カント (E. Kant 1724-1804) はランベルトを尊敬していて，「感性的知識の妥当性と限界を決定する学問」を「一般現象学」と呼ぶべきだと考えていたらしい．カントはこれを「純粋理性批判」とよび換えた．

現代においては「現象学」という言葉は，ふつうフッサール (E. Husserl 1859-1938) に始まる現象学の意味で使われる．彼のモットーは「事象そのものへ」だった．彼自身が認めるように，「現象学」という言葉の彼の用法は，マッハ (E. Mach 1838-1916) の提唱したきわめて反形而上学的[43]立場（観測可能な諸現象の比較とその記述のみを通して自然を研究す

---

[40] オイラーやベルヌーイ一族と同時代のスイスの数学者，物理学者，天文学者．透過光の吸収についてのランベルト・ベール (Lambert-Beer) の法則やランベルト関数 $f(x) = x \exp x$ などいろいろな仕事がある．

[41] [1764 年: ハーグリーブズ，ジェニー紡績機発明，曹雪芹没]

[42] 現在使われている意味では；一番最初は 1736 年 Christoph Friedrich Oetinger (1702-1782, ドイツの神智学者 theosophist) により目に見える世界の表層での物事の間の神的関係を研究する部門の名前として使われたという．

[43] 「形而上学」(metaphysics; meta = 越えた, physica = 自然）はここでは経験を超えた超越的概念を議論するという意味に使われている．もちろん，その語源にはそんな深い意味はなく，ア

る立場)に付けられた名前にもとづいている(ボルツマンらマッハの論敵が蔑称としてそう名付けたのだった). これからわかるように,「現象論」という言葉は「原子論と違って, 現象の表面的記述に終始し, そこから先に行こうとしない」ということを意味し, 物理学では, いいニュアンスを持っていない, というよりはっきりと反動的ニュアンスを持つ. フッサールの初期の用法でも現象学は「諸体験の純粋記述的研究」であった[44].

フッサールの『現象学の理念』に「… 不明晰で矛盾にみちた理論や, それらに関係するはてしない争論の闘技場をなすものこそ, 認識論, および, それと歴史的事象的に密接に関係した形而上学である.」[45] とあるように, 彼の反形而上学の旗幟は鮮明である. フッサールは, デカルトにならって,「体験のただなかにあって体験が端的に反省される際の体験の存在は, 疑う余地がない」ことが認識批判のための基底になるということを出発点にとる. しかし, そこに厳しい反省を加える.「絶対的にあたえられるのは, 還元された純粋な現象だけである. 体験する自我, 客観, 世界の時間のなかにある人間, さまざまな事物, 等々は, 絶対的にあたえられたものではなく, したがって体験も自我の体験としては絶対的にあたえられたものではない」[46]. ここでフッサールの使っている「還元」という言葉は「還元主義」などというときの還元ではまったくなく, 超越的なもの(経験外のもの)を内省によって除去することを意味する(これを現象学的還元[47]という). つまり, 物理学者がいう「還元」の正反対, 現象に徹すること, を意味している. 物理学者の意味では, 彼は徹底した反還元主義者であった. 何が観測可能か(経験可能か)ということを真剣に考え, 経験可能なことのみをすべての考察の基底におこうとした徹底した自然科学的態度がフッサールの現象学の特徴と言うべきだろう.

フッサールはゲーデルやワイル (H. Weyl 1885-1955) に大きな影響を与え, ゲーデルが大いに共感を覚えた哲学者であったことを記憶しておこう[48].

3.3 現象論はいかに得られるか——くりこみとの関係

尺度干渉のせいで, われわれのあらかじめ知ることのできない世界が否応なく顔を出すこの非線形世界が, それにもかかわらず理解できる(気分になれる)一つの理由は, 現象論的理解が要所要所で可能なためであり, それは(近似的にせよ)ある範囲での普遍的な構造が世界に存在するからだ, というのがここまで

リストテレスの著作の中で関連した部分が Physica の「後に」並べられたからだ.
[44] 以上, 岩波『哲学・思想事典』(岩波書店, 1998)と木田元『現象学』(岩波書店, 1970)の序章による.「現象」という言葉の語源に遡った考察がハイデガーの『存在と時間』(これはフッサールに献呈されている)のはじめの方(序論第 2 章 7 節)にある.
[45] E フッサール『現象学の理念』(長谷川宏訳, 作品社, 1997)講義一 p34.
[46] E フッサール『現象学の理念』(長谷川宏訳, 前掲)五つの講義の思考の歩み p11.
[47] 「世界の存在についての確信にストップをかけ, 逆にわれわれに直接与えられる意識体験からいかにしてそのような確信が生じてきたかを見ようとするのが, 超越論的還元」である(木田元『現象学』p45).
[48] R. Tieszen, "Gödel's path from the incompleteness theorems (1931) to phenomenology (1961)," Bull. Symbolic Logic **4**, 181 (1998) は好論文である.

の話である．現象論とは何か，ということも実例を通してながめた．物理の業界には「現象論に過ぎない」という言い方があることから見て，現象論には，ミクロな理論に較べると大雑把でいい加減な副次的理論だというようなイメージがともなう（そもそも現象論は物理学では蔑称としてはじめは使われたのだった，補註3.2.2 参照）．または，観測結果や現象を（その本質抜きで）ただ整理しただけだという印象も付きまとっている（経験曲線への単なる当てはめのように）．しかし，前の節で見たようにここでは，定量的な現象論にはもっと精密な理論があって現象論はその粗い近似だ，と考えていないことに注意．熱力学は何かの近似ではないのだ[49]．

では，どうしたら現象論の骨組み，すなわち，現象の普遍的な数学的構造が見抜けるだろうか？

大きなスケールは，ミクロの立場から出発してスケールの梯子を登っていくと，はるか雲の上にある．そうすると，ミクロな立場からみて，ある種の漸近的挙動を見抜くことが現象論の普遍的な側面を見抜くことではないか．漸近挙動の中でミクロの詳細によらない，構造安定な挙動を見抜くことが巨視的世界の普遍的数学的構造を見抜くことに相当するのではないか．

補註 3.3.1 構造安定性 (structural stability)
これは，力学系に関してアンドローノフ (A. A. Andronov 1901-1952) とポントリャーギン L. S. Pontrjagin 1908-1988) によって 1937 年[50]に導入された概念である．自然科学や工学にでてくる微分方程式はその係数（形）がある誤差の範囲でしか決まらないことが多い．いいかえると，式（力学系）の構造がある曖昧さを残してしか決められないことが多い．もしもその力学系の挙動が，この曖昧さにひどく左右されるとすると，現実のモデルとして役に立たないだろう．モデルとして役に立つのは，構造の小さな変化（構造摂動 structural perturbation という）に対して解の挙動に本質的変化のないような力学系だろう．このような系を構造安定な系ということにしようと彼らは提案した．ここに述べた考えをきちんと定式化するには，構造摂動が「小さい」とはどういうことか，解が「あまり変化しない」とはどういう意味か，などということがはっきりしていないといけないので，解の集合や力学系の集合に位相や距離をいれることが必要になる．これ以上ここでは論じない．もちろん，世の中には構造不安定な系も多々ある．したがって，ここで述べたことは正確には「再現性のよい現象のモデルは構造安定でなくてはならない」ということである．

課題 3.3.1 ナビエ-ストークス方程式は構造安定なのだろうか[51]．

---

[49] この言明は田崎晴明氏のもの．もちろん，熱力学は有限の実際の系に生じることの理想化という意味では近似ではある（理想化は近似の一つである）．

[50] [1937 年: ゲルニカ, 南京大虐殺]

[51] 興味深いことに, 粘性項を非線形にして速度勾配に粘性が依存したり, 粘性項にさらに重調和項（$\Delta^2 v$ に比例する項）を付け足すと 3 次元でもたちまち解の一義存在が容易に証明でき

与えられた系の普遍的な巨視的特徴を見出すために, $\zeta =$ (マクロスケール)/(ミクロスケール) $\to \infty$ の極限を考えよう. 極限を考えるということは, 十分大きなスケールで観測にかかることを問題にするということだ. たとえば, 前の節のポリマーを例に取ると, モノマーのサイズが気の遠くなるように小さいと感じられる世界の話をするということである[52]. ζ を変えるためには観測するスケールを取りかえてもよいし, モノマーを取りかえてもいい. ζ を動かすということのうちにはミクロな構造を取りかえる(別の物質を観察する)ということも象徴的に含めている. ここでしたいことの核心は, ミクロの世界の詳細を変化させてそれが巨視的観測量にどう響くか考えることだが, これを $\zeta =$ (マクロスケール)/(ミクロスケール) $\to \infty$ の極限を考えると, 象徴的にひとまとめに表現しているのである. 博物学の主要な手段である比較研究と方法論的に同じであることに注意. もちろん, 博物学はミクロスケールがちがう系を単純に比較しているわけではなく, 何を変動させて応答を見ることがよい比較研究か, というところから考えなくてはならないから, 物理より格段に難しい.

いま, 考えている系のある観測量が観測のスケールに依存するとすれば, それを ζ の関数 $f(\zeta)$ と見なすことができる. $\zeta \to \infty$ の極限でどういうことが起こりうるだろうか? もしも $\lim f(\zeta) = c$ のように収束するならば, この量は巨視的世界で確定した値を持っている. このとき ζ はある程度大きければ「どうでもいい」. いいかえると, ミクロな世界など確定していなくていい(どんなことを想像してもいい)[53]. 問題は収束しないときである. ある観測量が $\zeta \to \infty$ の極限で落ちつかないということはどんなに大きなスケールで見ても, ミクロの影響が深刻に残り続けるということだ. つまり, そのような量はミクロスケールの詳細に依存する量である. 実際には ζ は無限ではないから[54], $f(\zeta)$ はそれぞ

る. 少なくとも関数解析的にはどんなに小さなこのような摂動をかけても大きく性格が変わる. O. A. ラジゼンスカヤ『非圧縮粘性流体のの数学的理論』(藤田宏・竹下彬訳, 産業図書, 1979)の付録参照.

[52] ここで分子がいかに小さいか実感するのも悪くないかもしれない. 大さじ (tablespoon)1杯に入っている水分子の数の方が地球の海の水が大さじ何杯かという質問の答えより5倍くらい大きい.

[53] ミクロの世界の存在とその性質が確定していることとは同じことではない.「存在」が抽象的であっていい. あるいは, ミクロの世界は「同値類」としてしか確定していない, と考えることもできよう.

[54] われわれはミクロの詳細をとことん知っているわけではない. したがって, ミクロな理論といってもあるスケールより小さなところで(あるエネルギースケールよりは大きなところで, といってもいい; 小さなところを知るには短い波長の光のような大きなエネルギーを持

れの系で確固とした値を持っているはずではある．これが ζ に敏感に依る(図 3.3.1 参照)のだから，この観測量がそれぞれの系の個性に敏感に依存するということである．世の中はきわめて多様だから，このようなことはありふれたことのはずだ[55]．

図 3.3.1 巨視的極限で発散するか．$1/\zeta=$ ミクロスケール/マクロスケールである．$1/\zeta \to 0$ で (a) のように発散しないならばミクロなレベルで何を仮定してもいい．それはどんな系でも一定だからである．(b) や (c) ではミクロの効果はここで考えている縦軸に相当する巨視観測量にしつこく残りつづけ無視できない．現実世界では $1/\zeta$ は 0 でない小さな値を持つがそれを微少量変えるとわれわれが見るものは鋭敏に変わる．

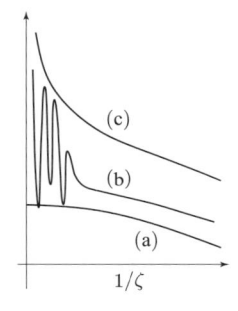

しかし，もしも，$\zeta \to \infty$ の極限で，発散する量を観測量から分離できるならば，残りは $\zeta \to \infty$ の極限で収束するのだから，普遍的だということになる．そして，極限で発散する量はそれぞれの系の個性に敏感な量のはずだから，現象論の範囲では調節パラメタ(adjustable parameter，すなわち現象論的パラメタ)とみなすべきである．ただし，ナビエ–ストークス方程式のところで注意したように，ある系を相手にしているときそのパラメタを測定で決めてしまったあとはその値を勝手に動かせない．

ミクロの詳細に敏感に依存する部分(すなわち発散)を，いくつかの調節パラメタの値の変化の中に吸収することをくりこみ (renormalization) という．これが可能なとき，考えている系はくりこみ可能 (renormalizable) であるということにする[56]．くりこみ可能であれば，ミクロの詳細を変化させてみてそれで敏感に変化する部分をいくつかの現象論的パラメタの中に吸収することができ，残った部分はもはやミクロの詳細に依存しなくなる(巨視的極限である極限に落ち着く)．残った不変部分(構造安定な部分)が普遍的な構造として抜き出せたことになる．くりこみ可能な系は現象論で記述することができる．つまり，先にあ

ったプローブが要る)起こることは記述があっても不十分になる．ζ はいつでも有限なのだ．

[55] 3.5 節でもっと注意深い議論をする．ここでは単純に話を進めよう．ただし，たとえ発散があっても，f の漸近的な形が普遍的構造の一部でありうる．

[56] この言葉の使い方は高エネルギー物理での使い方とずれている．「くりこみ」を漢字を使って書く悪しき風潮がある．朝永先生以来の正しい和語の伝統をまもるべきだ．無神経にかな漢字変換のいうなりになるべきではない．

げたスローガン「現象論＝普遍構造＋現象論的パラメタ」が実現する．微視的詳細に敏感な部分を明確にすることで普遍部分を浮き彫りにするというのが以上の戦略のよい表現であることが次節の例から見て取れる．逆に，現象論をもつ一連の系はくりこみ可能なモデルで記述されるはずだ．ミクロの詳細の影響はないどころかきわめて大きいが，それが出現するところが気紛れでなく一連の系ではしばしば同じところに局限されている，ということが現象論が同じ構造をもつ理由である．

　ある観測量がくりこみ可能であるかどうかはわれわれの勝手になることではない．それは考えている系と観測量の性質である．現象がそもそもわれわれに一般的に（各論としてでなく）理解できるかどうか——現象論があるかどうか——もその現象の性質のひとつなのである．現象論的枠組は，存在すれば，ミクロのディテールに鈍感なのだから，ある現象論を与えることのできるミクロなモデルはもちろんたくさんある．現象論に対応しているのは個々のミクロなモデルではなく，その現象論的同値類だ．この同値類をユニバーサリティクラス (universality class) と呼ぶ．現象論的枠組だけが目的ならば，このクラスの中で最も簡単なモデル（極小モデル minimal model と呼ばれる）を調べればいい．極小モデルの特徴付けは美意識などが絡むので単純でないが，とにかくそれは現象論が含むのと同じ数のパラメタ（ぎりぎりの数のパラメタ）しか含まないモデルである．くりこみ，現象論そしてモデル化が密接に関係している感じが多少これでわかるだろう．

　たとえば，例 3.1.3 で見た高分子溶液の平衡統計力学的性質を記述するには，二つの要素がいる．典型的なよく曲がるポリマー（ポリエチレンのような）では (1) 分子は長さ N の鎖のようなものだ（長くつながっている；ここで N は分子量に比例している）が，(2) モノマーユニット同士が排除しあう，その有効体積 v は溶媒の性質を反映する（良い溶媒＝この高分子をよく解かす溶媒ではモノマーユニット同士は避けあうので v が大きい）．そこで，二つのパラメタを持つ極小モデルを使って現象論は説明できるはずである．これは経験によると本当らしい．しかし，この現象論がどうして二つの現象論的パラメタで十分かということを，当然ながら，極小モデルは説明しない[57]．これはより一般的なモデル

---

[57] なんだあほらしい，あたりまえだ，と読者は言うだろうし，その通りなのだが，高分子物理ではいわゆる two parameter theory という二つしかパラメタを含まない理論にもとづいてこれが大まじめで議論されていたのである．あきれたことだと思うかもしれないが，数学から遠い分野ほどこの手の初等論理ミスがあっても驚いてはいけない．

で考える必要がある．

ところで，第 1 章で「系」という言葉を導入し，おおよそわかっているものとしてここまで話を進めてきた．「系」とはそれ以外の部分をいろいろ動かしても（ある特定の要件をいじらない限り，たとえば外系と熱接触している系なら，その接触を断たないなどという条件下で）構造安定な側面を持つ世界のある部分のことである．このとき，「外」との関係が弱いなどということは要求されておらず，不可分の（強い）相互作用をしているにかかわらず，その効果を少しのコントロールパラメタなどにくりこめるような世界の部分が「系」と呼ばれるに値するのである．つまり，世界は不可分だから，系を切り出せないというのは単純にすぎるのだ．しかし，以上述べた意味での（「正しい意味での」あるいはくりこみに裏打ちされた）現象論的見方に立たない限り，「系」という概念はきわめて狭く有用性が限定されているということを明確に認識すべきである[58]．

3.4 くりこみの二つの考え方

ここまでに見たように，大雑把に言って，現象論はスローガンとしては '現象論' = 'ユニバーサルな数学的構造' + '現象論的パラメタ' だった．

ユニバーサルな数学的構造はミクロのディテールを変えても不変に留まる結果をさがす，いいかえると，'構造安定な' 結果を追究することで，見つけることができるだろう（もし存在すれば）．くりこみとは観測不可能なディテール[59]を変えるときの不変量，あるいは安定な構造の追究であるということもできる．ミクロを変化させたときの不変な結果を追究するには少なくとも二つの戦略が知られている．
(1) 系をだんだん遠くからながめて，それでも見え続ける性質を探せ．
(2) 微視的パラメタを動かしてそれに敏感でない構造を探せ（上の構造安定の考えに忠実な方針である）．

(1) に基づくくりこみをウィルソン=カダノフ (Wilson-Kadanoff) 流のくりこみ処方，(2) に基づくくりこみをシュテュッケルベルク=ペーターマン

---

[58] 生きものの個体性（われわれの個体意識でもいい）にも同様の問題がある．物質的にはわれわれは刻々変わっているのになぜ「わがみひとつは」と感じるのだろう．
[59] これは相手にしたくないディテールである場合もある．見ないと決めたものでもよい．ただし，見ないですむかどうかはわれわれの勝手にはならない．それに見ないですむかどうかは知りたいことにもよる．「知りたいこと」を決めるとわれわれの勝手にはならない．

(Stückelberg-Petermann)流のくりこみ処方と呼ぶ.

ある量(たとえば,臨界点近くでの磁性体の比熱)についての現象論を作りたいとする.

(2)では,その量がミクロなパラメタの関数として,かなりあらわな形でわかっていなくてはならない.したがって,その量を計算する近似的方法が必須であり,しばしば摂動論が使われる.計算は多くの場合,対象の極小モデルを使う.

(1)では視力(空間解像度)を一定にしたまま,系を遠くから見ることになる.これは系を粗視化しながら縮小することに当たる.系自体が十分大きく端のことを考えないでいいとすると,大域的な性質はこの変換を受けても見え続けるだろう.他方,小さなスケールの詳細で大域に効果を持たないものは,この操作をくり返すうちに,どんどん見えなくなっていく.そこで,このような粗視化と縮小の組み合わせ=くりこみ変換(renormalization transformation)を何回施しても生き残る性質が追求すべき安定な構造を支配しているだろう.

この章で展開されるプログラムには(さらにこの思想を受け継ぐ次章のプログラムにも)「すべてを量子力学的ハミルトニアンから求めずんばやまず」という ab initio 側の人々から厳しい批判と異議が出るに違いない.しかし,ここでわれわれが理解しようとしていることは「チョークもメリケン粉も白いのはなぜか?」である.この質問には,原子分子の詳細にまでさかのぼらない答が本質であるにちがいない.ここで,微視的詳細までさかのぼるのは間違いだ,などと言っているわけではない[60].さかのぼることが真の理解につながらない現象も多々あると言っているだけだ[61].現在の計算物理学の行き方は「徹底的にさかのぼる」である.すべてをできるだけ詳しく見れば,うそはないだろう,という考

---

[60] しかし,正しいと言い切ることができないことも意識すべきだろう.物質が原子分子からできていることをたとえ認めたとしても,それらが同時に多体系の力学にしたがっているなどということは経験的検証を超える.つまり,「言い切る」のは科学的でない.もちろん,直接検証ができなくてもこの考えがいつもうまくいくなら正しいとしていい,という意見はある.だが,「いつもうまくいく」と主張するとき「いつも」が実は偏っていたりして「見たいことしか見ていない」というのはよくあることだ.

[61] もちろんここで考えている問題はワインバーグの「チョークはなぜ白いか」という質問のもじりだから,「白い」という性質は興味深い性質の喩えとして使われているのだが,「白い」などという「実はどうでもいいこと」に拘るから「原子分子はどうでもいい」ことになるのだという批判はありうる.どういう性質に着目すればよい現象論ができるかは一般論としては難しい問題であるが,すでにいくつか現象論の例に見たように,明らかに,原子分子(の詳細)がどうでもいい例でアホらしくないものがあることで,ここは十分だろう.

えである．この方針が科学の最先端であるとしばしば見られている理由は，何が大事で何が大事でないか，勘所がさっぱりわかってない現象がほとんどだからである．どこで手を抜いていいかわかってない．数学でも厳密解がありがたいのは，問題がよくわからないときだ．あるいは，厳密な証明は「数覚」が貧弱だから要るのである[62]．したがって，理想は，勘所がちゃんとわかって，余計な計算をしないで答が出せるようになることなのであって，闇雲に全部計算できるようになることではない．

3.5 くりこみのイロハ

この節では，手で計算できる例を通してくりこみの方法を具体的に体験しよう．例はきわめて単純だが，本質を尽くしている．

図 3.5.1 にあるフォン・コッホ (von Koch) 曲線[63]のような自己相似な幾何学的対象は，単純な系に代表的なミクロの長さがないときよく生じる．たとえば，カオスにおいては無制限にミクロスケールは引き延ばされるから，長さの最小単位というものがなくなり，軌道に横断的な部分空間 (軌道に直交する方向) にある種の自己相似性があらわれることはめずらしくない (なめらかでない構造があるとすればランダムでない構造は自己相似的にしかなれないだろう)．もちろん，これはカオスが生じる系がきわめて単純だからくり返しになってしまうのであって，深い意味があるわけではない．

フォン・コッホ曲線の長さはわれわれがそれをどう計るか (どのスケールでフォン・コッホ曲線という現象を観測するか) に依存する．われわれの問題は海岸線の長さをどう定義するかという問題の単純化されたものだ．こういう曲線をフラクタル曲線 (fractal curve) と一般に呼んでいる[64]．海岸線の長さの問題

---

[62] 小平邦彦氏の言．

[63] H. von Koch (1870–1924) はリーマン仮説が成り立つならば，真の素数分布とガウスによる分布 $\int_2^X dx/\log x$ のずれが $\sqrt{X}\log X$ に比例する量でおさえられることを証明した人．

[64] フラクタルについての本としては元祖参照: B. B. Mandelbrot, *Fractal Geometry of Nature* (W. H. Freeman, San Francisco, 1983)．コンピュータグラフィックスでカオス的な力学系のアトラクターを可視化すると，フラクタルのような図はいくらでもでてくる．素直な第一印象 (われわれの生身の視点から) は，自然界にはこんな単純なものはあまりない，ということだ．フラクタルに圧倒された人々は，たとえば，実際の森の中に行って生の自然の豊富さに圧倒されたことのない人々のようだ．「複雑な系」と，そうではないカオスのようなものの差が感じられなくてはいけない．

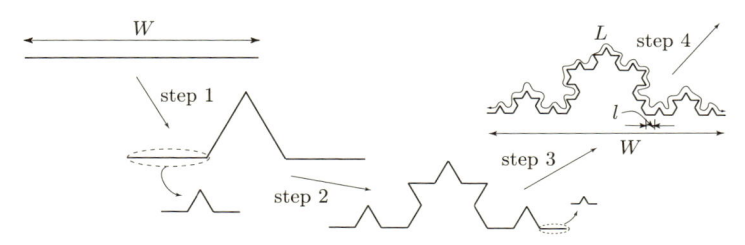

図 3.5.1 フォン・コッホ曲線の構成法. まず長さ W の線分をとり, その 1/3 の線分を作る. それを四つ準備して中央に山を持った折れ線を作る. これがステップ 1. 次にこの一山の折れ線の構成要素, 長さ $W/3$ の線分 (代表例が点線の楕円で囲ってある) を四つとも, ステップ 1 で出来た図形そのものを 1/3 に縮尺したもの (点線の楕円の下に描いてある) でおきかえる. これがステップ 2. こうしてできた一番下にある折れ線図形では単位になっている線分 ('モノマーユニット') の長さ ℓ は $W/9$ になる. この $W/9$ の長さの線分の'モノマーユニット'をステップ 3 のすぐ下に書いてあるように, また一山を持った小さな図形でおきかえる. このステップ 3 でモノマーユニット'の長さは $W/3^3$ になる. これをステップ 4 以下つぎつぎに限りなくくりかえすとフォン・コッホ曲線ができる. 本節では'モノマーユニット'の大きさは有限と考えるので, 以上のステップを有限回しかくりかえさないが, くりかえしの回数 n は大きいので最終的にできあがる図形の'モノマーユニット'の大きさ $W/3^n$ は見えないくらい小さい.

は, フラクタル愛好家が考えるよりも深い意味を持っている. なぜなら, 波のために, その長さは, どのスケールでもゆらいでいるどころか精密にはかればはかるほど激しくゆらいでいて, 精度の極限では図形そのものがはっきりしない (存在しない). ミクロの世界での'存在'という言葉の意味が, われわれのスケールでの'存在'という言葉の意味とかなり違いうることを教えている.

ℓ を曲線の最小単位の長さとしよう. さらに L を曲線の全長, W を図 3.5.1 にあるような曲線のさしわたしとする. これらの長さから二つの独立な無次元量 L/W と W/ℓ が作れるので, 次元解析的に (付 3.5A に解説がある), 適当な関数 f をとって

$$\frac{L}{W} = f\left(\frac{W}{\ell}\right) \tag{3.5.1}$$

と結論できる. 付 3.5A で見るように, これは (長さの) 単位を取りかえても結論が変わってはならないという要請に基づく. 次元解析のふつうの説明を見ると, 次元を持った量のうち, われわれが関心を持っているスケールからかけ離れた量は無視するようにと書いてある. もしも (3.5.1) に出ている関数 f が $\ell \to 0$ の極限で発散しないならば, $L \propto W$ となって教科書通りの処方が通用する. たとえば, 直径 W の円に内接する一辺が ℓ の正多角形の周囲の長さ L は

$$L = \frac{\pi \ell}{\text{Arcsin}(\ell/W)} = W \frac{\pi(\ell/W)}{\text{Arcsin}(\ell/W)} \tag{3.5.2}$$

だから確かに (3.5.1) の構造を持っている.そして $f(x) = \pi/[x\text{Arcsin}(1/x)]$ なので $x \to \infty$ でこれは π に収束する.W/ℓ が大きければ無視していいというふつうの処方はもっともなことがわかる.

しかし,フォン・コッホ曲線ではこうでないことが簡単にわかる.'隠れた長さ' ℓ は W からかけ離れているにもかかわらず無視できないのだ(付 3.5B にもっと系統的な説明がある).これはかけ離れたスケールが干渉するのとまったく同じたちの話である.いま考えている例での非線形性はさしわたし W と中に詰まっている(ある尺度での)単位図形の数の関係が線形でないところにある.だが,この隠れたスケールの効果はでたらめには顔を出さない.現象論の構造 (3.1.8) がちゃんとある.

このことをあらかじめチェックしておこう.そのために,まず,初等的な方法で関数 f を決める.図 3.5.1 のフォン・コッホ曲線を作る操作を n 回実行したあとでは'モノマーユニット'の長さは $\ell = W/3^n$,全長は $L = \left(\frac{4}{3}\right)^n W$ となるので

$$n = \log_3(W/\ell) \tag{3.5.3}$$

であり,

$$L = W^{\log 4/\log 3} \ell^{1-\log 4/\log 3} \tag{3.5.4}$$

が得られる.よって,$f(x) = x^{\log 4/\log 3 - 1}$.$\ell$ がいろいろことなるフォン・コッホ曲線を集めてながめると,その'真の'長さ L は W の関数としていつも $W^{\log 4/\log 3}$ に比例している(ユニバーサルな数学的構造).しかし,$W^{\log 4/\log 3}$ と L の比例係数は (ℓ に敏感だから) さまざまだ(現象論的調節パラメタ;さまざまだが,各実例についてはもちろん確固とした値を持っている).しかも,これは $\ell \to 0$ で発散している.簡単な例だが,3.1 節に述べた現象論の構造がことごとく現れている.現象論的パラメタの値は ℓ という詳細によるが,その関数形はそういうものによらず'普遍的'であることにも注意.ここで巨視的にすぐわかる $L \propto W^{\log 4/\log 3}$ だけを見ると,L, W ともに長さの次元を持っているから,次元解析の素直な結果 $L \propto W$ から $\log 4/\log 3 - 1$ だけ次元がずれたように見える.このずれを異常次元 (anomalous dimension) という.このようなことは,一般に,隠れた次元を持った無視できない量がある証拠である.

まず前節で述べた戦略の (1)「視力一定で遠くから見る」ウィルソン-カダノ

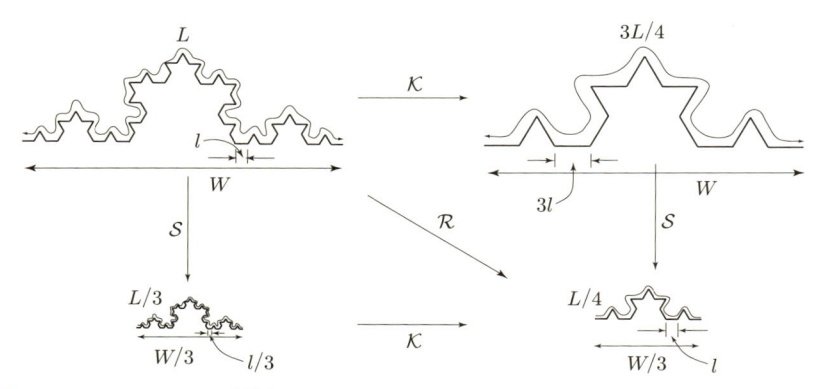

図 3.5.2 フォン・コッホ曲線をつかったウィルソン-カダノフのくりこみ処方. $\mathcal{K}$ が粗視化(カダノフ変換)であり, $\mathcal{S}$ がスケーリング変換(1/3 縮小)である. この場合これらは可換. これを組み合わせたものがくりこみ変換 $\mathcal{R}$ であり, もしも W が無限に大きかったら, 図形を保つ. そこで, この変換で保たれるような関係は大域的に成立する(遠くからも見える)関係だろう. 本文中 (i) は左上から横への変換, (ii) は右上から下への変換である.

フ流のくりこみ処方を実行してみよう. この処方の各段階は:

(i) 粗視化を実行する(この操作は カダノフ変換 (Kadanoff transformation) $\mathcal{K}$ といわれる[65]); このとき全体のさしわたしは不変である: $W = \mathcal{K}(W)$. しかし, 最小単位(モノマーユニット)は大きくなる: $\ell \to \mathcal{K}(\ell) = 3\ell$. そこで全長は $L \to \mathcal{K}(L) = (3/4)L$ となる.

次に,

(ii) 図形全体を縮小するスケール変換 $\mathcal{S}$ を, 最小単位が粗視化の前の図形と同じになるように決める(モノマーユニットがもとと同じになるようにスケールする): $\mathcal{S}(\ell) = \ell/3$ (確かにこうすると $\mathcal{S}(\mathcal{K}(\ell)) = \ell$ となる). 当然ながら $\mathcal{S}(L) = L/3$ と $\mathcal{S}(W) = W/3$ が成り立つ.

以上二つの変換を合成した $\mathcal{R} \equiv \mathcal{SK}$ をくりこみ変換 (renormalization transformation) と定義する. その作り方から見て, あきらかに, この変換はフォン・

---

[65] カダノフ氏もノーベル賞をもらわなかった理由は何か? 選考する人間たちが創造者でないからと思われる. 数学的本質をはじめに見抜いていたのはカダノフ氏であった. 後からふり返ればもうちょっとやっておけばよかっただけなのに, という人々がいるが, 核心はつかんだと(無意識的にかもしれないが)思えば, そこで気を抜くのは自然ではないか. 王手は成ったのだ. 実際に詰めてみせることをこのごろは評価しすぎるように見える. 南部陽一郎氏のあきれるほどおくれたノーベル賞がこれを証明している.

コッホ曲線のミクロな構造を保つ．$\mathcal{R}^2$ もまたくりこみ変換なのでこのような変換の全体は'くりこみ群'(renormalization group) をなすといわれる[66]．$\mathcal{R}(L) = L/4$ だから

$$\mathcal{R}^n(L) \equiv L(n) = L/4^n. \tag{3.5.5}$$

が得られる．$\mathcal{R}(W) = W/3$ である．ここで何回くりこみ変換を施したか数えるために伸縮パラメタ (dilation parameter)n を $W(n) = \mathcal{R}^n(W) = W/3^n$ を使って $n = \ln\{W/W(n)\}/\ln 3$ のように定義すると，(3.5.5) は

$$L = 4^n L(n) = \left(\frac{W}{W(n)}\right)^{\ln 4/\ln 3} L(n) \tag{3.5.6}$$

と書ける．ここで n を適当に $L(n)$ と $W(n)$ が 1 の程度になるようにとっておけば (3.5.4) と同様の式が得られる．

次に戦略の (2)，「ミクロの詳細を変化させたときの不変量を追求する」シュテュッケルベルク–ペーターマン流のくりこみ処方を実行する．これはゆすぶってみてひどくガタつく部分（発散する部分）を取り除くと残りがユニバーサルだろうという考えだった．ここの例では，$L/\ell^{1-\log 4/\log 3}$ が ℓ をゆすってもびくともしない不変量である．こういうものを探すことができれば現象論のユニバーサルな部分が分離できる．

フォン・コッホ曲線について巨視的観測者が知っている量は W，観測のスケール (解像度)λ と，そのスケールで実際に測った曲線の長さ $\tilde{L}$ だけだ．'真の'長さ L は観測できないが，これと $\tilde{L}$ とは（観測スケールを固定すれば）比例しているだろう：

$$\tilde{L} = ZL. \tag{3.5.7}$$

これは「現実性の条件」とでもいうものである．こういうことが想定できないなら「もの」について $\tilde{L}$ は何も教えない[67]．ℓ を小さくする極限 $\ell \to 0$（ある量の大きい小さいは何かとくらべるときしか意味がないので，正しくは $\ell/\lambda \to 0$）での発散は解像度 λ で見ている限り見えない．したがって，Z は L の中の発散を帳消しにするように（あるいは $\tilde{L}$ に見えないように）決まっているはずである．こ

---

[66] 実は，逆元は定義されないから群ではない．単位元（なにもしないということ）は立派にこの仲間なので，正式には，半群よりはすこしましなモノイドというものになる．

[67] もちろん，どうしても観測できないものは存在しないと考えてかまわないはずで，$\tilde{L}$ のみが現実だという考え方はありうる．これはいまの物理の発想ではない．

のような発散を吸収する定数をくりこみ定数 (renormalization constant) という. ℓ を $1/3$ にすると全長が $4/3$ 倍されるのだから, $\ell \to 0$ での発散は $(4/3)^{-\log_3 \ell} = \ell^{1-\log 4/\log 3}$ のようにふるまう[68]. そこでこの発散 $\ell^{1-\log 4/\log 3}$ を除くように(ZL からこの発散が消えるように) くりこみ定数は $Z(\lambda/\ell) \propto (\lambda/\ell)^{1-\log 4/\log 3}$ と決められる (Z は無次元だからそれは無次元量 ℓ/λ の関数でなくてはならない; その変数として無次元量 L/ℓ などをとると, L と $\tilde{L}$ の比例関係がなくなるので, 他の可能性はない).

λ は観測者が持ちこんだ量であり, 系(いまの場合は曲線)それ自体とは無関係である. だから, '真の' 長さ L が λ によるはずがない (これはわれわれの外の世界の実在への信仰である[69]). よって, 系 (モデル) を固定しておいて (いいかえると ℓ と W とを固定して) λ を変えても L は変わらない[70]:

$$\frac{\partial L}{\partial \lambda} = 0. \tag{3.5.8}$$

すなわち, 「われわれを離れて世界は存在する」[71]. これは「客観性の条件」とでも言えるだろう.

巨視的観測者が知っている量は W, 実際に測った長さ $\tilde{L}$, それと観測のスケール (解像度) λ だけだから, 彼女が次元解析をすると次のように結論するだろう:

$$\frac{\tilde{L}}{\lambda} = f\left(\frac{W}{\lambda}\right). \tag{3.5.9}$$

---

[68] $L = g(\ell)$ とおくと, $g(x/3) = (4/3)g(x)$ が要求される. そこで $g(x)$ の単調連続性を仮定すると $(1/3)^\alpha = 4/3$ を満たす α について $g(x)/x^\alpha$ は一定になる.
　本文中の結果を見て読者は変に思ったかもしれない. 対数関数の変数として次元量が出ているのはおかしいではないか. 正確には ℓ は ℓ/λ である.

[69] 「外界の存在」への信仰と書いたが, もちろん「外界の存在」など証明できはしない. 正確にいえば「外界が存在する」と考えて矛盾が生じないということへの信仰である. 現象論的にいえば (フッサールの『現象学の理念』をもじれば), 「認識という絶対的にほんものとして与えられるものがほんものとして与えられないものに的中しうる」ことへの, 「外界の不可疑性に根拠が存在する」ことへの, 信仰である.

[70] 何もこのような微分演算子でなくても λ に施せばゼロを与える微分演算子なら何でもいいのではないか? 何でもいいのではなくそのすべてについて L はゼロを与えなくてはならない. したがって, (3.5.8) が十分なのである. しかし, 付 3.7A で, 一般には, もっと問題の構造を反映した微分作用素に対する不変性を要求するのが好都合であることがわかる.

[71] ただし, 先の脚注に述べたように, その世界がどんなミクロのスケールまでも, ふつうの巨視的な意味で, ちゃんと存在している必要はない. モネの睡蓮のように近くから見ると内部構造などまったくなくていい. 実在の意味は微妙で, 少なくとも日常的意味と同じでなくてよい.

3.5 くりこみのイロハ

ここでも f はふるまいのよい適当な関数である. (3.5.7) とこの式から L を

$$L = Z^{-1}\lambda f\left(\frac{W}{\lambda}\right) \tag{3.5.10}$$

のように求めて, これを (3.5.8) に代入すると(対数微分 $\partial \log L/\partial \log \lambda$ を計算するのが賢い)

$$f(x) - \alpha f(x) - xf'(x) = 0 \tag{3.5.11}$$

が得られる. ここに

$$\alpha \equiv \partial \log Z/\partial \log \lambda. \tag{3.5.12}$$

(3.5.8) やその結果の (3.5.11) のような式をくりこみ群方程式(renormalization group (RG) equation)という. 特に, $\ell \to 0$ の極限で α が一定値に収束するならば(いまの例では, もちろん収束して $\alpha = 1 - \log 4/\log 3$), この式はミクロの詳細によらない普遍的な関係を支配する方程式になる.

微分方程式 (3.5.11) を解くと

$$f(x) \propto x^{1-\alpha}, \tag{3.5.13}$$

つまり,

$$\tilde{L} \propto W^{1-\alpha}\lambda^\alpha \propto W^{\log 4/\log 3}. \tag{3.5.14}$$

こうして, 先に得た現象論的にユニバーサルな結果が再現された.

　くりこみ群方程式は自明な主張から出てきているが, これと観測量の λ/ℓ 依存性をくりこみ定数のなかに押し込むことができるという要請を組み合わせると, 上に見たように, あまり自明でない結果が得られる. 発散をくりこみ定数の中に押し込むことができるという要請は(3.1 節で論じたタイプの)現象論の存在を要請していることにほかならない. もちろん, こんなことをいつも要求できるとは限らない. しかし, 経験的に現象論のあるとき, これを要求するのは経験科学者として当然の態度だろう. 最終的には, 理論が実際にくりこめるかどうかが数学的に検証されなくてはならない. これは一般には大仕事だから, くりこみが可能だとして何が得られるかを調べてみるというのが生産的態度だ. くりこみ可能性の要求は観測可能量の構造に強い制限を課する. そこで, 他の断片的情報, たとえば摂動論による結果などから, かなりのことがいえるようになる(しかし, あくまでも, 摂動論は道具であってくりこみそのものとは無関係であることは認識しておくべきである).

　このあたりの事情を, いままで考えてきた簡単な例で見ておこう. この例ではすべて手で計算ができてしまったが, こんなことは滅多にない. ふつう, 閉じ

た形で解が求まることはないから，摂動論などが必要になるのである．実際のフォン・コッホ曲線では，その構成法を一段階実行すると，微視的長さ ℓ は $\ell/3$ へと縮小され，全長 L は $4L/3$ となる．$4/3$ は 1 からかなりずれているが，摂動論をつかうためにこの拡大係数を $e^\epsilon \simeq (1+\epsilon)$ と書いて，ϵ が小さいとみなそう．フォン・コッホ曲線の構成法を n 段階実行すると，ϵ について一次のオーダで

$$W \to L = (1+n\epsilon)W \tag{3.5.15}$$

となる．この式は $\epsilon n \ll 1$ の条件下でしか信頼できない．言い換えると，この摂動論的結果は n に関して一様に使うことはできない[72]．ℓ を使って n を書くと

$$L = \left\{1 + \epsilon \log_3\left(\frac{W}{\ell}\right)\right\} W. \tag{3.5.16}$$

くりこみ定数を $Z = 1 + A\epsilon + \cdots$ と展開して $\ell \to 0$ における発散をこの式から除くように A などを決めていくのだが，そのまえに λ を導入して (3.5.16) を次のように書き換えておく:

$$L = \left\{1 + \epsilon \left[\log_3\left(\frac{W}{\lambda}\right) + \log_3\left(\frac{\lambda}{\ell}\right)\right]\right\} W. \tag{3.5.17}$$

そこで (3.5.7) に相当する式を次のように展開できる:

$$\tilde{L} = ZL = \left\{1 + \epsilon\left[A + \log_3\left(\frac{\lambda}{\ell}\right)\right] + \epsilon \log_3\left(\frac{W}{\lambda}\right)\right\} W. \tag{3.5.18}$$

だから $A = -\log_3(\lambda/\ell)$ とすると発散が Z に押し込めたことになる．この結果得られる式

$$\tilde{L} = \left\{1 + \epsilon \log_3\left(\frac{W}{\lambda}\right)\right\} W \tag{3.5.19}$$

をくりこまれた摂動級数という（一項しかここにはないが）．これから，

$$\tilde{L} \sim W^{1+\epsilon/\log 3} \tag{3.5.20}$$

と考えるのが自然だが，この指数化 (exponentiation) はくりこみ群方程式 (3.5.11) が要求する．さっきと違うのは，Z が摂動論的にしか決まってないことだけである．上で求めた

$$Z = 1 - \epsilon \frac{1}{\log 3} \log \frac{\lambda}{\ell} \tag{3.5.21}$$

を α の定義 (3.5.12) にいれると $\alpha = -\epsilon/\log 3$ が得られ，(3.5.14) から上の'自然な結果' $\tilde{L} \propto W^{1+\epsilon/\log 3}$ が得られた．われわれは最終的に $\epsilon = \log 4 - \log 3$ と置き

---

[72] この意味で，n に比例した項は特異摂動論の永年項にあたる (3.6 節)．

たいのだが，いまの場合はこう置いた結果が，たまたま，正確な答えと一致する．

ここまでの説明ではきわめてかけ離れたスケール同士がいわば無制限に干渉しあって，ミクロの効果が無制限に大きな効果を持っているかのように事態を簡単化してきた．実際には，ミクロの影響がある観測スケール λ までに収束してしまうことがある．一般にわれわれの観測スケールを変えることで，物性パラメタの値が変わるということはあまりない．たとえばナビエ-ストークス方程式だと，その中の密度と粘度は1mmのスケールで見ようが1mのスケールで見ようが変わりはしない（乱流をくりこんだりするようなことは考えない）．上で述べた簡単な描像であれば，$\zeta = \lambda/\ell \to \infty$ で観測量がある一定のところに落ち着いたならば，これはミクロなパラメタの効果が巨視的量から抜け落ちることを意味する．しかし，この世の物質的多様性から見てこれは事実に反する．これは $\ell \to 0$ と $\lambda \to \infty$ とが同じことを意味しないということだ．したがって，長さから作られる無次元量が ζ 一つではないと結論せざるをえない．物性を決めるのはミクロのディテールなのだから，われわれの観測スケール λ と原子分子のスケール ℓ のあいだに，ある長さ ξ があって，物質定数はだいだい ξ までの長さで決まる（無次元量 ξ/ℓ に依存する）と考えなくてはならない．たとえば相関距離がこのような長さであり，これによって λ と ℓ は切り離されて次元解析の古典的ルールがうまくいくのである．

微視的描像からの巨視的現象論の導出は，要するに，ξ のスケール[73]での系の記述を出すことなのである．では，相関距離 ξ は何が決めるのだろうか．これは分子など系そのもののミクロなパラメタだけで決まるものではない．それは統計力学的な計算をすればわかるように系全体のもっているエネルギー（温度）やほかの外場（たとえば磁場）にも依存している．臨界点では ξ が発散するのでわれわれの観測スケールがまともに微視的スケールと直接対峙してしまったのであったが，臨界点からはずれていれば ξ は決して巨大な量ではない．

では ξ のスケールでの系の性質を調べるのにくりこみの考え方はどのくらい使えるだろうか？ ξ/ℓ を変えたときにいろいろな観測量がどう変わるかということの分析は原理的には可能であるが，くりこみが本当に有効なのは，いままで見た簡単な例でわかるとおり，漸近解析が可能な場合であった．漸近評価が現実に有用かどうかは ξ/ℓ が実際には巨大でないから，個々の系の個性による．ど

---

[73] 相関距離が小さなときは熱的ゆらぎの効果などを押さえ込むために，それより大きな，大数の法則が成り立つくらいの大きさのスケールは必要である．

のくらいから漸近評価が有効かなどということに答える一般論はない．

　以上でくりこみのイロハと多少の一般論を説明した．すぐひきつづいて，3.1 節に出てきた実例をはじめもっと実際的な例について，くりこみの処方を例示するべきだが，基本的には新しい概念や考え方はない．ここでは脚注に高分子や臨界現象（の確立された処方）を自習するために有用と思われる文献をいくつか挙げるにとどめる[74]．

　もっと普遍的だとされた現象論はくりこみで導けるのか？ 3.2 節に挙げた例がくりこみで論じられたことはまったくない．ここで古典力学や熱力学を考えると論じられなかった理由がわかる．3.1 節で論じたような例にくらべてはるかに難しいのだ．理論的考察の舞台があまりに漠然としているからである．その結果，漸近評価すべきものを明確に理論的対象にするのが難しい．

　現象論を確立しようとすれば，まず相手にする現象の集合がかなりはっきりしていなくてはならない．力学を相手にするときはいわゆる力学的な運動をする質点が見せる力学的現象の集まりを考えることになる．しかし，何が力学的現象であるかという質問に，力学というものがまだできてないときに答えるのはむつかしい．そこで，質点系の時空軌道の集まりを考えることとする．これから普遍的なものを見抜くにはどうするか？ もちろん，比較するしかない．くりこみに出てくる，見方を変える方法もゆすぶる方法もその核心は比較である．3.1 節の例では何を比較すべきかは自ずと明らかであるが，これらと違って，いまの場合はある確立された分野の中でモデルが明確に設定され，それに出来合いの理論的道具立て（たとえば，統計力学）を使うというわけにいかない．この場合，問題を数式的に表現することからして容易でない．数式的表現がなければくりこみの処方はどこに適用すればいいのかわからず手の施しようがない．

---

[74]《低エネルギー物理用のくりこみの自習材料》臨界現象論をウィルソン-カダノフ流のくりこみで計算する練習台としては 2 次元三角格子のイージングモデルが最適である．これはたいていの初歩のレベルより多少先まで行く統計力学の教科書にはのっているだろう．第 4 章に出てくるギンツブルグ-ランダウのモデルという極小モデルに基づいたシュテュッケルベルク-ペーターマン流のいわゆる場の理論的くりこみの解説は M. Le Bellac, *Quantum and Statistical Field Theory* (Oxford University Press 1991) がいい．2 次元 XY モデルについては P. M. Chaikin and T. C. Lubensky, *Principles of Condensed Matter Physics* (Cambridge University Press, 2000) の第 9 章がよくまとめてある．この本はくりこみの解説もきちんと書いてある．

　高分子溶液についてのくりこみは Y. Oono, "Statistical physics of polymer solutions. Conformational-space renormalization group approach," Adv. Chem. Phys. **61**, Chapter 5 (i.e., 301–437) (1985) が一応親切．

3.5 くりこみのイロハ

古典力学が微分方程式に支配されることを知っているならば,それがどんなものか調べるというふうに問題を明確化できるが,それすら知らないとき,微分方程式というような概念が機械的処方で生み出されることはないだろう.

熱力学はどうか? 熱力学は系のエネルギーの系外との巨視的やりとりを扱うが,すべての系を扱うわけではない. 熱平衡にある系を扱う. すなわち,系が熱接触しても系の状態が不変に留まりつづけるような熱浴が存在するような系のみを考える. 系のエネルギー U は外的に(示量的)パラメタ $X_i (i = 1, \cdots, N;$ いわゆる仕事座標)を変えることで変化させうる. dU は dX_i の線形関数でなくてはならない. 熱浴との関係はこの一次関係を非同次な関係にする. そこで,非同次項を dQ と書くことにして一般に準静的過程[75]においては

$$dU = dQ + \sum x_i dX_i \qquad (3.5.22)$$

となる. $\zeta \to \infty$ の極限にともなう単純な量的発散を除くためにここでは上の式を単位体積の間の関係であるとしておく. x_i は U, X_i の関数としては個々の物質系に敏感に依存するから $\ell \to 0$ の極限での発散はまだある. そこでくりこみとは x_i を観測量で置きかえることである. これが観測できる条件が dU と dX_i の関係が同次になるような過程, 断熱準静的過程の存在である[76]. 残るは dQ であるが, これはエネルギー保存則と平衡状態が $\{U, X_i\}$ の値の組で同値類別できるとすることで実験的に決まる. これから先に進むには,第二法則という名の禁止原理がなくてはならない.

では熱力学の核心部分,第二法則,は多少ともくりこみのアイデアに関係したアイデアでだせるのだろうか? 何から出すのかは問題である. 系の力学的なミクロな描写を基礎として受け入れるか. しかし,平衡統計力学を仮定するわけにはいかない. それは熱力学を論理的に前提とするからである. 熱平衡状態というものが力学的に特徴付けられなくてはならないが,この状態はある特別な温度(要するに同じ温度)の熱浴と熱接触するとき不変に保たれる状態である. この接触は系の力学を破壊する. このような壊滅的打撃を力学に与える摂動(くりこみの立場では摂動の効果が発散すると理解するのが至当)でも安定に生き残る諸特性についての理論が熱力学のはずであるが,まったく本格的には考えられていない.

---

[75] 熱平衡状態に限りなく近い状態のみを経る過程.
[76] 断熱過程とは熱のやりとりがない魔法瓶の中での過程だと思ってはいけない. やりとりが収支バランスしていればいいのだ.

付 3.5A: 次元解析

ふつう,ある物理量,質量だとか長さなどは,ある単位の何倍かという数字で表現される.だから,「ある棒の長さが 3 である」などと言っても意味がない.「その棒の長さは 3 m だ」というように単位を付けなくてはならない.単位のついた数字はその実際の値単独では意味のない数字だ(3 m と 9.8425⋯ フィートは同じである).つまり,人間がかってにスケールしてよい.ところが,「この棒とあの棒の長さの比は 4 だ」というときは長さの単位がなんであろうと意味のある発言である.単位の取り方に依らない量を無次元量 (dimensionless quantity) という.ここに出てきた「4」は無次元量である.この文の中の数字 4 は前の 3 と違って,いわば絶対的に意味がある.ある棒の長さが 3 m だというときの 3 は棒の性質のみならず,われわれがそれをどう見るか(どう測定するか)に依存しているのに対して,「長さの比が 4 である」ということはわれわれの見方によらない.

いくつかの量の間の物理的関係の数式による表現は,いくつかの数字の間の関係になる.そのとき,この物理的関係が「われわれを離れてある」,いいかえると,われわれの見方によらないならば,少なくとも単位の取り方などという「こっちの都合」で,その数式表現が成立したりしなかったりしないはずだ.たとえば,長さをメートルではかったときだけ正しいような関係式が客観的な物理量の間の関係式であるというのはまずい(本質を衝いてない;少なくとも不便である).

単位を取り替えると,数字はスケールされる.しかし,同じ単位を持った量は同じようにスケールされなくてはならない(単位をいちいち書きたくないならば;長さをインチで計ると決めたなら,どこでもインチを使わないといけない).物理量には長さや電荷の量などいろいろなものがあるから,異なった単位で計られる物理量は異なった(独立な)スケール変換を受けてかまわない.かってに単位を取り替えるとき二つの量がいつも等しいスケール変換を受けるならば,この二つの量は同じ次元 (dimension) を持つという.いいかえると,理工学者は「独立にスケールしてよい」ということを「異なった次元を持つ」と表現するのだ.客観的に意味のある物理関係式は,異なった次元を持つ量すべてをかってにスケールしても成立し続けなくてはならない.したがって,それは無次元量 = スケール不変量だけで書くことができるはずである.この要請を使って問題を解析することを次元解析 (dimensional analysis) という.

まず,簡単な例をみておこう.第 1 章ですでに見た 1 次元拡散方程式を考える:

$$\frac{\partial \psi}{\partial t} = D \frac{\partial^2 \psi}{\partial x^2}. \tag{3.5A.1}$$

ここで,t は時間,x は位置を表し,ψ はたとえば温度であり,D は拡散係数である.$\psi(x,t)$ を全空間で積分した量を $Q(t)$ と書くことにする.

この式のなかに出てくる異なった物理単位は三つある;時間,距離,および 'もの' の量(Q の単位)である.これらの次元をそれぞれ T, L, および M と書くことにしよう:通常,ある量 X の次元を $[X]$ と書くから,$[t] = T$, $[x] = L$, および $[Q] = M$ である.ψ は 'もの' の密度だから(1 次元世界では)$[\psi] = M/L$, 微分は本質的には割算なので,たとえば,$[\partial \psi/\partial t] = M/LT$ となる.拡散係数の単位はメートル法[77]では m^2/s だから,$[D] = L^2/T$. これを見るとわかるように[78], (3.5A.1) の両辺は同じ次元を持っている(次元的に斉一 homogeneous であるという)[79]. その意

---

[77] 正式には国際単位系 (SI) では,というべきである.
[78] これは,本当は本末転倒で,そのように D の次元が決まるのである.
[79] 次元的斉一性の重要性を最初に指摘したのはフーリエだという.

3.5 くりこみのイロハ

味するところは, 時間, 距離などの単位を勝手に取りかえても両辺の関係に矛盾が生じない(つまり, m を cm に換算したとたんにこの式が成立しなくなるなどということは起こらない)ということだ. 次元的に斉一な式のみ物理では意味があると考えていて一般性を失わない(意味のある式はいつでも次元的に斉一な式に書き換えられる).

拡散方程式 (3.5A.1) の次元解析をするには, まず無次元量(スケール不変量である)を作らなくてはならない. いまの例では T, L, M の巾がすべてゼロになるような組み合わせ tD/x^2, および $\psi x/Q$ または $\psi \sqrt{tD}/Q$ が無次元量である[80]. たとえば, $[tD/x^2] = T \cdot (L^2/T)/L^2 = 1$. 無次元量は無次元量のみの関数でなくてはならないから(この主張は, もしそうでないなら, 何が起こるか考えてみれば容易に示せる), (3.5A.1) の解は, f を行儀のいい関数[81]として, 次の形を持たなくてはならない:

$$\psi = \frac{Q}{\sqrt{Dt}} f\left(\frac{x^2}{Dt}\right). \tag{3.5A.2}$$

これを (3.5A.1) にいれると f についての常微分方程式が得られ, 問題はぐっと簡単になる[82].

ここで一つの注意. 二つの物理量を実際に「独立」にスケールしてよいかどうかは問題になりうる. たとえば, ふつうの工学ではエネルギーと質量は別の次元を持っているとされるが, エネルギーと質量が相互変換可能な相対論的な現象の場合には, これらは同一の次元を持っているとみる方が自然である. アインシュタインの $E = mc^2$ という有名な式に c^2 という '換算係数' が出てくるのは, 非相対論的な世界での物理量の測り方の慣用のせいにすぎず, 相対論的には光の速さ c は絶対的な定数(どの観測者から見ても同じ)なのだから, c^2 は無次元量であるとみる方がはるかに自然なのだ. 当然, 時間と長さの単位は同一になる(同じ次元を持つ). しかし, もちろん, いま, われわれが考えている拡散方程式のような非相対論的な世界の問題では時間と空間はカテゴリーの違う量だと考えておく方が便利である(c はあまりに大きくそれは無限大と区別がなく, 理論から脱落してしまう).

次元解析はしばしば本質的に重要である. まず, 原子構造を古典物理が説明できないということが次元解析的に理解できる. 水素原子は電子がクーロン力で惑星のように陽子に束縛されているから, そのニュートンの運動方程式は

$$m \frac{d^2}{dt^2} \boldsymbol{r} = -\frac{e^2 \boldsymbol{r}}{4\pi\epsilon_0 r^3} \tag{3.5A.3}$$

とかける. e は電気素量, m は電子の質量, $4\pi\epsilon_0$ はいつでも e^2 と一緒に現れるから, 与えられている基本的量は実は m と $e^2/4\pi\epsilon_0$ の二つだ. 次元は $[m] = M$, $[e^2/4\pi\epsilon_0] = ML^3/T^2$(これはこの運動方程式が次元的に斉一であるべきことから要求される). この二つをどう組み合わせても, 長さの次元を持った量を構成することができない. ところが, ミクロな世界ではプランク定数 h が関係しているはずだ(とボーアは考えた). その次元は $[h] = ML^2/T$ である(h に振動数を

---

[80] ほかに独立な組み合わせはない. つまり, ほかの無次元量はこの二つの適当な巾の積で書ける. 一般論はブリッジマンの Π 定理というものだが, そこまで一般的なことをいうまでもないだろう. いまの例では, 独立な次元の数は T, L, M の 3 つ, 変数の数は Q, ψ, D, t, x の 5 つ, したがって, $5 - 3 = 2$ つの独立な無次元量がある.

[81] 「行儀のいい」(well-behaved) という言葉は文脈によるが, ふつう, 必要なだけ微分可能で, 考えている領域で発散したりはしない関数のこと.

[82] ここらあたりのことは, 自己相似性という言葉で, 俣野 博『微分方程式 II』(岩波講座 応用数学, 1994)の p197–200 に丁寧に説明してある.

かけたものが光子のエネルギーであることを思い出そう）．
$$[e^2/m\epsilon_0] = L^3T^{-2}, \quad [h/m] = L^2T^{-1} \tag{3.5A.4}$$
だから，これから L を解くことができる．$(h/m)^2/(e^2/m\epsilon_0)$ が答えだ：
$$[(h/m)^2/(e^2/m\epsilon_0)] = (L^2T^{-1})^2/(L^3T^{-2}) = L. \tag{3.5A.5}$$
$\epsilon_0 h^2/me^2 \times 1/\pi$ はボーア半径 = 0.53 Å = 0.053 nm（ナノメータ 1 nm = 10^{-9} m）であり基底状態にある水素原子のだいたいの大きさである．実際，ボーアは次元解析的議論で h が必須であることを確信したのだった．

課題 3.5A.1 ケプラーの第 3 法則を次元解析で導け．□

課題 3.5A.2 ミグダルらのおもしろい本[83]はピタゴラスの定理の次元解析的証明からはじまる．いちばん小さい角が α で斜辺の長さが a の直角三角形の面積 S が $S = a^2 f(\alpha)$ のかたちに書けることにこの議論は基づいている．図からわかるように $a^2 + b^2 = c^2$ である．これはユークリッド幾何の中で証明できるのだろうか？[84] □

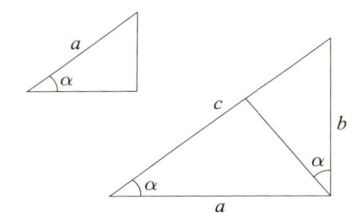

図 3.5A.1 ピタゴラスの定理．この次元解析の結果はユークリッド幾何学の結果と矛盾しない．しかし，これはピタゴラスの定理の証明なのだろうか？$S = a^2 f(\alpha)$ はどうやって証明するのだろう？ミグダルは論理的なのだろうか？

付 3.5B: 次元解析とくりこみ

物理的に意味のある関係式は無次元量（単位の取り方によらない量）の間の関係式として書くことができる．次元解析の結果えられる物理的関係式は一般に次のような形をしている：
$$\Pi = f(\Pi_0, \Pi_1, \cdots, \Pi_n). \tag{3.5B.1}$$
ここで，Π や Π_i ($i = 0, 1, \cdots, n$) は無次元量である．以下では，この節で見たことをより一般的に見なおそう．次元解析の標準的説明を読むと，この関係式に出てくる無次元量のうち，「極端に大きいものや極端に小さなものは無視してよい」と書いてあるのがふつうである．数式で表わすと標準的説明が推奨していることは次のようになるだろう．Π_0 がきわめて小さいとしよう．「極限
$$f(0, \Pi_1, \cdots, \Pi_n) = \lim_{\Pi_0 \to 0} f(\Pi_0, \Pi_1, \cdots, \Pi_n) \tag{3.5B.2}$$
が'存在するので'Π を，よい近似で，Π_0 抜きで考えてよい．」この標準的処方は懸離れたスケール間の干渉を無視してよいという主張である．

この主張が成り立たないときに何が起こるかということが非線形性の核心なのであった．(3.5B.2) の右辺の極限は存在するとは限らず，存在しないとき本質的に非線形な現象が見られ

---

[83] A. B. ミグダル・B. ペクラィノフ『量子力学の近似的方法——物理現象へのアプローチ』（岩崎与世夫訳，総合図書，1973）．

[84] この議論の意味することは，論理的には，$S = a^2 f(\alpha)$ を証明するところが核心だということのみである．ピタゴラスの定理の初等的証明よりもはるかにいろいろ余計なことをやらないとこの証明はできないだろう（ユークリッドでいうと少なくともその第 V 巻比例論や次の相似図形の巻などを要する）．

3.5 くりこみのイロハ

る．ここで (3.5B.1) に出てきた無次元量がすべて直接観測できない量（操作的に定義できない量；フォン・コッホ曲線の単位線分の長さ ℓ や高分子についてのモノマーユニットなどが例だった）を含むとしよう．$\Pi_0 \to 0$ の極限でこれらの無次元量はすべて発散してかまわない（いまの場合 0 に行くのも発散のうちである）．Π_0 を観測条件にのみ依存する部分 $\Pi_O(\lambda)$ と極限でゼロにいく部分 $\Pi_{NO}(\lambda)$ とに分離する（(3.5.17) でやった分離を思い起こそう）．ここで λ は観測条件が設定するパラメタである．観測できる現象を扱っているならば，現象論はくりこまれた量をもとにして組み立てられるべきである．そこでくりこまれた量（下付き添字 R で表示）とくりこみ定数 Z_i を次のように導入しよう

$$\Pi_R = Z\Pi, \quad \Pi_{Ri} = Z_i \Pi_i. \tag{3.5B.3}$$

くりこみ定数は $\Pi_{NO} \to 0$ の極限での発散を取り除くように設定される．これらを (3.5B.2) に代入して，この式をくりこまれた量の間の関係に書き換える．その結果が次のようになったとしよう：

$$\Pi_R = F(\Pi_{R1}, \cdots, \Pi_{Rn}). \tag{3.5B.4}$$

くりこみ群方程式は，λ が対象の性質とは関係ない，ということからくるので

$$\lambda \frac{\partial \Pi}{\partial \lambda} = 0. \tag{3.5B.5}$$

(3.5B.4) を

$$\Pi = Z^{-1} F(Z_1 \Pi_1, \cdots, Z_n \Pi_n) \tag{3.5B.6}$$

と書き換えて，くりこみ群方程式 (3.5B.5) に代入すると，微分の連鎖律を使って

$$-\alpha \Pi_R + \sum_i \alpha_i \Pi_{Ri} \frac{\partial \Pi_R}{\partial \Pi_{Ri}} = 0 \tag{3.5B.7}$$

が得られる．ここで，

$$\alpha \equiv \frac{\partial \log Z}{\partial \log \lambda}, \quad \alpha_i \equiv \frac{\partial \log Z_i}{\partial \log \lambda}. \tag{3.5B.8}$$

$\Pi_{NO} \to 0$ でこれら α, α_i などの極限が存在するものとしておく．

くりこみ群方程式 (3.5B.7) は特性曲線の方法 (method of characteristics) で解くことができる（以下の補註 3.5B.1 参照）．特性曲線の方程式は，伸縮パラメタ ρ を導入して

$$\frac{d\Pi_{Ri}}{\alpha_i \Pi_{Ri}} = \frac{d\Pi_R}{\alpha \Pi_R} = \frac{d\rho}{\rho} \tag{3.5B.9}$$

になる（ρ は特性曲線をパラメタ表示するために導入してある）．これを解くには

$$\frac{d\Pi_{Ri}}{d\rho} = \alpha_i \frac{\Pi_{Ri}}{\rho}. \tag{3.5B.10}$$

$$\frac{d\Pi_R}{d\rho} = \alpha \frac{\Pi_R}{\rho} \tag{3.5B.11}$$

と分け，それぞれをまず次のように解く

$$\Pi_{Ri} = C_i \rho^{\alpha_i}, \quad \Pi_R = C \rho^\alpha. \tag{3.5B.12}$$

積分定数 C, C_i についての一般的関係式が一般解になることを使うと，(3.5B.9) の一般解は

$$\Pi_R = \rho^\alpha \Phi(\Pi_{R1} \rho^{-\alpha_1}, \cdots, \Pi_{Rn} \rho^{-\alpha_n}). \tag{3.5B.13}$$

ここで Φ はある '行儀のよい関数' である．この関係式はどんな ρ についても成立しなくてはならない．そこで，たとえば，$\rho = \Pi_{R1}^{1/\alpha_1}$ としてもいいはずだ．こう置くと，

$$\Pi_R = \Pi_{R1}^{\alpha/\alpha_1} g(\Pi_{R2}^{\alpha_2}/\Pi_{R1}^{\alpha_1}, \cdots, \Pi_{Rn}^{\alpha_n}/\Pi_{R1}^{\alpha_1}) \tag{3.5B.14}$$

のような関数関係が得られる．ここで g もある行儀のいい関数であり，この式に出てきている

指数 α, α_i などは，次元解析では決めることのできない指数である（扱っている量はすでに無次元量なのだから）．

(3.5B.2) の極限が存在しないとき，それでもある種の極限はとれるということをバレンブラット[85]はつとに見抜き，そのようなとき (3.5B.14) の関数形を仮定して問題を解くと，しばしば成功することを示した[86]．彼はこの極限を（第二種の）中間的漸近極限（intermediate asymptotics）と名付けた．その心は，本当の漸近的結果（多くの系でこれは系の動きが死に絶えたようなものになる）に行く途中で長い間成り立ち続ける関係ということだ．たとえば，二成分合金をよく混ざった高温状態から相分離の起こる十分な低温まで一気に急冷すると（スピノーダル分解），十分時間が経って平衡に達してしまえば何の変化もなくなるが，局所的な成分の分離で生成した相がだんだん大きく生長してくる中間的な時間範囲では，分離によって生じた相の大きさは時間の 1/3 乗に比例することが知られている（例 3.1.4 および次章参照）．このような法則が中間的漸近法則である．いまあげた例では，系の大きささえ大きければいくらでもこの法則の成立している時間範囲を長くできるから，現実にも十分意味のある極限である．中間的漸近極限理論による実際の計算では，(3.5B.14) の形を仮定して解が存在するように（非線形固有値問題として）指数を決める．いずれにせよ，仮定 (3.5B.14) がなぜ自然かというようなことは中間的漸近極限の理論は問題にしない．それはあくまで仮定である．しかし，バレンブラットはこれとくりこみに関係があるのではないか，ということを示唆してはいた[87]．

---

[85] 第 2 章で出てきたシナイの兄弟．

[86] G. I. Barenblatt, *Similarity, Self-Similarity, and Intermediate Asymptotics*（Cambridge University Press, New York, 1996）．

[87] 《**微分方程式についてのくりこみの歴史**》著者は中間的漸近極限の問題を，バレンブラット方程式の問題（次式で Θ はヘビサイドの単位ステップ関数，ϵ は正の定数）

$$\frac{\partial u}{\partial t} = \frac{1}{2}\left[1 + \epsilon\Theta\left(-\frac{\partial u}{\partial t}\right)\right]\frac{\partial^2 u}{\partial x^2}$$

に関して，共同研究者の Goldenfeld 氏から教わった．彼は中間的漸近極限理論について幾年か関心を示していたが，著者は中間的漸近極限を知らなかったので関心を払わなかった．しかし，1988 年か 9 年のある日，彼の学生がバレンブラット方程式についてのセミナーをやり著者は問題をきちんと知った．二，三日の逡巡の後（この例では摂動項はあまりに特異に見えるので，摂動論を使う勇気は絶望しないと出ない），摂動計算を始めるとたちまち問題の構造が明白になった．これはこれまた長年の共同研究者の太田隆夫氏から実戦的くりこみ法を鍛えられていたおかげ（高分子準希薄溶液のくりこみ理論，例 3.1.3）だった．以上については N. Goldenfeld, *Lectures on phase transitions and renormalization group*（Addison Wesley, 1992）の第 10 章に解説がある．

次の重要な発展はバーガース (Burgers) 方程式がくりこみ群方程式であることに気がついたことである [L.-Y. Chen, N. Goldenfeld, Y. Oono, and G. Paquette, "Selection, stability and renormalization," Physica A **204**, 111–133 (1993)]．これで，特異摂動論が漸減摂動理論とこみでくりこみの射程内にあることがわかった（3.7 節とその付録に概説がある）．漸減摂動が身近だったのは九大で山田知司氏に理論物理の手ほどきを受け蔵本由紀氏もそばに居られた九州大学の雰囲気のおかげである．漸減摂動との関係が結局微分方程式のくりこみ理論の本質だった．このことはこの次の重要な発展である千葉逸人氏によるくりこみ群方程式の定性的理論で完璧に正当化された．

3.5 くりこみのイロハ

もうその必要はないかもしれないが，フォン・コッホ曲線をふりかえっておこう．前のように曲線の実際の長さ L，差し渡しの長さ W，そして最小単位線分の長さを ℓ とすると，無次元量は L/W と ℓ/W なので，次元解析は

$$L/W = f(\ell/W) \tag{3.5B.15}$$

を意味する．右辺は $\ell \to 0$ の極限で発散するので，(3.5B.14) に当たる式は

$$L/W \propto (\ell/W)^{-\alpha/\alpha_1} \tag{3.5B.16}$$

つまり，$L \propto W^{1+\alpha/\alpha_1}$ が，当然ながら，再び出てきた．しかし，指数を決めるには至らない[88]．

補註 3.5B.1 特性曲線の方法
この方法のアイデア自体は一般の一階偏微分方程式の解法になるが，ここではわれわれに必要な準線形一階偏微分方程式 (quasilinear first order partial differential equation)

$$\sum_{i=1}^{n} b_i(u, \boldsymbol{x}) \frac{\partial u}{\partial x_i} = c(u, \boldsymbol{x}) \tag{3.5B.17}$$

のみを n-次元空間のある領域 U で考えることにする．この方程式の解 $u = f(\boldsymbol{x})$ は U の上に浮かんでいる曲面を表している (図 3.5B.1, これは $n+1$-次元空間の中の超曲面, n-次元曲面である)．U の中に s をパラメタとして，ある曲線 $\boldsymbol{x} = \boldsymbol{x}(s)$ を描くとき，その上にある解曲面中には曲線 $z(s) = u(\boldsymbol{x}(s))$ が描かれることになる．逆に，この z がわかれば解曲面を作ることができる．

$$\frac{dz}{ds} = \sum_i \frac{dx_i}{ds} \frac{\partial u}{\partial x_i} \tag{3.5B.18}$$

なので，これと (3.5B.17) を較べて．曲線 $\boldsymbol{x}$ として

$$\frac{dx_i}{ds} = b_i(z, \boldsymbol{x}) \tag{3.5B.19}$$

を満たすものをとると (3.5B.18) は

$$\frac{dz}{ds} = c(z, \boldsymbol{x}) \tag{3.5B.20}$$

と書けることがわかる．こうして得られた微分方程式 (3.5B.19) と (3.5B.20) を特性曲線の方程式 (characteristic equation) という．それを

$$\frac{dx_1}{b_1} = \cdots = \frac{dx_n}{b_n} = \frac{dz}{c} \left(= \frac{d\rho}{\rho} \right) \tag{3.5B.21}$$

とばらばらに書くこともできる．$\rho = e^s$ は伸縮パラメタである．微分方程式 (3.5B.9) はこの例だった．この式から n 個の方程式が得られ，積分すると n 個の積分定数 $C_1, \cdots, C_n$ を含んだ解 $F_1(\boldsymbol{x}, u) = C_1, \cdots, F_n(\boldsymbol{x}, u) = C_n$ が得られる．特殊な場合を除けば，これらの式は n 枚の互いに一般的な位置にある超曲面を表現するので，それらすべての共通集合 (交わり) は U の上に浮かんだ曲線になる．その曲線は $C_1, \cdots, C_n$ でパラメトライズされている．この曲線が解曲面の中に埋め込まれている曲線のはずだから，これを動かすことで解曲面が構成されるはずだ．$C_1, \cdots, C_n$ をすべて勝手気ままに動かすとそれは曲面ではなく空間のある部分を塗りつぶしてしまう．超曲面とは余次元が 1 の集合だから，$C_1, \cdots, C_n$

---

[88] つまり，中間的漸近極限の理論は臨界現象のスケーリング理論に相当するのである．

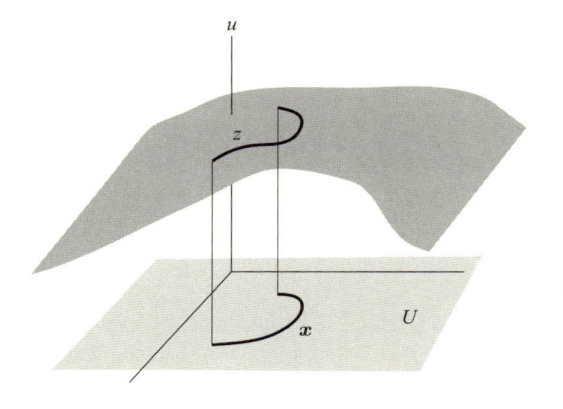

図 3.5B.1 灰色の曲面が解曲面. x 面上の曲線が $x = x(s)$, その上にある解曲面上の曲線が $z(s) = u(x(s))$.

の間に一つの関係を指定すれば $C_1, \cdots, C_n$ が決める曲線は全体として一つの超曲面を決めることになる. したがって, '行儀のよい関数'G をとって
$$G(C_1, \cdots, C_n) = 0 \tag{3.5B.22}$$
を要求すべきだ. 言い換えると,
$$G(F_1(x, u), \cdots, F_n(x, u)) = 0 \tag{3.5B.23}$$
が (3.5B.17) が決める超曲面の一般的表現になるだろう.

3.6 長時間挙動とくりこみ: 簡単な例

フォン・コッホ曲線のような簡単な場合からはっきり見て取れることは, くりこみが漸近評価の道具として使えるということだ. もちろん, 現象論の抽出というのはある種の漸近評価であり, くりこみはそのための戦略である, という立場でこの章は始まったのだから, 驚くことはない. しかし,「この世に存在する漸近評価という漸近評価はすべてくりこみで実行できる」というスローガンを掲げて, どこまで行けるかやってみるというのも一つの戦略だろう.

とりあえず, この節ではこのスローガンのもとに, 微分方程式系の長時間挙動がくりこみの考え方で理解できるのではないか, という気分にさせる例を詳しく見よう. きわめて簡単だが, 本質的な例であることが後でわかる.

考える問題は次の線形常微分方程式である:
$$\epsilon \frac{d^2 y}{dt^2} + \frac{dy}{dt} + y = 0. \tag{3.6.1}$$

$\epsilon > 0$ は小さいとする. これがゼロだと, 解は指数的に減衰する (Ae^{-t} の形を取っている). $\epsilon > 0$ だと少なくとも非常に短い時間の間は二階微分の項が重要に

3.6 長時間挙動とくりこみ: 簡単な例

なる(古典力学的に考えると、質量の小さな系の話になる。慣性の効果はそれでも短い時間は有効である)。しかし、長時間経てば $\epsilon = 0$ の場合と大差ないだろう。それならば、単純に、ϵ の付いた項は後から摂動的に取りいれてやればいいではないか。この問題は簡単に手で解けるが、$\epsilon = 0$ のときのみ手で解けるつもりになって、単純な摂動計算を実行してみよう。

解を

$$y = y_0 + \epsilon y_1 + \cdots \tag{3.6.2}$$

のように展開してこれを上の方程式に代入する。ϵ の冪(べき)ごとに整理すると

$$\frac{dy_0}{dt} + y_0 = 0, \tag{3.6.3}$$

$$\frac{dy_1}{dt} + y_1 = -\frac{d^2 y_0}{dt^2}, \tag{3.6.4}$$

などが得られる。第一の式の解を $y_0 = A_0 e^{-t}$ と書き(A_0 は積分定数)、これを第二の式にいれて解くと、その一般解は

$$y_1 = A_1 e^{-t} - A_0 t e^{-t} \tag{3.6.5}$$

と書ける。A_1 も積分定数である。この二つの結果をまとめると ϵ の一次までで

$$y = A_0 e^{-t} - \epsilon A_0 t e^{-t} + O(\epsilon^2) \tag{3.6.6}$$

が得られる。この式では $A_0 + \epsilon A_1$ をあらためて A_0 と書いてある(これからわかるように、以上のような摂動論では高次の式については事実上特解のみ求めておけばいい)。

このようにしていくらでも高次の補正を計算できるが、こんな答案は応用数学ではふつう認められない。その理由は第ゼロ次の項に対して一次摂動の項が t 倍されているからである。ϵt は t とともにいくらでも大きくなるから、「摂動効果」が、大きくないはずの「摂動」とは言えなくなって摂動計算が'破綻'している。別の言葉で言うと、摂動の結果が ϵ^{-1} と同程度の長い時間ではなく、はるかに短い時間しか頼りにならない。t がかかったような項は、伝統的に、永年項 (secular term) と呼ばれてきた。数学的には、収束が時間に関して一様でない、ということである。

永年項というのはくりこみの操作のときにでてくる「発散」に当たるものではないのだろうか? この発散を取り除くことができれば上に得たようなナイーブな摂動級数も意味がでてくるのではないか? いまの問題では、目の前の挙動を

見るということが巨視的観測に相当し,大昔が微視的スケールに当たる[89]. つまり,われわれは,初期条件を少々変えても変わらないような大域的な挙動に関心がある. 通常のくりこみでは微視的詳細に敏感な応答を分離して物性定数などにくりこんだ. したがって,いまの問題ではくりこまれるべきは初期条件への敏感な依存性であり,それをくりこむ先は積分定数(観測できる今と観測できない昔をつなぐ量)であるに違いない.

ここでフォン・コッホ曲線にシュテュッケルベルグ–ペーターマンのくりこみを摂動論的に利用したときの要点を復習しておこう. われわれはまず発散を調べ,その発散を

$$\log(W/\ell) = \log(W/\lambda) + \log(\lambda/\ell) \tag{3.6.7}$$

と分けて,$\ell \to 0$ で発散する第二項をくりこみ定数の中に押し込んだ. このとき,くりこみ定数は勝手なところに顔を出したのではなく,観測できない量,または観測できない量と観測できる量の関係の中に現れた. 観測可能な量の間の関係に任意性はありえないのだから,そこにはくりこみ定数は顔を出す余地がない. 何が観測可能で何がそうでないかということのけじめが大変重要なのだ. こうして,「知ルヲ知ルトナシ,知ラズヲ知ラズトナセ」というのがくりこみの要諦になるのである.

このアナロジーにもとづいて,先のフォン・コッホ曲線の処方を何も考えずに流用することにすると次のような処方となる. 永年項発散を $(t-\tau)+\tau$ とわけ,観測できない A_0 を修正することによって τ を吸収し,吸収した結果を $A(\tau)$ とおいて調節パラメタにしてしまおう(これは今の時刻 t のまわりでの挙動が観測に合うように決める). このくりこみを実行した後,摂動級数 (3.6.6) は

$$y = A(\tau)e^{-t} - \epsilon(t-\tau)A(\tau)e^{-t} + O(\epsilon^2) \tag{3.6.8}$$

となる(盲目的方針により,当然ながら,τ と前節の $\log(\lambda/\ell)$ が対応している; これからわかるように τ は実は $\tau-$ 初期時刻, 初期時刻からの時間と見ることもできる). このような結果をくりこまれた摂動展開という.

$\epsilon(t-\tau)$ が小さいときしかこの式は意味がないが,τ を大きくとることで t が小さくなくてよくなっているところが,出発点の摂動級数(はだか bare の摂動

---

[89] 時刻 t の観測値から初期値を正しく得ることは困難である($t \to \infty$ で漸近的に不可能になる). これがいつでも可能,それどころか長時間の挙動を見れば見るほど精度よく初期条件が推定できるようになる(ただし,ノイズはないとして),というのがカオスの特徴だった. つまり,ある意味で,くりこみ可能性の対極にあるものがカオスである.

3.6 長時間挙動とくりこみ: 簡単な例

級数としばしば呼ばれる)と違う[90].

τ は問題そのものにはなかったパラメタだから当然 $\partial y/\partial \tau = 0$. これが, いまの問題のくりこみ群方程式である:

$$\frac{\partial y}{\partial \tau} = \frac{dA}{d\tau}e^{-t} + \epsilon(t-\tau)\frac{dA}{d\tau} + \epsilon A e^{-t} + \cdots = 0. \quad (3.6.9)$$

この式を見ると $dA/d\tau$ は ϵ のオーダでなくてはならないことがわかる (e^{-t} に比例した項が打ち消し合わないといけない)から, これと ϵ を同時に含む項 ((3.6.9) の第二項)は高次項として捨てていい. そこで, くりこみ群方程式は

$$\frac{dA}{d\tau} = -\epsilon A. \quad (3.6.10)$$

くりこまれた摂動展開式 (3.6.8) は $\tau = t$ とおくと(この処方にひっかかりを感じる人は下の補註参照)きわめて簡単になる:

$$y = A(t)e^{-t}. \quad (3.6.11)$$

(3.6.10) から $A(t)$ は次のような '振幅方程式' にしたがうことになる:

$$\frac{dA(t)}{dt} = -\epsilon A(t). \quad (3.6.12)$$

この方程式は A が $t \sim 1/\epsilon$ のオーダの長い時間スケールでのみ有意に変化する (ゆっくりとしか変化しない; ϵt が目に見える大きさにならないと A は目立った変化をしない)ことを示している. 最終的に, (3.6.12) を解いて, B を調節パラメタとして

$$y = Be^{-(1+\epsilon)t} + O(\epsilon^2). \quad (3.6.13)$$

これが漸近挙動についてのわれわれの結論である[91].

以上でわかるように, くりこみ理論による永年項が出る問題の解法の核心部分はゆっくりした系統的変化を支配する運動方程式 (3.6.12) を導くところにある. これは, 系の運動の粗視化や遥減の結果と考えられる. いいかえると, 長時間後の挙動を見抜くということは, 運動のおおざっぱな特徴を抜き出すことと

---

[90] ここで以上の手続きを, τ をあらためて初期時刻であったとして, 実効的な初期条件 $A(\tau)$ をうまく取って結果が実際の答と一致するように取ることであると解釈できるようにくりこみ処方を手直しすることもできる. しかし, たとえば永年挙動が t^2 であるとき, これが $(t-\tau)^2$ になるようにくりこみをすることはふつうなく, $t^2-\tau^2$ になるようにしてしまうことの方が多いことからわかるように, このような解釈は必要ない.

[91] (3.6.1) の解析解は $\epsilon s^2+s+1 = 0$ の 2 根を $\lambda_\pm = (-1\pm\sqrt{1-4\epsilon})/2\epsilon$ と書くと $y(t) = Ae^{\lambda_+ t}+Be^{\lambda_- t}$ となる. ここで ϵ が小さいと $\lambda_+ = -1 - \epsilon + O(\epsilon^2)$, $\lambda_- = -1/\epsilon + 1 + \epsilon + O(\epsilon^2)$ だから, (3.6.13) は $\epsilon t \sim 1$ になる時間まで一様にオーダ ϵ まで正しい解になっている.

考えられる.

単純な摂動で (3.6.2) のような展開を実行するとき，永年項が出現する問題を一般に特異摂動 (singular perturbation) 問題という[92]. 単純な摂動をするとうまく解けないので，その困難を克服するために特異摂動法とひとまとめに呼ばれる各種の計算法がそれこそ山のように開発されてきた. たとえば，上の簡単な問題を解くには，普通の時間 t のほかにゆっくり進む時間 $\epsilon t, \epsilon^2 t, \cdots$ を導入して，いろいろなスケールの時間の関数として解を展開する '多時間尺度法' などというものが使われてきた.

以上の簡単な例から次の二つのことが示唆される:
(1) 永年項は発散であり，くりこみはこの発散を除去して，特異摂動論が与えるのと同じ結果を与える. 特異摂動論とは「くりこまれたふつうの摂動論」なのではないか?
(2) くりこみ群方程式はゆっくりした現象を支配する方程式である. 特異摂動法の核心は長時間挙動を支配するこのような方程式を見抜くところにある. そのような運動方程式はくりこみの考えで統一的に導くことができるのではないか?

(1) については，著者らが経験している限り，名前の付いている特異摂動の方法で解かれてきた問題のほとんどがくりこみで統一的に特異摂動論の予備知識なしに解くことができる. (2) については，多くの(全部の?)有名な現象論を支配する方程式(たとえば非線形シュレーディンガー方程式，バーガース方程式，ボルツマン方程式，などなど)はくりこみ群方程式として導出できることがわかっている. それどころか，実は (2)，すなわち，くりこみ的な系の逓減(逓減的くりこみ reductive renormalization)こそが予想通り特異摂動問題解法の要諦であることがわかるだろう. くりこみの方法さえマスターすれば常微分方程式に関した特異摂動論は，実用的には，どれも要らないようにみえる. 後で見るように偏微分方程式に関してもかなり要らなくなる. つまり，くりこみはすべての特異摂動技法を統一し従来の方法をすべて不要にすると思われる[93].

---

[92] この定義は，あまり正式ではない，といわれるかもしれないが，永年項を生ずるような摂動(一様収束しない結果を与える摂動)を特異摂動と定義するのが多分もっともまともな特異摂動の定義だろう.

[93] 最近では応用数学者が特異摂動問題を系統的に解く方法としてくりこまれた摂動論を，事実上くりこみの発想など要らない変数変換の方法として整備している. この方向に著者は関心がない.

3.6 長時間挙動とくりこみ: 簡単な例

補註 3.6.1 いくつかのコメント:
(1) もっと正式に計算するには, くりこみ定数 Z を
$$A = ZA_0 \tag{3.6.14}$$
と導入する. いまは摂動計算をやっているのだから, $Z = 1 + \epsilon a + \cdots$ と展開し, ϵ の各オーダから発散がなくなるように a などの係数を逐次決めていくことになる. ここでやった最低次の計算ではまちがいようがないので上に書いたように簡単にやっていいが, 高次の計算をするときは Z をきちんと導入しないとつじつまのあった計算をするのが難しいかもしれない.

(2) 上の計算で, なるほど $\tau = t$ と置くとすべてがすっきりする. しかし, これはあんまりかってな処方だと考える人がかなりいる. そこで, これをやめてみよう. 結果は, (3.6.13) の代わりに
$$y = Be^{-(t+\epsilon\tau)} - \epsilon(t-\tau)Be^{-t} + O(\epsilon^2) \tag{3.6.15}$$
となる. くりこみ群方程式の発想はこの式が τ に依存してはならないということである. $t - \tau$ は大きくないはずだから,
$$y = Be^{-[t+\epsilon(\tau-t+t)]} - \epsilon(t-\tau)Be^{-t} + O(\epsilon^2)$$
$$= Be^{-(1+\epsilon)t}[1 + \epsilon(t-\tau) + O(\epsilon^2)] - \epsilon(t-\tau)Be^{-t} + O(\epsilon^2)$$
$$= Be^{-(1+\epsilon)t} + O(\epsilon^2) \tag{3.6.16}$$
結局, 上に書いたのと同じ結果になる. これはこの問題の特殊事情によっているわけではない. より一般に, くりこまれた摂動の結果はくりこみ群方程式の結果を代入して
$$y(t) = f(t; \epsilon\tau) + \epsilon(t-\tau)g(t) + O(\epsilon^2) \tag{3.6.17}$$
という形を持っている. ここで f は第二の変数について微分可能なので, テイラーの公式を使って
$$y(t) = f(t; \epsilon t) + \epsilon(\tau-t)\partial_2 f(t, \epsilon t) + \epsilon(t-\tau)g(t) + O(\epsilon^2). \tag{3.6.18}$$
ただし ∂_2 は第二変数についての偏微分を示す. くりこみ群方程式の構成法から考えて, この式の第二項と第三項は打ち消しあわなくてはならない. つまり, $\tau = t$ と置いて永年項を除いてしまう処方はいつも正しいことがわかる.

(3) 包絡線を構成することはくりこみである[94]. α をパラメタに持つある曲線族 $\{x = F(t, \alpha)\}$ が与えられているとしよう. この曲線族の包絡線 (envelope) は
$$x = F(t, \alpha), \quad \frac{\partial}{\partial \alpha}F(t, \alpha) = 0 \tag{3.6.19}$$
から決まる. この第二の式はまさにくりこみ群方程式と解釈できる. $x = F(t, \alpha)$ の決める点集合 $\{x, t\}$ の中でパラメタ α を $\alpha + \delta\alpha$ と変化させても不変であるような点の集まりが包絡線であるから α を変えても (x, t) 関係に変化のない条件, つまり, 上の第二式が要求されるのだが, これはミクロディテールを変化させても観測され続けるものを探す話とまったく同じである. しかし, くりこみ理論が包絡線の理論だと誤解してはいけない. 包絡線の理論には曲線族の選択原理がないので曲線族が与えられた後で初めて意味のある理論

---
[94] 国広悌二氏が喝破したこと. くりこみで解ける問題をその近似解群の包絡線の構成で解いて見せたのは F. T. Wall, "Theory of random walks with limited order of non-self-intersections used to simulate macromolecules," J. Chem. Phys. **63**, 3713 (1975); F. T. Wall and W. A. Seitz, "The excluded volume effect for self-avoiding random walks," J. Chem. Phys. **70**, 1860 (1979) が最初だろう. のちに同様の方法は鈴木増雄氏が臨界現象の研究に組織的に用いている.

である．他方，くりこみの考えは曲線族を構成する指針をも与える．「くりこみ」＝「特異ないし発散挙動に基づく曲線族の選択」＋「包絡線構成」と解釈することは可能だが，後で見るように（付録 3.7A），この解釈がいつも有用なわけでもない．
(4) 特異摂動の最もよい参考書（実用書）は C. M. Bender and S. A. Orszag, *Advanced Mathematical Methods for Scientists and Engineers* (McGraw-Hill,1978) である．豊富な例と結果の数値的確認は他の追随を許さない．特異摂動問題を取り扱うときの座右の書といえる．ただし，数学的理論はみごとなまでにまったくない．いろいろな特異摂動を短時間で概観するためには E. J. Hinch, *Perturbation Methods* (Cambridge University Press., 1991) がいい．

3.7 共鳴とくりこみ

特異摂動問題の生じる典型的な例は，前節で考えたような微分演算子の階数が増えるような摂動だが，別の典型例は共鳴の存在である．調和振動子にその振動周波数と同じ周波数成分を持つ外力を加え続けると振幅は次第次第にいくらでも大きくなる．大域的に安定な非線形系ではこの発散は晩かれ早かれ非線形効果に阻まれるから本当は発散はない．しかし，非線形項を摂動として扱うときは，この非線形効果が働かなくなる．このため共鳴による特異性が出現してしまう．外力の平均がゼロでも，共鳴は '永年効果' を持つ，つまり，長い時間の間に積もり積もってくる効果がある．前節にでてきた「永年項」という言葉の起源もここにあった．

ふつうの摂動が共鳴の存在でうまくいかなくなる典型例は次のような弱非線形振動子である：

$$\frac{d^2y}{dt^2} + y = \epsilon(1-y^2)\frac{dy}{dt}. \tag{3.7.1}$$

ここで ϵ は小さな正の定数と考えられている（だから非線形性は弱い）．この方程式はファンデアポル (B. van der Pol 1889–1959) 方程式といわれる非線形振動問題では有名な方程式である．素朴な摂動展開

$$y = y_0 + \epsilon y_1 + O(\epsilon^2) \tag{3.7.2}$$

を代入して，ϵ の各オーダが消えることを要求すると，

$$\frac{d^2 y_0}{dt^2} + y_0 = 0, \tag{3.7.3}$$

$$\frac{d^2 y_1}{dt^2} + y_1 = (1-y_0^2)\frac{dy_0}{dt}, \tag{3.7.4}$$

などが得られる．第一の式の一般解は A を勝手な複素定数として

3.7 共鳴とくりこみ

$$y_0(t) = Ae^{it} + \text{c.c.} \tag{3.7.5}$$

と書ける.ここで c.c. は複素共役項を意味する.これを使うと

$$\frac{d^2 y_1}{dt^2} + y_1 = iA(1-|A|^2)e^{it} - iA^3 e^{3it} + \text{c.c.} \tag{3.7.6}$$

この特解を求めればいい.それはラグランジュの定数変化法[95]を使うのが最も簡単で,

$$y_1 = \frac{1}{2}A(1-|A|^2)te^{it} + \frac{i}{8}A^3 e^{3it} + \text{c.c.} \tag{3.7.7}$$

で与えられる.こうして ϵ のオーダまでの解は

$$y(t) = Ae^{it} + \epsilon\left[\frac{1}{2}A(1-|A|^2)te^{it} + \frac{i}{8}A^3 e^{3it}\right] + \text{c.c.} \tag{3.7.8}$$

明らかに永年項がある.その理由は y_1 についての式の非斉次項(右辺)が,左辺が表現する調和振動子と同じ振動数をもつ項 e^{it} を含むからだ.このようなわけで,共鳴を克服するためにまたまた特異摂動の方法群が開発されたのだが,われわれの処方はまったく前節と同じである. t を $(t-\tau)+\tau$ とわけて τ を初期値に依存する定数 A の中にくりこんでしまう:くりこまれた摂動の結果は

$$y(t) = A(\tau)e^{it} + \epsilon\left[\frac{1}{2}A(\tau)(1-|A(\tau)|^2)(t-\tau)e^{it} + \frac{i}{8}A(\tau)^3 e^{3it}\right] + \text{c.c.} + O(\epsilon^2) \tag{3.7.9}$$

となる. y が τ によるはずはないのでくりこみ群方程式 $\partial y/\partial \tau = 0$ は

$$\frac{dA}{dt} = \epsilon\frac{1}{2}A(1-|A|^2) + O(\epsilon^2) \tag{3.7.10}$$

になる.ただし,ここでは結果において τ を t に置きかえてしまった.これは振

---

[95] たとえば,二階線形常微分方程式

$$\frac{d^2 y}{dx^2} + a\frac{dy}{dx} + by = f$$

の特解 u は,対応する同次方程式の基本解を ϕ_1 および ϕ_2 とすると,つぎのように与えられる:

$$u = C_1 \phi_1 + C_2 \phi_2,$$

ここで係数関数 C_1 および C_2 は次の微分方程式を解いて決める:

$$\frac{dC_1}{dx} = -\frac{f\phi_2}{W}, \quad \frac{dC_2}{dx} = \frac{f\phi_1}{W},$$

そして W はロンスキアン $W = \phi_1\phi_2' - \phi_2\phi_1'$ である.

幅の長時間挙動を支配する方程式である．(3.7.9) で $t = \tau$ と置くと

$$y(t) = A(t)e^{it} + \epsilon \frac{i}{2}A(t)^3 e^{3it} + \text{ c.c.} + O(\epsilon^2). \tag{3.7.11}$$

ここでも核心は振幅方程式 (3.7.10) である．この例では $\epsilon = 0$ と $\epsilon > 0$ の場合は定性的に振動の様子が違う．調和振動子はどんな振幅の振動も可能である．これに対して，方程式 (3.7.1) の右辺は $(1 - y^2) < 0$ なら振動にブレーキをかける減衰項だが，そうでないときは振動にエネルギーを注入する加速項になっていることから見て取れるように，$\epsilon > 0$ の場合は十分時間がたつと大きすぎたり小さすぎたりする振幅を持つ運動は許されなくなる．実際，上の近似計算を見ると $|A| = 1$ で表現されるリミットサイクルにゆっくりと収束していく．振幅方程式 (3.7.10) に ϵ がでていることに注意．前節で予想したように，くりこみ群方程式はゆっくりと振幅が変化していく様子を記述している（もちろん実際の運動は周期約 2π でめまぐるしく振動している）．このようなゆっくりした変動を記述する方程式を抜き出すところが特異摂動問題を解くときの核心であるというのがくりこみの方法が教えてくれた新たな見方である．

では，くりこみ群方程式が記述する挙動はどのくらい信頼できるものだろうか？ まず (3.7.11) が $1/\epsilon$ の程度の時間まで $O[\epsilon]$ の誤差で真の解のそばにとどまることはグロンウォール (T. H. Grönwall 1877–1932) 不等式[96]などを使う標準的な道具立てで容易に証明できる．しかし，このような結果は長時間の挙動について何もはっきりしたことを言わない．上の例では，リミットサイクルの存在も言えない．

千葉逸人氏の仕事[97]でこのあたりがきわめてすっきりした．技術的条件を抜きにすれば，「十分小さな摂動で起こることはくりこみ群方程式で起こることと定性的に同じである」：くりこみ群方程式の不変多様体はもとの系の不変多様体と微分同相である．上に述べた共鳴現象のモデルだと，くりこみ群方程式が双曲的なリミットサイクルをもつのは自明だからもとの系もそうなのだとはっきり言えるのである．一般の発展方程式についても同様のことが成立すると考えられる．

---

[96] 《グロンウォールの不等式》ある区間 $I = [a,b]$ の内部で α を連続関数として $f'(t) \leq \alpha(t)f(t)$ あるいは $f(t) \leq f(a) + \int_a^t \alpha(s)f(s)ds$ が なりたてば，$f(t) \leq f(a)\exp\left(\int_a^t ds\,\alpha(s)\right)$ が $t \in I$ で成り立つ．

[97] H. Chiba, "C^1 approximation of vector fields based on the renormalization group method," SIAM J. Appl. Dym. Syst. **7**, 895 (2008).

付 3.7A: くりこみ的遍減

実用的観点から見てかしこい方法は原くりこみ群方程式 (proto RG equation) を使う方法である[98]. (3.7.10) はもっと簡単に, 具体的な摂動計算の結果を使わずに, 導けるのである. 遍減摂動──reduce された方程式を出す摂動論──こそが本質で, いわゆる特異摂動の結果はそれから得られる副次的な結果に他ならないということがよりはっきりしたかたちであらわれる.

例はここまで論じてきたのと同じファンデァポル方程式である. 展開も同じ. しかし, 各オーダの具体的計算をなるべくせず, 見てすぐわかることだけを使うように心がけよう. まず摂動方程式 (3.7.6) の構造から, その解が次のかたちに書けることがすぐわかる:

$$y_1 = P_1 e^{it} + Q_1 e^{3it} + \text{c.c.} \tag{3.7A.1}$$

P_1, Q_1 がしたがう式はこれを (3.7.6) に入れて両辺を比較すれば

$$L_t P_1 = iA(1 - |A|^2), \tag{3.7A.2}$$

$$\left(\frac{d^2}{dt^2} + 6i\frac{d}{dt} - 8\right)Q_1 = -iA^3 \tag{3.7A.3}$$

であることがわかる. ただし

$$L_t \equiv \frac{d^2}{dt^2} + 2i\frac{d}{dt}. \tag{3.7A.4}$$

(3.7A.2) から P_1 は t に比例する共鳴的永年項を含み, (3.7A.3) から Q_1 は定数でいいことがわかる (だから $Q_1 = iA^3/8$ である). そこで

$$y(t) = Ae^{it} + \epsilon[P_1(t, A)e^{it} + Q_1(t, A)e^{3it}] + \text{c.c.} \tag{3.7A.5}$$

をつぎのようにくりこむ:

$$y(t) = A_R(\tau)e^{it} + \epsilon[(P_1(t, A_R(\tau)) - P_1(\tau, A_R(\tau)) + Q_1(t, A)e^{3it}] + \text{c.c.} \tag{3.7A.6}$$

くりこみ群方程式に当たるものは $L_\tau y = 0$ である. ここで P_1 へのこの作用素の作用を計算するとき A_R の微分は ϵ のオーダであることを知っているから計算しなくていい[99]. そこで (3.7A.2) を使うと $L_\tau P_1$ を計算するとき A_R は定数として計算していいので

$$L_\tau A_R = \epsilon L_\tau P_1(\tau, A_R(\tau)) = i\epsilon A_R(1 - |A_R|^2) \tag{3.7A.7}$$

が得られる. これを原くりこみ群方程式と呼ぶ. 具体的に摂動解を求めずに, ϵ のオーダまでの結果が得られていることに注意. より具体的には (τ は t に置き換えてある):

$$\left(\frac{d^2}{dt^2} + 2i\frac{d}{dt}\right)A_R = i\epsilon A_R(1 - |A_R|^2). \tag{3.7A.8}$$

このように原くりこみ群方程式は特異項を摂動項に関係づける最も簡単な (最低階の) 微分方程式のことである. われわれが興味を持つ情況では A_R は 1 のオーダだろうから (くりこみ

---

[98] K. Nozaki and Y. Oono, "Renormalization-group theoretical reduction," Phys. Rev. E **63**, 046101 (2001) の計算ミスの修正と論理の詳細は Y. Oono and Y. Shiwa, "Reductive renormalization of the phase-field crystal equation" Phys. Rev. E **86**, 061138 (2012).

[99] つまり, ϵ のかかった項では $A_R(\tau)$ は定数と見てよい. 実は, すべてのオーダでくりこみ群方程式を作るとき, そうしてよいことが証明できる.

の方法では何の予備知識もいらないとは言っても，解についてのこの程度の'洞察'は必要である），微分が ϵ の巾(べき)を一つ上げることがわかる．そこで ϵ のオーダまでのくりこみ群方程式を得るためには二階微分の項を捨てるだけでいい:

$$\frac{dA_R}{dt} = \epsilon \frac{1}{2} A_R(1 - |A_R|^2) + O(\epsilon^2). \tag{3.7A.9}$$

もちろん，これは (3.7.10) と同じである．

いろいろな特異摂動の手法がくりこみの見方で統一されることは実用的にも簡便でよいが，摂動を使っても手で解ける問題というのはたかがしれている．特異摂動論の本質は逓減摂動論であると喝破したのだから，実際の解を構成することは副次的問題であり，系の大域的なダイナミクスを問題を解かずに見抜けることが望ましい．これはモデルを作る立場から言っても，大事である[100]．要は，系の漸近挙動の研究であるから，くりこみこそが自然な考え方のはずである――「くりこみ群方程式こそ求めているダイナミクスを支配する方程式である」[101]．

くりこみ的逓減理論[102]の処方はきわめて一般的に次のようにまとめられる．
(1) 無摂動解のまわりに単純な展開によって摂動解を作る．どのような永年項が出うるか調べる．
(2) 原くりこみ群方程式を作る．
(3) 各変数についての最低次の微分とそれと同じスケーリングをする微分項を集める．

ここで素朴な質問を考えよう．くりこみ群方程式をさらに逓減することもできるのではないか？ たとえばボルツマン方程式はくりこみ群方程式として得られるが[103]，これをさらに大きな時空スケールで考えるとナビエ-ストークス方程式などが出る[104]．しかし，見るスケールや現象が同じときはくりこみ群方程式をさらに逓減はできないはずである．たとえば脚注102の文献中にくりこみ群方程式として出てくるニューウェル-ホワイトヘッド方程式ではそれを導いた処方をそれ自身に適用すると確かに自明に同じ式が得られる．つまり，得られた結果は逓減の固定点である．

---

[100]この様な重要な問題には大昔からいろいろな仕事がなされてきた．「流体力学的極限」や「逓減摂動法」の理論などが活発に研究利用されてきた．「中心多様体理論」とか「慣性多様体理論」(inertial manifold theory) なども目的は同じである．中心多様体理論は以上のくりこみ理論のなかに形式的に取り込める．厳密な仕事も千葉氏によってなされている; H. Chiba, "Approximation of Center Manifolds on the Renormalization Group Method," J. Math. Phys. **49**, 102703 (2008). 慣性多様体の理論とくりこみ理論の関係は検討されてない．

[101]逓減摂動についての良い教科書は森肇・蔵本由紀『散逸構造とカオス』(岩波書店，2000)，特にその第5章である．「中心多様体理論」についてはよい教科書がある: J. Carr, *Applications of centre manifold theory* (Springer, 1981)．「慣性多様体理論」については未だ親切な教科書はない．「流体力学的極限」が数学としてきちんとできそうになってきたのは最近のことである．当然，親切な教科書はない．

[102]振幅方程式については K. Nozaki, Y. Oono and Y. Shiwa, "Reductive use of renormalization group," Phys. Rev. E **62**, R4501 (2000); Y. Shiwa, "Renormalization-group thoeretical reduction of the Swift-Hohenberg model," Phys. Rev. E **63**, 016119 (2000).

[103]O. Pashko and Y. Oono, "The Bolzmann equation is a renormalization group equation," Int. J. Mod. Phys. B **14**, 555 (2000).

[104]蔵本氏が逓減摂動でできることを示しているからくりこみでできる (が，先にも書いたように，ナビエ-ストークス方程式の出し方としてはたいして意味がない)．

3.8 くりこみから見た統計

くりこみは系の大域的挙動や巨視的あるいは粗視化された挙動を取り出すために有効なのだから，大量のデータがあるときそれを「人間的サイズの情報」に要約することに使えるのではないかと考えるのはきわめて自然な発想ではないか？ まず大数の法則や中心極限定理と同じ問題になる力学系の問題を考えよう（ランジュヴァン方程式を出す問題である）．それは大きく異なった二つの時間スケールを持つ力学系である: x, y を力学変数，f, g は行儀のいい関数であるとして，

$$\frac{dx}{dt} = f(x, y), \quad \frac{dy}{dt} = \frac{1}{\epsilon} g(x, y). \tag{3.8.1}$$

ここで，ϵ は小さな正の数であり，二つの時間スケールの比である; y はめまぐるしく変化する．長い時間スケールで見るとめまぐるしい変化はある確率過程にしたがうノイズのように見えてしまうだろう．

このような異なった時間スケールを持った力学系をくりこみで処理する一般的処方は最も速く変動する時間スケールで考えることなので，引き延ばされた時間 $\tau = t/\epsilon$ を使って運動全体をスローモーション映画としてながめる:

$$\frac{dx}{d\tau} = \epsilon f(x, y), \quad \frac{dy}{d\tau} = g(x, y). \tag{3.8.2}$$

これに単純な摂動論をいつものように適用すると

$$x = A + \epsilon \int_0^\tau f(A, y_0(A, \sigma)) d\sigma + o[\epsilon] \tag{3.8.3}$$

が得られる．ここで A は定数であり，$y_0(A, \tau)$ は

$$\frac{dy_0}{d\tau} = g(A, y_0) \tag{3.8.4}$$

の解である．もしも y_0 がすべての可能な A についてカオス的ならば，それは x にとってはランダムノイズなので，エルゴード的な不変測度 μ_A をつかって時間平均を次のように近似してよい[105]:

$$\frac{1}{\tau} \int_0^\tau f(A, y_0(A, \sigma)) d\sigma \simeq \int \mu_A(dy) f(A, y) \equiv \langle f \rangle(A). \tag{3.8.5}$$

---

[105]典型的な場合は典型的なエルゴード的な測度である SRB 測度を持つ．

時間平均 $\langle f \rangle$ を A の関数と考えるので $\langle f \rangle(A)$ と書いてある.そこで (3.8.3) は
$$x = A + t\langle f \rangle(A) + o[1] \tag{3.8.6}$$
となる.明らかに永年項がある.これをまえにやったのと同様に A にくりこんでしまう(つまり,$A \to A(t)$).結果は $x = A(t)$,ただし,
$$\frac{dA(t)}{dt} = \langle f \rangle(A(t)). \tag{3.8.7}$$
これが一次のくりこまれた摂動論による (3.8.2) の結果である.もちろん,これはよく知られた結果であり,ふつう平均化法 (method of averaging) で得られる.

もしも $y_0(A, \tau)$ の時間相関が十分短いならば,(3.8.3) に出てきた積分は同じ分布にしたがう独立な確率変数の和と考えることができる.その意味することは[106]
$$P\left(\frac{1}{\tau}\int_0^\tau f(A, y_0(A, \sigma))d\sigma - \langle f \rangle(A) \sim \xi\right) \sim \exp\left(-\frac{\tau}{2b(A)}\xi^2\right) \tag{3.8.8}$$
である.ただし,$b(A)$ は次の式で与えられる:
$$b(A) = 2\int_0^\infty d\sigma \int d\mu_A(y_0(A,0))[f(A, y_0(A, \sigma)) - \langle f \rangle(A)][f(A, y_0(A,0)) - \langle f \rangle(A)]. \tag{3.8.9}$$
その結果,$B(t)$ をウィーナー過程 (Wiener process)[107]として
$$x(t) = A + t\langle f \rangle(A) + \sqrt{\epsilon b(A)}B(t) + o[\epsilon^{1/2}]. \tag{3.8.10}$$
のように書くことができる[108].ここで,$B(t)$ に比例しているゆらぎの項も時間とともに $\sqrt{t}$ のように大きくなっていくという意味で永年項であるから,A に

---

[106]大偏差理論により

[107]《D 次元ウィーナー過程》無限 D 次元立方格子の上の無限に長いランダムウォークにウィルソン–カダノフのくりこみをほどこしてその固定点として得られる過程である(ただし時間 t たった後の平均変位は $\sqrt{t}$ であるように規格化する).つまり,無限 D 次元格子の上の無限に長いランダムウォークを限りなく遠くからながめると D 次元ウィーナー過程の軌跡(サンプルパス)が見える.

D-次元ウィーナー過程は各成分が独立な 1 次元ウィーナー過程であるような D-次元ベクトルのことである.数学的に 1 次元ウィーナー過程を定義するやり方はいろいろあるが,$B(t)$ はガウス過程(任意の n 個の時間点 $0 < t_1 < \cdots < t_n$ を取るとき $\{B(t_1), \cdots, B(t_n)\}$ が n 重ガウス分布にしたがうということ)であり,$B(0) = 0, 0 \le s < t$ とするとき $B(t) - B(s)$ は平均ゼロ,分散 $t - s$,そして時刻 t までの事象とそれからの増し分 $\delta B(t) = B(t + \delta t) - B(t)$ ($\delta t > 0$) は統計的に独立であるとすると一義的に決まる.たとえば $B(t)B(s)$ の平均(期待値)は $\min(s,t)$,特に $B(t)^2$ の平均は t.

[108]等号は法則の意味の等号である.つまり,両辺は確率分布として区別できない.

3.8 くりこみから見た統計

くりこんで除去しなくてはならない．結果は，次の確率微分方程式(ランジュヴァン方程式)

$$dA(t) = \langle f \rangle (A(t))dt + \sqrt{\epsilon b(A(t))}dB \qquad (3.8.11)$$

になる．この第一項が(強)大数の法則，第二項が中心極限定理に相当することがわかるだろう．そこでもっとあからさまに統計との関係を付けよう．

簡単のために，同一分布にしたがう統計的に独立な確率変数列 $\{X_i\}$ を考えよう．サンプル数を時間と見なせば，部分和を作るということは次の差分方程式を解くことである：

$$S_{n+1} - S_n = \epsilon x_n. \qquad (3.8.12)$$

ここで ϵ は上の力学系の問題との対応を完全にするために入れてあるパラメタである．この一般解は大数の法則と中心極限定理が述べるところにしたがえば，A を積分定数として

$$S_n = A + \epsilon \sum_{k=0}^{n-1} x_k = A + \epsilon n \langle x_1 \rangle + \epsilon \sqrt{n}\sigma\chi + o[n^{1/2}] \qquad (3.8.13)$$

と書ける[109]．ここで χ は $N(0,1)$ に従う確率変数であり，σ は X_i の標準偏差である．$\{\chi_k\}$ が独立で $N(0,1)$ にしたがうとき，法則として $\sum_{k=1}^{n}\chi_k = \sqrt{n}\chi$ であることを使っている．永年的発散を $A \to A_n$ のくりこみ操作で除くと (cf. (3.8.11))

$$A_{n+1} - A_n = \epsilon \langle x_1 \rangle + \epsilon \sigma \chi \qquad (3.8.14)$$

となる．

上のくりこみの手続きをよく見ると，ある観測量が新たにサンプルを加えられたときに変化する量が大きくならないように，いいかえると，サンプルを加えるという変化に対してできるだけ安定に振る舞うようくりこみが実行されていることがわかる．たとえば，大数の法則に当たる (3.8.13) の第一項を求めることは

$$\sum_{k=0}^{n-1}(x_n - m) = o[n] \qquad (3.8.15)$$

を要求して m を選ぶ問題，すなわち，サンプルひとつを加えたことによる変化が $o[1]$ であるようにする問題と解釈できる．こういうことが確率 1 でできるということが強大数の法則である．

---

[109] 等号は法則の意味である．

大量統計データの処理はデータの追加あるいは変更に対する安定な情報を引き出すことである，というのが以上の簡単な例が示唆している一般的考え方であるが，この観点は統計学的問題と学習問題に統一的観点を与えることに注意しよう[110]．実例から学ぶということは入力として与えられる実例群からあるパタン（仮説）を抽出する過程である．そこで実例の追加に対して安定な仮説を追求するというのが学習戦略になりうる．学習理論の方からも同様な考えが出てきた[111]．

---

[110] S. Rajaram, Y-h. Taguchi and Y. Oono, "Some implications of renormalization group theoretical ideas to statistics," Physica D **205**, 207 (2005).

[111] T. Poggio, R. Rifkin, S. Mukherjee, P. Niyoki, "General conditions for predictivity in learning theory," Nature **428**, 419 (2004).

第4章
モデル化——現象の記載と理解

　ここまで,「現象論的理解」が世界の基本的な理解の仕方であることを説明し,現象の大域的な様子を見抜く方法としてくりこみの思想を説いた. くりこみは基本的な考え方になるが, 実際に現象とくらべられる何かを計算しようとすればモデル——現象の数式的表現——がまず必要である. モデルが設定しにくい広大な普遍性の理解にくりこみの歯が立たないことは見たとおりである. くりこみがうまくいくとふつうに言われているような普遍性の理解のためのモデルは極小モデルでよいというようなこともすでに述べた. 極小モデルは現象論と過不足なく対応したモデルであり, われわれの現象理解の到達点を表現するものだ. これからわかるようにモデル化は(それが表現している数理的構造が判然とわかっているならば)理解の表現のある意味の極致を与えることであり, きわめて重要である.

　現象がそれほどややこしくなければいわゆる abduction[1] によってこのようなモデルに到達できる可能性は高い. 著者はこの言葉を, 世界の現象論的構造と系統発生的学習 (phylogenetic learning) で身についている知恵に全幅の信頼を置いて, 世界を理解しようとする試みと解釈する. 現象の核心についての直観, 世界の一般的性格(対称性, 保存則など)の尊重および「美意識」にもとづいて仮説を構成して世界の理解を試みることである. そもそも, ものを理解するとは「こうかな, ああかな」といろいろ能動的に仮説を出して合致するものを手にいれることである. 純粋な帰納などない.

　世の中の現象の多くはこんなアプローチで歯が立つような柔なものではあるまいというもっともな意見はあるだろう. Abduction を試みると同時に, 観測データそのものの中の内的パタンを抽出する努力('情報の蒸留' である)も有用であるに違いない. したがって, 現象の理解の到達点としてのモデルを作ると

---

[1] パース (C. S. Peirce 1839-1914) による言葉. 彼によると retroduction という方がいい言葉らしいが,「ある所与の現象を有意味で合理的な全体として把握するために, その現象を仮構的に解読しようとする過程」と『岩波哲学・思想辞典』(p30) にある. あまりピンと来ない.

いう作業は，情報の蒸留と通常の abduction の協働でなされるべき作業である．現象を先入主なしによく見ることは大事だが，しかし，(無心の極致である) 統計的機械的な大量情報の処理 (情報蒸留) が人間のパタンを見抜く力を凌駕しているだろうか．データを見やすい形に直すとか大量のデータを比較するなどという単純作業はわれわれがやる必要はないが，そのさきにある現象の理解は多かれ少なかれ abduction によるしかないのではないだろうか．機械的な帰納にモデルが作れるとは信じがたい．そこで，本章では abduction の成功例を利用してモデル化を考えていきたい．モデルがいいとはどういうことか，というような問題も避けて通れないので，基本にたちかえって，まずモデルとは何か考えることから始めよう．

4.1 モデルとは何か

科学では「モデル」という言葉には大別して三つの使い方があるように見える (それらは相互排除的ではない)．一つ目は，磁性体のイジングモデル (後出) や，原子の惑星系モデル，などの使い方に見える，現実のある側面 (ある現象) の数理的本質を捉えることを目的とした「モデル」である．この場合，現実の方がモデルよりこみいっていて，現実とモデルの対応は，比喩的な表現をすれば，(よくて)「準同型対応」[2]になる (あるいは縮約的というのがよいかもしれない)．たとえば原子の惑星系モデルではその核に当たるものはただの質量を持った点電荷であり，当然，現実の核のような内部構造を持たない．しかし，原子の化学的性質を見るためにはこれでほぼよろしい．つまり，特定の現象のクラスの裏にある数学的本質はこういうモデルに捉えられるとするのがこのタイプのモデルである．電弱相互作用のワインバーグ-サラムモデルなどもこのような本質理解の道具としてのモデルの典型例である．

---

[2] 《同型および準同型対応》ある数学的構造 (たとえば群のような代数的構造) を持った集合 A と B があるとする．A から B への写像 $\phi: A \to B$ が一対一対応 (全単射) で，数学的構造を保つならば (つまり，A の中でその構造の許す操作 (群ならば群演算) をやった後で ϕ によって B に写された結果と，まず B に ϕ で写されてからそこで対応した操作を実施した結果とが一致する (群で言えば $\phi(ab) = \phi(a)\phi(b)$ などが成立する) とき，ϕ は同型対応 (isomorphism), A と B は同型といわれる．力学系でこれはすでに出てきた．もしも，写像 ϕ が一対一でなく全射 (つまり，$\phi(A) = B$, A の像が B 全体に重なること) だと ϕ は準同型対応 (homomorphism) といわれる．準同型の場合は写像 ϕ で A のいくつかの元が一つにまとめられてしまうので，情報が失われるのがふつうである．

二つ目の用法は,系のある側面の'あらゆる記述'を与えることで実際の系のかわり (substitute) になる(数理的あるいは実体的な)系としてのモデルである.たとえば,ある特定の原子力発電所の動作モデル,また多数のいわゆる in silico の発生系や細胞生化学的系など.これらは観測事実をデータあるいは信号と見るときデータ圧縮を目指していると見ることもできる.つまり,現象を観測したときに得られる「信号」を効率よく生み出せる信号源として現象を整理するためのモデルである.この場合,上に述べた第一の場合と異なり,現象の理解を目指していないし,その本質の数学的表現を追求するという意識も希薄である.もちろんこの場合も着目していない側面は完全に忘れ去られるから現実との対応は全体としては準同型的(縮約的というより射影的?)である.

三つ目の「モデル」という言葉の使い方では,抽象的なもの(体系)をより具体的に表現したものを指す.数理論理学での「モデル」という言葉の使い方はしばしばこの意味である.単位円内につくられたロバチェフスキー[3]の双曲的幾何学の(ポアンカレによる)モデルなどが数学に出てくるモデルの好例である[4].この場合,非ユークリッド幾何学の存在が,その無矛盾なモデルがユークリッド平面内に構成できるという事実そのものによって,有無をいわさない形で示される[5].チューリング機械も「計算する」ということのモデルと理解することもでき,先に見たように,これまた有無をいわさない形で計算可能性をありありと見せてくれた.これらは論証の道具としてのモデルと言ってもいい.

結局,「モデル」という言葉が指すのは,(1) 現実のある側面の理解の到達点の簡潔な表現(数理的本質の表現),(2) 現実のある側面の精密な描像(あるいはデータ圧縮の結果),または (3) 論証の道具(抽象的概念の具体的表現)であるような数理的(あるいは物質的)な系のことである.(1) および (2) は記述の道具としてのモデルと言ってもいいが,(1) はそれ以上であり,現象の本質の具現化である.佐藤幹夫氏の表現を借りれば,これが本地であり,現実は垂迹であるとさえいえる.

日常的用法としてはモデルという言葉にはプラモデルのような「現実のある

---

[3] N. I. Lobachevsky (1792–1856) はディリクレより少し先に近代的関数概念に到達していた.
[4] たとえば,佐々木重夫『幾何入門』(岩波全書, 1955) 第 10 章参照.
[5] このようなモデルは「表現 representation」と解釈する方がわかりやすいかもしれない.ここで「表現」という言葉は,「群の行列表現」や「ベクトルの座標表現」に出てくる「表現」のことである.一般に数学でいう「表現」とは,より抽象的なものをより具体的なもので表すことである.ゲリファント (I. M. Gelfand) 曰く「数学とはすべて何らかの表現の研究だ.」

面を写した系」という使い方のほかに, モデルケース, 職業としての「モデル」という言葉に出てくる「手本」,「典型あるいは理想型」「模範」という使い方もある. これは一見いいかげんな言葉の使い方のようにもみえるが, 理論がとらえたものこそ本質であって現実はその具体化であるという考えと意外と近い. つまり, プラトニズムである[6].

(3) の意味のモデルでは (1), (2) の意味のモデルと異なって, アイデアの世界と数理の世界が結ばれるのであって(実体モデルを作らない限り)言葉(概念)の世界と現実の世界をどう対応させるかという問題は存在しない. これに対して, (1), (2) では現実世界と概念世界の対応関係をいかにつけるかという問題がある. 次節ではこの対応関係に多少立ちいった反省をする. もちろん, 自然科学者はふつうここに深刻な問題があると見ない: われわれが観測するものはたいていわれわれの外の世界に確固として実在する. これを当然と見る読者は, すぐ 4.3 節に行くといい[7]. ただし, 自然学の地平を拡張する意欲のある読者には次節を読むことがまったくの無駄ではないかもしれない. この対応関係を疑うことを通して科学の基盤を掘り崩そうとする努力は人文系の一部でくり返されてきたし, 懐疑派が多数派ではないとしても単なる少数派ではないかもしれない.

---

[6] 木村英紀「モデルとは何か」数理科学 No.423, p5 (1998) に工学よりの見解がある. 本書では,「モデルの対象は具体的な対象」ではない. あくまで普遍を目指す. 対象が具体的な場合ここで興味があるのは,「ある発電所の原子炉」のような人為ではなく,「F_1-ATP 合成酵素」のような天与の対象のみである. 木村の解説では, 理論, モデル, 芸術作品を客観性と主観性という切り口から区別して論じる(「理論は完全に客観的でなければならない」,「理論の対極にあるのが芸術作品である」,「モデル … 中間にある」)が, こう単純になるのはむつかしい. ボルツマンのエントロピーの公式やマクスウェルの方程式は審美的に芸術作品に勝るとも劣ることはない. すぐれた芸術的結果は自然知能による世界のさらなる直接的理解の仕方を教える. 数学かしからずんば詩を?

[7] 《直観形式と肉体》「卵形嚢や三つのたがいに垂直な平面に組みたてられた半規官とともに, われわれの内耳の迷路は, 上がどっちかということと, からだの回転のスピードはどの方向へ増しているかということをわれわれに伝える. このようにも明らかに種族維持のはたらきへの奉仕と現実的事実への適応とによって生じたこれらすべての器官ならびにその諸作用が, 空間に関する先験的な直観形式とは何の関係がないとする想定は, わたしには混乱しているものに思える. それらは三次元的な《ユークリッド的》空間の直観形式の基礎となっている, いやある意味ではこれらの直観形式であると断言する方が, 私にはむしろ自明のことに思えるのだ」(K. ローレンツ『鏡の背面』(谷口茂訳, 思索社, 1974) 認識論的前置き, 3. 仮説的実存論と先験的観念論 p28).

ちなみに, マッハは三半規管 (semicircular canals) の役割を明らかにした主要な研究者のひとりであった.

次節は科学が「社会的構築物である」と言いたい人々のためにもなる[8].

以上で「われわれが観測するものはわれわれの外の世界に確固として実在する」とは書いたが, もちろん量子力学を少しでも知っている人はこんなに単純にはなれないかもしれない. 遅延選択実験というものさえすでに本書に出てきた. 観測には必ず観測される対象と観測する側の間に生じる物理的な相互作用の過程が含まれ, それは不可避的に両者の状態を攪乱する. だが, 生じた攪乱も客観的現象の一部である. たとえば不確定性関係を考えてみよ. ある粒子の位置と運動量は確定しているのだが不可避的攪乱のために(ハイゼンベルクのガンマ線顕微鏡の思考実験に見るように)測定には不確定がつきまとう, という考え方もできないわけではないが, そもそも位置と運動量が別々に意味のある量だという形而上学的枠組を採用する必然性がない. 実在するものの設定のしかたが悪いと不可避的攪乱があるということになるのである. 不可避的攪乱があるときは, 虚心に現実(経験)に向き合えば, 実は, 分割して個々別々に考えることに(無条件には)意味がないというだけのことだ[9]. 量子力学の枠組では, 位置-運動量なる共役対は実在に対応する概念だが, 位置や運動量はそれぞれ単独では無意味な概念である. 正直いえば, われわれは外の世界をまだそれほど自覚的に把握理解していないと見るべきで, すでにすべてを理解したと思うから不思議や無理が生じるのだ.「われわれが観測できるものはわれわれの外の世界に確固として実在する」が, 何がほんとうに観測できるかはわれわれの自由にならない.

4.2 モデルと現実の対応

> ある規則が, 道しるべのように, そこに立っている. ——中略——いかなる意味でわたくしがそれに従わなくてはならないのかが, その指さしている方向にせよ, あるいは(たとえば)

---

[8] ある概念とか理論とかが「社会的構築物ではないか」(つまり, 人造物＝人為＝偽ではないか)と反省することは科学のイロハとして大切である. 科学の社会学における「社会的構築論」が, 研究対象(＝自然科学)よりも, 論者たちの学力等に支配されていることをきちんと認識することなどが例である.

[9] オッカムの剃刀は不可避的攪乱を剃り落とす. (もっとも, オッカム Ockham 1288 頃-1348 頃の 20 年前に同じことを John Duns Scotus 1266 頃-1308 が強調しているそうである).

その反対の方向にせよ,どこかに書いてあるのだろうか[10].

ある現象をモデル化するには
(A) モデル化を実行する領域
と
(B) この領域と現実との対応関係の設定
の二つをはっきりさせなくてはならない.本書では実際の「もの」を使ったモデルを作ることはないから,モデルといえばすべて数理モデルである[11].したがって,(A),つまり,何を使ってモデル化するか,についてはあまり本質的問題はない[12].

現実の現象と数理モデルの中の諸量の対応 φ は通常の物理あるいは数理的な自然科学に従事している(または,学んでいる)ときは問題にならない.現実に観測されるある量を通して現象は記述されると考えるのだから,すでに数の世界と現実の世界との対応はモデルを作る(=理論を作る)以前に与えられているのがふつうである.たとえば,熱力学的観測量を通してある系をモデル化するときは観測諸量はすでに与えられていて,それをいかに現実の系について得るか(たとえば,どうやってエントロピーを測定するか)という問題は片づいているはずである.しかし,熱力学そのものを「作る」ときには,理論の中の量と観測される量とを明確に対応づけることが理論の一核心になる.物理研究者のほとんどはこのような基礎的な問題に従事することがないから,「この問題が片づいている」とふつうの教科書がみなすのは実際的なことだ[13].しかし,本書の目

---

[10] ウィトゲンシュタイン『哲学探究』(ウィトゲンシュタイン全集 8, 藤本隆志訳, 大修館書店 1976) 85 p85.

[11] 数理的でない「自然言語的」モデルももちろん考えられるが,きちんと定式化するのが難しいので,本書では発見的に数理モデルを得るための中間ステップとしか見ない.何もそのようなモデルを軽視しているわけではない.優れた芸術作品はそのようなモデルの最高の形態なのかもしれない.

[12] もちろん,いかなる数学的体系を使うか,という問題はあるが,ふつうは通常のツェルメロ–フレンケルの公理的集合論に選択公理をたしたもの (ZFC) の上に建設されていると信じられている数学を使う.こういうことをいちいち註記しなくていい,自然科学者(経験科学者)は気にしなくていい,というのが大方の見方には違いないが,しかし,「ランダムさ」とはどういうことか第 2 章で考えたときすでにそうも言い切れない面もあることに少しふれた.

[13] 熱力学がしばしば難しい科目だとされる理由は,良心的な教程であるほど,「理論の中の量と観測される量との明確な対応」が核心問題だからだろう.こんなことを反省しなくてはならないような根本問題に直面する科学者になる人はほとんどいないからこういうことを根ほり葉ほり論じるのは教育的でないかもしれない.しかし,野心的学生諸君は原理主義的科学

論見のひとつは自然学の地平を拡大することなのだ(それは研究対象で規定される学問ではない)から,何を観測するかということがモデル作りの問題になる場合も想定しておくべきだろう.そこで,ふつうのモデル化であまり考えないですませている部分を検討しておこう.

ある化学反応系(たとえば振動反応として有名なベルーソフ–ジャボティンスキー反応 (Belousov-Zhabotinsky reaction)[14]をモデル化したいとする.反応に関与するある化学物質(たとえばマロン酸)の濃度 x (単位はたとえばモル濃度)がモデルの中に顔を出すだろう.実験家は,マロン酸の濃度を尋ねられれば,たとえばその特性吸収スペクトルかなにかを利用して濃度をはかることになる.当然ながら,「量をはかる」という操作の前に「特性吸収スペクトル」「濃度」「マロン酸」などという言葉が何を意味するかわかっていなくてはならない.もちろん専門家が相手ならこれ以上言う必要はない.化学反応の数学的モデルを作るとき,化学者が化合物または化学式と実際の物質の対応をどうつけるかというようなことはブラックボックスに入れておいていい.それは,数理生態学の理論家が種の同定ができないどころか分類学の常識なしでひととおりの仕事ができるのと似た話だ.

すぐ上に述べた「ブラックボックスに入れておく」ということはモジュールとして取扱うということであり,議論を簡潔にして本質を見失わないために必須である.しかし,数学における論証の落とし穴が「明らかに」と書いたところにあることが多いことに鑑みると,ブラックボックスをまったく問題のない信頼できるものとするには注意と反省が必要であると思われる.絶対中を見ることができないブラックボックスを持ち込むのは科学の精神に反することでもあろう[15].「現実とモデルの対応関係の設定の核心」はこのブラックボックスの中にある.たとえば「マロン酸」というのはただの言葉だから,それをどう解釈するかが人々に共有(合意)されていなくてはならない.しかし,共有されているだ

者になることを目指すべきである.原理論者になれずに教師をやっているような連中(著者を含む)が水を注すべきではない.

[14] 概要として,たとえば http://www.scholarpedia.org/article/Belousov-Zhabotinsky_reaction 参照.B. P. Belousov 1893-1970 については http://people.musc.edu/~alievr/belous.html に彼がなぜ科学をやめたかなどが書いてあり深い共感を覚えたが,今これを見ることはできず代わりもない.

[15] 工学と科学精神の亢進しつつある乖離を象徴するものがここにある.いま,家電製品やオーディオ製品を開けて中がどうなっているかもうほとんどわからないだろう.部品は呪文と同じである.

けでいいなら，それは集団幻想と選ぶところがない．実物が現れそれがこの言葉と不可分に結ばれない限り，「マロン酸」という言葉はさらに別の言葉と関係づけられるだけである．化学式や分子モデルを使っても話はまったくかわらない．言葉の世界から一歩も出ないからだ．実物と言葉（数学を含めて）の世界の対応は如何になされるか？

　与えられた白い粉末がマロン酸であることを確認するにはいろんな実験をしなくてはならない．それぞれの実験の記述（指示）には，「実物」と「実物の記述」の間にどう橋を架けるかが規定されているはずである．しかし，それぞれの実験の操作が言葉で完全に規定できるわけでないということも，原理的問題としては，深刻である．きわめて簡単に見える「鉛筆を持ちあげる」という操作でさえ，たとえ鉛筆がなんであるかわかっているとしても，言葉のみでは指定できない．「持ちあげる」とはどういうことか？ 百万言を費やしてこれを説明ないし規定する努力をしても，いつまでたっても手をどう動かすかという実際の行動にはつながらない．理由は至極単純である．「行動そのもの」と「行動の記述」とが同じではないからだ（カテゴリーが違う）[16]．この両者間の対応関係が設定されていなくてはならない．ところが，「現実世界」と「言葉の世界」の対応を言葉だけで記述することは原理的にできないのである[17]．

　チューリング機械（2.10 節）を考えると話がもっと明瞭になる．チューリング機械はチューリングプログラムにしたがって作動する．たとえば，いまスキャンしているテープのセルに 1 が入っていることが（いまのブラックボックスの状態下では）「ヘッドを左に 1 セル動かせ」と解釈できるとき，実際にヘッドが規定されたとおりに動くようにチューリング機械はできている．つまり，「ヘッドを左に 1 セル動かせ」という指令が与えられたとき，それにどう従えばよいかを規定した別のプログラムがあり，云々，というような連鎖にはなっていないのであり，チューリング機械は「ヘッドを左に 1 セル動かせ」をどう解釈するか

---

[16] 「悲惨は「悲惨」という観念の前で姿を消す」(P. ニザン『番犬たち』(海老坂武訳，晶文社，1974))とは深刻な指摘だ．

[17] 《アダプター》なんだかあほらしい哲学的議論が延々と続くと思いはじめた読者も多いだろう．しかし，先にも注意したが遺伝コードとアミノ酸の対応なども違った物質カテゴリーの世界をつなぐという意味で同質の問題であることに注意しよう．アミノ酸を遺伝コードと対応させるには，コードとアミノ酸をつなぐアダプターになる「実体」が必要である．これが tRNA であるが，アダプターを変えることでまったく話が違ってしまうことに注意．こういうことに関して M. Barbieri, *The Organic Code — An introduction to semantic biology* (Cambridge UP, 2002) は読む価値がある．

という問題から解放されている．これはもちろん，「効果器」の動きが直ちにしたがうようにチューリング機械が作られていて，チューリング機械に選択の余地がないからだ．「実装」(implementation) がこれを解決しているのである[18]．どこかに「ことば」と「行動」の接点がなくてはならないから人間にもこういうもの (意志-行動アダプター，認知-実世界アダプター) がなくてはならない[19]．

　現実とモデルの対応を客観的に規定するには，「客観的に」ということが通常「他の人も合意するようなふうに」ということを意味するから，われわれの間にかなりの量の合意事項が前提としてなければならない．上記アダプターが万人に普遍的だということがその核心部分である．ではなぜこのアダプターは普遍的であるのか？　あるいはなぜかなりの量の合意事項があるのか？　それは合意への普遍的強制力が世界にあるためであるにちがいない．もちろん大いなる強制力がある．われわれのご先祖が40億年の間，子孫の福祉と厚生を願ってきたからだ[20,21]．つまり，事実命題は価値判断から自由ではないのだ．注意してほしいのは「事実命題を表出するという行為が価値判断を迫る」とか「事実命題は，それを基にする価値判断とセットになって受容される」などという陳腐な主張をしているのではないということだ．「価値判断」が根元的である．世界はわれわれに「事実命題をそれと認めさせる根元的な価値判断を強制する」のである[22]．

---

[18] 「自分の腕を挙げるとき，わたくしは大抵の場合，腕を上げようなどと試みていない．」(ウィトゲンシュタイン『哲学探究』(ウィトゲンシュタイン全集 8, 藤本隆志訳，大修館書店，1976) 622 p321. 学校に行くかどうするか決めるとき，「学校に行くか否かを決めるかどうかをはじめに決める」ことはまずない．伝習録に「きれいな色を見ることは知に属し，きれいな色を好ましいとするのは行に属するのだが，美しい色を見たその瞬間にすでにそうと感じるのであって，見た後でまたあらためて心を動かして好ましいと感じるわけではない．云々」という意味の言葉もある．

[19] 語りえないものの中に言語と世界の関係も入っている．つまり，アダプターに関することである．

[20] 「そうではない，共通の社会的背景のためだ」という人もいるかもしれない．しかし，「さまざまな文化の法の構造はこまかい点にいたるまで一致しており，それが文化史との関連では説明しえないことが，比較研究によって示されている．」(K. ローレンツ『文明化した人間の八つの罪』(日高敏隆・大羽更明訳，新思索社，1973) 第六章 p59)．

[21] 《サピア-ワーフのテーゼ》人間の認識は言語に規定され，したがって文化社会に規定されるという Sapir-Whorf のテーゼという主張がある．ある程度の言語の影響は当然考えられることだが，それでも鷺を烏と言いくるめられるわけではない．たしかに，色彩の認識に言語認識がある程度の効果を持つという実験はあるが，非言語的効果は大きい．

[22] 単純には「ある事を事実と認めることが強制されるのは，事実と認定しないことから論理的に帰結する行動が有害だからである」．そういうと，ふつうの論理に従わねばそれを事実と認める必要はなくなるという議論が可能のように見える．しかし，われわれが存在するこのか

「認識とは,外界と主観との間の相互作用である.主観は間主観的な全体抜きに成立しない.だからそこで得られる'外界の像'は,絶対的普遍的ではない,という主張は,外界の存在(まして'自然の存在')を否定することとはまるで違う」などという主張の根本的誤謬は人間が(そして社会が)非常に強く外界に規定されていること(たとえば,われわれの解剖学的構造の普遍性)を無視することだ(「三半規管は三次元空間の直観形式である」).多くの問題が肉体の「実装問題」で決定済みである.われわれ人間が社会的存在だということから,合意が単に社会的なものであり,したがって科学も社会的に構成されたもので,科学的真理も社会に相対的なものだというような粗雑な議論をしてはいけない.'外界の像'に普遍的な核がないという主張は,外界の存在を否定することなのだ[23].

あるモデル(または理論)が現実の理解に有効である,よいモデルである,と判断されるのは,モデルと現実との対応関係を使って,モデルの中での操作を文字どおり現実世界で実行すると,モデルの与える結果と矛盾しない結果が現実に得られるときである.つまり,モデルが悪いと判断されるのは,窮極的にはそのモデルの結果を信用すると肉体的損傷を被りうるとき(より正確には,そのモデルに頼らないときにくらべて,損害が減らないとき)だ.われわれの判断に意味があることと法律が効果をもつ理由とはよく似ている.法律が実際に効果をもつ理由はそれがむき出しの暴力で裏打ちされているからだ.現実の肉体に苦痛を与えうる操作が一体になっているときのみ法律に意味がある.上のいくつかのパラグラフで見てきたように,法律とのこのアナロジーはかなり本質的である.「よいモデル」という判断を誤れば,究極的にはわれわれは罰せられるのだ[24].

なりに合法則的な世界では,そのような'私的論理'に従う戦略は有効でないだろう.

[23] 《ヒトによる科学,男性の科学,女性の科学》しかし,実際に科学を推進するにあたって,力点の置き方が「種」に依ることは当然ある.たとえば人間は視覚の動物だから,同じく視覚的動物である鳥の分類はうまい.あるいは数学や物理の幾何学化はヒトのこの特性に根ざしているだろう.したがって,これが真に基礎物理の進むべき方向であるかどうか反省は必要である.同じことは「性」についても言える.男性の科学,女性の科学というようなものが科学が未発達なうちは大いにありうる.したがってわれわれの科学の現状が男性のものの見方に偏っていることは大いにありうる.しかし,これを科学が本来的に「種」や「性」に制限されている証拠だと見誤ってはならない.

[24] 《進化原理主義》読者が辟易しているように「進化原理主義 evolutionary fundamentalism」にこの本は拠って立つ.全然客観的ではないではないか,外界があることをかってに前提にしなければ自然科学もまともに成り立たず,ましてや進化生物学など根拠がないではないか? もっと柔軟に別の見解も受け入れてこそ大人というものである....

この様な'迂遠な哲学的'考察の結論は何か？「現実との対応のルールを曖昧さなく規定するには操作的な対応が必須であり，その対応は前提としての大量の合意事項の存在のおかげで可能である」ということである[25]．もちろん，注意したように，この合意事項の重要な部分は「社会的合意事項」のような'些末'なことではなく系統発生的なものである[26]．以下では，自然科学者たちが直観的にそうしてきたように，この前提の存在を無条件に認める．この通常の前提の下では「現実との対応のルールを曖昧さなく規定するには操作的な対応が必須である」，物理量は「観測法が明確なときのみ意味がある」[27]．

ここで，対象と観測者は当然ながら別のものであると考えてきた．しかし，対象が観測者と分離できない場合があるのではないか．本書の立場はできるだけ保守的であろうとするから，そういう場合は考えない．そのような場合，客観的観測事実というものは考えられない．ほんとうに対象が観測者と分離できないで，しかも観測と呼ぶに値する操作がありうるのかどうかということの反省が

　このような意見への答えは二段構えである．(i) 外界の存在を客観的に素朴に認めた自然科学，ひいては進化生物学は自己無撞着な世界観の体系を作る（に肉薄しつつある）．これが真の世界像である．もちろん，自己無撞着は「真」を論理的に意味するわけではないから，これが「真でない」という意見も可能であるように見える．(ii) だが，この世界に言論の自由はないのだ．この「真」の概念を否定する存在は世界に存続できない，あるいは早晩淘汰されるだけである．反対意見を述べつづけたい人は少なくともその行動についてはこの「真」を受け入れて言行不一致でなくてはいけない．そもそも「真」という概念も生きものにとっての根源的価値の体系を離れて意味をもつものではない．生を離れた真理はない．

[25] 《デュエム–クワインのテーゼ》いわゆるデュエム–クワイン (Duhem-Quine) のテーゼ（外界についての諸命題は，個々独立にではなく一体として経験的検証にかけられる）との関連を考える読者もあるだろう：ある命題の真偽の決定は，必ずほかの経験的命題が絡んでくるからそれぞれを感覚的直接的に検証できない．これとクーンのパラダイムシフトの議論も相性がいい（経験的真偽の体系は一体として立つか破綻するかである）．これらの議論はわれわれの肉体や自然知能に実装されている系統発生的学習の成果を忘却しないときのみ意味があるということが通常（たぶん提案者たちにさえ）忘れられている．われわれは世界と対峙するとき過去40億年の経験を総動員する．ふつうにいう経験事実も使うがそれはまさに氷山の一角にすぎず，そのゆえに，われわれはきわめて安定な検証基準を持っているのである．いわゆるパラダイムが変わっても経験データそのものが変わることが通常ないのも当然である．

[26] 読者がすでに気がついているように，社会的合意も生物学的前提に強く左右されているから，そのおかげで些末でない部分も多々ある．

[27] しかし，われわれは知っていることをほとんど言語化できないし，行動を言語で一義的に記述することもできないのだから，操作的に定義できない量は無意味な量であるという断定は，危険である．現時点で操作的に定義できない量は，いまのところは明確な意味をつけられないが，将来はまた変わるかもしれないと慎ましく思っておくべきである．

まず必要である．もちろん「観測」「対象」「観測者」「分離」などという言葉の明確化なしには明晰な議論はできないので扱わない．

4.3 記述の道具としてのモデル

　数理的モデルを作るためには，モデルを数式表現するとき，現実の量との対応が操作的に明確でなくてはならない．このことを簡単にその量の観測可能性と表現することにしよう．モデルを現象の記述に使うとき，観測可能でないような量はモデルの入力に現れてはならない．出力には少なくとも一つ観測可能な量（可観測量）がなくてはならない．ただし，観測可能でないような，現実に意味のないような量が入力に現れてはならないというのは理想論で，実際には，観測可能でないような量や実験的に検証しようのない前提（形而上学的前提）がモデルには使われる．このようなときは，モデルの出す諸結果のうち意味があるのは観測できないような量や形而上学的前提に依存しないものだけである．あるいは，それらを取り替えても（揺すぶっても）変わらないような結果だけである．くりこみの考え方はモデルの作り方の自由度を増やすものであることに注意しよう[28]．

　ある現象の（数理）モデルとはその入出力諸量と対応する現実の諸量との間に曖昧さのない[29]，いいかえると操作的に明確な，対応関係があり，かつその対応関係が，比喩的に言うと，「準同型対応」と表現できるような数学的な構造のことである．より明確にするために次の図式を使おう：

$$\begin{array}{ccc} A & \xrightarrow{p} & B \\ \downarrow{\varphi} & & \downarrow{\varphi'} \\ M & \xrightarrow{\sigma} & N \end{array}$$

ここで，A は実際の現象で生じる事象の集合（世界全体，宇宙全体を相手にしているのではない），p は各事象を別の事象の集合 B に対応させる操作または過程を表す．下向きの矢印についている φ はモデルの状態の集合 M と実際の現象（観測量）をどう対応させるかというルールであり（全射としておいてよい），φ' も同様である．これら φ および φ' が（前節で長々と考えた意味で）操作的に

---

[28] 量子力学での群論の利用もこの立場から考えることができる．
[29] 「曖昧さがない」という概念は進化するものであることを確認しておこう．これは乱数の検定のところで見た統計的検定法に関する事情を思わせる．

4.3 記述の道具としてのモデル

明確であることが要求される.「(M, σ, N) が (A, p, B) のモデルである」とは上の図式が可換なこと[30]である. ここで $B = A, N = M, \varphi = \varphi'$ であってもよく, これは, たとえば, p が系の時間発展であり (たとえば, 単位時間の変化), そのとき (M, σ) が (A, p) のモデルであるとはモデルで系の時間発展のある側面がシミュレートされるということである. カオスの定義の中にでてきた可換図式と異なり, ここでは φ は一対一対応では必ずしもなく, ただ全射であることしか要求されてないことに注意. 粗視化も大いに結構.

　実際にモデルを考えるとき, 上の図式に完全に合致するようにできることは稀だろうが, 少なくとも理想として掲げておく意味はある. たとえば, 「A が集合である」というのは軽い要求ではない. これはモデルが説明を試みる事象とそうでない事象のけじめがはっきりしているということだ. 不幸にして $\varphi'(p(a)) \neq \sigma(\varphi(a))$ のとき, 実を言うと, この a を相手にはしてなかったのだなどという遁辞を許さないためである. さらに,「φ が全射である」ことはモデルの結果を現実と対応させるときに意味がある. 現実に対応物のない事象を論じても意味がない.

　上の可換図式において, 対応 φ が可逆な写像でないことがモデルのモデルたる所以である (現実はいつも, より豊富なのだ[31]). 読者は, 上の図式が可換であることは, モデルが現実と矛盾しないということだけを意味していて, モデルには何も予言能力がない, 説明しているだけだというかもしれない. しかし, φ が写像であるから, 現実の事象は φ の原像の同値類に分けられる[32]. つまり, モデルは, この同値類を予言する. いいかえると, モデルがつまらないものでない限り (集合 M がひとつより多くの元を含む限り) いかなるモデルも現実について完全な無知とは異なった (が, しかし, 無知よりましとは限らない) ことを予言する. 上記の可換図式の条件のいくつかがかなりの程度破れているものは'擬似モデル (似非モデル)' であると断じてよく, われわれの現象理解に本当の寄与はしない. では, 可換図式の条件が破れてさえいなければそれはよいモデルであるのか? ただ実験データを整理して経験的にカーブを当てはめただけでもい

---

[30] 「図式が可換」とは, 図式の中の矢印にどう沿って行った結果も同じ結果に矛盾無く到達するということ.

[31] ただし, これをミクロなディテールのせいでそうだと見る必要はない.

[32] φ が (比喩的な意味で) 準同型だから, それが導入する自然な同値関係があるのである. つまり, M のかってな元 m に対応してその原像 $\varphi^{-1}(m) \subset A$ が考えられるが, それらが A を分割する.

ま述べた可換図式が成立するではないか.

ふつう,科学者はデータを圧縮しただけのカーブフィッティングを馬鹿にする.しかし,真に洞察をあたえるモデルと'ただの'カーブフィッティングとは本当にかけ離れたものだろうか.量子革命の鍵であった,黒体放射のエネルギー分布 u_ν(たとえば熔鉱炉の中の,振動数 ν と $\nu + d\nu$ の間の光＝電磁波の持つエネルギー密度)のプランク (M. Planck 1858-1947) による理論の誕生をながめてみよう.それ以前にヴィーン (W. Wien 1864-1928) が提案した,振動数の大きな所 $\nu \to \infty$ で実験的にも検証されていた

$$u_\nu \sim A\nu^3 e^{-B\nu/T} \tag{4.3.1}$$

と(ここで T は絶対温度, A, B は正の定数),学会直前に知った実験事実, $\nu \to 0$ での

$$u_\nu \propto T \tag{4.3.2}$$

との内挿式として,プランクは

$$u_\nu = \frac{A\nu^3}{e^{B\nu/T} - 1} \tag{4.3.3}$$

を,実験家ルーベンス (H. Rubens 1865-1922) の学会講演の後の討論の中で,提案した[33].次の朝ルーベンスがやってきて,すべての振動数で (4.3.3) がよく成り立つことをプランクに告げ,プランクの努力が始まるのである.つまり,きわめてよく合う実験式は下手な理論よりはるかに重要である(もちろんこの場合,内挿式のもとになっている式の素性はたいへんいい).素粒子論のいわゆる標準理論はカーブフィッティングとは対極にあるように見えそこにはゲージ対称性やくりこみ可能性など物理的洞察が盛り込まれているが,たとえそうだとしても,きわめて極端なことを言えば,それはカーブフィッティングをするための空間を狭めているだけではないか? ふつう,カーブフィッティングとモデルとには根本的違いがあるとわれわれは思いがちである:前者には「思想がない」のに対して,モデルにはそれを作るためのアイデアがあり,そのモデルが現実と一致することは使われたアイデアに一定の支持を与えるものである,と.もっともに聞こえるが,カーブフィッティングをするときでもすでに,なめらかな曲線になるようにするなどという,「世界についての一定の見解」が組み込まれていることには注意.カーブフィッティングとモデルとは連続スペクトルをなして

---

[33] ここらあたりの裏話は江沢洋「量子力学,誕生から基礎の再反省まで」(江沢洋編著『20 世紀の物理学』(臨時別冊・数理科学, 1998)) p62 の受け売りである.

4.3 記述の道具としてのモデル

いる．さらに，現象が複雑になっていけば，情報蒸留の結果としてえられるモデルさえ自明なものではない．複雑な現象(のある側面)を再現するモデルにはたとえそれが単なるカーブフィッティングの結果であれ，記述の道具としての十分な意義がある．

では，ある現象のモデルが理解の表現になるとはどういうことか？ プランクの例でいうと，モデル(公式)(4.3.3) を知ったからといって，黒体放射に関する洞察を得たというわけではない．これだけでは，カーブを正当化する理由は直接的な経験事実と合うという以外にない．上に述べた図式が可換であるということが洞察の正しさの客観的保証のために必須であることを忘れてはいけないが，モデルが洞察をあたえるか否かは上の可換図式の成立にではなく，モデルがいかに作られたかにかかっている．モデルが明快な考え(アイデア)にどれだけ論理的に直結しているか(贅肉の無さ)が，モデルの良さに重要な影響を持つ．モデル中の調節パラメタの数の少なさもモデルの論理的明快さの表徴である．自然科学においては，モデルはしばしば一群の現象についてのモデルなのであって，ある特定の実例を記述するためではない．たとえば，すでに出てきたナビエ–ストークス方程式(例 3.1.1)は二つのパラメタを使ってすべてのふつうの流体のおそい流れを表現する．モデルを '単なる' カーブフィッティングから(ふつうの意味で)区別するのは，その論理的贅肉の無さと普遍性の程度である．この二つはしばしば反対の要求であり，そのバランスの上によいモデルは立つ．

モデルの非自明性の尺度の一つとして調節パラメタの数が少ないこと(極小性)を挙げたが，調節パラメタの数を減らすには二つの方法がある：(1) 合わせる精度を適当なところで諦める，(2) 説明する事柄を限定する．(1) も (2) もふつうに行われることでとやかくいうことではないかもしれない．(1) については，どこで合理的に諦めるのがいいかというような問題が情報理論的に考えられてきた[34]．しかし，この方法によるパラメタの数の制限は通常なんら現象に即した理由がない，つまり，現象そのものが要求していることではない．したがって，これでパラメタの数を減らすことは，世界の洞察に直接寄与することはない．推計学はしばしば洞察のためでなく，主張したい結果を人に受け入れさせるために動員されるのだ[35]．

(2) もいつもされていることだが，これも勝手に説明を放棄するのならそれは

---

[34] いわゆる XIC (X = A, B, ⋯) である．

[35] P-値の p は politics の p であることもしばしばである．ここに書いてあることは極論だという良識的な人が多いだろうが，この極論が的を完全に外しているわけでもない．

合わせる精度を適当にあきらめるのと大差ない. 読者がすでに推察しているように, 現象論としての整理をきちんとするということが (2) についての正攻法である. そのような現象論は現象がわれわれに開示(啓示?)するものであって, われわれが自由に発明できるものではない. 理解の表現としてのモデルは少なくとも近似的に現象論的ユニバーサリティクラスと対応するものであり, くりこみに関して説明した極小モデルこそがよいモデルということになる. 理解の表現といういうよいモデルがあるかどうかは相手にしている現象そのものの特徴の一つなのだ. 現象が複雑になればますます現象論的整理に努力を傾注することが, 洞察への近道でありうる. それどころか, きれいな現象論的整理をするということが洞察そのものでありうる. 熱力学はまさにそのようなものであった.

課題 4.3.2 リーマンのゼータ関数についての数値実験が如何なる洞察を与えているだろうか[36]. □

以上の, 理解の表現としての現象のモデル化は, ふつうに工学者たちが使う現象のモデル化からみるときわめて限定されている. 工学などでは, モデル化は現象を理解するためではなく, たとえばプラントの操作特性をシミュレートするための道具を作るために使われる. だからモデル化がうまくいくことが, モデル化した系についての理解を意味するとは限らない. 実学には理解が必要ない場合が多々ある. 自然現象が理解できなくとも利用が可能だからこれだけ工業文明が高度化できたのだ. ただし, 当然の報いとして, 単純化した世界の粗雑なモデルが生み出す悲劇は公害から政治体制にいたるまで枚挙にいとまがない (生兵法なのだ). このことに思いをいたすと, 現象についての真の洞察を与えるであろうモデルを作ることの本質的(そしてたぶん倫理的とさえいえる)意義がわかる. さらにモデルにわれわれはいかに対処するかということも自ずと規定される. 本書が世界を理解することに努力を集中し, 世界を変えるというような思い上がりを避けたい理由はまさにここにある[37].

---

[36] A. M. Odlyzko のホームページ参照: http://www.dtc.umn.edu/~odlyzko/. さらに A. R. Booker, "Turing and the Riemann Hypothesis," Notice Amer. Math. Soc. **53**, 1208 (2006) が興味深い.

[37] この「思い上がり」の元祖は「哲学者たちは世界を単にさまざまに解釈しただけである. 問題なのは世界を変えることなのである.」(マルクス『フォイエルバッハに関するテーゼ』(永江良一訳, http://page.freett.com/rionag/marx/thf.html) 11)であるらしい.

しかし，記述の手段としてのあるいは情報の蒸留結果の表現の手段としてのモデル作り（言ってみれば多くの場合つまらないモデル作り＝洞察を与えないモデル作り）に現実そのものに肉迫しようという動きが出てきた．高性能コンピュータの普及につれて広まってきた複雑な現象のある側面を徹底的に現実的に再現するモデルを作ろうという動きがそれである．細胞内の生化学現象の再現，発生過程の再現などがその典型例である．これらは，当面洞察よりも定量的な現象の再現を目的とするが，同様のことを目指すプラントのモデル化などと根本的に違った面を持つ．それは真の素過程（化学反応や遺伝子の相互制御関係など）にまで現象を解析し，それらすべてを忠実にモデル化することで全体を再現しようとしていることである．これがうまくいけば，細胞生化学ネットワークのモデル化で薬学的実験を完全にシミュレートすることができる．このようなモデルがほんとうに出来るならば[38]その数理的本質を理解することは現

---

[38] これは可能になるだろうか？ すでにそういうものが実現しているという声もあろう．しかし，生態学のモデル化がしばしば寄生性の生物を閑却したり（その重要性については，たとえば，最近の A. M. Kuris, *et al.*, "Ecosystem energetic implications of parasite and free-living biomass in three estuaries," Nature **454**, 515 (2008) を見よ），植生遷移のモデルが菌類を軽視したり，遺伝情報発現のモデルの多くが ncRNA（タンパク質をコードしない RNA）を無視しているように，枢要な要素を忘れている可能性はきわめて大きい．さらにモデル中の諸パラメタが経験的に決められない可能性もきわめて大きい．実証されているとされているモデルは「天国」でのみうまく機能するモデルである可能性はまだまだ大いにある．
《**大規模自然現象のモデル化は有害か**》こみいった自然現象の定量的モデルはうまくいったためしがないということは忘れてはいけない教訓であろう．定量的数学的モデルはしばしば「現実からの逃走 escape from reality」である．O. H. Pilkey and L. Pilkey-Jarvis, *Useless Arithmetic—Why environmental scientists can't predict the future* (Columbia University Press, 2007) 参照．この本の次の書評も参照: D. Simberloff, "An angry indictment of mathematical modeling," Bioscience **57**, 884 (2007).
一見精密な数理モデルは政治的に利用されやすく益よりも害の方が大きかったという批判は傾聴に値する．
こみいった現象の定量的モデルを二大別しておくと都合がいいだろう．ひとつは現象の素過程そのものが多数ある上によくわかっていない場合（多くの生物や環境に関係したモデル）であり，もうひとつは物理的に基礎理論はよくわかっているが大規模な場合（気象予報の問題が典型）である．前者がうまくいかないのは上のパラグラフで述べたように，いわば当然である．後者がうまくいかないのはそれを使いこなすのに十分なデータがえられないからである．たとえば天気予報では計算機の能力さえ十分なら（実際には 2008 年現在でもはるかに不足している），詳細な気象データがえられさえすれば少なくとも明日の天気くらいは完璧に予報できるはずである．*Useless Arithmetic* の別の書評 C. K. R. T. Jones, "Is mathematics misapplied to the environment?" Notices Am. Math. Soc. **55**, 481 (2008) では後者を評価する．環境モデルなどの誤用についての懸念は表明するが，それは濫用を捨てるべき理由ではあってもモデルを捨てる理由にはならないとその評を締めくくる．だが，それはかなりナイーブ

象の本質を理解することに重要な寄与をするに違いない．しかし，モデルは厖大なものとなり，結果もたとえばすべての化学物質の濃度が時々刻々出力されるというようなことになるから，出てきたデータの洪水にいかに対処するかという問題は深刻であろう．ここでも結局，極意は，現象論的整理であるように思われる．

4.4 論証の道具としてのモデル

　モデルの他の大きな使い方は，論証の道具としての使い方であったり，(必ずしも直接現実との対応のない)アイデアが整合的であるかどうかを検証するための使い方だった．前者の簡単な例は，第2章のおわりの「作ること」と「わかること」の議論に出てきた．そこでは「理解できる集合」を帰納的集合に，「作ることのできる集合」を帰納的可算集合に対応させた．もちろん，この対応(すなわちモデル化)がどのくらいよいか疑問なしとはしない．それでも，もしも「複雑なもの」は，作れてもわからないことと関係しているとすると RENR 集合(付2.14A 参照)は「複雑性」のある面をとらえていることになる．そして，これから「複雑な系」を作る「装置」を用意することがきわめて困難であるということに明確な意味がつく．したがって，これはたとえ話ではあるのだが，単なる自然言語的たとえ話よりは少しましな面を持っていると思われる．

　モデル化において本質的に重要なのは，数理的な概念あるいは量と数学の外にある量との対応関係である．あるいは数学の内部においてさえ，ポアンカレによる非ユークリッド幾何学のユークリッド幾何学内でのモデルに見るように(準)同型写像の作り方が核心である．そして，この対応関係は形式的論理的関係が教えてくれるものではない．この対応関係をつけることは，実は概念分析と見なすこともできる．カオスの特徴付けを振り返るとわかるように，定義を与えることは現象に対応する数理的モデルを与えることだったのである．「定義」は形式論理がその外の世界に開いている窓である．だから，明確な定義を与えることは世界を理解するための努力の重要な部分でありうるのだ．

　第2章で話のはじめに使った伊東の大地震モデルは大胆にブロック間の相

な意見である．いままでは，一見頼りがいのありそうな数理モデルの存在そのものが有害だったからである．そのようなモデルの開発には多額の研究資金が絡み，そのため従事している研究者はその弱点などを論じるような自殺行為をふつうしない．科学に必須な批判精神はお金に検閲される．

互作用を想定して，プレートからの影響が一定のとき何が起こりうるか考えるために作られたモデルである．この場合，モデルの中の諸量と現実の量との対応は明らかでない．だから動機がなんであったにせよ，このモデルは概念的な問題に答えるための，論証のためのモデルと考えるべきである．(i) プレートからブロックに一定の歪みの注入があり，これが確定した臨界値に達すると地震が起こる，(ii) ブロック間には阻害的な相互作用がある，この二つがインプットで，これに対してアウトプットは「地震は周期的には起こらずカオティックになる」ということである．この結論は構造安定である．詳しく言うと，モデルのトポロジカルな解析からわかるように，「一定の歪みの注入」を多少一定でなくしても，また阻害的相互作用の本質を時間発展の阻害と解釈する限り，結論は変わらない．だから，定量的な諸量間の関係がなくとも，伊東モデルは論証の道具として立派なモデルである．

教訓は，現実との対応が（説明ないし理解しようとした現象の場合に）存在しないかもしれない（「現象を説明するモデル」になれなかったかもしれない）が，自明でない結論を出しうる贅肉のない'モデル'は現実を説明するモデルと同じくらい有用でありうる，ということだ．

4.5　モデル化事例——abduction の例

いままでモデルについての基本事項を一つ一つ考えてきたが，ここでこの章の冒頭に述べた本来の目的にもどって，ほぼ何もないところからある現象のモデルを作り上げる実例で abduction を解説する．例はすでに例 3.1.4 として出たスピノーダル分解（ただし，主に固体の場合を考える）である．高温状態で平衡にある無秩序相を，（理想的には）瞬間的に温度や圧力などを変えることによって，十分秩序化できる環境にもたらしたとする．系はどのように秩序化していくだろうか？[39] 本節ではこの問題を例にして極小モデルを組み立ててみる．

系は等しい量（分子数）の A, B 二成分からなるものとし，A, B は互いに避けあう以外は区別がないとする．つまり，A, B を完全に入れかえても系の性質は変わらないと理想化する．高温では，激しい熱運動のために相関距離は小さく

---

[39] 相の秩序化の動力学の教科書は：川崎恭治『非平衡と相転移——メソスケールの統計物理学』（朝倉書店，2000）；太田隆夫『非平衡系の物理学』（裳華房，2000）；小貫明，*Phase Transition Dynamics* (Cambridge University Press, 2002).

(AとBはよく混ざっていて)，少し大きな範囲(たとえば差しわたし数分子)で粗視化して秩序変数を定義すると，それはゼロのまわりに小さくゆらいでいるだけだ．

ここで急激に温度が(与えられた組成で)平衡相分離がはじまる温度よりはるか下に下げられたとしよう(図 3.1.1 の点 B 参照)．その瞬間には何も変わらないから秩序変数の場はいたるところゼロのまわりに少しのずれを持つだけである．しかし，熱ゆらぎが小さくなるので同種原子同士が集まりはじめる．こうして小さな A 相や B 相の領域ができることになる．次に起こることはそれぞれの相がより大きく成長しようとすることである．こうして秩序化した領域の差しわたし ℓ が次第に大きくなっていく．系が十分大きければ ℓ は，中間的漸近状態(付 3.5B)として，時間のある関数に落ちつくのではないか？ また，相関関数(またはそのフーリエ変換である形状因子 $S(k)$)に一般的法則があるのではないか？(そうなるらしいことをすでに例 3.1.4 で概観した．)

こういう時空パタンの問題は偏微分方程式でモデル化されるのが常だが，得られるのは非線形偏微分方程式で(それはあとで出てくる)，どうせ計算機を使うことがさけられない．そうならはじめから効率よく数値計算できるモデル(たとえば時空離散的なモデル)を書いて，その結果が容易に現象と比べられることの方がモデル化の立場としてはまともなアプローチではないか？ 計算機の並列化はどんどんすすんでいるから，たとえば $1000 \times 1000 \times 1000$ の立方格子の各格子点にプロセーサーが載っているというような系で効率よくモデル化できるようなモデルが将来性があるだろう．各格子点でできることはかなりややこしくていい．結局，箱(セル)を格子に組み上げた系で記述できる力学系(セル力学系 cell dynamical system CDS)が空間的に広がった系 (extended system) のモデル化の道具として好都合なはずである．

誤解を避けるために付け加えるが，「離散的モデルこそ基本的であって連続体は人為である」などとここで主張しているわけではない．ここで関心を持っているようなかなり巨視的な現象においては，自然が本当に離散的か連続的かなどということはどうでもいい場合が多い[40]．現象の数学的本質はこんなこと

---

[40]《離散性が重要な場合》 しかし，物体の表面を何かがぬらしながら広がるとか火が燃え広がる場合，あるいは似たようなことだが細菌が増殖する場合など，ある不安定現象の核が現象を支配する場合には，このように単純ではない．一つ一つのセルに住んでいる量が離散的でなくてはならないこともありうる．M. Shnerb, Y. Loouzoun, E. Bettelheim and S. Solomon, "The importance of being discrete: life always wins on the surface," Proc. Nat. Acad. Sci. **97**, 10322 (2000) は簡単だが教訓的な例である．化学反応でもたとえば燃焼する面が広がるよ

を超越している.しかし,残念ながら,われわれはこの区別を超越した記述法を(いまのところ)持たない.そこで,あたかもある座標系を選ぶように,ある記述法を使うに過ぎない.現象を忠実に記述するには,数学の抽象度が不足しているのである.

相の秩序化を離散的にモデル化してみよう[41].各セルは実際の系を粗視化したときの粗視化の範囲と同程度のものと考えられるから,セル n(格子点の離散座標)の中に時刻 t に秩序変数 $\varphi_t(n)$ が住んでいる(秩序変数は,例 3.1.2 や上にすでに説明したように,たとえばセルの中の A の量と線形関係にあって,セルのなかで B と等量混じっているとき 0, A ばかりのとき 1, B ばかりのとき -1 になるようにとる).時間 t も離散的な時刻を表現している.

ものを理解するということは,すでに述べたように,理解を試みる人間が「こうかな,ああかな?」といろいろ能動的に仮説を出してみて,それを現実と照らし合わせて選択するという行為である[42,43].モデル作りも例外ではない.それは現象を詳細に見てその観察結果から単純に帰納されるようなものではない[44].何を本質的に重要な因子と見てモデルを作るかということはかなり自由であり多分に趣味の問題であるが,もちろん趣味には良し悪しがあり,研究にとって一番重要なのは趣味の問題かもしれない.以下で実行することは,一般的な戦略の例である:

うなとき,連続モデルは燃焼面の厚さ L という長さのスケールしか持たないが,分子的な離散性を前面にだすと,反応の断面積に関する長さのスケールと分子間の平均距離という二つの長さが別に現れる.したがって,離散性が重要なときはこれらの長さのかね合いで通常の連続近似では記述できない現象が起こっても不思議はない.Y. Togashi and K. Kaneko, "Discreteness-induced stochastic steady state in reaction diffusion systems: self-consistent analysis and stochastic simulations," Physica D **205**, 87 (2005) 参照.

[41] Y. Oono and S. Puri, "Study of phase separation dynamics by use of cell dynamical systems I. Modeling," Phys. Rev. A **38**, 434 (1988).

[42] K. Popper, "Evolutionary epistemology," in *Evolutionary Theory: paths into the future* (edited by J. Pollard, Wiley, 1984) Chapter 10. 彼もロレンツの『鏡の背面』を引用している.

[43] 言語の理解も能動的であるらしい: M. J. Pickering and S. Garrod, "Do people use language production to make predictions during comprehension?" Trends Cognitive Sci. **11**, 105 (2007). より一般に,感覚データのカテゴリー化もかなりの程度予測を使うことで高速化されているらしい: T. Serre, A. Oliva and T. Poggio, "A feedforward architecture accounts for rapid categorization," Proc. Nat. Acad. Sci. **104**, 6424 (2007).

[44] だがもちろん,単純に演繹もされない.まさしく,「学ビテ思ハザレバ則チ罔ク,思ヒテ学バザレバ則チ殆フシ.」

(1) 一般原理(対称性や保存則など)を尊重せよ[45],
(2) モデルの構成要素の身になって考えよ(読者がモデルの世界の構成員だったらどうふるまうか?),
(3) モデルの美しさに十分の敬意を払え[46].

　実際にはまず一つのセルだけを(理想的環境においたとして)考え, 次にまわりとの折り合いを考えていくのが都合がよいようである. 一つのセルに住む秩序変数の時間発展は隣近所が都合よく無視できるとすると(あるいは, 考えているまん中のセルに隣近所が全面的に協力的であると仮想すると), 時刻 t の秩序変数と時刻 $t+1$ のそれとの間の関係を与える写像 f を使って

$$\varphi_{t+1}(\boldsymbol{n}) = f(\varphi_t(\boldsymbol{n})) \qquad (4.5.1)$$

と書くことができる. 一般的な考察から f についてある程度の制限を設けることができる. まず, クエンチした後, 秩序変数はゼロからはずれる方向に(± 1 に向かって相分離が起こる方向に)変化していく傾向があった. この変化は単調であり, さらに, 分離が完了してしまえばもう変化しないだろう. これは原子の身になるとよくわかる(擬人化は悪くない, われわれも物質である). そこで
(1) f は ± 1 をアトラクターに, 0 をリペラーにもつ, $[-1, 1]$ を含む適当な領域で同相写像(=一対一でどちらの方向にも連続な写像)である.

　これらのアトラクターやリペラーの周りでの挙動は線形化して考えることができる. 臨界点から十分遠いと考えるのだから各状態の安定性, 不安定性ははっきりしているからだ. そこで,
(2) f は双曲的 (hyperbolic) である[47].

　われわれの系は理想化されていて A と B は等量あり(これをクリティカルクエンチという), お互いが避け合う以外区別がないのだから
(3) f は奇関数である.

　こうして, たとえば, $f(x) = 1.3 \tanh x$ ととれる:

$$\varphi_{t+1} = 1.3 \tanh \varphi_t. \qquad (4.5.2)$$

ここで 1.3 という係数は安定固定点がだいたい ± 1 にあるようにするためであ

---

[45] モデルに組み込め, と必ずしもいわない理由は, 組み込まないでもこれらの一般原理を高精度で満たせるならば, しばしばその方がいいからである. 後で理由がわかる.

[46] 「創意とは選択であり, この選択は科学的美の感覚に絶対的に支配されている」(J. Hadamard, *The Psychology of Invention in the Mathematical Field* (Dover, 1954) III The Unconscious Discovery p31.

[47] 双曲的 (hyperbolic) とは固定点のまわりで局所的な線形近似した後と近似する前の挙動が同相——連続的に一対一の関係がある——ということ.

図 4.5.1 (1)-(3) を満たす写像 f の形. 時間発展はカオスのときにグラフ的に「歴史」を追跡する方法(付 2.0A)をつかって見ることができる. 0 は不安定な, そして ±1 は安定な固定点で, 前者がよく混じった状態, 後者が相分離後のどちらかの相を表す.

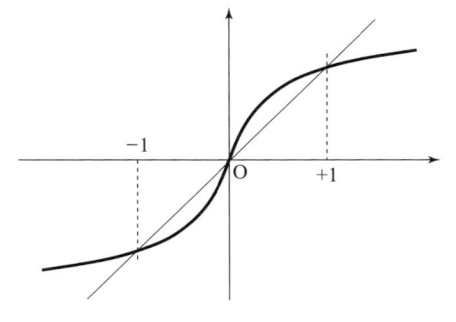

る.

　もちろん, 隣近所のセルとの相互作用は大切である. ひとたび相分離が完了したあと, 同じ相の中の隣りあったセルの中の秩序変数が自発的に異なった値になるようなことはない. 隣りあったセルの中の秩序変数を平均化するような(エントロピーを増加させようとする)相互作用があるはずである. これをモデル化するもっとも簡単な方法は, セルの中の秩序変数に, 隣近所の平均的秩序変数の値に近付く傾向を持たせることだろう. そこで, セル n のまわりを取りかこむセルの中の秩序変数の平均値を適当に定義して $\langle\langle \varphi_t(\boldsymbol{n})\rangle\rangle$ と書くとき

$$\varphi_{t+1}(\boldsymbol{n}) = f(\varphi_t(\boldsymbol{n})) + D[\langle\langle \varphi_t(\boldsymbol{n})\rangle\rangle - \varphi_t(\boldsymbol{n})] \tag{4.5.3}$$

とする. ここで D は正の定数で拡散係数のようなものである. 確かに, まわりの平均がより大きいと φ が増える方向に変化が生じる. まわりのセルに住んでいる秩序変数の平均にはいろいろな取り方が考えられるが, 等方性が大切である. 2 次元のとき(正方格子で)は次の形が最適であることが知られている[48]：

$$\langle\langle \varphi \rangle\rangle \equiv \frac{1}{6}\sum 最近傍の\varphi + \frac{1}{12}\sum 第二近傍の\varphi. \tag{4.5.4}$$

こうして作られた CDS モデル (4.5.3) を使って, ほとんどランダムな初期条件から何が生じるか見てみよう. ここで, モデルは完全に決定論的であることに注意. したがって, $\varphi_0(\boldsymbol{n}) \equiv 0$ としてしまうと何の変化も生じない. そこできわ

---

[48] H. Tomita, "Preservation of isotropy at the mesoscopic stage of phase separation processes," Prog. Theor. Phys. **85**, 47 (1991). 特に長い時間計算する必要のあるときは等方性がかなり正確に満たされていないとパタンがだんだんと角張ってくる. 2 次元では格子を三角格子に採れば正方格子のときより等方性は容易に実現できる. しかし, より一般の次元でのモデルを考えると (超) 立方格子ほど簡単なものはない. そこで, 正方格子を使ってさえうまく計算できるようにしておこう.

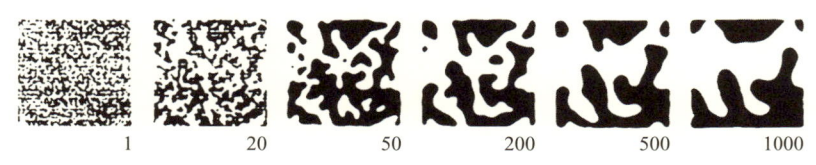

図 4.5.2 物質の保存則を忘れたモデル (4.5.3) を 0 のまわりに小さくゆらぐパタンから出発した時間発展の例．下に書いてある数字は初期時刻からの時間ステップ数．最後には白が勝ってしまう．これは白黒をスピンの向きと考えたときの磁性体のモデルとしてはいいが合金のモデルとしてはまずい．

めて小さなノイズをこのいたるところゼロの初期条件に加えるのである．計算結果の一例が図 4.5.2 にある．ところが，これは '錬金術を認める結果' であり，スピノーダル分解(= ここでは合金の相分離)のモデルとしてはまったくナンセンスである．

考えてみればこのナンセンスの理由は単純である．たとえば，写像 f は物質 A が余計にあるセルは次の時刻にはもっとよけい A があることになるといっている．しかし，A を作るわけにはいかないのだから，どこかよそで A は減ることになる．物質の保存というこの重要な法則が上のモデルでは無視されている．

(4.5.3) を

$$\varphi_{t+1}(\boldsymbol{n}) = \varphi_t(\boldsymbol{n}) + \mathcal{I}_t(\boldsymbol{n}) \qquad (4.5.5)$$

と書くことにしよう．$\mathcal{I}_t(\boldsymbol{n})$ は時刻 t と $t+1$ の間のセル $\boldsymbol{n}$ における秩序変数の増加分である．A や B の原子は一足飛びに遠くに飛んでいったりはしないから，$\mathcal{I}_t(\boldsymbol{n})$ の調達は隣近所でするしかない(局所的保存の要求)．しかし，まわりのセルたちもセル $\boldsymbol{n}$ と同じ性質を持ったセルだから，同じ様な要求を持っている．どのセルも $\mathcal{I}_t(\boldsymbol{n})$ に当たるものを調達したい．隣同士で秩序変数の取り合い(実際には原子の取り合い，捨て合い)をすることになる．われわれのセルはすでに粗視化した後の話だから，取り合いの様子も平均的に考えていいだろう．そのため，セル $\boldsymbol{n}$ は $\mathcal{I}_t(\boldsymbol{n})$ でなく，隣近所の平均からのそのずれ $\mathcal{I} - \langle\langle\mathcal{I}\rangle\rangle$ しか手に入れられない，としてよいだろう．

こうして，物質の局所的保存を尊重した最も簡単なモデルは

$$\varphi_{t+1}(\boldsymbol{n}) = \varphi_t(\boldsymbol{n}) + \mathcal{I}_t(\boldsymbol{n}) - \langle\langle\mathcal{I}_t(\boldsymbol{n})\rangle\rangle \qquad (4.5.6)$$

となる．

$$\mathcal{I}_t(\boldsymbol{n}) = f(\varphi_t(\boldsymbol{n})) - \varphi_t(\boldsymbol{n}) + D(\langle\langle\varphi_t(\boldsymbol{n})\rangle\rangle - \varphi_t(\boldsymbol{n})) \qquad (4.5.7)$$

であり，写像 f は上の条件 (1)–(3) を満たすものとする．このモデルは後に出てくる (4.5.12) と同様きわめて一般的な考察にもとづいて作られている．大雑把

4.5 モデル化事例——abduction の例

にいって, 局所的な原子の好み（局所時間発展規則）, 対称性（空間の等方性, 並進対称性, A と B を取りかえることに関する対称性）, 安定性, 保存則しか使ってない. 当然, これらの一般的性質が実際の（対称な）合金にあるはずであるが, これらの要求はきわめて自然なこととして要求されているのであって, 現実の詳細な分析からでてきたものではない. これらの自然に見える諸条件を満たすモデルが目的の現象を説明しないときは, かなりに深刻な要素が抜け落ちている可能性がある. どういう意味でこのモデルが良いか（悪いか）は次節で考える. 良いか悪いか論じる前にモデルの意義について述べるのは多少奇妙だが, 下に出てくる同じ現象を記述するとされる偏微分方程式 (4.5.9) よりずっと計算効率がよいので漸近法則に比較的容易に肉薄できる点は都合がいい. 応用数学的に偏微分方程式の既存の解法を改良するのでなく, 現象そのものを考えることが数値計算に有効であるという一般的思想の実例にもなっている.

課題 4.5.1 (4.5.6) に現れる '離散的場' ϕ への操作 $\langle\langle\phi\rangle\rangle - \phi$ はラプラス作用素の差分化に比例している. 調和関数について復習し, その重要な性質（平均値定理 mean-value property）がこの事実から直観的に自然なことを実感しよう[49]. □

課題 4.5.2 上の CDS モデルにおいて写像 f をつぎのようなものに置き換えると何が起こるだろうか? この置き換えの物理的意味は何か?

$$f(x) = \begin{cases} 1.3 \tanh x & \text{for } x \geq 0, \\ x & \text{for } x < 0. \end{cases} \quad (4.5.8)$$

□

この様な系の伝統的なモデル化の方法はギンツブルグ–ランダウ自由エネルギー (Ginzburg-Landau free energy) $H[\varphi]$ をつかう方法である. そこで, この章の「偏向」を多少補正するためにそれも書いておこう. 結果として得られる偏微分方程式モデルはつぎのようになる:

$$\frac{\partial}{\partial t}\varphi(\boldsymbol{r}, t) = D\Delta \frac{\delta H[\varphi]}{\delta \varphi(\boldsymbol{r}, t)}. \quad (4.5.9)$$

ここで $\varphi(\boldsymbol{r}, t)$ は位置 $\boldsymbol{r}$ 時刻 t における秩序変数, $D\,(>0)$ は変化の速さのパラメタであり, 時間の単位を適当に取れば書く必要がない（以下ではこれを 1 と置

---

[49] 実は, むしろ平均値定理がこの離散化の動機になっているのである. 4.8 節に説明してある一般的定理に動機づけられた離散化の例である.

く). Δ は保存則を課すためのラプラシアン[50], $\delta/\delta\varphi$ は汎関数微分である(次の補註 4.5.1 参照). H として標準的なギンツブルグ–ランダウ自由エネルギー(下に説明がある)

$$H[\varphi] = \int d^3\boldsymbol{r} \left[\frac{1}{2}(\nabla\varphi)^2 + \frac{\tau}{2}\varphi^2 + \frac{1}{4}\varphi^4 \right] \tag{4.5.10}$$

を採用するとカーン–ヒリヤード方程式 (Cahn-Hilliard equation):

$$\frac{\partial}{\partial t}\varphi(\boldsymbol{r},t) = \Delta\left[-\Delta\varphi(\boldsymbol{r},t) + \tau\varphi(\boldsymbol{r},t) + \varphi(\boldsymbol{r},t)^3\right] \tag{4.5.11}$$

が得られる[51]. $\tau = -1$ ならば, $\varphi \equiv \pm 1$ がこの式を満たすことに注意[52]. 数値的に長時間漸近挙動を求めるのはかなりたいへんである.

保存則を満たさない (4.5.3) に相当するモデルは

$$\frac{\partial}{\partial t}\varphi(\boldsymbol{r},t) = -\frac{\delta H[\varphi]}{\delta\varphi(\boldsymbol{r},t)} = \Delta\varphi(\boldsymbol{r},t) - \tau\varphi(\boldsymbol{r},t) - \varphi(\boldsymbol{r},t)^3 \tag{4.5.12}$$

である.

補註 4.5.1 汎関数微分

$H[\varphi]$ を位置の関数 φ の汎関数とする. φ を $\boldsymbol{r}$ の微小近傍で $\delta\varphi(\boldsymbol{r})$ だけ変化させたとき H がどのくらい変わるか, は変分を計算すれば見ることができる. δH は $\delta\varphi$ に線型に依存するから, 線型作用素 L を使って

$$\delta H = L\delta\varphi \tag{4.5.13}$$

と書くことができる. 数学者は, この線型作用素そのものを(汎)関数微分[53]というが, 物理屋は線形作用素は少なくとも形式的にいつでも積分核 K を使って積分作用素の形

$$\delta H[\varphi] = \int d^d\boldsymbol{r} K(\boldsymbol{r})\delta\varphi(\boldsymbol{r}) \tag{4.5.14}$$

に書けるということを使って(ここで $d^d\boldsymbol{r}$ は $\boldsymbol{r}$ のまわりの d 次元体積要素), 核 K のことを汎関数微分と呼び,

$$K(\boldsymbol{r}) = \frac{\delta H[\varphi]}{\delta\varphi(\boldsymbol{r})} \tag{4.5.15}$$

---

[50] これがないと $\int \varphi d^3\boldsymbol{r}$ が一定に保たれない. (4.5.6) における $\mathcal{I} \to \mathcal{I} - \langle\langle\mathcal{I}\rangle\rangle$ の置きかえに当たる.

[51] 自由エネルギーの形は次の論文で提案されている: J. W. Cahn and J. E. Hilliard, "Free energy of a nonuniform system I. Interfacial free energy," J. Chem. Phys. **28**, 258 (1958). 方程式そのものは J. W. Cahn, "Phase separation by spinodal decomposition in isotopic systems," J. Chem. Phys. **42**, 93 (1965) にでてくる.

[52] R. V. Kohn and F. Otto, "Upper bounds on coarsening rates," Commun. Math. Phys. **229**, 375 (2002) がたぶんいままでの数学的結果としては最も面白い. ふつうにいわれている指数が上限として与えられている.

[53] それをきちんと定式化したものがフレシェ (Frechét) 微分である.

4.5 モデル化事例——abduction の例

と書く.

第 3 章では平衡臨界現象が例としてでてきた（例 3.1.2）. (1) 秩序変数がスカラー量である, (2) その符号反転に対して系は不変である, (3) 異なった場所のオーダパラメタの相互作用は近接的で（短距離相互作用で）その結果秩序変数は互いにそろいたがる, (4) 秩序変数が空間的に一定のときピッチフォーク分岐（pitchfork bifurcation）を制御するパラメタを含む[54], という 4 条件（および, 連続モデルを作るときは一般的な場のある程度のなめらかさの要求）で臨界現象のユニバーサリティクラスは一義的に決まってしまう[55].

上に出てきたギンツブルグ–ランダウ自由エネルギーはそもそも一様等方空間で (1)–(4) と整合した平衡状態（とそのまわりのゆらぎ）を考えるための極小モデルとして作られたものである. これをほんとうに微視的な原子のモデルから正当化することは現時点では不可能である. むしろ, そういう正当化を離れて, 上のダイナミクスのモデル化と同様, 一般的考察の結果 abduct されたものと見る方がいい. まず (1) にしたがって, 秩序変数をスカラー場 φ とし, $\varphi = 0$ が無秩序状態に当たるとする. (4) に出てくるパラメタを τ と書くとき, 空間各点で $\tau > 0$ では $\varphi = 0$ が安定な固定点, そして $\tau < 0$ になるとこの状態（無秩序状態）が安定性を失うとする. まず空間的に一様な場合を考えて, φ の r 依存性はここでは書かないことにすると, いま述べたことは

$$H \propto \frac{1}{2}\tau\varphi^2 \qquad (4.5.16)$$

とすれば満たされる. しかし, $\tau < 0$ では $\varphi = 0$ が不安定になるどころかエネルギーが下に有界でなくなる（系そのものが熱力学的に不安定になる）. そこであまり絶対値の大きな φ が実現しないように, 絶対値の大きな φ に対して H が大きくなるように（エネルギー的罰金がかかるように）しておかなくてはならない. 最も簡単なやり方は正確定の高次項を付け加えることである:

$$H \propto \frac{1}{2}\tau\varphi^2 + \frac{g}{4}\varphi^4. \qquad (4.5.17)$$

---

[54] この意味は, パラメタを τ とおくとき, たとえば $\tau < 0$ では系は一つの安定固定点を持つが, $\tau > 0$ ではその点が不安定固定点となり, かわりにその側に二つの安定固定点が出現するようになっているということである.

[55] 数学的主張としてこうはっきり言われているのを聞いたことはないが, 大昔カダノフ教授から聞いたところでは, すべての臨界現象がユニバーサルだとはじめは考えて始めたのだそうである. やっているうちに, たとえば, 秩序変数がベクトルだと話が変わるなどということが認知されていった.

g は正の定数. ここで, 暗黙裏に, φ が空間的にいたるところ一定のとき, φ の関数として H が滑らかになることを要求している. 残る条件は (3) だが, 強磁性的(スピンがそろいたがる, あるいは同じものが集まりたがる)ということは秩序変数が同じ値をとりたがるということだ. これは(相互作用は近距離的だというのだから)局所的な秩序変数の空間的非一様性(場 $\varphi(r)$ の勾配 $\nabla\varphi(r)$ がゼロでないこと)がエネルギーを上昇させるということである. だから H は $|\nabla\varphi|^2$ に依存すべきである(空間の等方性はつかった). H は示量的(つまり, 系の体積に比例する)量であるべきであり, しかも $\varphi(r)$ は局所的に定義されているから, 自然なエネルギー汎関数は

$$H = \int d^d r \left\{ \frac{1}{2}|\nabla\varphi|^2 + \frac{1}{2}\tau\varphi^2 + \frac{g}{4}\varphi^4 \right\} \tag{4.5.18}$$

となる(新たに付け加えた $\nabla\varphi$ に依存する項の数係数は, 空間のスケールを適当にとることで 1/2 に規格化できる). こうしてギンツブルグ-ランダウモデル (Ginzburg-Landau model) が構成された.

このようなモデルは, それ自体で完結したモデルであり, 何かミクロなモデルがあってそれが粗視化された結果だと考える必要はない. 臨界現象を(より一般的に, 上の (1)-(4) が前提になる現象を)一般的に理解するにはこの程度の'簡単な' モデル(極小モデルなのである)で十分である. つまり, このようなものでとらえられる数学的構造が自然界に実在するのだ.

以上のような作業は「モデル化」といえるのだろうか? 実行したことは典型的な abduction である. 教訓は, このような abduction 的天下り的モデル化がしばしば有効だということである. アインシュタインの重力の基本方程式についてランチョシュは「どんなにたくさんの実験を行っても, このように複雑な非線形度の高い連立方程式はけっして出てこないであろう. ⋯ このことは, 実験はおそらく氷山の頂上だけをわれわれに見せているということを示している.」と述べる[56]. 実験を虚心に見ていればきれいないいモデルが出来るというわけではないのだ.

よりミクロに考えると, 空間の各点にミクロな変数があって, それがまわりと(熱ゆらぎに抗して)そろいたがるということで相変化は起こるのだろう. 各格子点に上か下を向く矢印(ふつう, スピンといわれる)が置いてあって, 隣り合っ

---

[56] ランチョシュ『アインシュタイン創造の 10 年』(矢吹治一訳, 講談社, 1978) p31. ランチョシュ (C. Lanczos 1893-1974) はアインシュタインの助手だった (1928-1929 年). `http://www-history.mcs.st-andrews.ac.uk/Biographies/Lanczos.html` 参照.

たスピン同士は同じ方向を向きたがる(つまり,平行な方が反平行のときよりも相互作用エネルギーが低い)のだが,温度が高いと熱ゆらぎのためにままにならないで秩序化しない.レンツ[57]はこれを見抜いて彼の学生のイジング[58]に次のようなエネルギー関数をもつ系の研究をさせた:

$$H = -J \sum_{\langle i,j \rangle} \sigma_i \sigma_j. \tag{4.5.19}$$

ここで $\langle i, j \rangle$ は格子点 i と j についての和を最近傍ペアのみについてとることを表し,J は正の定数(交換相互作用定数あるいは結合定数 coupling constant といわれる),σ_i は i-格子点のスピンを表し上向きを +1 下向きを −1 とする.これをふつうイジングモデル (Ising model) とよぶ[59].温度を十分に下げると,空間の次元が 2 かそれより大きければ,スピン間相互作用が熱ゆらぎに打ち勝って多数が上(または下)にそろった秩序状態になる.しかし,十分高温の状態では熱ゆらぎのために,スピンの向きはでたらめになる(無秩序状態).

以上のミクロの立場からは,ギンツブルグ–ランダウの φ^4-モデルはイジングモデルを粗視化して得られなくてはならない[60].現象論の立場では,しかし,イジングモデルはギンツブルグ–ランダウの φ^4-モデルを実現する一方法に過ぎない.ここではどちらがより基本的だと言っているわけではない.重要なことは両者は整合しているはずだということである.自然が (1)–(4) を実現するには限られた(物質的)素材を使わなくてはならないから,('技術的詳細' として[61])いろいろと余計なものが入ってくる.工学的な物性理論では,この「余計な部分」が勝負所である.基礎科学なら,この余計な部分に関わらない普遍性を追究

---

[57] 《レンツ (W. Lenz 1888–1957)》レンツの法則のレンツとは別人だが(ケプラー問題の対称性が O_4 であることに深く絡む)レンツベクトル(ラプラス–ルンゲ–レンツ Laplace-Runge-Lenz ベクトル)のレンツである.ゾンマーフェルトの弟子,しばらく助手だった.パウリ,ヨルダンなどは彼の助手だった.ドイツの原子物理の発展に重要な役割を果たした人である.

[58] E. Ising 1900–1998 については Wikipedia の Ernest Ising の External links の Article from Bradley University about Ising を見よ.著者はこの人がほとんど隣(Peoria, これはイリノイ大学のある町のとなりのとなり町である)に永らく住んでいたとは 90 年代前半まで知らなかった.イジングモデルという名前はパイエルス (R. Peierls 1907–1995) によるがあまり釈然とはしない.レンツは相変化のモデルであると考えてこのモデル(ただし最近傍モデルとしたわけではなかった)を渡したのだが,イジングは 1 次元の最近傍モデルに簡単化してそれを解いて相変化がないことを示し,3 次元でも同様であると結論してしまったのだった.

[59] このようなモデルに近い現実の磁性体も存在する.

[60] 数学的にまともにこれがされたことはない.

[61] ガリレオのいう,理想的自然法則実現への「物質的な障害」である.

し, ついで「余計な部分」(多様性)そのものにある(限定された)普遍性を追究するのが主要業務である. 大きなユニヴァーサリティクラスをまず研究し, さらにその中の限定されたせまいユニヴァーザリティクラスへとユニヴァーサリティのヒエラルヒーを上から次々と調べていくのが基礎科学の使命である.

当然ながら, 相変化が生じる温度(臨界温度)などがこのような雑なモデルで定量的に得られるべくもない. これは微視的詳細にきわめて敏感な量である. では, このようなモデルは限定された不完全なものではないか? ここでモデルではまず何を説明すべきか前に考えたことを思い出そう. 現象論的なユニヴァーサルな性質をこそ説明すべきなのである. 先に出てきた臨界指数は, 普遍定数である. 円周率などのように, 世界の構造が規定している数である. これに対して, 臨界温度はいろいろな偶然的事情による非本質的数である. したがって, 臨界指数がきちんと正しく出るモデルを作ることは至上命令であるが, 臨界温度が正しく出ることに拘るのは, 的外れである. フィッシャー (M. Fisher) はこのようなことに拘ることをフェティシズムと言った[62].

4.6　モデルがよいとはどういうことか?

ここでは実際の現象のモデルを考えているのだから, 現実と合わないモデルはしょうがない. そこでよいモデルは, まず
(0) モデル化しようとしている目的の現象(の特性)と期待した精度の範囲で一致する.

しかし, パラメタがたくさんあってそれをいじることでカーブフィッティングのようになって現実と合ってもたいして意味がない. だから, つぎのようなことを要求するのはもっともだと思われる:
(1) 調整パラメタの数が少ない. あってもはっきりと実験的に決められる. もしくは実験との比較の際それらは消去できる.

---

[62] M. Fisher, *Scaling, Universality and Renormalization Group Theory*, Lecture Notes in Physics **186** (1983) p4 にはこうある(下線原文のまま):
> 理論の役割は自然界の普遍的な側面を理解しようと努めることだと信じる; まず始めに普遍性を同定する; ついでその起源と本性についての洞察を得るために, それが何についてのものかを明らかにし, 最後にそれらを統一し相互に関係づける. 主要な一歩は物事を見る方法や考えるためのことばを見いだすことであって計算のやり方である必要はないのだ.

4.6 モデルがよいとはどういうことか?

前節で考えたスピノーダル分解の生じる系の標準的観測量は形状因子 $S(\boldsymbol{k},t)$ であり,これは時刻 t での秩序相関関数 $g(\boldsymbol{r},t)$ を空間についてフーリエ変換したものである.ここで,時刻 t でのオーダパラメタの場を $\varphi(\boldsymbol{r},t)$ とかくと(並進対称——平均量が絶対位置によらない——を仮定している)

$$g(\boldsymbol{r},t) = \langle \varphi(\boldsymbol{r},t)\varphi(\boldsymbol{0},t) \rangle. \tag{4.6.1}$$

ただし,$\langle\ \rangle$ はアンサンブル平均である.形状因子は図 4.6.1 にあるような一山の格好をしている.時刻 t でのピークの位置 $\langle k \rangle_t$ は,k の次元が長さの逆数だから,その時刻での実際の空間でのパタンのスケールに逆比例する.次元解析から

$$S(\boldsymbol{k},t) = \langle k \rangle_t^{-d} F(k/\langle k \rangle_t, t) \tag{4.6.2}$$

の形に書ける[63].与えられた系について関数 F は,ある程度時間がたった後では,t にあらわによらないことが数値実験的に推測され[64],実験的にも支持されている.すなわち,t_0 がある程度大きいと $t \geq t_0$ では

$$F(k/\langle k \rangle_t, t) \simeq F(k/\langle k \rangle_t, t_0) = \hat{F}(k/\langle k \rangle_t). \tag{4.6.3}$$

各時刻の形状因子を,そのピークが一致するように縦横軸をスケールして,重ね合わせると一つのマスターカーブが得られる(図 4.6.1).それが $\hat{F}$ のはずである.

(4.5.6) をほとんどランダムな(ゼロの近くでゆらぐ)初期条件を使って解いてみる.形状因子のマスターカーブも満足に得られる.最近ではイオン顕微鏡を改良して合金のブロックを端から一原子層ずつはがしていって断面の成分の分布を調べそれから三次元像を再構成する実験手段がある.これで得られる現実とモデルの計算結果は容易に区別が付かない(図 4.6.2).

半定量的にモデルはうまくいっているように見える.抽象的なモデルが本当に成功しているといわれるためにはモデルを具体化するためのディテール(たとえばいまの例では写像 f の具体的な形)に結果が依存してはならない.定量的に $\hat{F}$ がわれわれのモデルで計算できることを期待するということはかなり

---

[63] フーリエ変換は変換したい関数に無次元因子 e^{ikr} をかけて,体積要素について積分するのだから,被積分関数が無次元量なら,その次元は体積と同じになる.つまり,その次元は長さ (k^{-1}) の d 乗になる.一様等方な系を考えるので,形状因子は実は波数ベクトルの大きさ k の関数になる.

[64] 中間的漸近極限が存在するということである.J. L. Lebowitz, J. Marro, and K. H. Kalos, "Dynamical scaling of structure function in quenched binary alloys," Acta Metall. **30**, 297 (1982) がそれを最初にあらわに主張した.

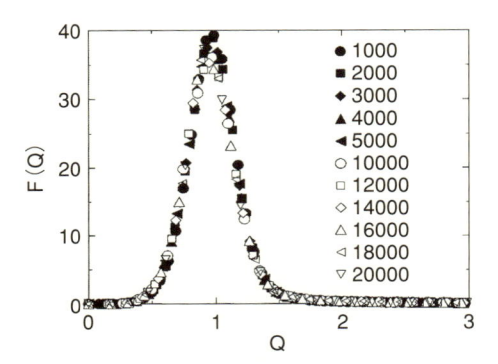

図 **4.6.1** マスターカーブ [A. Shinozaki and Y. Oono, Phys. Rev. E **48**, 2622 (1993) の Fig. 22]

強い普遍性(物質非依存性)を予想していることである．では，本当に写像 f として (1)–(3) を満たすどんなものをもってきても結論はかわらないのか？ これは物質によらないユニバーサリティの主張で，すぐ上に見たマスターカーブの存在とは普遍性のレベルの違う話であることに注意．マスターカーブが系によらずすべて同一であると言っているのである．

理想的には数学的に(解析的に)ユニバーサリティが示されればいい．しかし，この例ではいまのところ無理である．いろいろな f をとって数値計算をやってみると(数値)実験精度以内でユニバーサリティは成り立つようである．ユニバーサリティが期待される理由がないわけではない．界面の動きがパタンの発展を左右するだろうと期待されるが，それは界面の平均曲率に支配されている．f の詳細は界面に直交する方向の秩序変数プロフィル(ある相から別の相へと変わるときの物質濃度の空間的変化)を左右するがそのような詳細は，とくに曲率半径が界面の厚さ(これは相関距離の程度である)より十分大きければ，平均曲率に支配される動力学とは関係ないだろう[65]．

先に述べた (1) は
(1′) モデルを作るに際して，恣意的インプットが少ない，
と言い換えてもよい．われわれのスピノダル分解のモデルはこれを満足しているようである．しかし，こういうことだけなら実験データを整理することや

---

[65] 界面の動きについては，太田隆夫『界面ダイナミクスの数理』(日本評論社, 1997)および儀我美一，陳蘊剛『動く曲面を追いかけて』(日本評論社, 1996)参照．ともに好著．

図 **4.6.2** 合金の相分離モデル (4.5.6) の時間発展の実例. 実際の現象と見た目では区別が付かない. 1000, 2000, 4000, 7000, 12000, 20000 ステップス. この図では一成分を取り除いた '残り' が示されている. [A. Shinozaki and Y. Oono, 前掲の Fig. 16.]

情報をまとめる役に立つというレベルをあまり超えるものではない. 必ずしも現象への洞察を与えない. モデルが洞察を与えうるのはモデルが論理的に構成されているときだけである. つまり,

(2) モデル構成の論理が明晰である.

モデルが明晰に作られている場合は, 現実と合わなくても, その理由がはっきりわかることも多いだろうし, また, 目的とした現象以外にそのモデルによりふさわしい現象が現れることも期待できる. だから, 一般的にいって「汚くて合うモデル」よりは「合わなくてもきれいなモデル」を追究する方が世のためである. それゆえに美意識が肝心である.

(4.5.6) はよいモデルであると言っていながら現実のデータとの定量的比較を示していないではないか? 実際, 大方の研究者がマスターカーブの存在と $t^{1/3}$-則の近似的再現で満足してきたのであった. ところがいろいろな系についての実験から得られるマスターカーブを重ねてプロットしてみても, 図 4.6.3 左に見るようにユニバーサリティーなど, 実は, 存在しない (引用した実験は脚

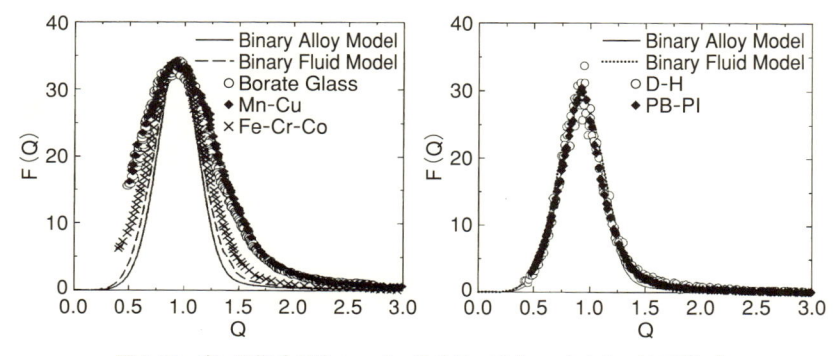

図 4.6.3 左: 固体系にはユニバーサリティはない．しかし，右の図にあるように，流体系はずっと一致がいい．それどころか，固体系も固体特有の問題を捨象すれば流体系との一致が現実の固体系との一致よりずっといいことがわかる．[A. Shinozaki and Y. Oono, 前掲の Figs. 50, 52]

注[66])．

われわれのモデルは現実と合わないのである．固体には成分の異なった相間での結晶構造のミスマッチ，弾性相互作用，異方性など特有のややこしさがあるためにそもそも普遍的でないのがふつうと考えられる．非本質的効果が大きすぎる．では，流体系を使えばいいだろう．実際，流体系のスピノーダル分解の実験的に得られたマスターカーブを重ねてみると固体の場合とは違って，系が低分子からできていても高分子からできていても重ね合わせはずっといい．流体力学的相互作用をきちんと取り入れたモデルを CDS で作ることもでき，計算の手間は一桁増えるので真に漸近状態に達した結果は得られていないが，それでも，実験との一致はかなりよい[67]．というわけで，スピノーダル分解の（定量的な）数学的本質をわれわれは摑んだように見える（もちろん，カーンやランダウ

---

[66] 実験データは: Fe-Cr-Co 系: S. Spooner, in *Kinetics of Aggregation and Gelation*, edited by F. Family and D. P. Landau（North-Holland, Amsterdam, 1984）; Mn-Cu 系: B. D. Gaulin, S. Spooner, and Y. Morii, Phys. Rev. Lett. **59**, 668 (1987); ホウ素ガラス系: A. F. Craievich, J. M. Sanchez, and C. E. Williams, Phys. Rev. B **34**, 2762 (1986); D-ポリスチレン-H-ポリスチレン系: F. S. Bates and P. Wiltzius, J. Chem. Phys. **91**, 3258 (1989); ポリイソプレン-ブタジエン系: M. Takenaka and T. Hashimoto, J. Chem. Phys. **96**, 6177 (1992). 図示していないが次の低分子流体系とポリマー系の一致はいい: イソ酪酸-水系: N.-C. Wong and C. M. Knobler, J. Chem. Phys. **69**, 725 (1978); ルチジン-水系: Y. C. Chou and W. I. Goldburg, Phys. Rev. A **23**, 858 (1981).

[67] 以上, CDS スピノーダルモデル，流体，非流体ともに，A. Shinozaki and Y. Oono, "Spinodal decomposition in 3-space," Phys. Rev. **48**, 2622–2654 (1993) 参照．

4.6 モデルがよいとはどういうことか?

はつとにそう見抜いていたのである). もちろん, 計算機実験で本当に一般的なことは主張できないから, まだまだ問題は終わりからほど遠い[68].

実験あるいは現実との一致というとき, '一致' にはいろいろな意味があり, いまの例のような定量的一致から, だいたい感じが似ている程度のものまでとりどりである. なぜわれわれのモデルは定量的に一致することができるのか? 定量的一致のためには説明すべき現象にかなりのユニバーサリティがなくてはならない. ある程度のユニバーサリティのないような現象を, 微調整なしのモデルをもとに定量的に理解しようなどというのはそもそも無謀である(それゆえ固体の場合はうまくいかなかったのである).「大雑把に精密であることができる」(または, 定性的に精密でありうる)ときのみモデル化はうまくいくのだ. 現象のある側面のモデル化が要求されたとき, それがうまくできるかどうかは研究者の(モデラーの)資質で左右できない. それは対象となる現象の性質で決まっている[69]. これは正に現象の一般的な理解可能性と軌を一にした話である. まともな現象論的構造をもたない現象はまともにモデル化できないのだ. もちろん, ここでまともなモデル化というとき極小モデルこそがモデルの神髄だと考えているので, いろいろ反発もあるだろうが, いろいろ調整を重ねてモデルをこね上げていきたくないならば, ほかの道はない.

完全に定量的に一致するわけでもないとき, どこまでをよい一致と見るかというのは難しい問題であろう. より根本的疑問として, モデルやそのもとになっている考え方が, 本当の理解ではない 'ただのお話' とは異なるとどうしたらチェックできるのか?[70] 偶然や考えているのではない別の理由のおかげで理解したい現象とのある程度の一致が得られているのではないというためには, 偶然を排除するためにモデルへの要求を厳しくするしかない. 代表的な要求は

(3) モデルの摂動への応答が現実と一致する.
(4) モデルの与えるゆらぎ(ノイズ構造)が現実的である.

ユニバーサリティとか構造安定性というのは (3) の特殊な(しかし, きわめて重要な)場合である. モデル化をするときは通常説明したい現象を, 要素から組み

---

[68] 最近ではいろいろ強力な計算法や強力な計算機が出たからいろいろ強いことが言えるだろうと思いたいが, 漸近的結果に至っているかどうかのチェックさえしないのがふつうでとおりいっぺんの一致を超える論文は稀である.

[69] もちろん, どの現象, どの側面をモデル化するか選択の自由のあるときには, うまいモデルが作れるかどうかは研究者の趣味という重大な因子に強くよる.

[70] そもそもこの節をまともに書く動機付けは慶應大学物理の若林信義教授のこの質問による.

立てることになる．したがって，より小さなスケール[71]についてのある考えがモデルを作るときに使われている．その結果，下位のレベルでのばらつきに起因するノイズがモデルに入ってくることになる．これが現実的だとうれしいというのが(4)である．たとえば，特にノイズが大きくなるような状態の存在が予言できて，それが実際にもそうであったとすると，現象の数学的構造のある本質的側面を衝いている可能性が高まる．たとえば，イジングモデルやギンツブルグ-ランダウモデルは臨界点でのゆらぎの特異性を正しくに記述しているから大いに信用されるのである．

CDS スピノーダルモデル(合金の場合)やカーン-ヒリヤードモデルでは格子の異方性にあたる効果を入れたり，格子のひずみによる弾性効果を入れるなどができ，それぞれにもっともな結果を与える[72]．このモデルは決定論的モデルであるが，当然保存則を破らないようなノイズを入れることもできる．これは結果を変えない．高次相関関数をチェックするというのも(4)の方向であり仕事もあるが，これは実験が難しい．

そもそも，あるモデルがある現象の「真のモデルである」などということが言えるのだろうか？ 数理論理学の場合はあらゆる場合の完全な対応ができるのだから，「モデルである」という言明に数学的意味がある．しかし，くらべる対象が現実であれば，あらゆる場合を網羅してくらべるべくもないし，あらゆる代表的な場合などと言っても何を以て代表とするかという問題が起こるから現実的でない．だから，現実とつき合わせるとき，真のモデルという言葉はたいてい意味がなく，モデルの善し悪しは程度問題なのだ．そうはいっても，良いモデルと悪いモデルには雲泥の差がある．いい加減な近似法のおかげで始めてもっともらしい結果を出すような似非モデルさえある(カーブフィッティングより，洞察を与える振りをするだけ始末が悪い)．しかし，ほとんど真のモデルといえる場合もある．現象論が明確で実際と一致しモデルがその数学的本質を表現するときである．

近似的現象論の例として例 3.1.5 で見た非理想気体のファンデワールスの状態方程式はこの基準ではどのくらいよいモデルだろうか？ 本当の意味で，定

---

[71] より正確には必ずしもスケール的に小さくなくてもいい．要は，直接観測しないレベルである．

[72] 小貫氏の前掲書参照(脚注 39)．この本にはいろいろな現象の核心を衝く数学的に簡潔な表現がいろいろとある．

量的にこの方程式で記述できる気体は実在しない．しかし，この状態方程式をマクスウェルの規則で補強した状態方程式は気液相転移のいろいろな面を半定量的に記述する．モデルのアイデアは明瞭であるしパラメタの数も少なく，臨界点がわかっていればそれらは一義的に決められる．プラグマティックには「半定量的に記述する」という実際の現象との一致の程度をどう評価するか次第でファンデァワールスの状態方程式の評価は決まることになるかもしれない．しかし，近似的モデルには別の良し悪しの基準がある．それは，

(5) ある種の理想的極限との自然な関係がある．

たとえば，ファンデァワールスの状態方程式 + マクスウェルの規則は '作用範囲が無限に広いが，無限に弱い引力相互作用' のある系の状態方程式として正当化される[73]．この意味でやはりファンデァワールスの状態方程式は流体系のある種の本質を衝いているモデルなのである．

4.7 モデル化の副産物

うまくいったモデル化はいろいろと波及効果を持つ．最も単純には種々の現象の似たようなモデルが作れる；$n\, (>1)$ 匹目のドジョウがいる．

CDS スピノーダルモデルではパタンの差しわたしが時間が経つにつれて無制限に大きくなれる．しかし，世の中にはパタンが無制限に大きくなれない場合もいろいろとある．物理的にもっとも単純な例はブロックコポリマーといわれるものである (図 4.7.1)．鎖 A と鎖 B とを共有結合でつないで一つのポリマーにしたものである．このようなコポリマーは実用的にますます重要になりつつあるが，それはひとえにメゾスケールのパタンを自動的に作りうるからである．すなわち，ブロックコポリマーの系が自己組織的系 (self-organizing system) だからである．

高温状態で A と B が混ざっているときはこの共有結合の存在は大した問題を引き起こさない．しかし，クエンチすると A と B はある程度分離が進行した後，さらに分離しようとしても，つながっているからそうはいかない．それでも時間がかなり経過する前は (つながっていることの切実さに気づくまでは)

---

[73] これはカッツ (M. Kac 1914–1984) 流体の理論の話である: P. C. Hemmer, M. Kac and G. E. Uhlenbeck, "On the van der Waals theory of the liquid-vapor equilibrium, I-III," J. Math. Phys. **4**, 216, 229 (1963); **5**, 60 (1964). ただし，これは 1 次元の場合であり，後に 3 次元の場合もなされた．

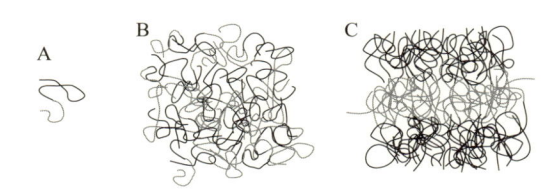

図 4.7.1 ブロックコポリマー．Aは一分子のブロックコポリマー，黒と灰の '部分' ポリマーが共有結合でつながれている．彼らはほんとうはいっしょにいたくないが縁あって離れられない．それでも高温ならまだ我慢できてBのようによく混ざっている．しかし温度が下がってくると折り合いの悪さが際だってきて黒と灰はできるだけ離れたいのだが，「縁」があるためにCのように層状になるしかない．

CDSスピノーダルモデル (4.5.6) でだいたいよいはずだから，その最小限の手直しで何とかなるだろう．

無制限にパタンサイズが大きくなる系とそうでない系のもっとも大きな違いは何か？ 後者ではA-Bの界面がどんどんなくなっていかないということだ．そのためには界面を安定化すればいい．界面は(A-B対称な場合は)$\varphi = 0$で指定されるのだから$\varphi = 0$を安定化すればいいだろう．もっとも単純な方法は小さな正の定数Cを使って (4.5.6) を次のように修正することだ[74]:

$$\varphi_{t+1}(\bm{n}) = (1-C)\varphi_t(\bm{n}) + \mathcal{I}_t(\bm{n}) - \langle\langle \mathcal{I}_t(\bm{n}) \rangle\rangle. \tag{4.7.1}$$

AかBばかりのバルク相では$\mathcal{I}$はほとんどゼロだから，$\varphi = 0$を安定固定点にする写像$\varphi_{t+1}(\bm{n}) = (1-C)\varphi_t(\bm{n})$ ($C \in [0,1)$) で記述されるダイナミクスが(束の間にせよ)パタンを支配する．

2次元での計算結果が図 4.7.2 にある．ブロックコポリマーの実験家にはこの結果がブロックコポリマーのフィルムを使った実験の結果と区別がつかない．少なくとも定性的には現実との区別がつかないのである．しかし，見た目がよければいいというものではない．定量的に考えるにはCの意味がわからないといけない．ここのモデルの作り方はきわめて抽象的である．「$\varphi = 0$を安定化するもっとも単純な修正は何か」という問題を考えたのであってCの物理的意味

---

[74] Y. Oono and Y. Shiwa, "Computationally efficient modeling of block copolymers and Benard pattern formation," Mod. Phys. Lett. B **1**, 49 (1987) の発想．もっと物質科学的に正統なアプローチは平衡状態については T. Ohta and K. Kawasaki, "Equilibrium morphology of binary copolymer melts," Macromolecules **19**, 2621 (1986) にある．

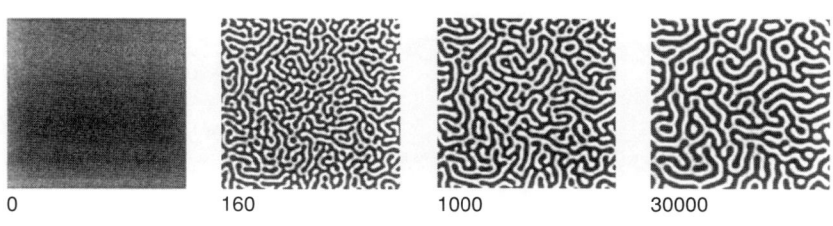

図 **4.7.2** ブロックコポリマーの相分離. 数字は初期からの時間ステップ数. この場合, パタンはほとんどこれ以上変わらない. 現実のフィルムの実験でも同様である. ほんとうに平衡のパタンは白黒の直線縞が規則的に並ぶようなものである. [M. Bahiana and Y. Oono, Phys. Rev. A **41**, 6763 (1990) の Fig. 2]

などまったくモデルを作るにあたって考えてない. C を現実に決める方法がなければ (4.7.1) は現実の現象のモデルとは言えない. 実は, C とブロックコポリマーの分子量 M のあいだに $C \propto 1/M^2$ という関係があることが次元解析から推論できる[75]. このモデルは化学反応の生じる系の相変化[76]やレーザーによる半導体表面の融解現象[77]にまで使える. 小ぶりでも二匹目のドジョウがいたのである.

以上のような粗視化された相変化動力学のモデルの別の発展はもっとややこしい現実的な系への応用である. たとえば鉄アルミニウム合金についてのモデル化がなされていて, いろんな場合のパタンがきれいに再現される[78]. そういう意味でパタンだけ調べていてもモデルは単に見た目がよいというレベルを超えている. 高強度軽合金として工学的に有用なリチウムアルミニウム合金では相分離の時間発展をほとんど定量的に記述することさえ可能である[79]. これらの話題は金属工学には役に立っても「ものの考え方」としての新味はないから, 本書の立場ではどうでもいい話題ではある.

---

[75] M. Bahiana and Y. Oono, "Cell dynamical system approach to block copolymers," Phys. Rev. A **41**, 6763–6777 (1990) 参照. もっと物理としてまともな考察は T. Ohta and K. Kawasaki, Macromolecules **19**, 2621 (1986) および T. Ohta and K. Kawasaki, *ibid.* **23**, 2413 (1990) 参照.

[76] 解説は Qui Tran-Cong, "反応性高分子混合系の自己秩序化," 日本物理学会誌 **56**, 590 (1996).

[77] C. Yeung, and R. C. Desai, "Pattern formation in laser-induced melting," Phys. Rev. E **49**, 2096–2114 (1994).

[78] T. Ohta, K. Kawasaki, A. Sato and Y. Enomoto, "Domain growth in a quenched tricritical system," Phys. Lett. A **126**, 94 (1987).

[79] R. Goldstein, M. Zimmer, and Y. Oono, "Modeling mesoscale dynamics of formation of δ'-phase in Al_3Li alloys," p255 in *Kinetics of Ordering Transformations in Metals, a symposium held in honor of Professor Jerome B. Cohen*, edited by H. Chen and V. K. Vasudevan (TMS, 1992).

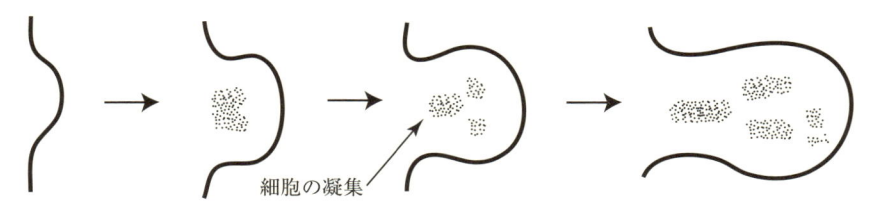

図 4.7.3　肢芽とその中での軟骨の発生．軟骨のもとになる細胞は肢芽の成長する縁から供給される．そのあと，内部で表面の分子組成が変わり互いにくっつきやすくなる．こうして，粒子数が保存されるときの相分離のようなことが起こる．

　これらと同じく，ものの考え方として新しいことはないのだが，生物における形態形成に以上のような粗視化されたモデルを使うことは興味なしとしない．偏微分方程式によるマインハルトによる貝殻のパタンの解析は教訓的である[80]．この場合見た目がいいのはもちろんだが，ある種の本質を衝いていると考えてよい理由もある．彼自身が強調するように，どんなモデルがよいかについて，貝殻に傷が入ったときパタンがどう変わるかが数理的メカニズムについて洞察を与え，彼のモデルは摂動に対する応答がもっともらしい．

　しかし，教訓的な'反例'もある．腕の骨をみると上腕には一本（上腕骨 humerus），前腕には二本の骨（尺骨 radius と撓骨 ulna）がある．基本的問題はこれを説明することである．四肢は肢芽 (limb bud) といわれる体の側面にできる突起を原基にして発生する（ニワトリでは大きさが高さ 0.2 mm 程度；図 4.7.3）．肢芽の外側は外胚葉に覆われ中には中胚葉起源の細胞がつまっている．骨の発生には本質的に筋肉や血管のパタン形成は関係がないことが知られている．骨のパタンは軟骨のパタンとしてまず造られる．軟骨の形成は胴体に近いところから先端に向かって進行していく．軟骨を形成する細胞 (chondrogenic cells) は肢芽の先端部分の進行帯 (progressive zone) から供給され，軟骨のパタン形成の生じている肢芽の部分ではその数はあまり増えないと考えていい．そこで軟骨ができる現象は軟骨になる細胞が結合組織になる細胞から分離して凝集することと大雑把に整理できる．この様に考えれば，軟骨形成は秩序変数が保存される相変化の動力学の問題であり，本質的に 4.5 節で考えた問題と同じである．この考えに基づくモデルの計算実例が図 4.7.4 に示されている．

　これでは手首のあたりまでモデル化しようと欲張っているが，骨の数が一本

---

[80] H. Meinhardt, *The Algorithmic Beauty of Sea Shells*, Third Edition (Springer, 2003).

図 4.7.4 軟骨発生のモデルの例. 何やら意味ありげなことができる. ただし, この例ではいくつかあるパラメタを調整するようなことは一切していないのであまりおもしろくはない. ただの概念的説明のためにあげた例である.

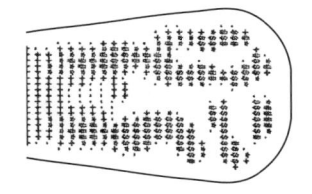

から二本になる現象を再現するだけなら容易でモデルのパラメタの微調整は不要である. しかし, 本質を衝いていると言えるだろうか？

実は, たとえば, ニワトリで示されているように, 「小骨の一つ一つ」が異なったホメオボックス遺伝子 (homeobox gene) 群の組み合わせできちんと指定されている. 胴体からの遠近のパタンは *Chox-1* に支配され, 骨の枝分かれパタンは *Chox-4* と密接に関係している[81]. 相分離過程と共通の数学的メカニズムが働いているとしても, パタンを決めているのはそんなものではない. 上記のようなモデルで「細々とした骨の再現」をしたとしてもたいして意味がない[82].

普遍的な数理的原理が働いているのは当然なのだ[83]. 創意工夫にとむ生物系は, 使えるとなれば当然これを使うからである. 背景にある普遍的要素事象を理解するということは有意義なことには違いない. しかし, それは生物学以前の問題である. 本当に生物らしい現象はこの上に立って何がどうなっているかを理解することである. そのためには, ここにのべたような研究は大して意味がない. 同様なことは散逸構造についても言える. それは生物に本質的関係を持たない. もちろん生物系は非平衡に保たれていなくてはならないが, 保たれ

---

[81] Y. Yokouchi, H. Sasaki, and A. Kuroiwa, "Homeobox gene expression correlated with the bifurcation process of limb cartilage development," Nature **353**, 443 (1991); A. Graham, "The *Hox* code out on a limb," Curr. Biol. **4**, 1135 (1994).

[82] 実は, 上に述べた一本か二本かというところもきちんと Hox 遺伝子で支配されている: D. L. Wellik and M. R. Capecchi, "*Hox10* and *Hox11* genes are required to globally pattern the mammalian skeleton," Science **301**, 363 (2003). より一般的にこの話題に関しては J. Zakany, and D. Duboule, "The role of *Hox* genes during vertebrate limb development," Curr. Op. Gen. Dev. **17**, 359 (2007) 参照.

[83] ただし, 生物学ではこういうことがはっきり意識されていなかったらしいから, きちんとその意義を指摘することには意味があった. たとえば, S. A. Newman and W. D. Comper, "'Generic' physical mechanism of morphogenesis and pattern formation," Development **110**, 1 (1990). また, ここで考えてきたモデルを支持する話が S. A. Newman, "Sticky fingers: *Hox* genes and cell adhesion in vertebrate limb development," BioEssays **18**, 171 (1996) にある.

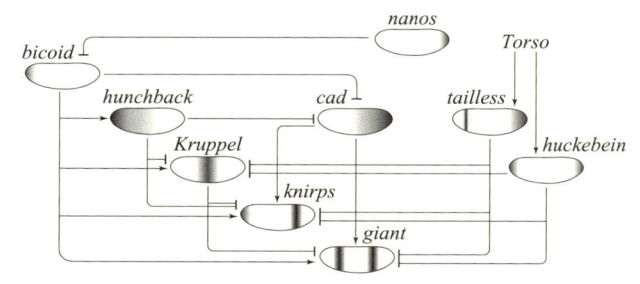

図 4.7.5 ショウジョウバエの初期発生過程特にギャップ遺伝子群の作用．単純な拡散とスイッチしか使われていない．母性遺伝子 (*bicoid, nanos*) の濃度勾配などをもとにして形態形成は進む．矢印は遺伝子転写促進，バーは抑制を示す．散逸構造などは薬にしたくもない．遺伝子の発現パタンは http://bdtnp.lbl.gov/Fly-Net/bidatlas.jsp (Berkely Drosophila Transcription Network Project) にもとづく．遺伝子間の相互作用はおおよそ S. B. Carroll, J. K. Grenier and S. D. Weatherbee, *From DNA to Diversity, Molecular genetics and the evolution of animal design* (Blackwell Science, 2001) にもとづく．[G. Tkacik and T. Gregor "The many bits of positional information," Development **148**, dev176065 (2021), 特に Fig. 8 参照．]

ていることは非常に一般的な前提であって「科学者も食事をする」くらいの情報しか持たない．

　ここでは相変化モデルの応用として生物の問題を考えたが，チューリング以来反応拡散系の応用として生物のパタン形成を論じた仕事は枚挙に暇がない．先に言及したマインハルトの貝殻の模様の理論は著しい成功例と言ってよいだろう．ほかにも魚の体表パタンなどについても仕事がある[84,85]．

　しかし，ショウジョウバエの発生過程をみるとわかるように（図 4.7.5），重要なところでは反応拡散系など使われていない．枢要なところには必ず厳密な遺伝子コントロールがなされ，模様のような適当でいいがバラエティが欲しいところでのみ反応拡散系は利用されている．教訓は，生物は物理や化学を手放しで信用してないということだ．生物の重要な構造の形成では物質の自己組織能

---

[84] その最近の報告は M. Yamaguchi, E. Yoshimoto and S. Kondo, "Pattern regulation in the stripe of zebrafish suggests an underlying dynamic and autonomous mechanism," Proc. Nat. Acad. Sci. **104**, 4790 (2007). 生物系は使えるとなれば何でも使うのだ; P. K. Maini, R. E. Baker, C.-M. Chuong, "The Turing model comes of molecular age," Science **314**, 1397 (2006).

[85] しかし，系が非線形拡散方程式で記述されるからといって実際に拡散や化学反応があるとは限らない．たとえば次の論文参照: A. Kicheva *et al.*, "Kinetics of morphogen gradient formation," Science **315**, 521 (2007).

の緊密な制御が核心だから物理化学的に考えただけではうまくいかないのである．建築素材として自己組織能を持った素材が使われるのは当然だが，そこに生物らしさがあるのではない[86]．最終章で，いかに物理学者の複雑性への取り組み方が的外れであってきたかを見る．

もっと意味のある副産物はモデルを作る際に使っているアイデアの反省からえられる．スピノーダル CDS モデルの発想のもとは，連続モデルで得られる非線形偏微分方程式をどうせ数値的に解かなくてはならないならば，はじめから数値的に解きやすい離散的モデルを作るべきである，というものだった．スピノーダル分解の場合，カーン–ヒリヤード方程式 (4.5.11) は，数値計算のできる範囲の時間スケールまでは CDS モデルと形状因子などの結果が一致している．結果が一致することを通して二つのモデルが一致することを見るより，もっと直接的に二つのモデルの関係が理解できる方がいい．ここでは，より簡単な非保存的モデル (4.5.12) と (4.5.3) との関係を考えよう（スピノーダル分解の場合はこれに保存則を課せばよい）．(4.5.12) を短い時間解くことを考える．このために，この方程式を二つの部分，局所非線形動力学:

$$\frac{\partial \varphi}{\partial t} = \varphi - \varphi^3 \qquad (4.7.2)$$

と拡散過程：

$$\frac{\partial \varphi}{\partial t} = \Delta \varphi \qquad (4.7.3)$$

に分ける（連立させるのではない）．(4.7.2) を各点において初期条件から短時間 δt 解き（このとき空間座標はただのパラメタである），ついでその解を初期条件にして (4.7.3) をさらに短時間 δt 解き，その結果を (4.7.2) の各点での初期条件として解き，…というプロセスをくりかえすことで (4.5.12) を解くことができる[87]．(4.7.2) を時刻 t から $t + \delta t$ まで解くと

---

[86] Proc. Nat. Acad. Sci. **99**, suppl.1 は Self-organized complexity の特集であり，その序論は D. L. Trucotte and J. B. Rundle, "Self-organized complexity in the physical, biological, and social sciences,." Proc. Nat. Acad. Sci. **99**, 2463 (2002) である．そもそも本書最終章にあるとおり，self-organized complexity という概念自体は自己撞着 (oxymoron) である．この特集号で取り上げられている話題の多くがスケーリングに関係したつまらない話である．スケーリングに関連した批判的論文として A. D. Broido and A. Clauset, "Scale-free networks are rare," Nature Commun. **10**, 1019 (2019) 参照．

[87] このアイデアは数値計算ではふつうで，トロッター (Trotter) の公式と同じ考えである（基本的考え方はリー (S. Lie) による）．そこで非線形トロッターの方法 (nonlinear Trotter method)

$$\varphi_{t+\delta t} = \frac{\varphi_t e^{\delta t}}{\sqrt{1 + \varphi_t^2(e^{2\delta t} - 1)}} \tag{4.7.4}$$

となる．このグラフを描くとこれは (4.5.2) のグラフ図 4.5.1 と同じ形をしている．つまり, (4.5.3) は '非線形トロッター法' で (4.5.12) を解いたことになっている．ここで，ポテンシャルの形が形状因子に効かないという先に論じたことを利用すると, (4.7.4) のかわりに適当な (4.5.2) 型の写像を使えばよいということになる．結局, CDS モデルは (4.5.12) の特別の解法と考えることもできる．これは形状因子などだけを精密に計算する解法になっていて, $\varphi(t, r)$ が正確に計算できるような数値解法ではまったくない．CDS を偏微分方程式の数値解法とみると, いままでになかったタイプの解法である．それはふつうの意味では不正確だが，そのある側面だけは精密なのだ．このことは, 定性的に正確な解法 (qualitatively accurate solution) という思想に意味があるということである．偏微分方程式がとらえたいと考えている物理をきちんととらえていれば, こういうことができるというのも教訓的だろう．数値解法とモデル化が密接していることも明らか．

この教訓の延長上に「現象に動機づけられた数値解法」がある．それは, 現象の核心を計算機上にできるだけ精密に実現することで, 偏微分方程式が記述したい現象の離散モデルを (偏微分方程式などまったく無視して) 作ることである．流体力学や波動方程式の効率の良い解法をこの立場で作ることができる[88]．この場合, もし万一数値解法と偏微分方程式の結果が一致しないときは, 偏微分方程式の方が物理をきちんととらえていないからだということになる[89]．

現在の数値計算の主流の行き方ももちろん現象の物理的核心を精密に捉えようとする．たとえば保存則があるときは離散化した後でも保存則自体を厳密に満足することをめざしたアルゴリズムをつくるのが大方の行き方である．しか

とよぶのが適当だろう．

[88] L. San Martin and Y. Oono, "Physics-motivated numerical solvers for partial differential equations," Phys. Rev. E **57**, 4795 (1998). 矢部孝・青木尊之「シューメイカー−レビー彗星と木星との衝突シミュレーション」日本物理学会誌 **49**, 909 (1994) にあるナビエ−ストークス方程式の方法はここの立場で解釈するのがもっとも自然である．

[89] 「この講話でくり返されたテーマは, どんな数値計算でもその物理的基礎をいつも意識している必要があるということである．実際, これを数値計算の第一の戒として採用するのはためになることかもしれない．」(B. J. McCartin, "Seven deadly sins of numerical computation," Am. Math. Month. December 1998, p929)

し,保存則そのものが厳密に満たされたからといって,それだけでアルゴリズムの精度が保証されるわけではない.上に説明した「現象に動機づけられた数値解法」の思想のもとでは,このように保存則そのものを満たすことを要件にしてアルゴリズムを開発するのではない.たとえばナビエ–ストークス方程式の慣性項($(v\cdot\nabla)v$ の項)や波動方程式を計算するアルゴリズムを工夫するとき,直接的に運動量の保存則を要求するのではなく,その根源的理由である空間の並進対称性を離散的な数値格子の上でできるだけ忠実に表現することに全力を尽くすことで[90],実質的に保存則を高精度に満たしてしまおうという方針をとる.この場合は,保存則の満足されている程度で数値計算の信頼性についてある程度の感触を得ることさえ可能である.

第3刷追記

次の論説は,近い将来の応用数学の一つの方向を示すものであるかもしれない: Weinan E, "The Dawning of a New Era in Applied Mathematics," Notices Am. Math. Soc., **68**, 565 (2021).

---

[90] 変分原理に関するネーター (A. E. Noether 1882–1935) の定理を思い起こそう.

第5章
複雑性へ

　われわれが非線形系を研究するのは世界が非線形だからであり，この本の目的は概念分析と現象論の解説をとおして，非線形に満ちた世界の探訪ガイドになることである．だが，ここまで，ふつうの非線形物理や科学の本よりはるかに構えが保守的で通常の自然科学に近かったかもしれない．カオスやフラクタルは出てきたが著者がより重要だと思われることを説明するためのダシに使われているにすぎない．

　非線形系の重要な特徴は尺度干渉であり，そのためにわれわれの知りえないスケールでの出来事がわれわれの人生に影響をもちうる．その効果が甚大な場合も多いが，甚大にしてもやたらなところには出てこないこともしばしばである．本来不可分のはずの世界が「系」と外界とに分けて考えられることもめずらしくない．こういうことが可能であるのは世界に広い意味のくりこみ構造があるからだ．これが世界の現象論的理解，各論でない一般的理解，を許容する（あるいは，われわれのような存在そのものを許容する）．まともな現象論のない系のモデル化があまりうまくいかないことからわかるように，現象をとらえるモデルを作るときにも現象論的な世界の見方は通奏低音としていつもそこにある．これが，ここまでのこの本のあらすじである．

　科学の終焉などということを取り上げた本まである この進んだ世の中でも，いままで誰かが研究したことのある現象よりはまったく手つかずの現象，誰もまともに理詰めに考えようとしなかった現象の方がはるかに多いはずだ．その中には単純な現象論がなんらかの手段で見抜けるような現象，つまり，前章までに書いてあることがそのまま役にたって理解が可能になるような現象もいろいろとあるだろう．しかし，そうではなくもっと手に負えない現象が数多く含まれているに違いない．そのような現象にも果敢に挑戦することが，対象に限定されない学問である真の自然学には求められる．この意味で「複雑な系」や「複雑な現象」は今後の基礎科学の重要な対象であるにちがいない．すでに第1章で触れたように，不可知の要素を汲みあげることで巨視的レベルに新たな情報

の創成を許す非線形性は複雑系には必須である．

「複雑」という言葉は英語の complex に照応している．英語では単にややこしくて手に負えないものを complex とはいわない．たとえば，劇場コンプレックスなどというのはある計画のもとに劇場群を統合したものであろうし，遺跡コンプレックスも同様，ある意図の下に作られたまとまりを持った構築物を意味している．英語では，ややこしい方は complicated という言葉である．これは「彼は肺炎をこじらせて死んだ(he died of complications with pneumonia)」などという言い方からわかるように，complex とは異って「錯雑」とでもいう状況に使えることばである．

最終章では，まず「複雑」という概念が意味や価値を抜きにして語れない概念であることを反省し，その本質が生きものと不可分であることを見る．これは従来の「複雑系研究」の大きな部分が的外れであるということだ．2021 年のノーベル物理学賞は，公式ページで「われわれの複雑系の理解への革新的な寄与」に与えるのだと銘打たれている．顕彰されている業績(乱雑系および気候の理解への寄与)の価値に異論はないが，表題はノーベル委員会およびスウェーデンの物理学者たちに見識がないことを如実に物語る．

複雑系の典型である生きものの重要な特徴はパスツールが言ったように自然発生できないということだが，その理由は発生のために親から受けついだタネや仕掛け(基礎条件と本章で命名される)が本質的な役割を持つからである．こういうことが生じる系はいままでの物理が真剣に取り組んできた系とは異質である．この異質であることの核心とその論理的帰結は何だろうか？ 現時点において，複雑な系を精密に論じるような(数学的)体系はできていない．ではどのようなアプローチが可能であろうか？ この先どこに行くのか．

本章では生物についての基礎知識を仮定したいが，そうもいかないので，脚注をさらに増やした[1]．説明的脚注にはいままで以上に多くはっきりとした見出がつけてある．Web 特に Wikipedia で大抵の知識は，最新でなくていいなら，仕入れられるだろう[2]．脚注の中に引用してある原報は証拠固めのためということはあるが，読んで(知的に)おもしろいものに重みを置いた．

---

[1] この章の背後に 2010 年ですでに千ページ近い講義ノート *Integrative Natural History I* (イリノイ大学，慶應義塾大学，早稲田大学での集中講義のノート；2017 年末に基研でその微小部分を講義したが今や資料集として 20,000 ページに近い)があり，到底この本では納まらない．

[2] 「小人の学はグーグルから入りてブログ(レポート?)に出づ．スクリーンとキーボードの間は四寸のみ…」と荀子にある．

5.1 意味と価値

「複雑な系」や「複雑」というような概念を定義する,あるいは特徴づけるというような野心的目論見は簡単に実現できるはずがない.今までのいわゆる「複雑系研究」はたぶん的が描いてある板にさえ当たっていない.そこで,典型例にもとづいて考察を始めるのがますます賢明と思われる.

この章では天下り的に「生きものは複雑な系である」という命題を認めて話を始める.「生きもの」も「複雑」も意味は明瞭でない[3].しかし,「生きもの」に関してはみなが「生きものである」と合意するような系がいくらでもあるということを出発点にする.「生きものあるいは細胞は複雑なものである」という命題は常識的に受け入れられるだろう.「複雑」という言葉の含意を本章のまえおきに少し書いたが,それを尊重することにこの出発点は抵触しない.

もし DNA 分子のある部分が,ヒストン 3 (histone 3)[4]をコードしているならば,われわれはその塩基配列が精緻なものであって単純でない(要するに,常識的な意味で,複雑だ)と認めるだろう.しかし,その塩基配列がいかなるタンパク質のアミノ酸配列になっているか知らなければ,それは意味のないでたらめな塩基配列と同じにしか見えないに違いない.実際の話,タンパク質をコードしてない塩基配列は何をやっているのかさっぱりわからなかったので,ついこの間までジャンクと呼ばれていたのだ.塩基頻度の統計を取ったとしてもそうそう簡単に意味があるのかないのかはわかるまい[5].塩基配列はそう冗長なわ

---

[3] 《生きているものとそうでないものの区別》「多くの人達が生きているものと死んでいるものをわける基準を生み出そうとたいそう苦労してきた.手短に言うと,みんな失敗したのである.この事実そのものも大いに意義があるが,もっと有意義な事実は,ほんとうにみんな失敗したということを,ともかくもわれわれが確信を持って知ることができるということだ.」(R. Rosen, *Life Itself* (Columbia University Press, 1991) p18).「生命は自己触媒的自律反応ネットワークである」とか「生命とは再帰的な情報系の物理的実現である」などと言ってもちょっと空しい.

[4] 《ヒストン》ヒストンは真核生物の核内 DNA と重量比でほとんど 1 対 1 に結合している塩基性タンパク質で,DNA を染色体のコンパクトな形に折りたたむために必須(クロマチンの基本単位のヌクレオソームを作る).5 種類ある.特にヒストン 4 と 3 は分子進化的に安定だからその生物学的重要性は明らかである.たとえば B. D. Strahl and C. D. Allis, "The language of covalent histone modifications," Nature **403**, 31 (2000) 参照.

[5] それが open reading frame (ORF, タンパク質に翻訳されうる DNA 配列のこと)であることは,意味がわからなくても,かなり確かにわかるから,その配列がタンパクをコードしている

けではないから,4 文字 A, T, G, C のベルヌーイ過程ほど乱雑ではないものの,適当なマルコフ連鎖のサンプルパスと区別するのはかなりむつかしい.つまり,ある記号列が通常の意味で複雑であるとわれわれが言う理由は記号列そのものの性質(字面のせい)ではなく,まさに,生物学的に「意味がある」からである[6].円周率の数字配列が精緻にできている(複雑だ)とわれわれが認めるのは,π の数字の配列パタンからわれわれが何か感じるからではなく,それが幾何学や解析学で果たす大きな役割のせいだ.実際これらの例からわかるように,文字や記号の(単純に規則的ではない)配列が,ある種の「意味を持っている」とその配列は複雑であり,そうでないとランダムであるとわれわれはみなす傾向がある[7].

以上,「意味をもっている」などという表現を使ってきたが,それは「統語論」に対立する概念としての「意味論」という言葉にでてくるような「意味」が関係しているというより,さらに立ち入って,「意義がある」(意義=「物事が他との連関において持つ価値や重要さ」広辞苑)という意味に使われている[8].なんで,われわれはヒストンをコードする塩基列や,円周率を表現する数列に「意味がある」と思うのか.

抽象的かつ絶対的に何かに「意味がある」という主張には内容がない.「意味がある」とは誰かにとって「意味がある」ということだ.「ある対象がわれわれにとって意味がある」とは,少なくとも「われわれがそれに留意するだけの意味がある」ということである.あることに留意する,すなわち意識をある程度集中するということには生物学的な意味でコストがかかるから,「あることに意味を認める」ということは,そのことにある種の「投資」をする価値がある,と無意識的にせよ,判断するということだ.ある記号列に意味があるとは(その解釈法が指定されただけでは不十分で),その記号列を解釈することが解釈者に価値があると見なされることである.したがって,われわれが「意味を認める」という判断

と推定するのは難しくない.そこで,全配列ではなく,たとえば ORF のなかの十分長い部分塩基配列を見せることにしよう.ちょうど円周率の部分数値配列を見せるように.

[6] 《塩基配列に見られる大域的相関》DNA の塩基配列はもちろん単純に非周期的ではなく,転写や複製の開始点や終点と対応した塩基組成の系統的変化ははっきりとあるし,ヌクレオソーム構造にまとめられなくてはならないので,これに対応したぼやけた周期性などがある.さらにいろいろな情報(アミノ酸配列,スプライシングの情報,などなど)が同じ所に重ね書きされている.

[7] すでに知っているように,円周率は高度に圧縮できるからあまりいいたとえではない.しかし,そのあまりよくないという点も含めて教訓的な例であることに注意.課題 5.1.1 参照.

[8] しかし,この二つの「意味」という言葉の意味は,とくに進化的認識論のもとで,それほど違うことなのかどうか反省する必要はある.

の基準には、その前提としての価値判断のための基準（尺度）がなければならない。たとえば、幾何学とか解析学にある意味を認めるということは、それを（少なくとも誰かが）学ぶことに価値を認めるということだ。π はわれわれが意味を認めるそのような数学の分野に必須であるから、われわれは π は意味のある数だと結論するのである。事実判断の基礎としてすでに価値判断があることを先に見たが、そのようにすべて価値判断が基本である。

では「価値」とは何か。「価値」は辞書によると「広い意味では善いもの、ないし善いといわれる性質のこと」だそうである。ギリシア語で「善」を意味する言葉 agathon は、その男性形 agathos の元の意味が「戦場で役に立つ男」であるのは興味深い[9]。要するに彼が所属している集団の存続に寄与する男が「善い男」なのである（「悪」kakon の男性形 kakos は「卑怯な男、戦場で役に立たない男」を意味する）[10]。これからも明らかなように「善い」ということは絶対的な概念ではない。あることが善いというのは「ある者にとって」善いのである。では「ある者にとって善い」とはどういうことか？ この質問はその「ある者」が存在しなくては意味がない。少なくともその者の生存あるいは存続を助長することがある物が「善であること」の最低限の要求である。したがって、もっとも根源的な意味において、ある者にとっての「善」あるいは「価値の尺度」はそのある者が「（生きものとして）存在する」ことに関わっている。われわれは生きることを選択する限り何が始源的な意味で善であるかを知っている、いかえると根源的な意味での「価値の尺度」を持っている[11]。

「生きものとして存在する」ために価値の尺度が必要なのは環境に適切に反応するためである。もちろん、バクテリアなどではこれは多く「作りつけ (hard-wired)」にされているし、われわれの場合も作りつけにされていて意識にも上らない（事実上選択の余地がない）ことがほとんどだろう（われわれは生かされているのである）。われわれは生きていく上で、食物、配偶者、等々を選択していかなくてはならないが、このときの意識的選択も、もし生得的な価値の尺度がない

---

[9] 岩波の哲学・思想辞典による。p950.

[10] 《人間の利他行動はグループ敵対の産物か》どうかについては論争が続いているが、次のような論文はある: C. Handley and S. Mathew, "Human large-scale cooperation as a product of competition between cultural groups," Nature Commun. **11**, 702 (2020).

[11] 「人道主義的倫理は、もし人が生きているのならばその人は何が許されているかを知っているという立場をとる。」(E. フロム『人間における自由』（谷口隆之助・早坂泰次郎訳、創元新社、1975）第 5 章).

とすると，実時間での選択，決断は事実上不可能になる[12]．われわれの（生存のための）選択の際に使われるバイアスあるいは重み付けの体系のことを，最も根元的な意味で，（われわれの）価値の体系と呼ぶのである．われわれの価値体系は，そもそもわれわれの生存を支援するための装置に基礎をおくから，究極的にはわれわれが「生きるか死ぬか」にその基準を持つ生物学的な現象である[13]．

第 2 章の終わりですでに多少見たように，また以上からもわかるように，たとえ「複雑さ」が明瞭に定義されていなくてもそれと「ランダムさ」がかけはなれた概念であることに疑問の余地はない．少なくとも「複雑さ」は，「アルゴリズム的ランダムさ」やカオスのような，「意味」と関係しない概念と本質的に異なる．情報圧縮ができるかできないかは系の「複雑さ」にとって本質的なことではない．情報圧縮をした後の文学作品はランダム列と統計的に区別が付かないだろうし，意味のある文章もない文章も文字列として差がないということは情報理論の実用的成功が雄弁に物語っている．源氏物語の精緻な構造[14]など統計的処理でわかる構造の対極にあるものだろう．

課題 5.1.1 π はアルゴリズム的にランダムではない．この場合 π がなんであるか通信の送り手と受け手の間で合意があるからたとえばその百万桁から先の百

---

[12] 《生きものの選択》ここで選択というとまず選択項目が枚挙されていて，それから選ぶというイメージを持つかもしれない．このようなことをするとそれぞれの項目のバイアスを計算するのもたいへんでバイアスがあっても計算量的困難の解決にはならないという意見があるが，これは生物における選択のメカニズムを見誤った見解である．決定はまず抽象的なレベルから始まる．たとえば，食物か繁殖か (commitment cascade である)．そしてこれには当然いろいろなバイアスがかかる．人間では情動的バイアスが当然ある．さらにこういう高次の選択はほぼ「実装されている」と見た方がいい．A. Damasio, *Decartes' Error, emotion, reason, and the human brain* (G. P. Putnam, 1994) が論じているのはこうして残る最終的ないくつかの項目の選択の話である．もちろんバイアスは非常に有効である．生きものは計算機科学でいういわゆるフレーム問題を基本的には回避している．

[13] 《選択と情動》決断するときわれわれは自身の肉体を通してご先祖様にお伺いを立てる: D. T. Gilbert and T. D. Wilson, "Prospection: experiencing the future," Science **317**, 1351 (2007)．われわれは前部前頭葉皮質 (prefrontal cortex) と側頭葉内側部 (medial temporal lobe) をつかって将来をシミュレートする．このシミュレーションが未来の事象を評価する情動的な反応を引き起こす．「われわれが未来の予告編を見てその結果を前もって感じるのは，ご先祖様にお伺いを立てているということなのだ．」

ローレンツの「三半規管は空間の 3 次元性の直観形式だ」をもじっていえば，「情動反応は価値判断の直観形式である」．道徳的言明は情動の表出だとする「情動主義」は事の本質の少なくとも一面を正しく捉えているのである．

[14] たとえば，三谷邦明『源氏物語躾糸』(有精堂, 1991) (再版『入門 源氏物語』(ちくま学芸文庫, 1996))，三田村雅子『源氏物語——物語空間を読む』(ちくま新書, 1997) など参照．

5.1 意味と価値

万数字を送るためにはπについての情報を(名前以外)送らなくてよい．相手がたとえπを知らないとしてもそれを計算するアルゴリズムを送ればよいのでπについての共通理解がなくても情報は圧縮される．ここで，ヒストン3を考えよう．あるいは，もっと大がかりに *Caenorhabditis elegans* の全ゲノムを送信することを考えよう．*Caenorhabditis elegans* について送り手と受け手が合意していれば(個体差はあるにせよ，本質的部分は)名前(ともう少し精密にしたければ遺伝系統)を送信すれば終わりである．つまり，非常な情報圧縮が可能である．しかし，相手がこの線虫について何も知らないとするとどうなるか？ この場合はπの事情と根本的に異なる．教訓は何か？[15]□

複雑という言葉の用法を反省すれば，「複雑性」は，多くの人に感じられているように，意味や価値などに密接していなくてはならない．意味や価値という言葉は生きものを離れて意味をなさない概念であることをすでにみた．したがって，われわれが現実に見ている「複雑性」の核心は生物現象なのである．これは自明な結論だと思う読者も多くいよう．「複雑」ということばの含意を自覚していて，しかもすべてのややこしく込みいったものを「複雑」と十把一絡げに形容するのは無神経である．世の中で複雑性のキーワードとされているものがほぼすべて完璧なまでに的外れだということが読者にはすでに明白だろうが，的外れ加減を付 5.1A に整理しておいた．

付 5.1A: 複雑系は何でないか?

複雑系とは何でないか，あってはならないか．世に「複雑系」と名うった本[16]に出てくる「複雑

---

[15] ウマを定義することができるといったムーアがいかに世界について無関心であったかが実感できるだろう．馬渡俊輔「モノは情報にまさる」科学 **77**, 385 (2007) 参照．
[16] 《複雑系本はなんというか》ニコリス・プリゴジンの『複雑性の探究』(安孫子誠也・北原和夫訳，みすず書房，1993)を見よう．彼らによれば複雑性の本質が生物と不可分という見方こそ，「複雑性の理解を追求するにつれて，まず最初に崩壊すべきなものである．」ではその理由としてあげられているものは何か？「不可逆現象の熱力学，動力学系の理論，及び古典力学において並行して開発されてきた事柄が収束して否応なく示したのは，「単純」と「複雑」，「無秩序」と「秩序」，の間の隔たりは以前考えられていたよりもずっと小さい，という点であった．」「複雑」という言葉への反省の欠落は完璧である．より新しい本として R. Badii and A. Politi, *Complexity: hierarchial structures and scaling in physics*, (Cambridge University Press, 1997) は 200 ページすぎればアルゴリズム的情報理論などの話がでて，カオスの解析法についての技術の入門書としては推薦できるが，統語論的に理解できることに話は終始し，複雑性とは関係ない．井庭崇・福原義久『複雑系入門』(NTT 出版，1999)は，本物の複雑系をも論じているという点で，並の入門書よりずっといい．惜しむらくは，統語論的なものと意味論的なものの

系」の例は地震,気象,乱流,市場と社会,生物系,複雑液体などであり,ここには本物も偽物も混じっている. 重要な概念とされているのはカオス,フラクタル,散逸構造,自己組織系,創発性,などである. カオスは本質的にランダムさに関係した概念であり,フラクタルなども当然ながら意味や価値などと関係のあるべくもない話である. 複雑性を論じる際のカオスの意義は,われわれが観測できる世界が閉じていないということを簡単な例で見せてくれるというところにあるだけだろう. 臨界現象論の成功から物理よりの人々はあまりにも安易にあるいはあまりにも無批判に現象を自己相似性やそれと関連したスケール則のメガネで見るようになった. 生物に見られるいろいろなネットワークや分布にスケール則が見られるとされるが,自己相似性はしばしば観測の不正確さや不足のせいであることを忘れるべきでない[17].

ではプリゴジンたちが複雑系など特殊でないと主張するカギになっている散逸構造はどうだろう. 典型例は反応拡散系のチューリングパタンや流体系に見られるパタンである. これらのパタンは平衡状態では現れず,非平衡性を増していったとき(ベナールパタンならば下から上に抜ける熱流を増やすと)ある種の「相変化」の後ではじめて現れる. 生物は非平衡に保たれている系だから,散逸構造は重要であろう,と思うのは無理もないが,散逸構造はすべてきわめて脆弱な構造である. 生物において非平衡相変化のようなことが生じ新たな構造が発生することがあるとしても,重要なのは物質のミクロな構造のレベルでの相変化(事実上の平衡相変化)である. つまり,平衡相変化点近くに系が保たれているところに,たとえば剪断ずれがかかって分子がそろい,相変化が起こるというようなものばかりだと思った方がいい. もちろん生物はそれが利用できるなら使わない理由がない. このとき自発的に非自明なパタンができる(創発する,あるいは自己組織化される)ことが複雑性にとって重要であると考えられているようだが,それだけなら非平衡性は要らないことに注意. 平衡系で対称性が破れるような相変化があればいいのだ. ブロックコポリマーの例などですでによく知っていることである. 動的に維持していなければならないものに頼るということは不経済だから,生物はそういうものなしに済

意識的区別がなく,その結果 Part II 複雑性の現象には凡百の本と同じ事例が並ぶこととなった. この本では working definition として「複雑系」を「システムを構成する要素の振る舞いのルールが,全体の文脈によって動的に変化してしまうシステム」と規定している. これはいずれにせよ自発的に何かが生じることを期待している特徴付けであり的を外している. M. M. Waldrop, *Complexity: the emerging science at the edge of order and chaos* (Simon & Schuster, 1992) は有名な本だが,複雑性の文脈で秩序とカオスの境に意味はない.

[17] 《スケール則》 たとえば, R. M. May, "Network structure and the biology of populations," Trends Evo. Eco. **21**, 394–399 (2006); 多くのべき法則(線形な log-log プロット)は別の当てはめの方がよい. 生理学的なスケール則についての批判は D. S. Glazier, "The 3/4-power law is not universal: evolution of isometric, ontogenetic metabolic scaling in pelagic animals," BioScience **56**, 325 (2006), Kolokotrones et al., "Curvature in metabolic scaling," Nature **464**, 753 (2010), DeLong et al., "Shifts in metabolic scaling, production, and efficiency across major evolutionary transition of life," Proc. Nat. Acad. Sci. **107**, 12941 (2010), I. A. Hatton et al., "Linking scaling laws across eukaryotes," Proc. Nat. Acad. Sci. **116**, 21616 (2019) など. あるいは遺伝子やタンパク質の相互作用ネットワークのスケールフリー性について一般的批判は A. Clauset, C. R.Shalizi and M. E. J. Newman, "Power-Law Distribution in Empirical Data," SIAM Review **51**, 661 (2009) および p227 註 86 に既に引用した文献参照.

「Log-log プロットというのはエラーバーを隠す標準テクニックである」とは著者の指導教官の尾山外茂男先生の強調されるところだった.

ませられれば喜んでそうするだろう[18].

　カオス, フラクタル, 散逸構造, などの諸概念に共通のことは何か？ 何か見たところ非自明なことが（しばしば簡単なルールの下で）自発的に生じる, われわれが特に系に下準備などの努力をしなくても勝手に生じてくる, ということである. 出来上がった結果を理解するのは容易でないかもしれない（たとえば乱流のように）が, これらの現象を実現するのは容易である. ある環境パラメタ（たとえば温度）を設定した後は何もしないでほっておけばいいのだ. 自発的に何かができてくるのはそれがある意味で単純だからに違いない[19]. このような系は真の複雑性の対極にあるような系であったといえる. 自己組織化だけでできないものにこそわれわれは注意を払わなくてはいけない.

　では, 地震や気象は複雑な現象というに値するだろうか？ たとえば, 明日の天気を予報するのにさえ膨大な量のデータがいるではないか？ 計算量的に大変な問題であるのは非線形現象の極みとして数十メートルの距離から地球規模の大きさまでのスケールが絡み合っているからである. しかし, 当然ながら, 意味や価値とは関係ないから, ほんとうの意味の複雑系の問題とは一線を画しておくべきである. 地震もモデルとして興味深い多体問題を与えるが, 同様に, ほんとうの意味では複雑系と見るべきではない（だからつまらないなどということはない）.

5.2　パスツール連鎖

> 本当に考えるとき, わたしの頭から言葉は完全に消えていると断言できる. ⋯ 問題が込みいっていて難しいほど, それだけ言葉は信用できない ⋯[20].

　複雑な系がどんな系であってはならないかということはある程度わかるし, 生きものに関係したもの以外に「複雑な」という形容を付けるのがしばしば不当であることもはっきりしている. しかし, 複雑なものの積極的な特徴付けとして「生きものに関係している」という以上に見たわけではない. そこで, 複雑な系の特徴を知るために, 機械（人工物）と生きている物（に直接関係した物）との違いをここですこし眺めておこう. 例として, コンピュータ言語（たとえば

---

[18] 動的に保っている場合はもちろんいろいろある. 環境の変化に合わせて速やかに変化しなくてはならないからである.

[19] 《自己組織化と時間スケール》現状では, 自己組織化という言葉は必要な時間スケールを無視して使われている. ダーウィニズムでは, 世界さえ適当であれば, 神概念さえ発生するから, 大抵のものが自発的に創発される. しかし, これは「自己組織化」という言葉の時間スケールを無視した濫用である. 系の構成員の時間スケールあるいは相関時間スケールより極端に長い時間スケールで生じる事柄に「自己組織化」というような言葉をつかうべきでない. 自己組織化のような濫用された概念の代わりに比較的短時間に自己組織化が起こることには「自発組織化」(spontaneous organization) という言葉をつかって議論の明確化を図るのがいいのかもしれない.

[20] J. Hadamard, *The Psychology of Invention in the Mathematical Field.* 前掲 p96.

C++)と自然言語をくらべてみよう．C++の文は完全に形式的に（機械的に）解析解釈ができるからどんな自然言語よりも簡単である．いいかえるとそれを計算機の動作に翻訳することがアルゴリズムで可能である（構文を解析するのに意味を無視してよい）．他方，自然言語を形式化しよう（意味をまったく捨象して統語論的に完全に統制しよう）という試みはすべて失敗してきた[21]．相当に文法的に崩れた発話でさえ意味が通ることから考えて，われわれが自然言語をアルゴリズム的に処理しないことだけはほとんど確実である．コンピュータ言語と自然言語には明らかに決定的な違いがある．その違いの原因も明白だろう．自然言語は自然知能を前提としてあらわれた[22]が，人工知能は人工言語の後にくる，ということだ．人工言語はそれを機械的にコンパイルすることで演算を実行することができる．これに対して，自然言語は恐ろしく不完全で到底脳における計算を担えない，という大きな違いもある．

そもそも，われわれの言語は，きわめて新しいものである．それは *Homo* 属より古くないだろう．それどころか *Homo sapiens* よりも古くない可能性は大きい．文明がわれわれの種としての特徴でないように，言語を使うこともわれわれの種の特性でない可能性大である[23]．ヒト上科（Hominoidea，類人猿）の連中がみな（論理的）思考能力を持っていることは明らかだし，さらにイヌでもネコで

---

[21] **《生成言語学の入門書》** チョムスキー流の生成言語学の基本的テキストは，N. Chomsky, *The Minimalist Program*, (MIT Press, 1995) だろう．日本語では，たとえば，郡司隆男『自然言語』（日本評論社，1994），あるいはより新しい，中村捷・金子義明・菊池朗『生成文法の新展開，ミニマリスト・プログラム』（研究社，2001）；新しい入門書として渡辺明『生成文法』（東京大学出版会，2009）．通俗的説明としては S. Pinker, *The Language Instinct: how the mind creates language* (Harper Collins, 1994), 酒井邦嘉『言語の脳科学』（中公新書，2002）など参照．S. Pinker, *Words and Rules* (Basic Books, 1999) は統語論的試みが比較的簡単な場合でさえ貫徹できないことをよく説明している．

[22] **《言語操作に要する知能》** ただし，いわゆる，linguistic idiot savant という現象があるので，言語を操ることが自然知能のフルパワーを要することはないようである（意味ありげな文章は再帰的文法があれば作れる：http://www.elsewhere.org/pomo/）．あるいは，自然知能はいくつかの半独立なモジュールからなり，言語を操る部分はその一つだと考えるべきかもしれない．したがって，ピアジェのような「希望的人間学」の主張と異なって，論理能力と言語能力などの発達段階にたいした相関がなくて構わない．

[23] **《ヒトの進化》** われわれは 18 万年前に発生し，言語などの文化複合は 12-11 万年前に発生した（中石器革命）と言われている (O. Bar-Yosef, "The upper paleolithic revolution," Ann. Rev. Anthrop. **31**, 363 (2002)．最近の知見については Y. Liu et al., "Insights into human history from the first decade of ancient human genomics," Science **373**, 1479 (2021); S. Almécija et al., "Fossil apes and human evolution," Science **372**, 587 (2021); A. Timmermann et al., "Climate effects on archaic human habitats and species successions," Nature **604**, 495 (2022).

も高い知的能力を持っていることはつきあってみればすぐわかる.明らかに自然知能は自然言語よりはるかに古い.(もちろん,われわれの脳が自然言語と共進化してきたことは十分考えられるが,そうなったのは進化史的には極最近のことだろう.)

自然言語と自然知能の関係は,パスツール (L. Pasteur 1822-1895) がずっとむかしわれわれに教えた「生命は生命からしか生じない」ということに並行している.パスツールの言ったことの本質は,複雑な系は複雑な系からしか生じえず,複雑な系にはそれをつくった複雑な系が存在した(つまり,複雑な系は自己組織能力や自己創発能力[24]ではできない),ということである.「複雑な系から複雑な系が生じること」をパスツール過程 (Pasteur process) ということにしよう.自然言語を子供が話せるようになる過程もまさにこの好例である.つまり,全体的知的発達の結果自己創発的に文法が生じるのではなく,それはすでに系統発生的に前もって在る何かが展開する (unfold) のである.チョムスキー (N. Chomsky) が喝破したことも,煎じ詰めれば「複雑さを短時間に生みだすには元になる複雑さが要る」ということだ.いわゆる「刺激の欠乏 poverty of stimuli」は複雑系の本質を衝いている.次節で見るように,これと物理のやってこなかったことには深い関係がある.

現時点においてパスツールの主張「生命は,生命からしか生じえない」は完全に正しい[25].そこで,ダーウィン以前には[26],人々はこれをいつでも正しいと思ってきた.したがって,パスツール過程の鎖(パスツール連鎖)をさかのぼって

---

[24] 《**創発**》「創発」という言葉も時間スケールを無視して使われる.「部分の性質の単純な総和にとどまらない性質が,全体として現れること」という意味が大本の意味だと思われるが,時間スケールを無視して使えば,進化過程までふくむこととなり実際上何でも可能である.歯止めがなくなる.宇宙の創発性などといわれるときは長い時間を考えているようである.これに対して,神経系の創発などというときは個体発生においてたとえば大脳ができあがることを指しているから,短時間の現象である.本書では短い時間スケールでのみこの言葉を使う.すべて時間スケールを無視して論じてはならない.

[25] 《**自然発生説はなぜ長生きだったか**》自然発生説は宗教的動機で支持された面が大きい.もし自然発生説が正しいならば共通祖先の問題を避けて通れるからである.エデンの園にはサナダムシのような汚らわしいものはいなかったと言うこともできる.

[26] 《**ダーウィン以前**》正確にいうとこれは正しくない.ダーウィンの祖父やラマルク (J.-B. Lamarck 1744-1829) は事実としての進化を主張していた.Encyclopaedia Britannica の第8版 (1853-1860) を見ると,エラズマス・ダーウィン (E. Darwin 1732-1801) の項目はあってそこには詳しい説明がある(進化論の項目に C. ダーウィンの名はあるが,理論は現在進行形として書かれている).ラマルクに関しては S. J. Gould の *The structure of evolution theory* (Harvard UP, 2005) Chapter 3 の説明が読みやすい.

いけば原初の複雑な系——擬人化すれば'神'——に行き当たらざるをえないというのはきわめてもっともな推論であった．もちろん，今日も日が昇った，昨日ものぼった，だからこれはいつでも真だっただろうというたぐいの誤った推論ではある．ダーウィン (C. R. Darwin 1809-1882) とウォーレス (A. R. Wallace 1823-1913) の功績は，時間さえ十分あれば複雑でない系から複雑な系が自然発生する理論的（論理的?）可能性を指摘したことである[27]．このパスツール過程の発生するプロセスおよび，そのあと複雑性が（直観的に見て）自然に上昇していく[28]プロセスをダーウィン過程 (Darwin process) と呼ぶのが適当だろう．

以下では，自然知能とわれわれの言語の関係をはっきりと認識することが「複雑な系」の研究にとって重要であることを説明するが，とばして次節に行ってかまわない．

デジタル計算機が機能するためには，なにかある言語が必要だが，われわれは自然言語なしに考えることができる[29]．言語が使われる段階までに，深い思考の重要な部分は（特に，自然科学においては）すでに終わっている．言ってみれば言語は外界とのインターフェースにすぎない[30]．デジタル計算機は，その言語で

---

[27] **《パスツールとダーウィン》** ただし，歴史的にはパスツールよりもダーウィンの方が先である．パスツールは政治的にはきわめて保守的で，ダーウィニズムのような「危険思想」によい感情は持っていなかった．G. L. Geison, *The private science of Louis Pasteur* (Princeton UP, 1995) 参照．

[28] 地球の歴史を見て，この「上昇」ということは客観的事実として受けいれざるをえないだろう．

[29] **《生成的言語学と自然知能》** 自然言語というとき，S-構造とか D-構造などといわれるレベルがあるとされる．ほんとうの思考プロセスが D-構造の操作であると考えるならば，思考は言語と不可分ということになる．しかし，D-構造そのものが人間の言語特有だと考えられているのだから，思考はそれ以前に本質的過程が終わっていると結論せざるをえない．チョムスキーはいわゆる第二次認知革命のあと，原理を立てて D-構造を統制しようとしているが，原理とされるべきは，もし存在するならば，言語の原理以前の自然知能の原理であるべきだろう．生成的言語学の本に自然知能という言葉がめったに出ないというところに根本的問題を見るべきである．ただし，S. Pinker, *The Stuff of Thought, language as a window into human nature* (Viking, 2007) は（やっと）そうでもなくなってきた．

[30] **《言語と思考》**「言語を使った思考は重要である」という命題にもある程度の真理を感じる人は多いだろう．意識的に演算をしているときはまさにそのように思われるし，正確な数というようなものは言語なしに扱えないかもしれない (P. Pica, I. C. Lemer, V. Izard, and S. Dehaene, "Exact and approximate arithmetic in an amazonian indigene group," Science **306**, 499 (2004))．しかし，そのような場合でも思考の結果を「これが答えだ」「これでいい」と判断するのは何か？ 最終ジャッジは誰か？ それは言語よりも根元的であるように思われる．そういう

表現できない「考え」を持つことがない．われわれが言語を使って考えていると思うとき，実は，あらかじめ考えたことを，言語でどう表現しようかと工夫しているだけではないか．言語的思考の記録としての数学よりも，観察の記録としての数学[31]の方が格段に深いだろう[32]．深く考える人，感受性の豊かな人はいつも言語の表現能力の限界に悩まされてきたと思われるが，この悩みは計算機には無縁である．

われわれにとって，知りうること，考えうることは語りうることよりもはるかに豊富である．「複雑系」＝生きものの研究においてこの自覚は本質的に重要である．われわれは生物界の複雑性をかなり認知しているが，認知していることを完全に言語表現するのは可能でない[33]．すでに触れてきたように，本書が実例をもとにしか話をしない理由，また実例にもとづいて現象論的に世界を見ていこうとする最大の理由はここにある．しかし，われわれの中石器時代の先祖たちはあるとき自然言語の可能性に目覚め，ほとんどそれに圧倒されてしまった．そのとき，その背後にその創造主であるさらに強力な自然知能があること，そしてそれを支えているわれわれの生物学的肉体があることを忘れてしまった．多分，われわれはまだこのショックから立ちなおってない（失楽園として記憶されている）．その結果，知的能力は不幸にも言語能力としばしば等置されてきた．

ことから考えて，非言語的に数学のできない人はそもそも数学のできない人なのかもしれない．

[31] 《観察記録の深み》「数学的実在が私たちの外の世界に属すること，それを発見しあるいは観察するのが私たちの仕事であること，私たちが証明し，また私たちが自らの「創造」であると大言壮語する諸定理は単に私たちの観察記録にすぎないことを，私は信ずる．」(G. H. ハーディ『一数学者の弁明』(柳生孝昭訳, みすず書房, 1975) 22 p55-56)．「私の見るところでは，数学は，物理学が物理的現象を記述しているのと同様な意味で，実在する数学的現象を記述しているのであって，数学を理解するにはその数学的現象の感覚的イメージを明確に把握することが大切である．」(小平邦彦『解析入門 I』(岩波書店, 1976) はじめに p1)．ついでに Kurt Gödel Collected Works の 3 巻 (Oxford University Press, 1995) の Gödel *1951 とその G. Boolos による解説も参照．

[32] 《観察記録としての文学》文学作品についても同様のことが言えるようである．すでに引用した源氏関係の入門書に見えるように，源氏物語が恐ろしい深読みを許す理由は，それが紫式部脳中に永年にわたって構築された世界（本に書くためにではなく物語そのもののために構築された世界）の観察記録だからなのだと著者は感じる．紅楼夢のすごさなども理由は同じである（これは自伝的だろうが）．

[33] ただし，何が言語で表現できないかということは，多大な努力の後にはじめて認識されることなのであって，安易にそう結論して，ある種の哲学書のように，表現努力を怠るべきではない．このゆえに，いまきちんと表現できないことを非科学的だと切り捨てるのは生産的でない．

この深刻な過ちはヨハネによる福音書の冒頭で聖化までされてしまった[34]. 人文系のある部分にはまだこの「太古の呪縛」が残っているかもしれない[35].

5.3 基礎条件

複雑系は意味や価値概念などと密接し, この方向を追求すると, 複雑系の研究の核心は, 結局, 基礎生物学になろう. 基礎生物学は, どのくらい本質的に, いままで(基礎科学であると自負することの多かった)物理がやってこなかったことに関係しているだろうか.

パスツール連鎖が教えることは, 最低限の要求として複雑系はそれが生成されるとき(部分はさておき系全体としての)自己(自発)組織能を持っていてはいけないということだ. 生きものは自己(自発)組織的でない. たとえばリボソーム (ribosome) をとってみよう. これは多くの RNA やタンパク質からなるが, これら部分品から試験管内でリボソームを再構成するには, リボソームとは直接関係ない他のタンパクや細胞成分が無いような理想的条件下でも外的にコントロールした二段階が必要であり, さらに細胞内ではありえない高い温度も必要である[36]. 試験管内の再構成が加熱を必要とすることは RNA などが間違ったコ

---

[34] 《Logos》新約聖書の言語がギリシア語であるにしても, それはギリシア思想ではないから logos と訳された元のヘブライ語を見なくてはならない. 井筒俊彦『意識と本質』(岩波文庫, 1991)によれば「日本語でも, 「コト」は言であり事であるなどとよくいわれるが, ヘブライ語の davar という語は明確にこの両義を持つ. つまり, 言葉と事物とを同一視するのだ. 言い換えると, ヘブライ語を母国語とする人々の深層意識では, 言葉とものとはもともと一つなのである. 」(p235) ヨハネ福音書冒頭はこれを反映しただけなのだ. こういう発想の欠陥を自覚矯正することが人類文化への重要な寄与になりうる.

[35] 《人文的知は深いのか》人文的知の方が自然科学的知よりも深いといわれることがあるようだが, ほんとうなのだろうか. 「深い」とはどういう意味なのだろう.
そもそも自然科学を「合理的・分析的な知性, ロゴスによって世の中や人間を理解しようとする」「17世紀ヨーロッパで生まれたある特定の知の形態」などとする見方は偏狭である. もちろん, 何が科学的かという質問は(何が厳密かなどという質問と同様)明確な答えを持たないが, 少なくともその核において重要なことは「われわれはほんとうに知っているのだろうか」「われわれの方法論や論理は正しいのだろうか」と不断に反省する謙虚さとそれから来る批判精神であり, 形而上学に関しては不偏性を希求する精神である(そして, 懐疑の連鎖を適当なところで一時中断して「やってみる」という精神——懐疑に対する批判精神——である). それは知的能力と良識のあるところ人類を越えて宇宙的に普遍的であるに違いない. もちろん, この基本的意味で, 男性の科学とか女性の科学などはない(進化の素材を与える突然変異とは現状への懐疑そのものではないのか?).

[36] 《リボソーム再構成》すべての rRNA と r-タンパク質は一度に混ぜられるが, 温度とマグネ

ンホメーションをとることなどが律速であるということを示唆する．当然ながら，RNA折りたたみ触媒などが現実の細胞では多数必要であり，さらに，決して部品を一度に混ぜ合わせるような過程ではない．あるいは中心小体(centriole)のように自発的に組み上がりうる細胞器官でも，それを統御するために細胞は自己組織化が起こらないようにコントロールしている[37]．複雑な系はいろいろな自己組織能力をもった部分的系の精緻な制御で主に作られるらしいことがわかる．つまり，部分部分がいつどこでどのように自己組織化し，さらにそれらがどう集まるかという自己組織的には決められないことに核心があるようにみえる．もしもある生きものに全体としての自発的組み上がり能力があるならば死ぬことはないだろう(あるいは比較的容易に復活するだろう)．複雑性を考えるとき，"Memento mori"というのは重要な方針である．死なないものは生きてない．復活できるものはそもそも生きてなかったのだ．バクテリアの細胞膜さえ自発的に組み上がることは(ほとんどの場合)ないことを銘記すべきである．

　「真に」複雑な系と擬似複雑系やほかの系をはっきり区別するために，徹底した還元主義者の立場でこれらの系をくらべることにしよう[38]．初等量子力学を習えばただちにわかるように，光の速度に近いような高速で動き回ることのない荷電粒子の集まりの運動方程式を書き下すのは容易である[39]．クーロン相互作用をする粒子の集まりのシュレーディンガー方程式を書きさえすればいい．これは重ね合わせの原理のおかげで簡単である．大腸菌を一匹(?)含む小さな水滴の運動方程式も小さな食塩の結晶を含む食塩水の雫の運動方程式もたいし

シウムイオン濃度を二段階切り替えなくてはならない．K. H. Nierhaus, "The assembly of prokaryotic ribosomes," Biochimie **73**, 739 (1991).

[37] A. Rodrigues-Martins, M. Riparbelli, G. Callaini, D. M. Glover, and M. Bettencourt-Dias, "Revisiting the role of the mother centriole in centriole biogenesis," Science **316**, 1046 (2007). 一般に，複雑系を作り上げるために抑え込まれている自発性が暴走するのがガンであるとさえ言えよう．第一刷にすでにあるこのコメントと次の論文は整合している: A. S. Trigos et al., "Altered interactions between unicellular and multicellular genes drive hallmarks of transformation in a diverse range of solid tumors," Proc. Nat. Acad. Sci. **114**, 6406 (2017).

[38] 還元主義にもいくつかの種類があるようだが，ここでは「存在論的還元主義 ontological reductionism」，つまり，われわれが日々眼にするものもすべて量子力学に従う原子分子からなる，という広く受けいれられている立場をとる．このあたりは Y. Oono, "Bio-physics manifesto—for the future of physics and biology," in *Physics of Self-organization Systems* (edited by S. Ishiwata and Y. Matsunaga, World Scientific, 2008) p3 による．

[39] ここでの制限条件は常温の系ならあまりに大きな荷電を持った粒子がない限り(原子番号 $Z < 100$)満たされている．

て違わない．運動方程式は次の形をとる：

$$i\hbar \frac{\partial \psi}{\partial t} = \left[-\sum_i \frac{\hbar^2}{2m_i} \frac{\partial^2}{\partial r_i^2} + \sum_{i>j} \frac{q_i q_j}{4\pi\epsilon_0 |r_i - r_j|} \right] \psi. \tag{5.3.1}$$

ここで m_i は第 i-粒子（原子核あるいは電子である）の質量，q_i はその電荷，r_i は（3次元空間での）その位置ベクトルである．和はすべての粒子についてとる．波動関数 ψ はすべての粒子の位置座標 $\{r_i\}$ と時間 t の関数である．元素分析さえすれば（非常な精度は要らない）この方程式は書ける．

上の方程式を数値的に解くことができるようになるとは思えないが，アナログ計算ならできる，実際に実験すればいい（図 5.3.1）．そのような実験はパスツールの実験の超近代版である．食塩水の系 N と大腸菌の系 B では根本的違いが見られるだろう．何がカギになる違いであるか？系全体を孤立させて（すなわち，同次ディリクレ条件を課して）B の実験をする（魔法瓶の中に指定された数の原子核と電子をつめて全エネルギーを調整し放置する）[40]．実験者がきわめて幸運でない限り一年のうちに大腸菌を含む解に至ることはできないだろう．大腸菌入りの水滴にきわめて短波長の超音波をかけて細胞を破壊した後一年以内にもとに戻るとは考えられないから，(5.3.1) が大腸菌を作れないのは驚くにあたらない．ところが，これと対照的に食塩水の方 N は同様な計算（実験）でたちまちにして食塩の結晶が水滴中に浮かぶに違いない．もしもこのような系を見せられれば，運動方程式（シュレディンガー方程式）こそ現象を支配するすべてだと誰でも結論したくなるだろう．

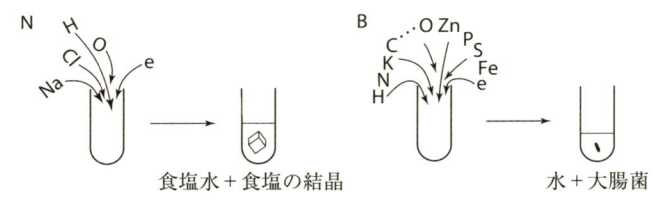

図 5.3.1 単純な系と複雑な系の量子力学的計算の比較．適当な数のいろんな原子核と系を電気的中性にするに要るだけの電子を容器に入れる．境界条件は同次のディリクレ条件でかまわない．ほどよい初期エネルギーを設定し (5.3.1) を解くと，食塩–水系 N はたちまち生成するに違いないが，大腸菌入りの水滴 B になるべき方は一年やそこら経っても何も変わったことはないだろう．

---

[40] 読者は生きものは開放系でないと存在できないと言うかもしれない．しかし，たとえば，1分間だけ，生きている大腸菌を孤立した容器に閉じこめることはできる．そのような系の運動方程式は (5.3.1) だから，(5.3.1) が同次ディリクレ境界条件のもとで大腸菌を含む系を解に持つはずである．

5.3 基礎条件

課題 5.4.1 反還元主義者の中にはディジタル計算機で現実の巨視系の数値実験をすることが不可能だということは還元主義が成立しない証拠だという人々がいる．読者はどう反論するか．□

　上の系 N と系 B の根本的差は何か？　方程式は偏微分方程式なので，それを解くには初期条件および境界条件といういわゆる補助条件が必要である．いまの場合境界条件は重要でない（上ですでにこのことをつかった）．食塩水の方ではほとんどんな初期条件をとってもエネルギーさえまともならば，少し待てば熱力学的に自然な状態が得られる；これこそ平衡統計力学が非常に粗い理論的枠組であるにもかかわらずうまくいく理由である．これと対照的に，一年以内に大腸菌を生み出そうと思ったら，きわめて細かく調整された特殊な初期条件がいるはずである．食塩水では必要な初期条件よりも運動方程式を知る方がはるかにむつかしい問題である．これに対して，大腸菌の場合は初期条件をちゃんと指定する方が運動方程式を知るより格段にむつかしい[41]．

　「真に」複雑な系とそれ以外の系の根本的差は基礎法則以外にわれわれが課さなくてはいけない補助条件にあるということがわかる[42]．大腸菌の場合は細胞の三次元的構造の情報をかなり入れなくてはなるまい．大量情報をもつ初期条件の課し甲斐があるためには，系は記憶装置のようなものでなくてはならない；課された情報はノイズに抗して系によって保持されなくてはならないからである．たとえば，2次元の非保存的 CDS モデル (4.5.3) に初期条件として『真珠の耳飾りの少女』のモノクロ写真を課すことを考えてみればいい．たちまちにして絵は消えてしまうだろう．（有限温度の）イジングモデルには記憶を保持する能力はほとんどないから，せっかくの精緻な初期条件をもとにさらなる傑作をものすることはできないのだ．

　この世の至るところにあるノイズにもかかわらず，系が課せられた情報をかなりの程度保持しうる条件は何だろうか？　ある程度の大きさ（粒子数）をもって大数の法則でノイズに対抗できることである．そのような集団変数は系の対称

---

[41] 初期条件は非自明かもしれないが，それでも物理学の基礎法則は重要であると読者は言うかもしれない．もちろんそうだ．紫女の消化器官がちゃんと働いてなかったら名作も生まれなかった．

[42] 《**示量的補助条件**》ただし，大量に補助条件がいるなら系は複雑だというわけではない．よく，天気予報のための大気のシミュレータは最も複雑な系だ，などといわれるが，この場合必要な条件の量は系の大きさに比例する．示量的に条件が増えるだけならそれは本当に複雑とは言えない．

性が自発的に破れたときに生じる[43] (図 1.2.1 参照). これこそが自己組織化が複雑系に重要な理由である; 秩序や構造が自然に現れるから重要なのではなく, 対称性が破れることで未定の集団変数が現れ, その値を指定することで初期条件中の情報が保持できるから重要なのである. 物質世界との対応の恣意性は複雑系の重要な点であるがその恣意性を可能にするために対称性の破れが必要なのだ. 上記の例 B (大腸菌) にはきわめてたくさんの自発的対称性の破れが含まれているだろう. (実は例 N (食塩水) にも対称性の破れの効果は現れている: 出来上がった小結晶の位置と面の向きは初期条件によって決まるのである.)

以上をまとめると:
(i) 複雑系には補助条件が有効であるために情報を保持するある種の安定性が必要である.
(ii) この安定性は遍在するノイズに対して頑健な時空巨視的なゆっくりとした変数を要求する.
(iii) これらのゆっくりとした変数は主に対称性の破れで生成される.
くり返しになるが, 自己組織化はそれが未定の巨視変数を生み出すゆえに重要なのであり, それが生成する秩序そのものは素材を支えているに過ぎない[44]. 複雑系とは物質的な自己組織化が用意した多数のメゾスケールあるいはマクロスケールの変数を使って描かれた絵画のようなものなのだ.

ここで物理がいままで何をしてきたか振り返っておこう. 近代科学の跳躍台となったニュートン革命の核は, ある現象は基礎法則 (運動方程式) と (偶然的) 補助条件 (auxiliary conditions) とに解剖できる (分節できる) ということの認識

---

[43] 保存則もゆっくりした変数の存在理由になるが, 保存則はそうたくさんないので多くの情報を蓄えるために利用できない.

[44] 《自己組織化の意義の誤解の典型》次の引用で例示されるような広く行き渡った誤解がある. 引用は S. Levine, *Fragile Dominion — Complexity and the Commons* (Perseus Publishing, 1999) の p12 からである:「自己組織系は多様な分野の科学者たちを魅了してきた. それは「自己組織化」という概念が, 圧倒的に多様な現象や構造にはじめて秩序を付与することを許す統一原理を与えるからである. 自己組織化という言葉でわたしが意味するのは, ある複雑な系が発生する際そのすべての詳細や「指示」が特定されているのではないという簡単なことである.」すべての詳細を指定しなくていいところに力点を置いているこの著者はなぜ複雑系にとって自己組織化が重要であるかまったくわかっていない (ただし, 弁護するとすれば, 彼は系の本当に複雑な面を論じてはいない, ということかもしれない). 力点は, 外部から巨視的に指定できる (あるいは指定しなくてはならない) パラメタが生成するところに置かなくてはいけない. 指定しなくてよくなるからでなく, 正反対に, 指定しなくては決まらないことが発生する所に自己組織化の意義があるのだ.

であった:

$$\text{現象} = \text{補助条件} + \text{基礎法則}.$$

物理学者は，伝統的に「法則」の部分が「条件」の部分よりはるかに非自明な系を研究してきた．そのような系は無数にあり，それらをほんの少し理解するだけで実際的に有用なことがいろいろできてきた．しかし，上で行なった二つの系の比較は世界にある多くの現象が実はそういうものでないということを示している．

もしも，運動方程式 = 基礎法則の理解をさらに追求すれば完全な還元主義[45]の方向へと進むことになる（図 5.3.2）．これがニュートン以来物理がたどってきた道である．これが物理を物質と場と対称性の破れを研究する分野にしてきたのだった．考えねばならないことは，これが世界のより深い理解にわれわれを導くかどうかである．ワインバーグはなぜ世界がクォークと光と電子の三つの場からなるのかと問い[46]，この質問への答えの探求こそが世界の根本的理解にわれわれを導くという．だが基礎法則がここまで単純になったのはいろんなことを相手にしないと決めたからかもしれない．"何が非本質的詳細であるか?" というのは本来は深い質問であるが，物理はいままで補助条件に書かれていることをすべて自動的に非本質的詳細と見なしてきた．それゆえに，これらの条件は「補助条件」と呼ばれてきたのである．

図 5.3.2 物理の歴史は普遍的基礎法則追求の歴史である．それは現象から初期境界条件などの補助条件と呼ばれる「偶有性という籾殻」を取り除く仕事であった．黒い部分が基礎的とみなされる部分．

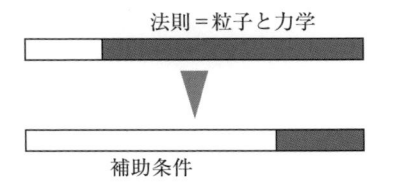

究極の基礎法則をユニバーサルチューリング機械にたとえられるかもしれない．それはいかなる計算可能な関数をも計算しうるが，関数を理解するために

---

[45] ここではこの言葉はふつうの意味で使われる: 分子は原子に，原子は素粒子へとより微細な構成要素へと分解され，それらとそれらを支配する法則の理解こそが世界のより深い理解の方向である，とする主義．

[46] S. Weinberg, *Dream of a Final Theory, The Scientist's Search for the Ultimate Laws of Nature* (Vintage, 1992) p25.

ユニバーサルチューリング機械を理解することはほとんど役にたたない。ほぼすべてのことが補助条件＝テープに書かれているからである。計算可能な関数とは何か，計算量はどのくらいか，など，いろいろな一般的質問で興味深いものが無数にあるが，それはユニバーサルチューリング機械そのものを研究してもわからない。

課題 5.4.2 L. Wolfenstein, 'Lessons from Kepler and the theory of everything," Proc. Nat. Acad. Sci. **100**, 5001 (2003) を読んで 'emergentist'（「創発主義者」）と還元主義者の比較を要約せよ。□

もしも科学にまた革命があるとすれば，それはニュートン革命で照明を当てられなかったところの解析から来るのではないか？ 基礎科学の方向は，「補助条件」の中の普遍性の解析から来るのではないか。ここでいまの基礎物理の方向が行き詰まったなどと言っているのではない。しかし，現時点の基礎法則とされるもので理解できない現象が，基礎法則のさらなる「純化」で理解できるようにはならない。われわれのフロンティアは，物理のふつうの意味の前線が野火のようにあっという間に通り過ぎた後に残った手つかずの大地のようなものだ。すでに論じたように，複雑系とは補助条件こそが核心であるような系である。したがって，この大地を耕すことが複雑系の研究であるはずである[47]。

補助条件がわれわれの研究対象だが，もちろんすべての補助条件が重要だなどということはない。対称性が破れた後の行き先を指定する条件こそが注目に値する補助条件であるので，そのような重要な条件を「基礎条件」と呼ぶことにしよう。われわれは現象を基礎法則と基礎条件で理解したい。

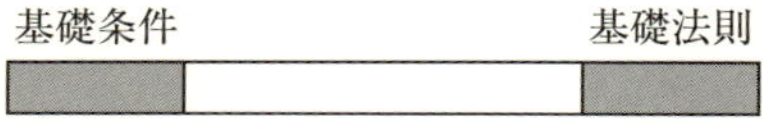

図 5.3.3 普遍的基礎法則追求で残された補助条件のなかに基礎条件というべきコアがある。いままでの見方を逆立ちさせて，基礎条件を系に課すことができるための補助条件のコアが系の基礎法則である，という見方もできるかもしれない。

---

[47] 次の論文は同じ方向を指し示しているかもしれない: G. J. Vermeij, "Historical contingency and the purported uniqueness of evolutionary innovations," Proc. Nat. Acad. Sci., **103**, 1804 (2006): 初期条件の詳細，進化の道筋，表現型，それらがいつ起こるかなどと言うことは偶然に支配されるが，生命の歴史における重要な側面はくり返されるものであり，予測可能である（というのは少し言い過ぎとは思う）。

5.4 基礎条件は何を導くか

複雑系は(個々の系の時間スケールでは[48])自然発生しない. 自発的組み上がり能力がなく, 自己組織化もできない; もしそういうことが可能なら, 複雑化しえないからである. これは, 複雑系が発生する(短時間[49]に生成する)ために特別な諸条件がいるということを意味する. その中の重要な部分を基礎条件と呼ぶことにしたのだった. 複雑系は「死ぬ」ものだから基礎条件は短時間に作れるようなものではない. 複雑系は基礎条件に応答してそれに含まれる情報を保持活用する系だから, ノイズに充ちた世界では微視的存在ではありえない. さらに対称性の破れがカギなのでそれが安定な分岐で担われるためには物質系の微視的集合状態の変化(平衡相変化)が必須である[50]. これから考えても複雑系は微視的な系ではありえない. 第1章脚注23でわれわれの大きさを考えたことを思いだそう.

複雑系は自己組織能を持つたくさんの部品からなるが, それらの対称性の破れ方, 相互関係などは基礎条件なしで決まらない. 基礎条件は大きく二種類に分けることができる. まず, この世界ではいかなる情報も物質か場に貯えられなくてはならないということに注意しよう(この世に幽霊は存在しないという原理). したがって, 基礎条件といえども物質でできた物(あるいはその組み合わせ)に貯えられるしかない. 基礎条件の一つはその構造自体が次の世代の構造や機能そのものを指定する構造的基礎条件 (structural fundamental conditions) である. バクテリアの細胞膜, 中心小体(centriole)などの細胞器官のように次の世代の構造の生長核になるものや, 酵素や構造タンパク質あるいは rRNA や tRNA の構造を指定する coding DNA などに担われている情報が構造的基礎条件である. もう一つはその構造自体が直接的に次の世代の構造を指定するの

---

[48] 前にも述べたように, 個体発生あるいはその集団の発生と進化とは別の話であることに注意. 進化過程とはきわめて長時間の massive parallel computation の過程である.

[49] 短時間とは少なくともこの節では進化的時間スケールよりずっと短い時間スケールを指す.

[50] メゾスケールでの液液相変化は今や細胞生物学では原核生物でさえ極めて重要な要素になった: J. S. Fassler et al., "Protein Aggregation and Disaggregation in Cells and Development" J. Mol. Biol. **433**, 167215 (2021); A. E. Dodson and S. Kennedy, "Phase eparation in Germ Cells and Development" Dev. Cell **55**, 2019 (2020); M. C. Cohan and R. V. Pappu, "Making the Case for Disordered Proteins and Biomolecular Condensates in Bacteria," Trends Biochem Sci. **45**, 668 (2020).

ではなく, ある種のシンボルとして使われて制御情報をになう指示的基礎条件 (instructional fundamental condition) である. 転写因子やその補助因子, 各種の短い RNA[51] などが例である. 以下, 構造的基礎条件を構造条件, 指示的基礎条件を指示条件と略する.

　構造条件はその本性上, 直接大きな構造を作りうるものではない. 構造のコピーを作ることがこの条件を使う基本的モードであるから, 構造を変形移動するのに分子運動を使うだけでは巨大な系は組織できない[52]. 構造自身もふつう巨大ではありえない. 複雑な系はいろんな部品からなるから, それらを構造として空間的に局在させておかなくては系としての体はなさない. それらが一つの巨大高分子としてまとめられていないならば, 構造条件を活用できるためには, 細胞のような, 内部では熱運動でやりとりのできるサイズで, しかも自他を区別できる構造が必要であることがわかる. 現代生物学の一つの柱は細胞説 (cell theory, すべての生きものは細胞かその生成物よりなる) であるが, 基礎条件を要求する系は本質的に細胞のような空間的に限定された系でなくてはならないという意味で, 細胞説の普遍的意義が理解できるように思われる. 細胞とは構造条件を活用できる最小領域である, と言ってもいいだろう.

　さらに大きな構造を作るためには異なった単位をいくつも用意するか, 単位自体を大きくするかしかないだろう. 単位を大きくする (細胞を大きくすることである) には, 分子運動の組織化に頼らない手段は不十分で, 分子モータのようなメカニズムがなくてはいけない. さらに構造条件をいつどこで使うかという指示条件も必須となる. 原核細胞と真核細胞[53]の根本的差異は前者が主に構

---

[51] 《非コード RNA たち》タンパクに翻訳されない必ずしも短くない多様な RNA が制御因子などとして極めて重要である. J. S. Mattick, "Challenging the dogma: the hidden layer of non-protein-coding RNAs in complex organisms," BioEssays **25**, 930 (2003); J. C. van Wolfswinkel and R. F. Ketting, "The role of small non-coding RNAs in genome stability and chromatin organization," J. Cell Sci. **123**, 1825 (2010); D. P. Bartel, "Metazoan MicroRNAs," Cell **173**, 20 (2018).

[52] 分子運動を組織化して巨視的運動を生み出せばいいではないか. しかし, そのためにはミクロのスケールで熱ゆらぎを組織化するメカニズムがいる. すなわち分子モータなどが必須である. それを作るには分子モータを使うわけにいかないから, 小さな構造がまず熱運動だけで組上げられなくてはならない. それは構造条件の付加する情報から直接的に組上げられる構造である. そうすると大きくない. こう書くと, では熱運動でないようなノイズ源になるような永続的運動 (たとえば乱流) のあるところでなら, まともな複雑系 (たぶん生命体といってよいもの) が別の時空スケールで可能ではないか, と考えたくなる. たとえば宇宙的規模で. これは本当に考えうることだろうか?

[53] 《真核生物とそれ以外》生物世界の住人は真核生物 (Eucarya) とそれ以外 (アーキア Archaea

造条件でつくりあげられるのに対し,後者は指示条件を大量に必要とすることであろう.こうしてたぶん,原核生物と真核生物の区分は複雑系の基本的二大別,すなわち構造条件で主にできてしまう系と指示条件に大きく依存する系に照応するようにみえる.もちろんこれら二大別が系統分類の結果と一致する必要はまったくない.

真核細胞といえども無制限に大きくはできないので,より大きな系を構成するには異なった細胞を組み合わせるということになる.そのほかにやりようがないという論証はないものの,この場合は,指示条件が構造条件の使い方を制御する以外の方法はないと考えられる.いいかえると,われわれのようないわゆる巨大生物は指示条件の賜物であり,それは真核細胞からしかできないだろう.細胞を新たに作るには事実上一度に構造条件を加える方法が使われるが,多細胞生物の細胞レベルより上の構造は構造情報として親から伝達されてはいない.構造を直接伝達できない場合には対称性の低下のカスケードをコントロールする以外に複雑な系を構成する方法はない[54].したがって,指示条件こそがカギになる.これが発生過程の遺伝子によるコントロールといわれているものである.そしてその主要な部分がゲノムの non-coding 部分によるものであり,生きものの複雑性とこれが密接に対応するというマティック (Mattick) らが指摘した事実(図 5.4.1)が論理的な帰結になるように見える.発生過程が対称性の低下のカスケードからなるということは大昔にウォディントン (C. H. Waddington 1905-1975) が見抜いたことだ.彼が描いた図 5.4.2 左は基礎条件を要求する系の数学的本質の表現と考えられる[55].同図右には遺伝子とカスケードを決めるメカニズム関係についても深い考えが表現されている.

生物系は進化の産物であるとおおかた信じられているだろうから,ダーウィン過程は生物系の存在にとって必須であると信じられているだろう.これを論証できるだろうか? こういう質問はたぶん生物学者にはほとんど人気のない質

とバクテリア Bacteria,まとめて原核生物 Procarya と呼ばれる)に大きく分けられる.真核生物は核を持った細胞からなるのに対して,原核生物の細胞は核を持たない.大体において真核細胞の大きさは $10\,\mu m$,原核細胞はその 1 桁下である.さらに前者の DNA の全長は 1 m のオーダであるが後者は 1 mm である.

[54] ただし,構造の印加で発生過程をとばすことができるから時間的要素が重要な場合,そういうことが可能なら捨てがたい魅力がある.断片からの再発生や支肢の再生などがその例であるかもしれない.だが,強力な再生能力は '高等' であることとは相容れないようにも見える.

[55] C. H. Waddington, *The Strategy of the Gene* (Allen and Unwin, 1957).

図 5.4.1

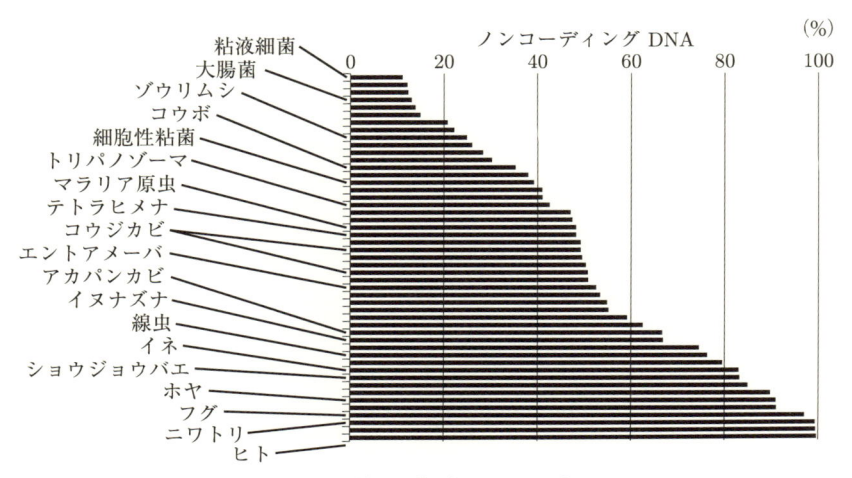

粘液細菌
大腸菌
ゾウリムシ
コウボ
細胞性粘菌
トリパノゾーマ
マラリア原虫
テトラヒメナ
コウジカビ
エントアメーバ
アカパンカビ
イヌナズナ
線虫
イネ
ショウジョウバエ
ホヤ
フグ
ニワトリ
ヒト

図 5.4.1 常識的な生きものの複雑さ（高等か下等か）とゲノムに占めるノンコーディング DNA の量の関係．R. J. Taft, M. Pheasant, and J. S. Mattick, "The relationship between non-protein-coding DNA and eukaryotic complexity," BioEssays **29**, 288-299 (2007) にもとづく．通俗的な高等下等の認識がほとんど正当化されかねない．さらに，一筋縄ではいかないはずの「複雑さ」というものを自然に定量化する尺度さえあるかもしれないことをこの図ははにおわせる．[J. S. Mattick 教授の転載許可に謝意を表する．]

問だろう．要るに決まっている，あたりまえではないか．しかし，より基本的なあるいはより自然な前提から演繹できるならばその方がよいと，（特に数学びいきの）基礎科学者は思うのではないか？ 前提は，複雑系の発生は大量の事前情報を必要とするが，それ（すなわち基礎条件）は一朝にしてゼロからできるものではないということ，および世界には情報を破壊するノイズがつねにあるということである．後者は遍在する非線形性のおかげで尺度干渉が生じ，生きもののスケールの世界が情報的に閉じていないことからの論理的帰結でもある．基礎条件もノイズにさらされその摩耗損傷も不可避になる[56]．これは複雑系の存続が危機にさらされるということだ．それでも世界に複雑系が存在しつづけるとすれば，何らかの方法で基礎条件の復元ができるということであるに違いない．

損傷を被った基礎条件を短い時間で復元することは可能であろうか？ 手本がどこかに残っていれば可能性はある．しかし，ほかに存在する基礎条件のコピーが損傷を被っておらず手本たりうるかどうかを告げてくれるものがいない

---

[56] 生きものは損傷に対してもいろいろ修復法を身につけてはいるが，そういうことも基礎条件の中に組み込まれているのである．ここでは基礎条件にあるはずの階層構造などは無視して最も簡単なレベルで話を進める．

5.4 基礎条件は何を導くか

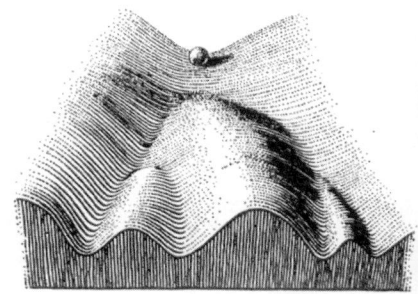

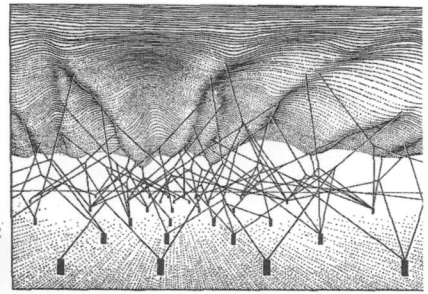

図 5.4.2 左の図が後生的風景 (epigenetic landscape) で発生過程の比喩である．まさに対称性の破れのカスケードとして発生過程がイメージされている．右の図は遺伝子がいかにこの風景を支えているかを比喩的に示したものである．杭が遺伝子であり，綱がその影響である．この比喩もきわめて深い．ウォディントンのような考える人でありたい．

限り，それを手本にしていいかどうかはわからない．手本にしてよいものがどれかあらかじめわからないときでも，ノイズによって壊される系が少数であろうから多数決をとれば手本がわかると考えられるかもしれない．しかし，この場合は比較のコストもさることながら，一度に世界を見渡す「神の視点」は許容できないから，そうそう多数を相手にはできずやはり基礎条件はノイズには早晩負けることとなる．

手本を使う基礎条件の復元は長期的には不可能である．ということは破壊された基礎条件の復元は不可能だということである．考えてみると，基礎条件というのは何ももとと同じ系を保つために必要なわけではない．複雑系を生成しうる基礎条件を次世代に引き継げるような系（もちろん複雑系である）を生成しうればいいのだ．うまくいく基礎条件を持った系を保存すれば十分である．結果がよければいい．結局，競争による基礎条件の選択のみがある程度がまんできる基礎条件を保つ秘訣である[57]．つまりは，複雑系を保存する秘訣でもある．こうしてダーウィニズムは複雑系の存続とノイズの存在という二つの経験事実からの論理的帰結になると考えられる．複雑系がたとえはじめインテリジェン

---

[57] 「個人主義者の議論の真の基礎であるのは，誰が最もよく知っているかということは誰も知りえないということであり，またそれを見出すことができる唯一の道は，すべての人が自分のできることをしてみるのを許されるような社会的過程によることなのであるということである．」(F. A. ハイエク『真の個人主義と偽りの個人主義』(ハイエク全集 3, 嘉治元郎・嘉治佐代訳, 春秋社, 1990) p18.

トデザインで作られたとしても，そのデザインそのものが世界内存在である限り（すなわち，物質配置にたくわえられる限り）ダーウィニズム抜きでは保持されないということに注意．

複雑系存続のために不可避なダーウィニズムは系の（常識的な意味での）複雑化を保証はしない．これはスピーゲルマンの RNA の実験[58]から明らかである：世界が天国ならば，すべての資源と能力を生殖につぎ込んだものが勝つ．感覚器官や神経系などまったく不要である．したがって，複雑な系が発生するかどうかは世界の性格にかかっている．これは知能の発生についても言えることだ．世界に法則性がまったくない（情報論的に非圧縮的である）ならば，知能はまったく無益であるどころか，資源の無駄遣いなので有害である．結局，ノイズに充ち満ちたレベルとある程度の法則性のある異なった（より大きな）尺度のレベルの双方を許容する世界（現象論的理解が可能な，だが多様でもある世界と言っていい）でのみ常識的な意味で複雑な系は発生存続しうるのである．より一般的には，どのような世界でどの程度のことが可能かというのは非常に興味深い問題である[59]．

上にあげた例や天国で複雑化が起こらないのは，競争のために「足の引っ張り合い」が起こるからである．では，競争を排除できるもっと「合理的な」比較法があれば天国的環境のもとで「切磋琢磨により」現世よりもはるかに高度な複雑化が起こるのではないか？ それは実現しない．競争を排除した系とそうでない系を競争させてみればよい．ここには論理的問題はない．双方が競争を排除しているならば問題だが，一方は競争する気なのだから，競争は事実上起こる．このとき比較がすばやくできるならいいのだが，系が複雑になることは晩かれ早かれこれを不可能にする．結局，競争的比較を採用した方が繁殖力が大きいこととなるにちがいない．

---

[58] 《スピーゲルマンの実験》S. Spiegelman, "An approach to the experimental analysis of precellular evolution," Quart. Rev. Biophys. **4**, 213 (1971); D. L. Kacian, D. R. Mills, F. R. Kramer, and S. Spiegelman, "A replicating RNA molecule suitable for a detailed analysis of extracellular evolution and replication." Proc. Natl. Acad. Sci. **69**, 3038 (1972). $Q\beta$ ウィルスからえられた 4500 塩基の RNA を同じウィルスからの RNA 複製酵素と原料の塩基の充分に入った溶液中で複製させ，その小部分を取り出してまた新鮮な上記溶液に植え継ぐことを 74 回くり返したところ 218 塩基よりなる RNA に '進化して' しまった．これは時に Spiegelman monster といわれる．

[59] どんな関数や力学系が住めるかということが多様体を特徴づけるように，どんな複雑系が可能かということが世界を特徴づけうるだろう．もちろん「複雑」とはどういうことかより明確な定義が必要であるが．

5.5 複雑系にどうアプローチするか

「真に」複雑な系を研究するにはその補助条件の核心部分,基礎条件に注意を払わなくてはいけないという結論に達し,基礎条件についての考察から細胞説と進化論という現代生物学の二本の柱に肉薄できる可能性を見たが,われわれの想像力には限界があるので思弁的な研究をしているだけでは早晩袋小路に入ってしまうだろう.現実を見る必要がある.「真に」複雑な系の例を詳細に研究するというのが先ず取りかかるべき仕事であるはずである.誰が見ても「真に」複雑な系の例は生きものである.生きもの以外にそれと無関係な好例を見つけるのはむつかしい.では「真に」複雑な系の研究のために基礎科学者は何をすべきか？ それは「統合された自然史 integrative natural history」とでもいうものに向けて努力することであると思われる[60].

統合された自然史は当然,帰納的側面と演繹的側面よりなる.われわれは世界の一般的な理解を可能な限り求めたい.だが,第3章の考えによれば,現象論的に経験事実を整理できなければそういうことは不可能である.そこで,帰納的側面は

(A) 生きものの世界の現象論的要約の確立を目指して事実を見渡す[61].

もちろんそういい現象論はないということになるかもしれない[62]. そのときは

---

[60] 《**自然史**》自然史 natural history のそもそもの意味は自然についての物語である.本文で意味しているのは,分子から生態系まで,数学から個々のフィールドワークまでを首尾一貫したまとまった話に組み上げることである.

[61] 《**言語学からの教訓**》著者が現象論を強調する別の理由は,言語学からの教訓である.生成的言語学は実際の言語の採集観察をおろそかにし貴重な50年を空費した. J. Ebert, "Tongue tied," Nature **438**, 148 (2005) をみよ:「話し手が少なく絶滅が危惧される諸言語はまれな特性を示すことが多く,言語学者が言語の限界と多様な可能性を理解する助けになる.チョムスキーに従って彼らは普遍を探してきたが,ほとんど知られていなかった言語の奇抜な特性は言語の普遍的特性とされるものにしばしば逆らう.『一つ言語を発見するごとにまた一つ言語の普遍的特性とされてきたものが倒れるのです』(D. Whalen, Haskins Laboratories).」分子生物学や生物物理のような研究に力を割かず,まず生物多様性と生態系の記載に,つまり,古典生物学(博物学)に全力を挙げるのが,ほんとうは,将来の生物学への現在可能な最大の寄与であるのかもしれない.

[62] 《**歴史学との比較**》歴史についてさえ「未来については,その一般的構造だけしか予知できないというのは本当かもしれない.しかし,一般構造こそ,われわれが真実に,過去や現代について理解できるただ一つのものである.だから,もしあなたが自分の時代をよく見たければ,遠くからごらんになることだ.どのくらいの距離から見るか.きわめて簡単なことだ.クレ

基礎物理が鍛えたものの見方では生きものを理解することはできないというだけである[63].

知られていることを見なおすだけでなく,同時に

(B) 生きものの世界を探るための道具と方法を開発する

必要がある.この二本立てが帰納的な部分である.しかし,帰納的研究は何を見たいかがわかっていないとうまくいかない.有用な事実は求めているものが何かわかっていないと集まらないものなのだ.ここまでの考察にしたがえば,複雑系の現象論の核心は基礎条件の研究である[64].現象論のためにはそのいかなる側面をどう見るかということが研究方針を決める.基礎条件にはいかなる種類があるか,あるいは,それらはいかに使われるか(いかに複雑系を規定するか)というのはまず念頭に浮かぶ基本的質問である.われわれの知っている生きものについては,これは主に分子生物学,細胞生物学が相手にする話題であり,現象論を追求するわれわれとしても,詳細をかなり知っておく必要がある.生きものは単なる巨視的な系ではなく'延長された微視的系 extended microscopic system'とでもいう面が大きいからである.

しかし,基礎条件は生きもの全体を作ることを目的に淘汰されてきたのだから,その「意味」は全体を参照しなくては読み取りがたいだろう.生物においては分子は博物学の光の下で精選されてきたのだ.そこで,生きもののレベルでの生物学,すなわち古典生物学あるいはいわゆる自然史と基礎条件の関係の詳細も知らなくてはならない.これは生物世界の歴史や多様性の生物学を抜きにしては語れない.つまり,ミクロからマクロまで統合された現象論としての統合自然史が要るのである.

オパトラの鼻が見えなくなるだけの距離から見ればよい.」(オルテガ『大衆の反逆』(寺田和夫訳,中公クラシック,2002) p62).これはくりこみの極意である.「一般化は歴史には縁がないと説くのはナンセンスな話で,歴史は一般化の上にこそ育つのです.」(E. H. カー『歴史とは何か』(清水幾太郎訳,岩波新書, 1962) III 歴史と科学と道徳).だが,歴史の現象論ははっきりしないものであることもまた事実である.

[63] 生物は生物学者として研究すればいいのだというのは至極まともな意見なのであるが,一般的理解の追求という発想が無駄だとは思わない.これが完全に無駄になるとわかるということさえかなりの文化的進歩である.

[64] すでに基礎条件とは対称性が低下したときのその行き先を指定する条件である,という意味のことを書いたが,ほかにも重要な条件があるかもしれないから,ここでは「基礎条件」をはっきりと特徴づけることはせず,漠然と補助条件のなかでも適当に決めるわけにいかないもの,と理解しておく.

5.5 複雑系にどうアプローチするか

　読者がすでに気づいているように,現象論的要約を試みつつ「基礎条件」の概念分析を実行せよ,ということが基礎問題のかなり重要な部分なのである.基礎条件は構造条件と指示条件からなり,この双方を真に活用する系は真核生物系である.したがって,複雑系の研究の対象は究極的には真核生物でなくてはならず,複雑系の研究とは真核物理 (Eucarya Physics) であると著者は信じる.しかし,このような意見は最近の微生物研究のルネッサンスのもとでは多分少数意見になっている.グールド (S. J. Gould 1941-2002) は複雑性など論ずる価値がないどころか人間中心主義に毒された見方であると断じる[65].さらに,はるかに多様で豊かな世界である真核生物以外の生きものの世界を軽視する見方であると非難する.同様の意見は(アーキア提唱者の)ウォウズ (C. Woese) 氏にいつも聞かされている.しかし,DNA の量の大きな違いはたとえば遺伝子制御の方法に根本的な違いをもたらしている[66].さらに,大量の ncRNA の役割りに見るように,真核生物の複雑性には原核生物のそれとは根本的な違いがあると見るべきであり,グールドらの見方は観念的には非常に正しい見解に聞こえるが,現実はそうなっていない.この差違の追求は複雑性の生物学の基本的な問題である.現存生物の共通祖先が真核生物(ただしミトコンドリア抜きの[67])に近いものであり,原核生物はその特殊化あるいは洗練されたものであるという見解が荒唐無稽でないので,複雑系の研究つまりは基礎生物学の核心は真核生物の研究であると断言できる時代が来るだろう[68].

---

[65] 《グールドの複雑生物批判》E. Szathmáry and J. Maynard-Smith, "The major evolutionary transitions," Nature **374**, 227 (1995) のような視点は人間中心主義に毒された見方であるとグールドは批難する.「バクテリア,クラゲ,三葉虫,ウミサソリ … という系列は,雑に,それもかなり擬人的にながめた,もっとも複雑な構造の時系列である.」(S. J. Gould, *The Structure of Evolution Theory* (Harvard University Press, 2002) p897);「人間中心の希望と社会的伝統を越えて,このような系列が生命の歴史の基本的な表徴あるいは主な重点であり傾向であるとみる根本的理由が私には見いだせない.」(*ibid*., p1321)

[66] K. Stuhl, "Fundamentally different logic of gene regulation in eukaryotes and prokaryotes," Cell **98**, 1 (1999). 制御しなくてはならないものの量によって質的な違いが生じると考えることができる.

[67] 誤解を避けるために付け加えるが,現生のミトコンドリアのない真核生物(たとえば *Giardia* など)を意味しているのではない.

[68] もちろん工業的には原核生物はあつかいやすく真核生物は手に負えないということから,応用生物は原核生物の研究が主流でありつづけるだろう.だが,これは本書の関心の外である.
　なお,原核的な生物が基本でその複雑化で真核生物ができるというのが常識的だが,証拠はない.原初生物はバロックなものでそれがスリム化して原核生物になる一方真核生物は原初の「血を濃厚に受け継ぐ」という考え方は可能である.考え方のまとめは C.

5.6 「生物系の理論」はあるか

前節では複雑系への一般的アプローチの帰納的側面がどうあるべきかを見たが,熱力学が模範を示すように,現象論は事実の要約を超えなくてはいけない.5.4節で基礎条件と現代生物学の二本の柱の関係を直感的に考察したが,それらはすべて未だ唯のお話である.複雑系の理論,あるいは生物系の理論とでもいうべきものは,これらに数学的枠組を与えなくてはならない.そういうものはありうるか?

よい数学的理論とはどういうものだろうか? いい数学の分野に少なくとも次のようなことを要求するのは無理がないだろう:
(0) それ自身の十分一般的なしかし確固とした研究対象をもつ.
(1) それはその分野特有の古典的問題や「常識」を揺るがすような観察事実をもつ.
(2) 道具立てや概念をテストするに好適な簡単だが自明でない実例をもつ.
(3) 分野固有の概念や方法論をもつ.
(4) 他の数学の分野に寄与できる.

そこで,これらに着目して,いい数学になっていると誰もが認める例を眺めよう.統計力学と力学系の理論である.

力学系の理論ではこれらは次のようなものである(以下の述語や具体例を説明しないがだいたい Web 検索でわかる): (0) 多様体上の 1 径数半群が対象であり (1) の例は(ポアンカレによる)三体問題の 'カオス',(ボルツマンにはじまる)エルゴード仮説,(カートライトとリトルウッドによる)周期外力下の非線形振動子に見られるランダム挙動などである.すべて決定論から生じる確率的現象であり,これらの発見は力学の常識を根底から揺るがした.このような現象を理解するためにもっと簡単なモデルや例が考えられた.これが (2) であるが,ベルヌーイシフト,スメールの馬蹄形力学系,ルネ・トムの '猫' などがすぐ思い浮かぶ.エルゴード性,カオス,ストレンジアトラクターなどが特異な概念であり,エルゴード諸定理,熱力学的方法 (thermodynamic formalism),アルティン–

Mariscal, and W. F. Doolittle, "Eukaryotes first: how could that be?," Phil. Trans. Roy. Soc. **370**, 20140322 (2015).

マズア (Artin-Mazur) のゼータ関数などが (3) の例である．力学系の理論から発生した理論，たとえばエルゴード理論は数学全体に大きな影響を与えた．数論に寄与できることがある分野の数学としての成熟の徴とすれば，力学形の理論は文句なしに成熟した尊敬に値する数学の分野である．

統計力学では (0) は熱力学の成立する多体系, (1) は熱力学極限での相変化の存在, 対称性の破れなど極限でのみ生じる定性的変化がもっとも自明でない現象である．大昔は統計力学では相変化は説明できないとさえ思われていたことを思い起こそう．(2) には剛体球液体, イジングモデル, ハバードモデルなどがある．これらは現象論的な意味の極小モデルと呼ばれていいだけの現実性がありながら, かなりに数学的解析が可能である．(3) として対称性の破れ, 相変化などはもちろん固有の概念であるが, ギブズ測度は統計力学から発生し, (4) 確率論的に重要な概念であり, ランダム行列とゼータ関数とに見られる経験的関係を考えると数論にもインパクトを与えている．力学系の熱力学的方法はギブズ測度の理論の焼き直しである．

ではあるべき '生物系の理論' はどうだろう？

(0) 多数の「生きもの」の実例を知っている．

(1) 何が古典的に重要な観察事実か？ 生きものは生きものからしか生じない, 復活はない, というのが枢要な事実である, というのが著者の立場である．

(2) 生物学ではモデルというとすぐ, 大腸菌, ショウジョウバエ, シロイヌナズナなどを思い浮かべるが, もちろんこれらはいま言っている意味でのモデルではない．イジングモデルは実際の磁性体ではない．イジングモデルにあたるような生きもののモデルがあるだろうか．まったくない[69]．

(3) 何が新たな数学的概念であり道具立てでありうるか？ ダーウィン過程はその筆頭であるが, 著者の見るところでは, すでに考察したように「自己複製でき

---

[69] **《自己増殖機械の理論はほとんど関係ない》** 自己増殖機械のモデルはある, と読者は言うかもしれないが, これは生きものの問題とはほとんど無関係である．フォン・ノイマン以来いろいろとモデルは作られてきたが, 要するにその本質はガスバーナーの 2 次元格子で, あるところに火を点けるとつぎつぎと隣のバーナーに点火していくような身も蓋もない話である．いままでのモデルは, 自己増殖機械が住みやすい世界が構成できることを示してきたに過ぎない．都合のいい世界を作っていいならば, その中にきわめて簡単な自己増殖機械を作ることができる (J. A. Reggia, S. L. Armentrout, H.-H. Chou and Y. Peng, "Simple systems that exhibit self-directed replication," Science **259**, 1282 (1993)) (このモデルはさらに簡単化されている)．ある自然な世界がまずあたえられてその中で自己増殖機械を構成したわけではない．巨大な 2 次元ライフゲームで自己増殖機械が存在できることは間違いないが, それは存在しかわからない．

る基礎条件」がより基本的な概念である．新たな道具立てがありうるかどうかはもちろんわからない．(2) で言うモデルとして，基礎条件を体現した系の数理的モデルが望まれる．
(4) だから数学に寄与できるかどうかもわからない．

以上の生物系の理論は現行の数理生物学とは一線を画すものである．この事情は数理物理学と物理数学の差を思い浮かべればわかる．目論んでいることは数理物理学に対応する理論であって応用数学としての生物数学ではないのである．数学で開発されたいろいろな道具立てを利用して生物学にあらわれる問題を解くというような数学の応用がいまの数理生物学の主流である．もちろんパタン形成など偏微分方程式や分岐理論の新展開を多少促してはきた．しかし，生きていることや複雑系の数学的本質に肉薄するものだろうか．記号力学系が決定論的力学系の確率的性格を白日の下にさらしたり，熱力学的極限の理解が相変化が可能になる理由を明らかにしたのとは理解への寄与の質が違う．

計算機でしか言えないことは一般的命題でなく，一般的命題は（ほとんどの場合）計算機なしで論証できるはずである．したがって，計算機実験は力学系や統計力学の場合そうであったと同様，基礎的概念的諸問題の解決に本質的な役割は持たないだろう．

ついでながら，一般的な生きものの見方を追求する枠組としてすでに人工生命 (artificial life AL) というプログラムがある[70]．現象論を基軸にするわれわれの立場から見ると人工生命には現実を軽視する傾向があるように見える．それは次の三点である (a) 計算機と計算機モデルの過信, (b) 力学系の理論的な道具立てへの過度の依存, (c) (空間的)構造の軽視．(c) は多分 (a) と (b) の論理的帰結である．

5.7　基礎条件はどう変化するか

この章を締めくくるにあたって，生きものの世界の現象論的な整理に関係した観察事実を二節にわたって述べる．この節では「歴史的側面」について，次の最終節では，より一般的な教訓的とも言える一般的観察結果の例についておお

---

[70] このプログラムの問題意識を見るのに次の論文は役にたつ. M. A. Bedau, J. S. McCaskill, N. H. Packard, S. Rasmussen, C. Adami, D. G. Green, T. Ikegami, K. Kaneko and T. S. Ray, "Open Problems in Artificial Life," Artificial Life **6**, 363 (2000).

よその話をする．複雑系にはダーウィニズムによる進化が不可避である．それは基礎条件の進化にほかならない．いかに基礎条件は変化するか？[71]

歴史はくり返すか？ グールドとコンウェイ-モリスの間のバージェス動物群 (Burgess fauna) についての有名な論争はこれに関係している[72]．生命の歴史をくり返せば，また「われわれの程度の知能と自己認識を持った生きものが必ず進化する」とコンウェイ-モリスは主張する．しかし，後で見るように，複雑化の引き金はまず複雑化の舞台の生成にかかっている．舞台の生成はいつも偶然の出会いによるものだ（つまり，相変化のことばを使うと，核生成的である）．さらにその舞台で対称性が低下して生じたいろいろな要素が高次に統合されることで真の複雑化は起こる．したがって，歴史はそう簡単にはくり返さない．コンウェイ-モリスには生きものの複雑系としての本質がわかっていないのに対しグールドの認識は的確である[73]．

変化はじわじわと生じるのかそれとも急変と停滞をくり返すのか（断続平衡 punctuated equilibrium なのか），というのも生命の歴史についての論争点であった．グールドは後者を主張しそのメカニズムとして生きものは適応万能で考えるべきでなく，いろいろな制限があるとし，特に，発生的制約（複雑な系がちゃんと発生するメカニズムはそうそう変えられないに違いないと彼は考えた）をその理由に挙げ，ほとんどの進化生物学者から顰蹙を買った[74]．発生メカニズムが

---

[71]《生命の発生は論じない》ここで，発生問題（たとえば地球での生命の起源の問題）を意識的に避ける．知的にはおもしろいし，いろいろ可能性を考えるのは応用上も無駄ではないが，実際に何が起こったのかについて経験的決め手を現状では大きく欠くので，考えない．

[72]《バージェス対決》S. Conway Morris and S. J. Gould, "Showdown on the Burgess Shale," Natural History Magazine **107**(10), 48-55 (1998). グールドの *Wonderful Life* (W. N. Norton, 1989) およびコンウェイ-モリスの *The Crucible of Creation* (Oxford UP, 1998) が火種である．http://www.stephenjaygould.org/library/naturalhistory_cambrian.html からダウンロードできる．

[73]《知的生物の発生のありそうの無さ》生命の発生は地球のような惑星があればかなりに確実に発生すると言ってよかろうが，われわれのレベルの意識を持った生物ができるルートが実際にとられるかどうかは非常に偶発的なことだ，とグールドは主張する：「われわれの程度の言語と概念の抽象化をともなった意識は地球ではほんの一回霊長類という小さな系統（約200種）で進化した．それは哺乳類という小さな系統（約 4000 種，対照すると，より成功した甲虫はいまや 50 万種以上を数える）に含まれ，それはバージェスでのくじびきでたまたま幸運だった一つの門に属しているのである．」

[74]《断続平衡批判》「90 年代までにほとんどの進化生物学者は断続平衡説に注意を払うのをただ単にやめてしまった．この理論はよくしても動き回る標的に見え，いまやものすごいスピードでダーウィニズムの方に寄りつつある．わるくすると，その主唱者は，急進的修辞

究極的に制約にならないとしてもそれは時間スケールを抜きにして考えてはならない問題である．オオカミにチワワ犬を生ませることはいくらなんでもできないだろう．これはばからしい反論であるかもしれないが，発生的制約その他の制約が存在しないと論理的にいえないことはこれで明らかなのであり，このようなばからしい反論が意味を持つということは反論される方の主張がばからしいということだ．発生などの制約は一般にはあると考えるべきであり，時間スケールをぬきにして一般論を展開することに意味がないというにすぎない．

生命の歴史を分析してすぐ気がつくのは，真核生物の多様化，多細胞生物の多様化などが大気中の酸素分圧と強く関係していることである[75]．生きものに大気の組成がいつ都合よくなるか予見できるわけがないから，この意味することは，たとえば，多細胞生物の多様化の試みはいつもなされているのだがいつも酸素分圧が不充分でうまくいかない．しかし，ひとたび酸素分圧がある閾値を超えるとその試みが成功するということである．つまり，生物側に多様化するについて制約などない．だが，どの時間スケールで考えているのか自覚していないといけない．酸素分圧と進化の関係が教えているのは一億年から数千万年の時間スケールで歴史を見れば発生的制約などの諸制約がない可能性が大きいということである．しかし，肉食獣とその餌である草食獣の進化のような百万年の時間スケールの歴史を解析すれば，速く走れるようになるのはそう簡単でなく，革新は時々にしか起こらないというのがかなりにもっともらしい[76]．つまり，いま，アフリカでシマウマもライオンもじわじわと速く走れるように改良さ

と変幻自在のアイデアの混合物で混乱しているように見える．断続平衡説はダウンを喫した．まだ退場はしてないかもしれないが．」(H. A. Orr, "The descent of Gould," (New Yorker, 2002-09-30 号))．そして発生的制約については「テーブルの上のトウモロコシやソファの上のチワワ犬を見よ」．

[75] ローマーギャップ (Romer's gap) などが例とされることが多いがこれは化石資料の偏りによるギャップであるという: Smithson *et al*., "Earliest Carboniferous tetrapod and arthropod faunas from Scotland populate Romer's Gap, Proc. Nat.Acad.Sci., **109**), 4532 (2012).

[76] 《**進化が実現する適応の限界**》R. T. Bakker, "The Deer Flees, the Wolf Pursues: Incongruence in predator-prey coevolution," in *Coevolution* edited by D. J. Futuyma and M. Slatkin (Sinauer, 1983). バッカーは次のように結論する：「ほとんどの種はまずまずなんとか存続しているだけであり，ときにはかろうじて存続しているに過ぎない．それらは局所的条件と祖先からの遺産の妥協の産物であり，より良い妥協の産物が現れるまで生きのびるだけの妥協なのである．」次のように彼は論文を締めくくる：「化石記録を見ると機能形態学的考察が進化すべきだと論じるときでさえなぜ個体群は進化しないのか説明することがより重要なことがわかる．主要な適応的変化がなぜ見たところ稀なのかを説明するために，進化の研究のための学会を補足する進化阻害の研究のための学会が必要かもしれない．」

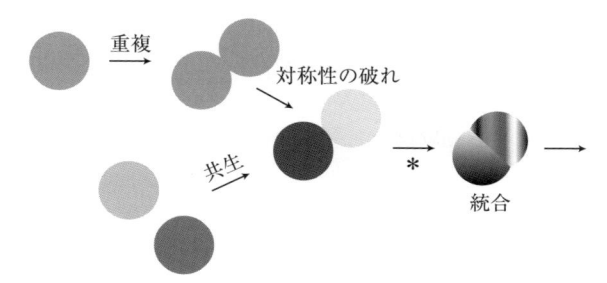

図 5.7.1 複雑化の'単位プロセス': それは二段階からなる. *の前の一段階目は重複/並置とそれに引き続く対称性の低下過程である. 舞台を広げる一つの方法はコピーを並置する広い意味の重複である. 遺伝子やゲノムの重複, 多細胞化, コロニーや集団の形成が例である. 重複して集まった部分ははじめはみな似たり寄ったり(対称)であるが, 分化や専門化など対称性の低下がしばしば起こる. 別の方法は系外から何かを持ち込む(たとえば細胞内共生)あるいは系外のものと協働する共生関係一般である. この場合もちろんはじめから対称ではないが細胞内共生の例で見られるように対称性の破れはさらに助長され, しばしば双方とも相手なしでは存続できなくなる. この第一の段階はいわば舞台と役者をそろえる準備段階である. *のあとの第二段階は統合過程である. ここで生じることは第一段階で用意された役者たちが有機的に連関して高度に組織化されることである. 第二段階ははっきりと特徴付けられてはいないがこれが真の複雑化の核心である. 例として考えられるのは左右相称動物の発生, 節足動物や脊椎動物の体制の複雑化, 真社会性の発生, 自然知能からの言語の発生, 文明の発生などである. 共生が起源になって第二段階が起こる場合の例はないように見える.

れているのではないのだ. むしろ, 彼らは許されたぎりぎりの一定のところを必死に走っているのである. 適応の様子を山に登ることにたとえることが多く, 適応の様子は地形図で表され適応地形 (adaptive landscape) と呼ばれている. このたとえの欠陥は, 数学的にいうと, 連続関数の最大値は極大点とはかぎらないということを忘れているところにある. シマウマもライオンもその表現型の集合のいろいろな制約による境界点にいると見るべきである. 大抵の生きものの最適化とはそういうもので, 適応度の極値が実現しているのではないと見る方が自然であろう. ことに最適化の探索空間の次元が高いからたいていのことが問題の定義域の境界で起こると考えるのがもっともらしい[77]. 探索域が広げられるときのみ有意の進化が起こるのだろう.

複雑系はいかに複雑化するか? 生きものの歴史を見渡して整理すると結論は

---

[77] 高次元探索領域が有界ならほとんどの点が境界近くにあるというのは統計力学や情報理論の常識である. 崖っぷちの例: P. Mitteroecker et al., "Cliff-edge model of obstetric selection in humans," Proc Nat. Acad. Sci. **113**, 14680 (2016).

概念図 5.7.1 のようになりそうである.

　複雑化は(無数の)対称性の低下とその結果である多様な状態の共存を要求する．このためには舞台の拡張が前提となる．舞台を拡張するには主に二つの手段がある．共生および重複である．前者は系の外からもちこんだもので舞台を広げるのであり，後者は系の内部にあったもののコピーを作って舞台を広げるのである．重複の重要性は遺伝子については S. オオノによって強調された[78]．多細胞化も重複でありその重要性は論を待たない[79]．さらにいわゆる巨大真核生物 (megaeucarya) は体節など基本構造のくりかえしがもとになって生成したという説はきわめてもっともらしい．共生の重要性は近年レヴィンによって強調されているとおりである[80]．大絶滅を除くと生きものの歴史における大事件はすべて共生がらみであると言っていいかもしれない．真核生物が表舞台にでられたのはミトコンドリアを細胞内共生で得たことによる．植物が陸上にあがれたのは菌類との共生のためであることはほぼ定説であろう．動物の陸上への進出も(セルロースを消化利用するための)腸内微生物との共生がカギであったに違いない．

　共生や重複とそれに引き続く対称性の低下(分業の進化など)は図 5.7.1 で言えば * までであり，ほんとうにレベルの異なった質的違いをひきおこす複雑化を達成するには至らない．第二段階，対称性の低下で生じた異なった部分間の統合による高次の構造の生成こそが真の複雑化の過程である．すでに述べた細胞内共生，特にミトコンドリアや葉緑体の場合舞台が共生によってひろがった段階からはるかに統合が進んだように見えるが，実は対称性の低下の究極の姿に近づいたと見るべきである．レベルの違う複雑化を達成したとは考えられない．高度の共生体制が完成した後で(たとえばミトコンドリアと真核細胞の関

---

[78] 《遺伝子重複》最初にその意義を強調したのは S. オオノ(大野乾)「遺伝子重複による進化」(山岸秀夫・梁 永弘訳，岩波書店，1971)である．次の論文はわれわれの遺伝子はすべて重複の結果であると主張する: R. J. Britten, "Almost all human genes resulted from ancient duplication," Proc. Nat. Acad. Sci. **103**, 19027 (2006). 個々の遺伝子でなく全ゲノム重複は新分類群の発生など進化的に極めて重要である．例えば，Sacerdot et al., "Chromosome evolution at the origin of the ancestral vertebrate genome," Genome Biol. **19**, 166 (2018).

[79] 《原核生物は複雑化しない》バクテリアでもアーキアでも多細胞化は何回か知られているし，バイオフィルムのような集団も知られているが，いわゆる adaptive sweep で歴史的蓄積がご破算になるため複雑化するとはきわめて考えにくい．さらに原核生物の細胞内共生の例はあるにはあるがこれも一般的であるとは考えにくい．

[80] S. A. Levine, "Fundamental Questions in Biology," PLoS Biol. **4**, e300 (2006).

5.7 基礎条件はどう変化するか

係ができあがった後で），その体制に参加している構成員の新たな統合によって高次の複雑化が生じたことはなかったのではないかと思われる．少なくとも実例はないように見える．これには理由があるだろう．共生のあげくに対称性の低下が進むと一方は寄生的になる．そうなると特殊化したということであり，別のものと新たな関係にはいるような自由度は残らないだろうからである．これに対して，重複の場合には，たとえば多細胞化した場合を考えるとわかるが，いくら分化が進行しても構成員は退化しなくてよい．そこでさらなる複雑化が可能である．

複雑化の第二のステップである統合こそより高次の複雑性を実現するカギであることは動物界や左右相称動物 (Bilateria) の歴史をふり返ると明瞭である（以下ぞくぞくと出てくる分類群については本節末の補註参照）．襟鞭毛虫 (Choanoflagellata) が多くのシグナル伝達要素や細胞間の通信連絡手段をもっていることはよく知られている[81]．それらはもちろん襟鞭毛虫によって使われているのだが，それをほんとうに活用して多細胞体制を作り上げるのは海綿動物 (Porifera) である．われわれのような左右相称動物の体制を規定している遺伝子群として *Hox* 遺伝子が有名だが，これは体制が「原始的」だとされる刺胞動物 (Cnidaria) にすでにいくつかあることが知られている（海綿動物では失われたと推定されている[82]；刺胞動物と左右相称動物の共通祖先はかなりの *Hox* を持っていたと著者は推測する）[83]．これも基本的な要素はすでにあり，それをどう使うかに革新的な変化が生じて左右相称動物ができたと考えられる．同様なことはほかにもいろいろある．われわれの言語もこの例であると見るのが自然である．言語能力を可能にする諸要素は霊長目ではほとんど出そろっていると考えられる．これらを統合するのが進化の律速段階であった．社会や文明の発達でも同様のことが言えるだろう．この場合統合にはなんらかの環境の激変などが絡むようにみえる．どうしてこういうことになるのか？ 必要な要素をどんどん作って付け足せばいいではないか．もちろん，そうはいかない．生きものには先見の明がない上に，思うような突然変異を適時に作れないからである．

---

[81] ここではゲノム解析の結果を挙げておこう：N. King *et al.*, "The genome of the choanoflagellate *Monosiga brevicollis* and the origin of metazoans," Nature **451**, 783 (2008).

[82] K. J. Peterson and E. A. Sperling, "Poriferan ANTP genes: primitively simple or secondarily reduced?," Evol. Dev. **9**, 405 (2007).

[83] J. F. Ryan, M. E. Mazza, K. Pang, D. Q. Matus, A. D. Baxevanis, M. Q. Martindale and J. R. Finnerty, "Pre-Bilaterian origins of the Hox cluster and the Hox code: evidence from the sea anemone, *Nematostella vectensis*," PLoS ONE **2**, e153 (2007).

全ゲノムの重複はときに新たな高次分類群を生成してきた[84]．脊椎動物，被子植物などが有名な例である．おおざっぱに言ってこうして生じた高次分類群の構成員は複雑化の第二段階である統合過程が生じるまでは，あるいは統合過程が生じてない形質については重複前と質的に大差がない．もちろん，この分類群の下位の分類群がそれぞれに特有の遺伝子族を大いに発展させるということからわかるように，各構成員の能力にはいわばベクトルとして向きの違いはあるが(極端な寄生生活などに入らないかぎり)その長さは似たり寄ったりである[85]．

　しかし，同じ高次分類群でも付着生活 (sessile life) をおくるようになると話は大きく変わる．われわれが属する脊索動物門 (Chordata) の中で頭索動物亜門 (Cephalochordata ナメクジウオなど) の Hox 遺伝子と脊椎動物亜門 (Vertebrata われわれ) の Hox 遺伝子をくらべると，われわれには失われたものはない．これに対してわれわれとの姉妹群である尾索動物亜門 (Urochordata ホヤなど) ではいくつかの遺伝子は失われている．付着生活がこれに与っていると考えるのが自然である[86]．付着生活をおくるようになると複雑化の第一ステップで獲得した第二ステップのための部品(モジュール)が失われる傾向が出て，その結果次の段階の複雑な体制へと移行することが不可能になる．複雑化にはその第一ステップでできた利用可能なパーツを保存して複雑化の第二ステップでそれらを

---

[84] 《ゲノムの緩和振動》 重複の結果を使いこなせないときは重複した遺伝子はどんどん失われていく．ゾウリムシがいい例である．彼らはあたかも緩和振動子であるかのように重複と減衰をくりかえす．J.-M. Aury *et al.*, "Global trends of whole-genome duplications revealed by the ciliate *Paramecium tetraurelia*," Nature **444**, 171 (2006) 参照．

[85] 《能力の平等性》 犬の自然知能とわれわれの自然知能をくらべるとき，雲泥の差があるとわれわれは考えがちであるが，たとえば，犬の嗅覚情報処理能力の高さを考えるとそれはベクトルの向きの違いと考える方が無難であろう．ある生きものの知能程度を調べるのにわれわれが要ると考える知的能力のテストで臨むのは問題である．犬用の試験ではわれわれは劣等生なのではないか．たとえばある種の鳥が道具を使うと言って Nature などに仰々しく報告されるが，道具の使用などは生態学的に有利であればたいていの「高等な」動物には可能なのであり，使ってないのは費用対効果の面で有利でないからに過ぎまい．第ゼロ近似的には哺乳類の知的能力はどれも同程度だと見るべきであろう．

[86] 《付着生活の結果》 海綿動物で Hox 遺伝子が失われたらしいこともこの例である．刺胞動物とわれわれ左右相称動物の共通祖先はずっとわれわれの方に近く，動物の共通祖先についてのプラヌラ (Planula は這いまわる刺胞動物の幼生) 説はかなり的を射ている．海綿動物や襟鞭毛虫も自分で動くことをやめた生きものなので，原初的生物だと見ない方がいい: Sebé-Pedrós et al., "Unexpected Repertoire of Metazoan Transcription Factors in the Unicellular Holozoan *Capsaspora owczarzaki*," Mol. Biol. Evol. **28**, 1241 (2011); Brate et al., "Unicellular Origin of the Animal MicroRNA Machinery," Curr. Biol. **28**, 3288 (2018).

有機的に活用するということが条件になっている．複雑化の第一ステップは舞台と役者をそろえる．そして第二ステップがおもしろい台本をあたえるといえるかもしれない．付着生活や濾過摂食 (filter feeding) 生活に適応してしまうと舞台が狭くなり[87]役者も劇を始める前にかなり失われてしまう，と少なくとも動物の複雑化の歴史のあらすじをまとめうるように見える．

結局，ある高次分類群をとると，そのなかで共通祖先のもつ要素をもっともたくさん保存している分類群に複雑化の可能性がもっとも開かれることとなる．脊索動物を含む後口動物全体についても同じようなことが言える．棘皮動物 (Echinodermata)，半索動物 (Hemichordata) などは不活発な準付着生活に特化した生物群であるのに対し，脊索動物はわれわれのような付着生活をしていない動物を含み，これが原初的な後口動物の姿を残すと考えるのが自然である．生きものの複雑性からみるとわれわれは頂点にあると見るのが自然なことをすでに説明したが，われわれはわれわれの属する高次分類群の共通祖先のもつ形質を最も多くとどめた分類群に属しているということになる．ここでは詳細を論じないが，われわれの属する Amorphea というグループは真核生物の共通祖先の形質をよく保存している成員を含む．この議論の自然な外挿の結果は，われわれの属する真核生物が生物全体の共通祖先の形質を最もよく保存しているということだろう；バクテリアなどは特殊化の産物なのであって原始的だと思うべきではない．

(動物) 分類の常識
 われわれ Vertebrata (脊椎動物) は，Cephalochordata (頭索動物，ナメクジウオなど) および Urochordata (尾索動物，ホヤなど) とともに Chordata (脊索動物) に属している．Chordata は Echinodermata (棘皮動物，ウニ，ヒトデ，ウミユリなど) および Hemichordata (半索動物) とともに Deuterostomia (後口動物) としてまとめられる．Deuterostomia は Ecdysozoa [Arthropoda (節足動物，エビ，ムカデ，クモなど)，Nematoda (線虫動物) など] と Lophotrochozoa [Mollusca (軟体動物，貝，タコなど)，Annelida (環形動物，ミミズ，ヒル，ゴカイなど)，Brachiopoda (腕足動物，シャミセンガイなど) など] を含む Protostomia (前口動物) とともに Bilateria (左右相称動物，これはほとんどの無脊椎動物を含む) の大部分を占める Nephrozoa を構成する．Bilateria と Cnidaria (刺胞動物，イソギンチャク，ヒドラ，クラゲなど) をあわせて Eumetazoa (真性後生動物) とよぶ．これに Porifera (海綿動

---

[87]《動けることの重要性》生きものの複雑化にとって「動ける」ということが基本的に大事であったように見える．池上高志『動きが生命を作る』(青土社，2007) は機械などが動けるということがその「認識能力」を高める契機として枢要であることをしめすが，そのような高次の機能でなくもっと基本的なところで，複雑化に動けるということは本質的に重要であると思われる．

物)などをあわせたものが Metazoa (後生動物，要するに動物のこと)である．Metazoa と Choanoflagellata (襟鞭毛虫, *Monosiga* など)をあわせたグループは Fungi (菌類)と近縁であわせて Opisthokonta という Eukaryota(真核生物)の一つの界 (kingdom) を作る．Eukaryota のなかで Opisthokonta は Amoebozoa (アメーバとか粘菌を含む)とともに Amorphea という Eukaryota をほぼ二分するグループに属する(もう一方は Diaphoretickes とよばれ，ふつうの植物やホウサンチュウやコンブを含む)[88]．

5.8　複雑系の「教訓」

　統合された自然史を目指すならもちろん現実の現象をよく見ることは必須である．しかし，生物世界の現象論的整理は著者が目論み始めてからまだ数年もたっていない．したがって整理は全く終わっていない．そもそもそういうことを一人でやるのは正気の沙汰ではないのである．これが「統合自然史」の演繹的な部分のいくつかの問題と初歩的な帰納的観察結果だけを述べてきた理由である．しかし，最後に生物界を見渡したときに気付く二つの定性的事実とその意義にふれて本書を締めくくる．これらもまだ唯のお話であるがそれは研究の方向に影響しうる．さらに，いろいろ政治的社会的に一般的な問題に対処するときにさえ意味深長である．

(I) 先見の明に頼らない．
先見の明を持たないのは誉められたことではないかもしれないが，先見の明なしにやっていけるというのはかなり大切なことである．たとえば分子機械(分子モータ)など，要するに，辛抱強く希望通りのことが熱ゆらぎで生じるのを待つのである．ひとたびうまい状態が実現したときには，自由エネルギーを直ちに支払って，それを確保する．たとえば，うまい状態に来たときに ATP や GTP を加水分解して無機リン酸を捨て去ることでその状態を確保する．熱ゆらぎの効果が絶大であれば行く先をねらうというようなことは誉められたやり方ではなく，ましてやゆらぎを制御しようとするなどは無謀である．風に身を任せて，うまい機会の到来を逃がさないという戦略がはるかに賢い．たとえばタンパク質の工場あるいは mRNA のタンパクへの翻訳機であるリボソームでは正しいアミノ酸(と結合した tRNA)がやってきたとき，GTP を加水分解してリン酸を

---

[88]《**真核生物の大分類**》F. Burki et al., The New Tree of Eukaryotes Trends Ecol. Evol. **35**, 43 (2020) がかなり新しく手頃．生命の樹について http://www.onezoom.org というズームイン自在のサイトがある．

5.8 複雑系の「教訓」 271

捨て, いわばドアを閉めてカギを捨てることでいい状態を逃がさないようにしている. 非平衡は, 何かをドライブするために使われているのでなく, 都合のよいゆらぎで得られた結果を確保することに使われている. したがって, 物質の状態としては細胞はほとんど平衡状態にあり平衡物性で理解可能である[89].

先見の明なしにやっていくもう一つの方法は, もちろん人間が技術を駆使してやって来たように, 将来を予測可能に代えてしまう, 制御してしまうということである. これは系を欲しい方向にドライブするのだから先見性はいらないが, もろに非平衡状態を用意して使うのだから必然的に散逸がさけられない. 生きものはそういうことはしない. そういえば進化のメカニズムもその原則はうまいものがたまたまできたときに保存する, であったのだ[90].

先見の明は「明」と言われることからわかるように誰にでもできることではないし, そもそも必ずうまくいく保証もない. そういうことに頼るということは系が安定に永続するためには有益なことではないのである. 安全性のための王道がフールプルーフであって人間の資質に頼らないようにすることと軌を一にしている. 先見の明の必要性を系をドライブしないで避けるというのは教訓的である.

(II) むつかしい問題は解かない.

生物系は困難な問題を解くことはない. 一般に困難な問題への対処の仕方は, (1) 特解を使うだけにする, (2)「解く」のだけれども問題の土俵を (飛び道具で) 変えてしまう, (3) ゴルディオスの結び目 (Gordian knot) を一刀両断する[91].
(1) の好例はタンパク質折りたたみに関するレヴィンタール (C. Levinthal 1922-1990) パラドクス (の回避) である: 正しい折りたたみ状態をランダムコイル状態からランダムサーチで見つけるのは, あまりに多数の異なった配座があるの

---

[89] もちろん, きわめて大域的には系は非平衡にある. 事情は反応拡散系でパタンが生じるような場合と同じである. この場合ミクロなスケールから非平衡なのではないから, 非平衡統計力学の特別な理論が必要になるわけではない.

[90] 「われわれは, 文明の進歩あるいはその保持さえ, 偶然のできごとのおこる機会をできるだけ多くすることに依存しているということを認識しなければならない.」(F. A. ハイエク『自由の条件 I』第 1 部 自由の価値, ハイエク全集 5, 気賀健三・古賀勝治郎訳, 春秋社, 1990) 第 2 章 自由文明の創造力).

[91] プルタルコスによると, フリギア (Phrygia) の中心的都市ゴルディオン (Gordium) に, それをほどくことができた人には世界帝国が約束されているという, 軽戦車 (chariot) に結びつけられた結び目があった. アレクサンドロスは端が巧妙に中に隠してある結び目を見るなり一刀両断した, という. ゴルディオス (Gordias) とはゴルディオンを作った王様の名前.

で,実時間では不可能なはずである.それにもかかわらずタンパク質は1秒もかからずに正しく折りたたまれてしまう.そのためには欲しくない配座と正しい配座のエネルギー差が数 $k_B T$ あればいい[92].しかし,どんなポリペプチドについても最安定の平衡構造を速やかに見つけることができるのだろうか.生きものはそのような方法を見つけたのだろうか? 小さなタンパク質(いわゆる単一ドメインのタンパク質; アミノ酸残基の数がだいたい 300 程度まで)について生きものが達成したことはうまくデザインされた素早く折りたたまれる特別なアミノ酸配列だけを使うことである.つまり,特解の利用である.より大きなタンパク質は,起源的には,より小さなタンパク質を組み合わせることで作られたと考えられている.この場合,そもそも構成要素のタンパク質は素早く折りたたまれるということで選ばれるにしても,つながってない所が接触したりしてうまくたためるとはかぎらない[93].生きものは大きなタンパク質を折りたたむのは折りたたみ触媒(シャペロン)という飛び道具にまかせる.これは (2) の例である.細胞というのは巨大高分子で大変混み合った系なので[94],現実的には合成されたタンパク質が新たに折りたたまれるときには必ず多くのシャペロンの助けを借りると考えた方がいい[95].では生きものはシャペロンを使って折りた

---

[92] R. Zwanzig, A. Szabo and B. Bagchi, "Levinthal's paradox," Proc. Nat. Acad. Sci. **86**, 20 (1992).

[93] 複数ドメインを持つタンパクではドメイン間の干渉を避けるような進化が見られる. J.-H. Han, S. Batey, A. A. Nickson, S. A. Teichmann and J. Clarke, "The folding and evolution of multidomain proteins," Nature Rev. Mol. Cell Biol. **8**, 319 (2007) 参照.

[94] 《混み合った細胞》多くの細胞は体積にして 10-40% が巨大高分子で占められる.この混み合いの効果はしばしば化学反応の平衡の方向さえ左右し,細胞を浸透圧の急変からまもったりする: R. J. Ellis, "Macromolecular crowding: obvious but underappreciated," Trends Biochem Sci 26, 597 (2001). 混み合い方の恒常性は重要: J. van den Berg et al., "Microorganisms maintain crowding homeostasis," Nature Rev. Microbiol. **15**, 309 (2017).

[95] 《シャペロン》細胞の中には多種多様なシャペロンの集団が,ある一定の雰囲気のようなものを作っていて,それが保たれていないと (chaperone homeostasis) 細胞は健康でないようにみえる.折りたたむ際もその初期に関与するシャペロン群,折りたたみの完成を助ける後期に働くシャペロン群などいろいろあり,一つのタンパク質がまともに折りたたまれるには数十から百のシャペロンが関与すると見られている: J. C. Young, V. R. Agashe, K. Siegers and F. U. Hartl, " Pathways of chaperone-miediated protein folding in the cytosol," Nature Rev. Mol. Cell Biol. **5**, 781 (2007)]. タンパク質はリボソームで翻訳合成されてその鎖がリボソームの外に出始めるやいなや多数の trigger factor というシャペロンが付着して他の高分子から絶縁する(たとえ自発的に折りたためるタンパク質さえ時期尚早に折りたたまれないようにされるということに注目; 自己組織能は制御の対象であって野放しにされてはいない: R. S. Ullers, D. Ang, E. Schwager, C. Georgopoulos, and P. Genevaux, "Trigger factor can antagonize both SecB and DnaK/DnaJ chaperone functions in Escherichia coli," Proc. Nat. Acad. Sci. **104**,

たみ問題を一般的に解決したのだろうか？多分そうではない．単独で簡単にたたまれない分子をたたむことは事実であるが，シャペロンでたためるタンパク質もランダムなペプチド鎖にくらべればやはりたたまれやすい分子である[96]．

(2) のほかの例はたとえばヴェシクルや液滴の形である．たとえば小胞体 (ER = endoplasmic reticulum) やゴルジ体を見ると脂質膜などがいろんな形に折り曲げられている．コロイド粒子の形態はひところ統計物理でかなり活発に議論されていたようだが，生物学にとってはほとんど無用な話である．膜には化学量論的にそれに結合するタンパク質などがあり，形をコントロールするから，重調和関数の話など出る幕はない[97]．

(3) の好例は DNA に関する位相数学的問題である．原核生物の DNA が環状であることがわかったとき，当然と言うべきか，一部の数学者は喜んだ．結び目理論などの出番である[98]．しかし，実際には，位相数学的問題はほとんどどうでもいい．トポアイソメレース II (topoisomerase II) という酵素が図 5.8.1 に見るように文字通りゴルディアスの結び目を一刀両断するからである[99]．

3101 (2007))．

シャペロンは変性したり不都合なタンパク質間相互作用を生じてしまったタンパク質やその集まりを正常にもどし，熱ストレスなどによる損傷を修復する役割も果たす (Hsp = heat-shock proteins が有名)．真核生物は原核生物とことなり，ストレス損傷があると抑制される正常条件下での折りたたみ触媒としてのシャペロンの組織とストレス下の変成したタンパク質を修復するシャペロンの組織と別々の組織を発展させた．

損傷修復の延長上には，突然変異や病気 (発ガンなど) による損傷の修復あるいはその効果の軽減という役割が考えられ，実際 Hsp90 が突然変異の効果をマスクし，ある表現型の裏にある遺伝的多様性をますことが指摘されその進化的意義も追求されている：S. L. Rutherford and S. Lindquist, "Hsp90 as a capacitor for morphological evolution," Nature **396**, 336 (1998); 最近の興味深い論文は Y. Draceni and S. Pechmann, "Pervasive convergent evolution and extreme phenotypes define chaperone requirements of protein homeostasis," Proc Nat. Acad. Sci. **116**, 20009 (2019); M. Hayer-Hartl, and F. U. Hartl "Chaperone Machineries of Rubisco—The Most Abundant Enzyme," Trends Biochem Sci. **45**, 748 (2020).

[96] だが，タンパク質の構造は平衡構造であるという保証は一般にない．特に大きな分子では，ある種の準安定状態が生物学的に使われる状態である場合がかなり多いのではないかと思われる．

[97] たとえば，G. K. Voeltz, W. A. Prinz, Y. Shibata, J. M. Rist, and T. A. Rapoport, "A Class of Membrane Proteins Shaping the Tubular Endoplasmic Reticulum," Cell **124**, 573 (2006): 形態構成タンパク質とでも言えるようなタンパク質が大きく曲がった小胞体の膜を分割したり安定化したりする．

[98] たとえば，D. W. Sumners, "Lifting the curtain: using topology to probe the hidden action of enzymes," Notices Am. Math. Soc. **42**, 528 (1995).

[99] Orlandini et al., "Synergy of topoisomerase and structural-maintenance-of-chromosomes proteins

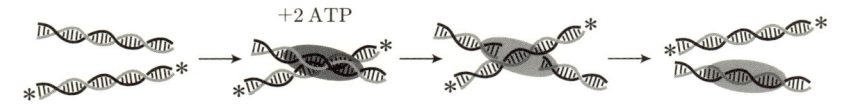

図 5.8.1 トポイソメレース II の働く様子．灰色の楕円がトポイソメレース II. ATP を 2 分子つかって二本の DNA 二重らせんの交差点に結合する．一方を切って，他方をくぐらせたあと，切られた二重鎖をまたつなぎ合わせる．位相的不変量の存在をほとんど完全に忘れることができる．

要するに，数学的にむつかしい問題が起こりうるとき，それらが一般的に解かれることはないのだ．上に見たのは組み合わせ論的，位相幾何学的，微分幾何学的難問の可能性であった．組み合わせ論的な難問といえば，遺伝子制御に組み合わせ的制御が見られることはよく知られている．当然，困難な問題の代表である NP 完全問題によく見られる組み合わせ論的発散が予想されるところであるが，生物系がそんなことに足を取られているはずもない．つまり，組み合わせ論的困難などあるはずがない．それはおこりうる困難だが，その解決法を生物系は発見してそれで無害になっているというようなものではなくはじめから問題が発生しないようにしているように見える[100]．たとえば目の発生と耳の発生にほとんど同じに見える遺伝子モジュールが使われる（起源的には重複で生じた）が，それらは絡み合わないように別の遺伝子の組み合わせから出来ている．フレーム問題もはじめから存在しないのではないかと生物の実行する選択に関してすでに述べた．

数学的な困難の可能性がある生きものに関係した問題を考えるとき，その難しい問題の一般的解法を考えることは無意味であり，いかにそのような問題を生きものは回避するかを考えるのが生産的である，というのは重要な教訓である．

ありうべき困難な問題を回避するという生物系の戦略は，先見の明のない生物系には逆説的ではあるが，究極の先見の明と考えることもできる．今日の倫理学をながめると[101]，きわめて困難な選好にどう対処するかということが中心に論じられている．しかし，倫理的問題や環境問題において困難な選択をしないで済むようにあらかじめ工夫すること，問題が発生しないようにすることこ

---

creates a universal pathway to simplify genome topology," Proc Nat. Acad. Sci. **116**, 8149 (2019).

[100]そのような実例: G. C. Conant and K. H. Wolfe, "Functional partitioning of yeast co-expression networks after genome duplication," PLoS Biol. **4**, e109 (2006).

[101]たとえば，加藤尚武『現代倫理学入門』（講談社学術文庫，1997）を見よ．

そが倫理学や環境科学の最も基本的課題だということが複雑系からのひとつの教訓ではあるまいか．環境問題にとって人口問題の解決はその主要なカギであるが[102]，興味深いことに，通常の生態系では，(少なくとも脊椎動物の)個体数密度はその環境が支えることのできる個体数密度よりもはるかに低いところに保たれている[103]．まさにありうべき困難をあらかじめ避けているように見える．

　最後になって政治的な話が出てきたが，こういう問題も基礎科学者は避けるべきではない．本書でもすでに環境問題の大規模モデル化の話にふれ，また「世界を変える」と称する人達への危惧を表明してきた．複雑な世界が自発的にできあがるという人達は，それが一朝にしてできるものではないことを忘れてはいけない．そのような世界が住みよいのは無数の暗黙の伝統や規範にみながしたがうからであり，そうなるには長い時間がかかる[104]．民主主義体制などというものはその好例でかんたんに移植できるようなものではなく，社会の近代化にはそれなりの市民社会としての永の年月培われた文化的伝統を必要とするのである[105]．複雑系を理解する実際的意義はすなわち「美きことのなるは久しきにあり」を理解するところにあるのだ．そもそも自己組織化や創発性を強調することで「複雑系研究」は(特にアメリカで)新自由主義や新保守主義のお先棒を担ぐようなところがあった．世界の誤った見方が世界への誤った対処の仕方を助長する典型例である．読者がすでに気づいているように基礎条件を必須とするような真の複雑系を理解することの意義の半ばは，いままでの「複雑系研究」の誤りを正すことでもあるのである．

---

[102] D. Lamb, P. D. Erskine, and J. A. Parrotta, "Restoration of degraded tropical forest landscapes," Science **310**, 1628 (2005).

[103] J. E. C. Flux, "Evidence of self-limitation in wild vertebrate populations," Oikos **92**, 555 (2001). 野生種と対応した野生化した家畜種の個体数密度をくらべると前者では環境収容能力の一割程度であるのに対し，後者は環境の許容範囲を超えて害獣化することから見て，野生種はあらかじめ過密が起こらないようにするメカニズムを備えていると考えられる．K. E. M. Vuorinen et al., "Why don't all species overexploit?" Oikos **130** 1835 (2021) 参照．

[104] 「個人主義の哲学がこの点で我々に教えてくれる偉大な教訓は，自由な文明の不可欠の土台をなす自然発生的な形成物を破壊することは難しくないかもしれないが，一度これらの基礎が破壊されてしまうと，このような文明を意図的に再建することは我々の力を越えるものであろうということである．」(F. A. ハイエク『真の個人主義と偽りの個人主義』(ハイエク全集 3, 嘉治元郎, 嘉治佐代訳, 春秋社, 1990) p30.

[105] 非西欧的日本の場合もちゃんと伝統的下地があったのである．池上英子『美と礼節の絆——日本における交際文化の政治的起源』(NTT 出版, 2005)参照．

補注 2024 言語の複雑性をめぐる最近の話題

　5.2 節では，自然言語はその裏にある自然知能が生成するものだが，しかし言語は知能と外界のインターフェースに過ぎない，言語を使って考えると思っているときは考えた結果の表現を工夫しているだけではないか，言語を操るのに知能のフルパワーはいらない，というようなことを書いた．つまり，言語は自然知能という複雑な系が生成したものではあるが，思考を支えるわけでもなく，真の複雑系というよりその雛形だろう．これを支持する最近の論文を以下に紹介する．

　まず言語は IO に過ぎないと主張する大変はっきりとした解説が出た：
Fedorenko et al., Language is primarily a tool for communication rather than thought, Nature **630**, 575 (2024). 脳の部位で言語を操るところは思考の座とは別である．

　これはこの頃の ChatGPT のような大規模言語モデル (LLM) で明らかになりつつあることと整合的である．

　まず，LLM は言語をきちんと捉えているか？ 少なくとも今までの LLM は文法を理解しているわけではない．
Dentella, et al., Language Models reveals low language accuracy, absence of response stability, and a yes-response bias. Proc. Natl. Acad. Sci. **120**, e2309583120 (2023).
L. L. Moro et al., Large languages, impossible languages and human brains, Cortex **167**, 82 (2023).

　LLM から紡ぎ出される文章の本性はブルシット（善意も悪意もない意味のない戯言）である：
M. T. Hicks et al. ChatGPT is bullshit, Ethic. Inf. Tech., **26**, 38 (2024).
考えてみると，人間の言語の本質はそもそもブルシットなのだ．だが，いつもブルシットを発するだけでは聞いてくれる人もいなくなる．そこで人間が使う言語には言語そのものには本来どうでもいい「真理」や「善意」が染み付く．その結果，Aharoni et al., Attributions toward artificial agents in a modified Moral Turing Test Sci. Rep. **14**, 8458 (2024). AI の倫理的判断は人間の判断より理性的で良いと多くの人が判定する．ChatGPT のような言語だけを素材にした AI でも判断がかなりまともになる．

　今までにはっきりしていることは
G. Sartori & G. Orro Language models and psychological sciences Front. Psychol. **14**, 1279317 (2023) にあるように，人間が今までに生産した文章で使えるものほぼすべてを使った結果である LLM は人間の連想パタンはよく再現するということだ．つまり，元になる複雑な系から生成されたという意味で，ChatGPT は初めての人工複雑系（の雛形）かもしれない．

索引

[あ行]

アーキア Archaea, 26
アヴィセンナ, 24
アダプター adaptor, 70, 192, 193
アトラクター attractor, 64
アブダクション abduction, 185, 203
アルキメデス Archimedes 前287-前212, 74
アルゴリズム的ランダムさ algorithmic randomness, 102
アルゴリズム的ランダムさとカオス, 98
アンサンブル ensemble, 81
アンサンブル平均 ensemble average, 14
アンドローノフ A. A. Andronov 1901-1952, 147

イヴン・スィーナー Avicenna 980-1037, 24
生きもの organism, 232, 233
『意識と本質——精神的東洋を求めて』井筒俊彦著, 130
異常次元 anomalous dimension, 155
イジングモデル Ising model, 213
位相空間 topological space, 53
一休, 24
井筒俊彦, 130
伊東の大地震モデル Ito's model of great earthquakes, 39, 202
イヌ, 犬, 129, 141, 240, 268
意味, 意義 meaning, 234

ウィーナー過程 Wiener process, 182

ウォーレス A. R. Wallace 1823-1913, 242
ウォディントン C. H. Waddington 1905-1975, 253

永年項 secular term, 171
MP3, 8
エルゴード性と統計力学, 83
エルゴード的 ergodic, 82
円周率 π, 101, 235

オイラー L. Euler 1707-1783, 28
大型真核生物 megaeucarya, 266
オートマトン automaton, 109
オーンスティン D. S. Ornstein, 92, 97
オズィエレデッツの定理 Oseledec's theorem, 95
オッカムの剃刀 Occam's razor, 189
ω-極限集合 ω-limit set, 64
オルテガ Ortega, v
温室効果 greenhouse effect, 8

[か行]

カーブフィッティング curve-fitting, 198
カーン-ヒリヤード方程式 Cahn-Hilliard equation, 210
外測度 outer measure, 71
概念分析 conceptual analysis, 36
カオス, いろいろな定義, 65
カオス chaos, 12, 37, 61, 62, 119
カオス, 研究の歴史, 50
カオス的力学系 chaotic dynamical system, 62
『鏡の背面』, 22, 188

278　索　引

可換群 commutative or Abelian group, 53
下極限, 90
拡散方程式 diffusion equation, 5
学習理論 learning theory, 184
撹拌集合 scrambled set, 65
確率 probability, 74
確率密度関数 probability density, 82
確率微分方程式 stochastic differential equation, 14, 183
加群 additive group, 53
下限 infimum, 71
重ね合わせの原理 superposition principle, 2
可算 countable, 31
可算無限 countable infinity, 29
可測 measurable, 73
可測空間 measurable space, 73
可測集合 measurable set, 72
片側シフト力学系 one-sided shift dynamical system, 56
片側ベルヌーイ過程 one-sided Bernoulli process, 70
カダノフ, 211
カダノフ変換 Kadanoff transformation, 156
価値 value, 235
カッツモデル Kac model, 221
カテゴリー理論 category theory, 27
加法性 additivity, 2
神 god, 57, 59, 239, 241
観察記録 (の深み), 243
関数 function, 28
完全な同型不変量 complete isomorphism invariant, 97
完全予測可能でない系 not completely predictable systems, 92
観測可能性 observability, 65
カントール G. Cantor 1845-1918, 28
完備化 completion, 73
緩和振動子 relaxation oscillator, 40

擬軌道追跡性 pseudo-orbit tracing property, 96
規則性 regularity, 99, 100, 111, 120, 127

基礎条件 fundamental conditions, 250, 263
基礎法則 fundamental laws, 249
軌道 orbit, trajectory, 54
帰納的可算集合 recursively enumerable set, 125
帰納的関数 recursive function, 105
帰納的集合 recursive set, 125
帰納的部分関数 partial recursive function, 104
吸引域 basin of attraction, 64
共生 symbiosis, 265
共存曲線 phase coexistence curve, 133
強大数の法則 strong law of large numbers, 183
共鳴 resonance, 176
極限概念 limiting or asymptotic concept, 124
極小化 minimalization または minimization, 103
極小モデル minimal model, 150
巨視的極限 macroscopic limit, 149
巨大真核生物 megaeukaryota, 12
擬ランダム quasirandom, 66
禁止原理 forbidding principle, 144
ギンツブルグ-ランダウ自由エネルギー Ginzburg-Landau free energy, 209, 211
ギンツブルグ-ランダウモデル Ginzburg-Landau model, 212

空間的に広がった系 extended system, 204
区分線形写像 piecewise linear map, 50
区分的連続 piecewise continuous, 85
クラウジウスの原理 Clausius' principle, 6
蔵本由紀, 13, 168
クリーガーの定理 Krieger's theorem, 93
くりこみ renormalization, 149, 258
くりこみ可能 renormalizable, 149
くりこみ群方程式 renormalization group equation, 159, 173
くりこみ処方, ウィルソン-カダノフ流の Wilson-Kadanoff renormalization procedure, 151

くりこみ処方, シュテュッケルベルク–
　ペーターマン流の
　Stückelberg-Petermann renormalization
　procedure, 152
くりこみ定数 renormalization constant, 158
くりこみ的世界観, 129
くりこみ変換 renormalization
　transformation, 152
グロンウォール不等式 Grönwall's
　inequality, 178

系 system, 2, 151
計算 computation, 102
計算可能な関数 computable function, 105
形而上学 metaphysics, 145
芸術, 188
形状因子 form factor, 135
系統発生的学習 phylogenetic learning, 76,
　185
経路空間 path space, 53
ゲーデル, 106, 120, 146
決定性, ニュートン–ラプラスの
　determinacy, 141
決定論的力学系 deterministic dynamical
　system, 45
原核生物 Procarya, 252
原くりこみ群方程式 proto RG equation,
　179
言語 language, 240, 242
原始帰納関数 primitive recursive function,
　104
原始漸化式 primitive recursion, 103
源氏物語, 236
源氏物語, 現代語訳, v
現象学 phenomenology, 145
現象論 phenomenology, 25, 130, 138, 139,
　142, 143, 146, 147
現象論的還元 phenmenological reduction,
　146
現象論的パラメタ phenomenological
　parameter, 131, 149
現象論的見方, 128

硬貨投げ過程 coin-tossing process, 56, 60
構造安定性 structural stability, 147
構造条件 structural condition, 252
構造摂動 structural perturbation, 147
コーシー A. L. Cauchy 1789–1857, 11
コーシーの方程式 Cauchy's equation, 79
古典力学, 140
言語の限界, 239
ゴルディアスの結び目 Gordian knot, 273
コルモゴロフ A. N. Kolmogorov
　1903–1987, 69, 75, 84, 97, 102, 111
コルモゴロフ–シナイエントロピー
　Kolmogorov-Sinai entropy, 63, 88, 91,
　96
コルモゴロフ–ソロモノフの定理
　Kolmogorov-Solomonov's theorem, 111
コルモゴロフの拡張定理 Kolmogorov's
　extension theorem, 69
混合的 mixing, 83
蒟蒻問答, 34

[さ行]

最小値 minimum, 71
細胞説 cell theory, 252
細胞膜 cell wall, 251
西遊記, 140
雑音誘起秩序 noise-induced order, 96
サピア–ワーフのテーゼ Sapir-Whorf's
　thesis, 193
サプライザル surprisal, 79
散逸構造の非存在 nonexistence of
　dissipative structure, 226
三体問題（制限）three-body problem, 119
三半規管, 188

死 death, 245, 251
JPEG, 8
肢芽 limb bud, 224
時間相関関数 time correlation function, 84
時間発展作用素 evolution opertor, 54
σ-加法性 σ-additivity, 72
σ-加法族 σ-additive family, 73

次元 dimension, 164
次元解析 dimensional analysis, 154, 164
次元的斉一性 dimensional homogeneity, 164
思考 thought, 242
自己増殖機械 self-reproducing machine, 261
自己組織化 self-organization, 239
自己組織化の誤解, 248
自己組織的系 self-organizing system, 221
自己組織能の抑制 suppression of self-organization, 245
仕事座標 work coordinate, 143
指示条件 instructive condition, 252
磁性体 magnet, 15
自然言語 natural language, 35, 240
自然史 natural history, 257
自然主義的誤謬 naturalistic fallacy, 32
自然知能 natural intelligence, 130, 188, 195, 240, 243
自然発生説 spontaneous generation theory, 241
実装 implementation, 193
実例, 認知的意義, 130
自発組織化 spontaneous organization, 239
シフト作用素 shift operator, 55
シフト力学系 shift dynamical system, 56
社会構築物, 189
尺度変換不変性 scaling invariance, 7
シャノンの公式 Shannon's formula, 80
シャノン-マクミラン-ブレイマンの定理 Shannon-McMillan-Breiman's theorem, 93
シャペロン chaperone, 272
シャンポリオン J.-F. Champollion 1790-1832, 8
種 species, 21
周期軌道 periodic orbit, 63
集合関数 set theoretical function, 72
集合論の標準的公理系 ZFC, 190
主観確率 subjective probability, 75
集合環, 72

シュタウディンガー H. Staudinger 1881-1965, 133
シュトゥルム-リュービル型の作用素 Sturm-Louville operator, 10
シュレーディンガー方程式 Schrödinger equation, 4, 245
準希薄極限 semidilute limit, 134
準線形一階偏微分方程式 quasilinear first order partial differential equation, 169
準同型対応 homomorphisms, 186
上極限, 90
ショウジョウバエの胚発生 Development of *Drosophila* embryo, 226
情動 emotion, 130, 236
情動主義 emotionalism, 236
情報 information, 77, 79
情報蒸留 information distillation, 186
情報の圧縮, 101
情報量 information content, 78
情報理論 information theory, 78
女性の科学 feminine science, 194
ジョルダン測度 Jordan measure, 74
真 truth, 195
真核細胞 eukaryotic cell, 12
真核生物 Eucarya, 26, 252, 264
真核物理 Eucarya physics, 259
進化原理主義 evolutionary fundamentalism, 194
人工言語 aritificial language, 240
人工知能 artificial intelligence, 240
真性細菌 Bacteria, 26
振幅方程式 amplitude equation, 173
人文主義的誤謬 humanistic fallacy, 32, 75

垂迹, 139
数学的理論, 260
数論的関数 number-theoretic function, 102
スケール干渉 scale interference, 11
スケール則 scaling law, 238
スケール不変性 scaling invariance, 2, 7
ストークス G. G. Stokes 1819-1903, 131
スノー Snow, C. P., v

スピノーダル分解 spinodal decomposition, 135, 203
ずらし shift, 55

生成言語学 generative linguistics, 240
生成分割 generator, 91
生物系の理論 theory of biological systems, 261
生物分類 phylogenetic taxonomy, 269
ゼータ関数 zeta function, 200
絶対連続測度 absolutely continuous measure, 82
セル力学系 cell dynamical system CDS, 204
全関数 total function, 103
漸近的等分配法則 law of asymptotic equipartition, 94
線形系 (linear system), 2
先見の明, 270, 274
選択 choice, 235

相関距離 correlation length, 132
相空間 phase space, 12, 52, 80
相図 phase diagram, 132
添水, 40
創発 emergence, 241
相変化, 261
測度 measure, 70
測度空間 measure space, 73
測度零 measure zero, 73
測度論的エントロピー measure-theoretical entropy, 91
測度論的力学系 measure theoretical dynamical system, 82
粗視化 coarse-graining, 152
素粒子論 elementary particle theory, 25

[た行]

ダーウィン, エラズマス E. Darwin 1732-1801, 241
ダーウィン過程 Darwin process, 242, 253
ダーウィン, チャールズ C. R. Darwin 1809-1882, 242

対応状態の法則 law of corresponding states, 137
対角線論法 diagonal argument, 29, 126
大規模モデル large scale model, 201, 275
大衆の反逆, v
対称性の自発的破れ spontaneous symmetry breaking, 247
対称性の低下 symmetry lowering, 266
対称性のやぶれ breaking of symmetry, 15
対称性の破れ, 261
大数の法則 law of large numbers, 15
体積 volume, 70
多細胞生物 multicellular organisms, 264
ダニエル・ベルヌーイ Daniel Bernoulli 1700-1782, 10
ダランベール J. d'Alembert 1717-1783, 28
断続平衡 punctuated equilbrium, 263

遅延選択実験 delayed choice experiment, 58
秩序変数 order parameter, 132
知的生物 intelligent organim, 263
知的能力, 127, 243, 244, 268
千葉逸人, 178
チャーチ A. Church 1903-1995, 102
チャーチのテーゼ Church's thesis, 105
中間の漸近極限 intermediate asymptotics, 168
抽象概念, 144
抽象ルベーグ測度 abstract Lebesgue measure, 73
チューリング A. Turing 1912-1954, 106
チューリング機械 Turing machine, 106, 192
チューリング機械の停止問題 halting problem of Turing machine, 126
チューリング計算可能関数 Turing computable function, 108
チューリングプログラム Turing program, 107
長時間挙動 long term behavior, 170
重複 duplication, 265

直観形式, 188, 194
チワワ Chihuahua, 129, 264

ツェルメロ E. Zermelo 1871-1953, 28, 29, 83
津田一郎, 96, 119
筒集合 cylinder set, 68

定義 definition, 33
定義関数 indicator, 31
逓減的くりこみ reductive renormalization, 174
定常熱力学 steady-state thermodynamics, 143
定性的精確さ qualitative accuracy, 219
定性的に正確な解法 qualitatively accurate solution, 228
ディリクレ J. P. G. L. Dirichlet 1805-1859, 30
ディリクレ関数 Dirichlet's function, 30
『哲学探究』, ウィトゲンシュタイン著, 193
デバイ P. Debye 1884-1966, 137
デュエム-クワインのテーゼ Duhem-Quine's thesis, 195
天国, 256

道具 tools, 268
同型の, 測度論的力学系の isomorphisms, of measure theoretical dynamical systems, 96
同型対応 isomorphism, 118, 186
同型不変量 isomorphism invariant, 97
統計力学, 120, 140, 142, 260
統計力学, ギブズの, 29
統合自然史 Integrative natural history, 257
等重率の原理 principle of equal probability, 120
特異摂動 singular perturbation, 174
特性曲線 characteristic curve, 169
特性曲線の方法 method of characteristics, 167, 169
トポアイソメレース topoisomerase, 273

[な行]

内測度 inner measure, 71
ナビエ C.-L. Navier 1785-1836, 131
ナビエ-ストークス方程式 Navier-Stokes equation, 131, 147
軟骨発生 chondrogenesis, 224

ニュートン, 58
ニュートン革命 Newtonian revolution, 142, 248

ネーターの定理 Noether's theorem, 229
熱拡散係数 thermal diffusion constant, 5
熱伝導 thermal conduction, 6
熱力学 thermodynamics, 23, 140, 163, 190, 261
熱流束 heat flux, 5

ノイズ, 線形系への効果, 14
ノイズ noise, 14
濃度 power, 29

[は行]

バージェス動物群 Burgess fauna, 263
パース C. S. Peirce 1839-1914, 185
ハイデガー, 130, 133, 146
ハイネ E. Heine 1821-1881, 28
博物学 natural history, 19
パスツール L. Pasteur 1822-1895, 241
パスツール過程 Pasteur process, 241
ハックスレー, 109
発生過程 developmental process, 123
発生的制約 developmental constraints, 263
発展方程式 evolution equation, 10
バナッハ-タルスキの定理 Banach-Tarski's theorem, 73
パラダイム paradigm, 59, 195
バレンブラット方程式 Barenblatt equation, 168
汎関数微分 functional differentiation, 210

ピェシンの等式 Pesin's equality, 95
非可算無限 uncountable infinity, 29
非コード部分 non-coding parts, 253
ヒストン histone, 233
非線形系 nonlinear system, 11
非線形トロッター法 nonlinear Trotter method, 227
ピタゴラスの定理, 次元解析的証明?, 166
ピッチフォーク分岐 pitchfork bifurcation, 211
ビット bit, 79
ヒト *Homo sapiens*, 240
微分作用素 differential operator, 6
表現 representation, 187

ファンデァポル方程式 van der Pol equation, 176
ファンデァワールス J. D. van der Waals 1837-1923, 29, 136
ファンデァワールスの状態方程式 van der Waals' equation of state, 136, 221
ファンランバルヘン M. van Lambalgen, 121
フーリエ J. Fourier 1768-1830, 8, 27
フーリエ級数 Fourier series, 8
フーリエの法則 Fourier's law, 6
フェイェール L. Fejer 1880-1959, 28
フェケテの補題 Fekete's lemma, 90
フェティシズム fetishism, 214
フォノン比熱 phonon specific heat, 137
フォン・コッホ H. von Koch 1870-1924, 153
フォン・コッホ曲線 von Koch curve, 153
フォン・ミーゼス R. von Mises 1883-1953, 100
不可知 unknowable, 128
不完全気体 imperfect gas, 136
複雑 complex, 232
複雑化 complexification, 265
複雑系 complex system, 145, 250
複雑系研究 complex systems study, 275
複雑性 complexity, 122

符号化 coding, 37, 61
二つの文化, v
付着生活 sessile life, 268
フッサール E. Husserl 1859-1938, 28, 145
部分関数 partial function, 103
不変集合 invariant set, 82
普遍性 universality, 138
不変測度 invariant measure, 81
普遍被覆空間 universal covering space, 42
フラクタル曲線 fractal curve, 153
ブラックボックス black box, 107, 191
プラトン, 130
プランク M. Planck 1858-1947, 29, 198
プランクの放射理論 Planck's theory of radiation, 198
ブリッジマンのΠ定理 Bridgeman's Π theorem, 165
ブリン-カトックの定理 Brin-Katok's theorem, 94
ブルードゥノの定理 Brudno's theorem, 115
フレーム問題 frame problem, 236
ブロックコポリマー block copolymer, 221
分割 partition, 88
分割の合成 composition of partitions, 88
分子間力, 3
分類学 taxonomy, 26

ベルヌーイ測度 Bernoulli measure, 69
ベルヌーイ過程 Bernoulli process, 69
ベルヌーイ流れ Bernoulli flow, 62
ヘルマン-ファインマンの定理 Hellman-Feynman theorem, 3
ペロン-フローベニウス方程式 Perron-Frobenius equation, 87
偏微分方程式の歴史 partial differential equation, history, 10

ポアンカレ H. Poincaré 1854-1912, 119
ポアンカレ断面 Poincaré section, 54
包絡線 envelope, 175
ボーア原子論 Bohr's atomic theory, 166
補助条件 auxiliary conditions, 247, 250

ポリマー polymer, 133
ボルツマン L. Boltzmann 1844-1906, 29, 83, 146
ボルツマン方程式 Boltzmann equation, 131
ボレル E. Borel 1871-1956, 74, 118
ボレル集合族 Borel family of sets, 74
ボレル測度 Borel measure, 74
本質 essence, 18, 130, 143
本質主義 essentialism, 18
本質直観, 130
本地, 129, 139
ポントリャーギン L. S. Pontrjagin 1908-1988, 147

[ま行]

マーラー, 30
マクスウェル J. C. Maxwell 1831-1879, 8
マッハ E. Mach 1838-1916, 145, 188
マルコフ連鎖 Markov chain, 87

ムーア G. E. Moore 1873-1958, 32
無限探索 unbounded search, 104
無次元量 dimensionless quantity, 164
虫めづる姫君, 129
無理数 irrational number, 124

迷信 superstition, 58

モード結合 mode coupling, 11
モデル model, 186
物, 24

[や行]

有理数 rational number, 30, 124
ユニバーサリティクラス universality class, 140, 150
ユニバーサルチューリング機械 universal Turing machine, 110, 249

予測可能 predictable, 63, 118, 127

[ら行]

ラグランジュ J. L. Lagrange 1736-1813, 11
ラグランジュ乱流 Lagrangian turbulence, 48
ラッセル B. Russel 1872-1970, 31
ラッセルパラドクス Russel paradox, 31
ラプラス作用素 Laplacian, 4, 6
ランジュヴァン方程式 Langevin equation, 14
乱数表 random number table, 99
乱数列 random number sequence, 112
ランダムさ randomness, 112
ランダムさの公理系, 121
ランチョシュ C. Lanczos 1893-1974, 28, 212
ランベルト J. H. Lambert 1728-1777, 145

リーとヨークのカオス Li-Yorke chaos, 65
リーマン B. Riemann 1826-1866, 28, 30
リーマン積分 Riemann integral, 28
力学系, 標準的な定義, 53
力学系 dynamical system, 37, 52, 53
力学系の理論, 260
リャープノフ指数 Lyapunov exponent, 95
リャープノフ特性指数 Lyapunov characteristic exponent, 95
領域 domain, 26
量子力学, 4, 58, 134, 140
臨界現象 critical phenomenon, 13, 131
臨界指数 critical index, 133
臨界点 critical point, 132

ルエルの不等式 Ruelle's inequality, 95
ルベーグ H. Lebesgue 1875-1941, 30, 70
ルベーグ拡張 Lebesgue extension, 73
ルベーグ可測, 81
ルベーグ測度 Lebesgue measure, 72

レヴィンタールパラドクス Levinthal paradox, 271
歴史空間 history space, 53

劣加法性 subadditivity, 90
レンツ W. Lenz 1888-1957, 213

ローマーギャップ Romer's gap, 264
ローレンツ K. Lorenz 1903-1989, 22, 188
ロバチェフスキー N. I. Lobachevsky 1792-1856, 187

ロホリンの公式 Rohlin's formula, 85
ロレンツテンプレート Lorenz template, 47
ロレンツモデル Lorenz model, 46

[わ行]

ワイル H. Weyl 1885-1955, 146

大野克嗣（おおのよしつぐ）
イリノイ大学物理学科元教授

非線形な世界

2009 年 6 月 24 日　初　　版
2025 年 2 月 25 日　第 6 刷

［検印廃止］

著　者　大野克嗣
　　　　おお の よし つぐ

発行所　一般財団法人　東京大学出版会
代表者　中島隆博

153-0041 東京都目黒区駒場 4-5-29
電話 03-6407-1069　Fax 03-6407-1991
振替 00160-6-59964

印刷所　大日本法令印刷株式会社
製本所　牧製本印刷株式会社
装丁原案　大野克嗣

© 2009 Yoshitsugu Oono
ISBN 978-4-13-063352-9　Printed in Japan

[JCOPY]〈出版者著作権管理機構　委託出版物〉
本書の無断複写は著作権法上での例外を除き禁じられています．複写される場合は，そのつど事前に，出版者著作権管理機構（電話 03-5244-5088,
FAX 03-5244-5089, e-mail: info@jcopy.or.jp）の許諾を得てください．

生命とは何か［第 2 版］ 複雑系生命科学へ	金子邦彦	A5/3800 円
熱力学の基礎　第 2 版　I, II	清水 明	A5/3000 円, 2700 円
統計力学の基礎　I	清水 明	A5/3600 円
固体電子の量子論	浅野建一	A5/5900 円
量子技術入門	長田・やまざき・野口	A5/3700 円
非線形時系列解析の基礎理論	平田・陳・合原	A5/3200 円
生物系統学	三中信宏	A5/6200 円
動物分類学の論理 多様性を認識する方法	馬渡峻輔	A5/3800 円

ここに表示された価格は本体価格です．ご購入の
際には消費税が加算されますのでご了承下さい．